Der **Onlineservice InfoClick** bietet unter www.vogel-buchverlag.de nach Codeeingabe zusätzliche Informationen und Aktualisierungen zu diesem Buch.

InfoClick

In 3 Schritten zum Onlineservice

1. Einfach www.vogel-buchverlag.de aufrufen.
2. Auf das Logo **InfoClick** klicken.
3. Den unten stehenden Zugangscode und eine E-Mail-Adresse eingeben.

Ihr persönlicher Zugang zum Onlineservice ⇨ 336809830006

Jürgen Kaftan SPS-Grundkurs mit Simatic S 7

Jürgen Kaftan

SPS-Grundkurs mit SIMATIC S7

Aufbau und Funktion speicherprogrammierbarer Steuerungen, Programmieren mit SIMATIC S7

6. Auflage

Vogel Business Media

JÜRGEN KAFTAN

1967–1971 Ausbildung zum Elektromechaniker
1971–1973 Facharbeiter im Elektromechaniker-Handwerk
1973–1975 Studium zum staatl. gepr. Elektrotechniker
1975–1977 Tätigkeit als Techniker
1977–1978 Meisterschule, Elektromechanikermeister
1979–1992 Berufsbildungswerk Nürnberg für Hör- und Sprachgeschädigte, Ausbildungsmeister
1985–1992 Kursleiter für SPS-Steuerungen in der Beruflichen Fortbildung (BFH) Hör- und Sprachgeschädigter
1985–1992 Kursleiter für SPS an der Handwerkskammer
1992–1995 IKH Elektrogerätebau – Systemschulungen (Geschäftsführer)
seit 1995 Leiter der Bildungseinrichtung IHK Systemschulungen für Hard- und Software in Weißenburg und Roth (Mittelfranken)

Jürgen Kaftan ist Autor folgender Vogel-Fachbücher:
SPS-Grundkurs 1
SPS-Grundkurs 2
SPS-Grundkurs mit SIMATIC S7
SPS-Aufbaukurs mit SIMATIC S7
SPS-Beispiele mit SIMATIC S7
SPS-Beispiele mit SIMATIC S7-1200
LOGO!-Kurs

Weitere Informationen:
www.vogel-buchverlag.de

http://twitter.com/vogelbuchverlag
www.facebook.com/vogel.buchverlag
www.vogel-buchverlag.de/rss/buch.rss

ISBN 978-3-8343-3368-1
6. Auflage. 2015

Printed in Germany

Umschlaggrafik: Fotolia Titelgrafik: © vege-Fotolia.com

Vorwort

Speicherprogrammierbare Steuerungen, kurz SPS, sind für Automatisierungsaufgaben im unteren, mittleren und oberen Leistungsbereich nicht mehr wegzudenken. Durch immer größere und umfangreichere Automatisierungsprojekte bei Hard- und Software stellte sich für die Industrie die Aufgabe, schnellere und leistungsfähigere Automatisierungssysteme zu entwickeln sowie das Handling für den Anwender zu vereinfachen. Alle Übungen in diesem Buch wurden mit der SPS-Steuerung SIMATIC S7-300 der Firma Siemens erarbeitet und getestet. Der Befehlssatz dieser Steuerung reicht von der Binärverarbeitung bis zur 32-Bit-Gleitpunktarithmetik. Die Programmierung der Steuerung erfolgt unter dem Betriebssystem Windows XP und setzt die entsprechenden Grundkenntnisse voraus. Alle Vorgänge zur Programmierung der SIMATIC S7-300 werden exakt aufgezeigt und sind vom Anwender leicht nachvollziehbar. Das Thema ist vom «Einfachen zum Schwierigen» aufgebaut und für den Einsatz in Berufsschulen, Technikerschulen usw., aber auch für das Selbststudium sehr gut geeignet.

Ich bedanke mich bei der Firma Wükro-Lehrsysteme in Würzburg sowie bei allen, die das Zustandekommen dieses Buches gefördert haben. Resonanz aus dem Leser- und Benutzerkreis ist mir stets willkommen.

Weißenburg/Heuberg (Mittelfranken) Jürgen Kaftan

Inhaltsverzeichnis

1 Einleitung

Die speicherprogrammierbare Steuerung (SPS) hat die Aufgabe, Einzeloperationen einer Maschine oder Anlage nach einem vorgegebenen Funktionsablauf in Abhängigkeit von Gebersignalen zu steuern oder zu regeln.

1.1 Zahlensystem

Für die Bearbeitung der Adressen von Speicherzellen, Eingängen, Ausgängen, Zeiten, Merkern usw. durch eine speicherprogrammierbare Steuerung wird nicht das Dezimalsystem, sondern das **duale Zahlensystem** verwendet.

Das duale Zahlensystem kennt nur die Ziffern 0 und 1, die in der Datenverarbeitungstechnik leicht darstellbar und auswertbar sind. **Es ist ein binäres Zahlensystem.**

Die Stellenwerte einer Dualzahl sind, wie unten dargestellt, den Potenzen von 2 zugeordnet.

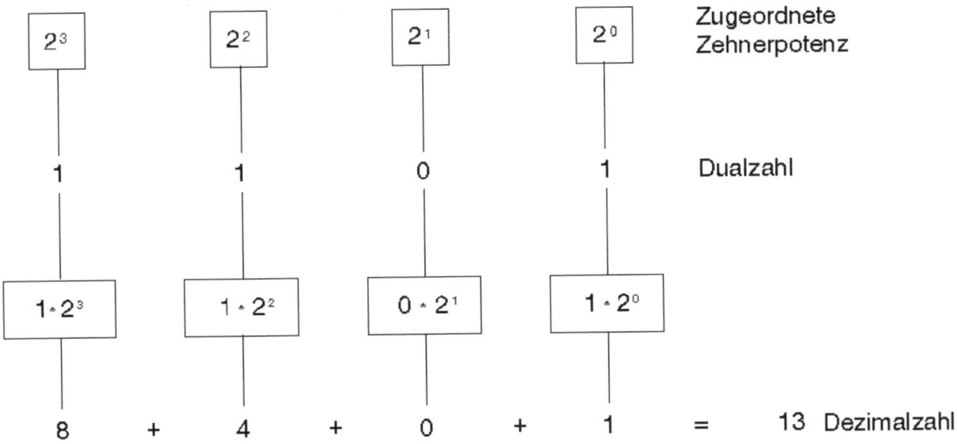

Bild 1.1 Jeder Ziffer innerhalb einer Dualzahl ist eine Zweierpotenz zugeordnet

1.2 Begriffe aus der Informatik

Im Zusammenhang mit speicherprogrammierbaren Steuerungen werden häufig aus der Daten- bzw. Informationsverarbeitung stammende Begriffe wie Bit, Byte, Wort und Doppelwort verwendet.

1.2.1 Bit

Das Bit (das Wort ist eine Abkürzung für Binärziffer, engl.: binary digit) ist die kleinste binäre (zweiwertige) Informationseinheit.

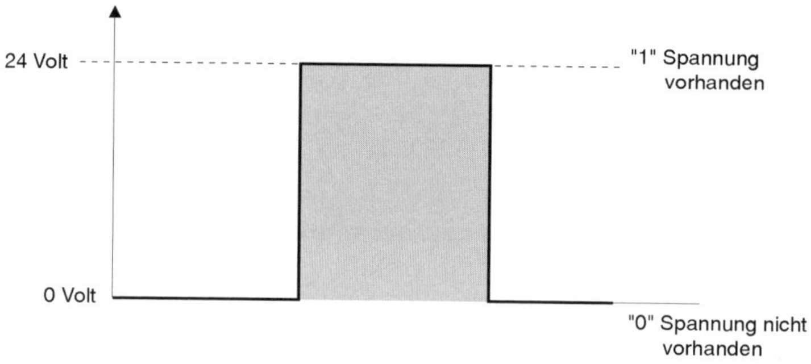

Bild 1.2
Ein Bit kann den Signalzustand «1» oder «0» annehmen

1.2.2 Byte

Für eine Einheit von 8 Binärzeichen steht der Begriff Byte.

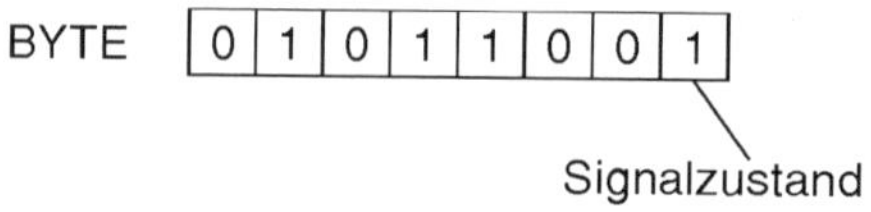

Bild 1.3
Ein Byte hat die Größe von 8 Bit

1.2.3 Wort

Ein Wort setzt sich aus 2 Byte oder 16 Binärzeichen zusammen. Mit «Wörtern» können z.B. dargestellt werden:

- Dualzahlen,
- Buchstaben,
- Steuerungsanweisungen.

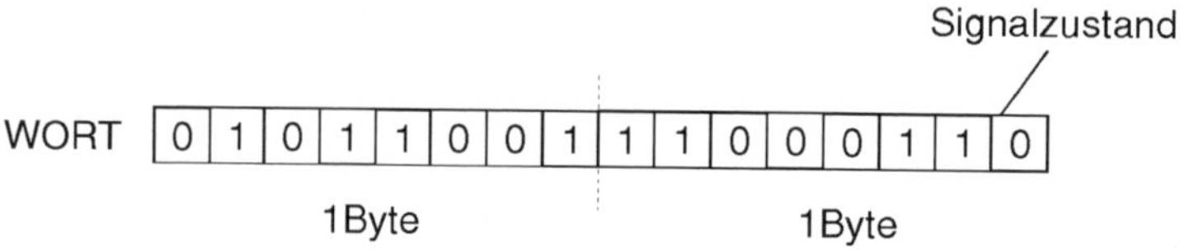

Bild 1.4
Ein Wort hat die Größe von 2 Byte oder 16 Bit

1.2.4 Bitadresse

Damit Bits erkannt und angesprochen werden können, wird jedem einzelnen Bit innerhalb eines Bytes eine Ziffer, eine sog. Bitadresse, zugeordnet.

Bild 1.5
In jedem Byte bekommt das Bit rechts außen die Bitadresse 0 und das links außen stehende Bit die Bitadresse 7

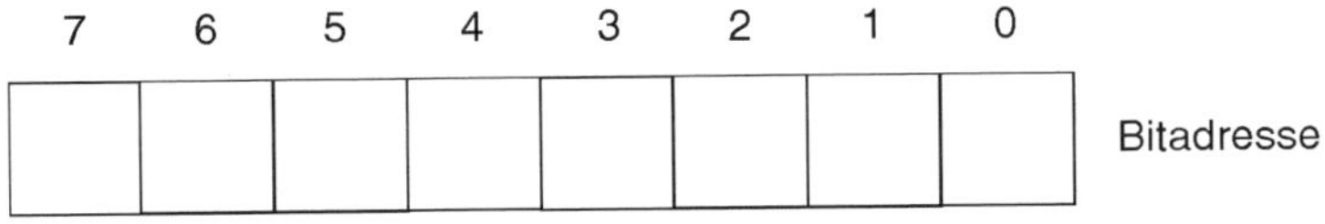

1.2.5 Byteadresse

Die einzelnen Bytes erhalten ebenfalls Nummern, die Byteadressen. Zusätzlich wird noch der Operand gekennzeichnet. So steht dann z.B. EB 2 für Eingangsbyte 2 oder AB 4 für Ausgangsbyte 4. Einzelne Bits sind eindeutig durch die Kombination von Bit- und Byteadresse adressiert.

Die Bitadresse wird durch einen Punkt von der Byteadresse getrennt. Rechts vom Punkt steht die Bitadresse, links davon die Byteadresse.

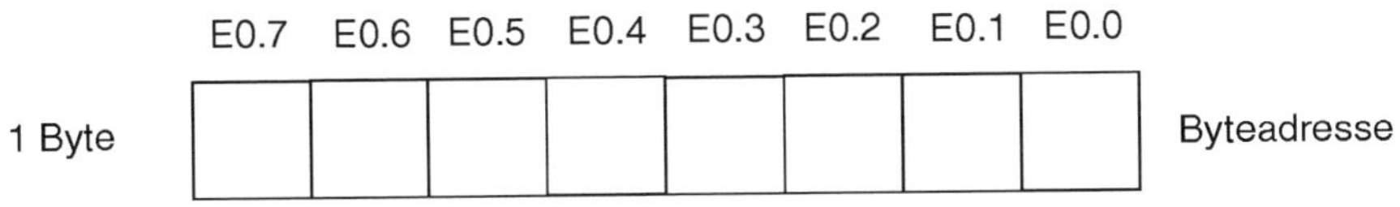

Bild 1.6 Beispiel: Byteadresse E0.0 oder A4.5

1.2.6 Wortadresse

Die Numerierung von Wörtern ergibt die Wortadresse. Bei der Verwendung von Wörtern, z.B. EW (Eingangswort), AW (Ausgangswort), MW (Merkerwort), DW (Datenwort) usw. ist die Wortadresse immer die kleinere Byteadresse der 2 dazugehörigen Bytes.

Bild 1.7
Wortadresse

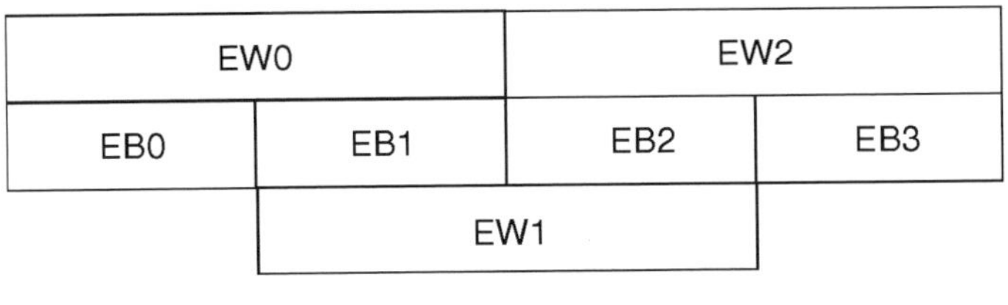

2 Aufbau einer SPS

Speicherprogrammierbare Steuerungen werden in Serie gefertigt. Sie haben zunächst noch keine Aufgabe. Alle für die Steuerungstechnik benötigten Verknüpfungsglieder, Speicherfunktionen, Zeiten, Zähler usw. sind vom Hersteller integriert und werden über die Programmierung zu einer funktionierenden Steuerung verbunden. Es gibt eine Vielzahl von Steuergeräten, die sich durch folgende Funktionseinheiten unterscheiden:

- Ein- und Ausgänge,
- Speicherplätze,
- Zähler,
- Zeiten,
- Merkerfunktionen,
- Sonderfunktionen,
- Arbeitsgeschwindigkeit,
- Art der Programmbearbeitung.

Größere Steuergeräte werden aus einzelnen Baugruppen in Modulbauweise individuell zusammengesetzt. Mit diesem modularen System lassen sich, von der Grundausstattung ausgehend, SPS-Systeme zusammenstellen, die für den Anwendungsfall angepaßt werden können. Für kleinere Steuerungsaufgaben werden kompakt aufgebaute Steuergeräte angeboten. Sie sind in sich geschlossene Einheiten, mit einer fest vorgegebenen Anzahl von Ein- und Ausgängen.

2.1 Zusammensetzung einer SPS

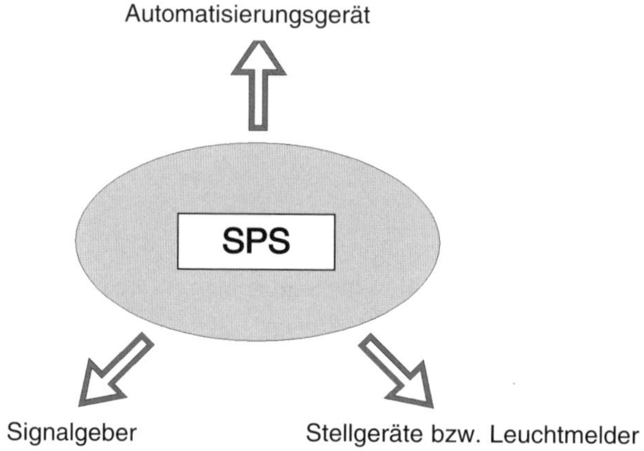

Bild 2.1
Grundsätzliche Zusammensetzung einer speicherprogrammierbaren Steuerung

2.2 Zusammensetzung eines Automatisierungsgerätes

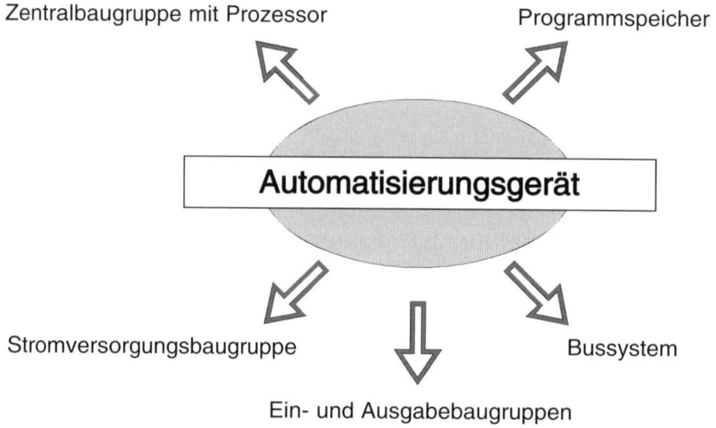

Bild 2.2
Wesentliche Zusammensetzung von einem Automatisierungsgerät

- Signalgeber liefern digitale und analoge Signale zur Weiterverarbeitung an die SPS,
- Stellgeräte bzw. Leuchtmelder empfangen digitale und analoge Signale von der SPS.

2.3 Hardware-Voraussetzungen

Für das Arbeiten mit den nachfolgenden Beispielen werden folgende Hardware-Komponenten benötigt.

Profilschiene
Auf der Profilschiene werden die einzelnen Baugruppen montiert.

Stromversorgungsbaugruppe (PS)
Die Stromversorgungsbaugruppe wandelt die Netzspannung von 120/230 V AC in eine Gleichspannung 24 V DC für die Versorgung der S7-300 Baugruppen um.

Zentralbaugruppe (CPU)
Die Zentralbaugruppe dient zur Ausführung der Anwenderprogramme. Sie kommuniziert über die MPI-Schnittstelle mit anderen Baugruppen.

Ein- und Ausgabebaugruppe
Über die Ein- oder Ausgabebaugruppe werden Signale über Geber in die S7-300 ein- oder an die Ausgabebaugruppe ausgegeben. Der Signalzustand wird an den Baugruppen über eine LED-Anzeige angezeigt.

MPI-Kabel
Das MPI-Kabel verbindet den Computer mit der Zentralbaugruppe (CPU). Ohne dieses Kabel ist keine Kommunikation mit dem PC möglich.

Personalcomputer (PC)
Der PC dient dem Konfigurieren, Parametrisieren und Programmieren der S7-300.

Programmiergerät (PG)
Das PG dient ebenfalls dem Konfigurieren, Parametrisieren und Programmieren der S7-300.

Für dieses Buch wird als Konfiguration eine S7-300 (CPU 314) mit einer digitalen Eingabebaugruppe (16 Eingänge) und einer digitalen Ausgabebaugruppe (16 Ausgänge) verwendet. Dabei enthält die Eingabebaugruppe die Adressen E 0.0...E 1.7 (EW0) und die Ausgabebaugruppe die Adressen A 4.0...A 5.7 (AW4).

Bild 2.3
Aufbau des Übungsgeräts

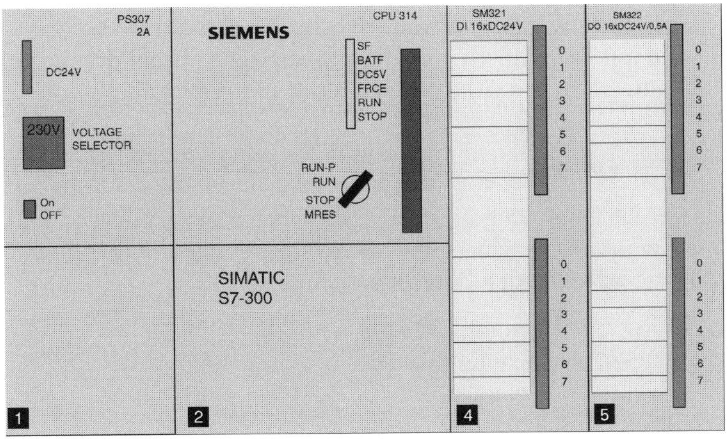

2.3.1 Hardware-Aufbau

Beim Aufbau einer S7-300 sind Steckplatzregeln zu beachten. Die Baugruppen werden von links nach rechts gesteckt:

- Die *Stromversorgungsbaugruppe* (*PS*) muß immer als 1. Baugruppe auf der Profilschiene aufgesteckt werden,
- die *Zentralbaugruppe* (*CPU*) muß als 2. Baugruppe aufgesteckt werden,
- die *Ein- und Ausgabebaugruppen* werden im Anschluß an die CPU aufgesteckt,
- neben der Zentralbaugruppe (CPU) dürfen maximal 8 Signalbaugruppen stecken,
- die Baugruppen dürfen waagerecht oder senkrecht gestellt werden.

2.4 Software-Voraussetzungen

Für das Programmieren der S7-300 wird das Betriebssystem **Windows 95** verwendet sowie das **Softwarepaket STEP 7, Version 3.xx.** In dieser Version sind die drei Darstellungsarten Anweisungsliste (AWL), Kontaktplan (KOP) und Funktionsplan (FUP) integriert. Die Vorgängerversionen z.B. 2.xx enthalten die Darstellung Funktionsplan (FUP) nicht.

Für das Programmieren der Übungen im Buch wird vorausgesetzt, daß das Softwarepaket STEP 7 der Fa. Siemens bereits installiert ist. Auch für den Umgang mit der Programmiersprache STEP 7 sind Kenntnisse im Betriebssystem Windows 95 (Dateiverwaltung) nötig. Das Installieren ist unter der Bedieneroberfläche Windows 95 durchzuführen.

2.4.1 Programmiersprache STEP 7

Infolge der Ablösung der SIMATIC S5 durch SIMATIC S7 im Herbst 1995 wurde eine neue Programmiersprache (STEP 7), basierend auf der Norm IEC 1131, entwickelt. Diese Programmiersprache bietet die gesamte Funktionalität für Parametrisieren, Konfigurieren und Programmieren des Automatisierungsgerätes S7-300. STEP 7 läuft unter Windows 95 und arbeitet objektorientiert. Die Symbole für die Objekte sind auf der grafischen Bedieneroberfläche abgebildet. In STEP 7 ist eine Onlinehilfe integriert, die wertvolle Hinweise und Tips gibt.

2.4.2 Objekte

Es werden unter der grafischen Bedieneroberfläche Objekte mit Symbolen dargestellt. Ein Symbol ist einem bestimmten Objekt zugeordnet. STEP-7-Objekte bieten den Zugang zu folgenden Bearbeitungsfunktionen:

- Objekte anlegen und öffnen,
- Objekte bearbeiten und speichern,
- Objekte umbenennen,
- Objekte löschen,
- Objekte kopieren und einfügen.

Ein Objekt kann z.B. ein Projekt, eine SIMATIC-Station, ein S7-Programm usw. als Symbol enthalten.

2.4.3 Projekte

STEP 7 bietet die Möglichkeit, eine Anlage in Projekte zu gliedern. Ein Projekt enthält die gesamten Daten für eine Automatisierungslösung. Man kann als wichtigstes Objekt das Projekt bezeichnen.

Bild 2.4
Projektstruktur mit SIMATIC S7

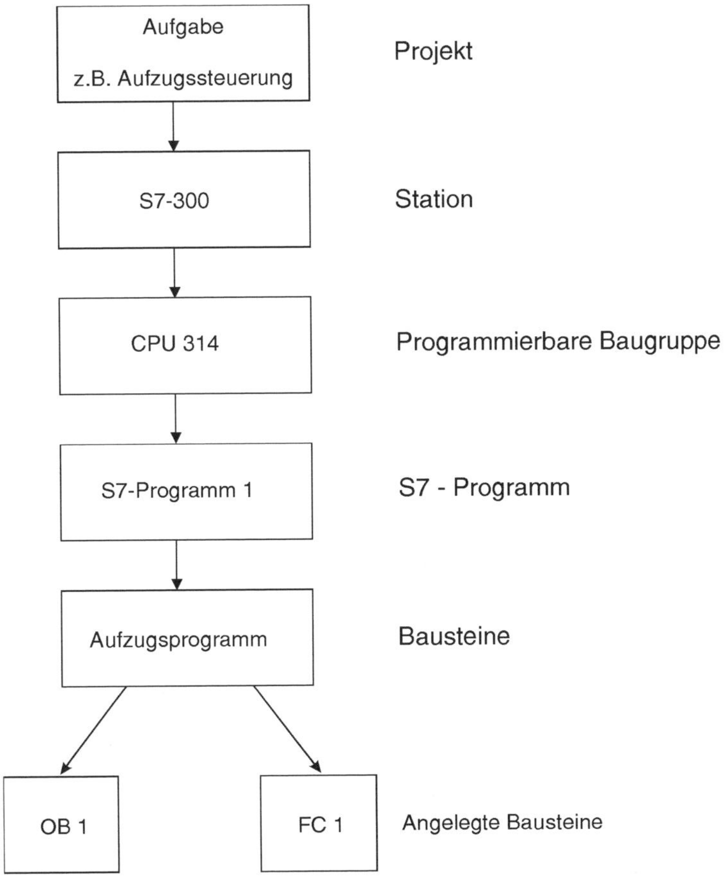

Die Daten für eine Automatisierungslösung werden in einem Projekt verwaltet. In unserem Beispiel ist das Projekt eine Aufzugsteuerung. In diesem Projekt liegt die gesamte Automatisierungslösung. Das Projekt enthält z.B. die Station S7-300 sowie das Automatisierungsgerät (AG) mit der CPU 314. In dieses AG wird das S7-Programm eingegeben. Das Programm gliedert sich dann in die entsprechenden Bausteine wie z.B. in OB 1 und FC 1.

2.4.4 Konfigurieren einer S7-300

Beim Konfigurieren werden die S7-Baugruppen in einer Konfigurationstabelle angeordnet. Die Baugruppen können aus einem elektronischen Katalog gewählt und in der Konfigurationstabelle dem Steckplatz entsprechend eingetragen werden. Der Steckplatz in der Konfigurationstabelle entspricht dem Steckplatz auf dem Baugruppenträger. Jeder Baugruppe wird dann automatisch eine Adresse zugeordnet.

2.4.5 Parametrisieren

Die Eigenschaften der einzelnen Baugruppen können verschiedenartig eingestellt werden. Ein Parameter ist z.B. die Zykluszeitüberwachung bei der CPU S7-300. Der Parameter ist veränderbar.

3 Funktionsweise einer SPS

3.1 Baugruppen der SPS

Die verschiedenen Baugruppen einer SPS erläutert Bild 3.1.

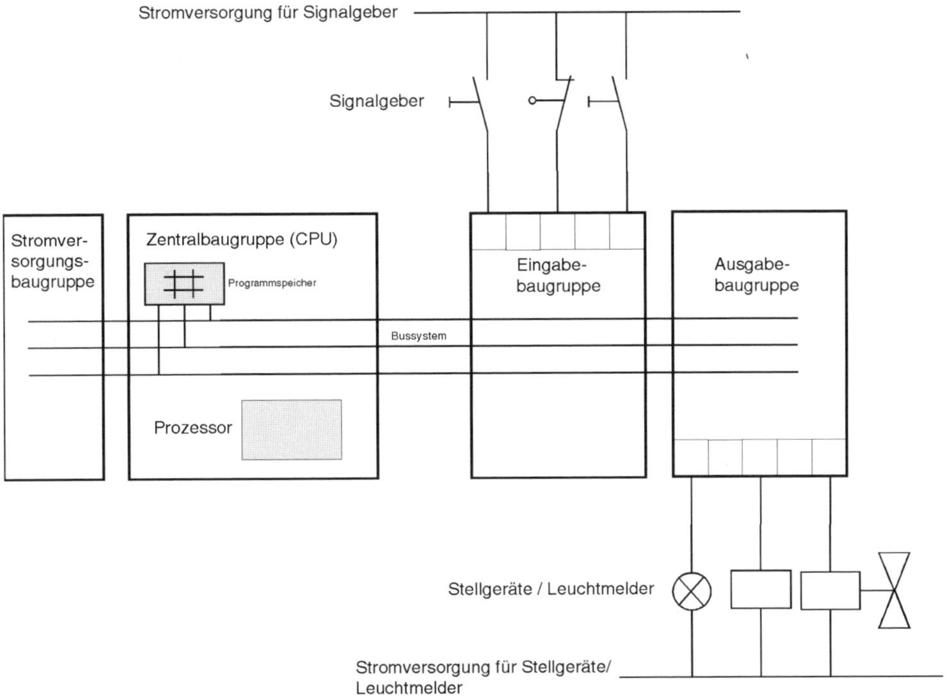

Bild 3.1 Zusammenwirken und Anordnung der Baugruppen einer SPS

3.1.1 Stromversorgungsbaugruppe

Die Stromversorgungsbaugruppe erzeugt aus der Netzspannung die Spannung für die elektronischen Baugruppen des Automatisierungsgerätes. Die Höhe dieser Spannung beträgt 24 V Gleichspannung. Spannungen für Signalgeber, Stellgeräte und Leuchtmelder, die über 24 V liegen (24...220 V), liefern zusätzlich dafür vorgesehene Netzgeräte bzw. Steuertransformatoren.

3.1.2 Programmspeicher

Speicherelemente sind Bauelemente, in denen Informationen in Form von binären Signalen hinterlegt (gespeichert) werden können. Als Programmspeicher werden überwiegend Halbleiterspeicher eingesetzt. Ein Speicher besteht aus:

- 512,
- 1024,
- 2048 usw. Speicherzellen.

Es ist üblich, die Kapazität des Programmspeichers (d.h. die Anzahl der Speicherzellen) in **Vielfachen von 1 K** (1 K steht hier für 1024) anzugeben. In jeder Speicherzelle kann mit Hilfe eines Programmiergerätes eine Steueranweisung geschrieben (programmiert) werden. Jedes Binärelement einer Speicherzelle kann dabei den Signalzustand «1» oder «0» annehmen.

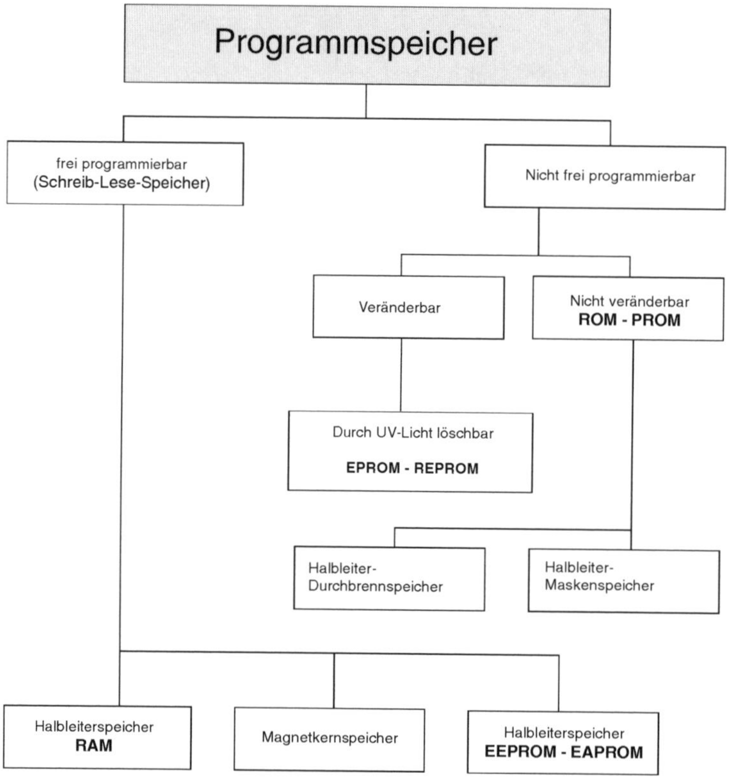

Bild 3.2
Schema eines Programmspeichers

RAM (random-access memory)

Mit RAM bezeichnet man einen in Halbleitertechnik gebauten *Schreib-Lese-Speicher*. Die einzelnen Speicherplätze sind mit Adressen gekennzeichnet, mit deren Hilfe frei auf die Speicherzellen zugegriffen werden kann.

In die Speicherzellen können beliebig oft Informationen geschrieben werden. Die Information wird ausgelesen, ohne daß der Informationsinhalt verlorengeht.

RAM-Speicher sind jedoch flüchtige Speicher, d.h., daß deren Informationsinhalt bei Ausfall der Speisespannung verlorengeht. RAM-Speicher werden elektrisch gelöscht.

ROM (read-only memory)
Festwertspeicher ROM enthalten eine nicht löschbare und nicht veränderbare Information. Die Bezeichnung ROM steht für *Nur-Lese-Speicher*. Die Information wird vom Hersteller eingegeben und kann nur von ihm verändert werden.

EPROM (eraseable read-only memory)
EPROM steht für *löschbarer, programmierbarer* Festwertspeicher. Der Inhalt des EPROM ist in seiner Gesamtheit durch UV-Licht löschbar und danach wieder programmierbar. Er ist deswegen gut geeignet, um ohne Datenverlust transportiert zu werden.

REPROM (reprogrammable read-only memory)
REPROM steht für *neuprogrammierbarer* Festwertspeicher. Er ist ebenfalls nur durch UV-Licht löschbar.

EEPROM (electrically eraseable read-only memory)
EEPROM steht für *elektrisch löschbarer, programmierbarer* Festwertspeicher. Im EEPROM läßt sich jede Speicherzelle elektrisch löschen und beschreiben.

EAPROM (electrically alterable read-only memory)
EAPROM steht für *elektrisch umprogrammierbarer* Festwertspeicher.

3.1.3 Zentralbaugruppe (CPU)

Die von den Signalen kommende Spannung wird auf die Anschlußleiste der Eingabebaugruppe geschaltet. In der CPU (Zentralbaugruppe, s. Bild 3.3) bearbeitet der Prozessor das im Speicher stehende Programm und fragt dabei ab, ob die einzelnen Eingänge des Gerätes Spannung führen oder nicht. Abhängig von diesem Zustand an den Eingängen und von dem im Speicher stehenden Programm weist der Prozessor die Ausgabebaugruppe an, auf die entsprechenden Anschlüsse der Anschlußleiste Spannung zu schalten. Wiederum abhängig vom Spannungszustand an den Anschlüssen der Ausgabebaugruppen werden die angeschlossenen Stellgeräte bzw. Leuchtmelder ein- oder ausgeschaltet.

Der Adressenzähler fragt den Programmspeicher Anweisung für Anweisung nacheinander (seriell) ab und bewirkt die programmabhängige Informationsübertragung aus dem Programmspeicher zum Anweisungsregister. Alle Speicher in einem Prozessor nennt man üblicherweise Register.

Das Steuerwerk erhält seine Anweisungen vom Anweisungsregister. Während das Steuerwerk die aktuelle Anweisung bearbeitet, schiebt der Adressenzähler die nächste Anweisung in das Anweisungsregister.

Auf die Statusübertragung der Eingänge in das Prozeßabbild der Eingänge (PAE) folgen Verknüpfung, der Einsatz der Zeitglieder, Zähler, Akkus und die Übertragung der Verknüpfungsergebnisse (VKE) in das Prozeßabbild der Ausgänge (PAA). Wird nach Abarbeitung des Anwenderprogrammes Bausteinende (BE) erkannt, so erfolgt die Übertragung des jeweiligen Status aus dem PAA an die Ausgänge.

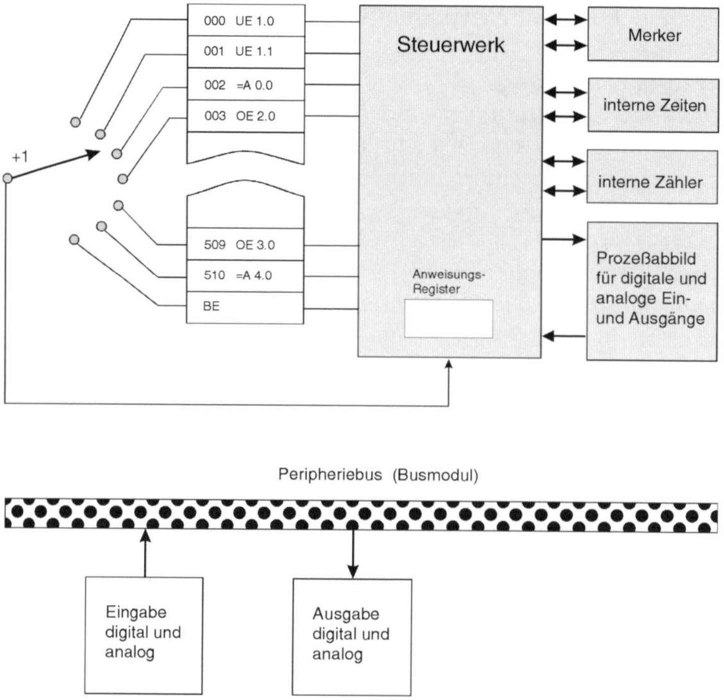

Bild 3.3
Zentralbaugruppe
(CPU)

Der Peripheriebus wickelt den Datenaustausch zwischen Zentralbaugruppe und Peripherie ab. Zur Peripherie gehören die digitalen Eingabe- und Ausgabebaugruppen, analoge Eingabe- und Ausgabebaugruppen sowie Zeit-, Zähl- und Grenzwertbaugruppen.

3.1.4 Bussystem

Das Bussystem (s. Bild 3.4) ist eine Sammelleitung zur Übertragung von Signalen. So erfolgt der Signalaustausch im Automatisierungsgerät (AG) zwischen dem Prozessor und den Ein- und Ausgabebaugruppen über ein sog. Prozeßbussystem. Der Prozeßbus besteht aus 3 parallelen Signalleitungen:

Bild 3.4
Das Bussystem

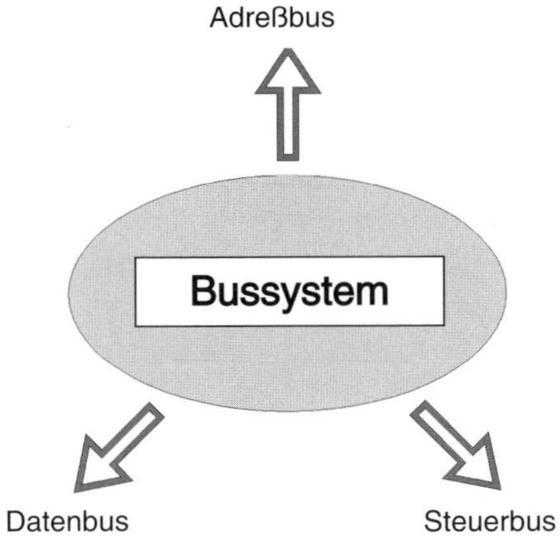

- mit dem Adreßbus werden Adressen auf den einzelnen Baugruppen angesprochen,
- mit dem Datenbus werden Daten z.B. von Eingabe- nach Ausgabebaugruppen übertragen,
- auf dem Steuerbus werden die Signale zur Steuerung und Überwachung des Funktionsablaufs innerhalb des Automatisierungsgerätes übermittelt.

3.1.5 Ein- und Ausgabebaugruppen

Über die Ein- und Ausgabebaugruppen erfolgt der Datenaustausch mit dem zu steuernden oder zu regelnden Prozeß.

4 Programmbearbeitung und Programmierung

Bei der Programmbearbeitung gibt es die Möglichkeit der linearen und der strukturierten Bearbeitung.

4.1 Lineare Programmbearbeitung

Die lineare Programmbearbeitung (s. Bild 4.1) wird meist für einfache, nicht zu umfangreiche Steuerungen verwendet und kann in einem einzigen Organisationsbaustein (OB) realisiert werden. Dabei werden die Anweisungen vom Steuergerät in der Reihenfolge bearbeitet, in der sie im Programmspeicher hinterlegt sind. Wenn das Programmende (BE) erreicht ist, beginnt die Programmbearbeitung wieder von vorne. Die Zeit, die ein Gerät für eine einmalige Bearbeitung aller Anweisungen benötigt, wird Zykluszeit genannt. Man spricht deshalb auch von einer zyklischen Bearbeitung.

Bild 4.1
Lineare Programmbearbeitung

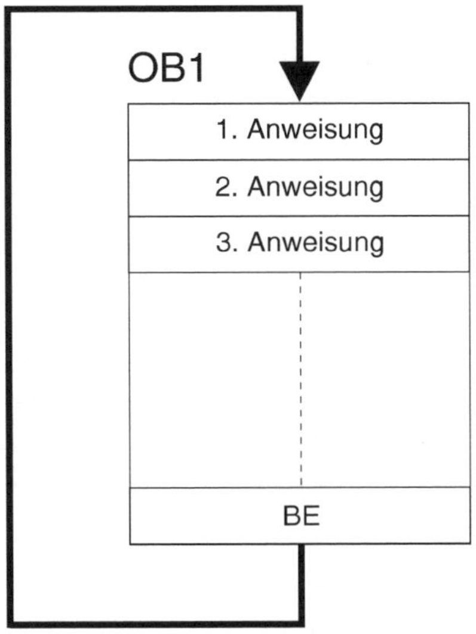

4.2 Strukturierte Programmierung

Das Programm unterteilt man bei umfangreichen Steuerungsaufgaben in kleine, überschaubare und nach Funktion geordnete Programmbausteine. Das hat den Vorteil, Programmteile einzeln austesten zu können und sie bei Funktionieren zu einer Gesamtfunktion zusammenzuführen. STEP 7 bietet dafür folgende Anwenderbausteine an:

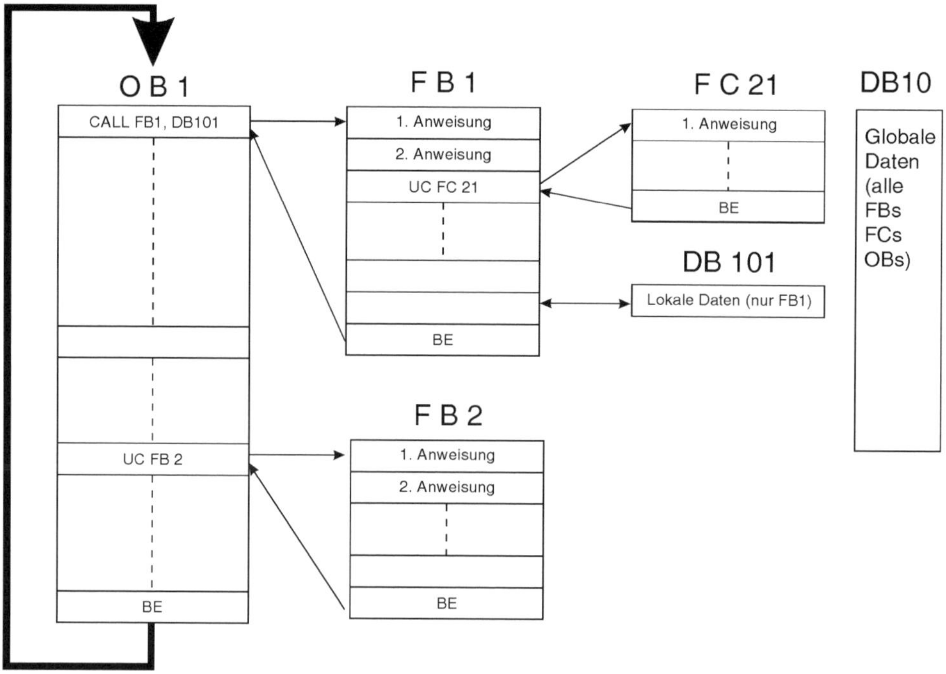

Bild 4.2 Strukturierte Programmierung mit Anwenderbausteinen mit: OB Organisationsbaustein, FB Funktionsbaustein, FC Funktion, DB Datenbaustein

Organisationsbaustein (OB)

Ein OB wird vom Betriebssystem zyklisch aufgerufen und bildet die Schnittstelle zwischen Anwenderprogramm und Betriebssystem. Im OB wird dem Steuerwerk des Automatisierungsgeräts (AG) über Bausteinaufrufbefehle mitgeteilt, welche Programmbausteine es bearbeiten soll.

Funktionsbaustein (FB)

Der FB verfügt über einen zugeordneten Speicherbereich. Wenn ein FB aufgerufen wird, kann ihm ein Datenbaustein (DB) zugeordnet werden. Auf die Daten in diesem Instanz-DB kann über Aufrufe aus dem FB zugegriffen werden. Ein FB kann verschiedenen DBs zugeordnet werden. Weitere FBs und FCs können über Bausteinaufrufbefehle in einem Funktionsbaustein aufgerufen werden.

Funktion (FC)
Eine FC besitzt keinen zugeordneten Speicherbereich. Die lokalen Daten einer Funktion sind nach der Bearbeitung der Funktion verloren.

Datenbaustein (DB)
DBs werden verwendet, um Speicherplatz für Datenvariable bereitzustellen. Es gibt 2 Typen von Datenbausteinen, Globale DBs, wo alle OBs, FBs und FCs die gespeicherten Daten lesen oder selbst Daten in den DB schreiben können, und Instanz-DBs, die einem bestimmten FB zugeordnet sind.

Systembausteine für Standard- und Systemfunktionen
Bei Systembausteinen handelt es sich um fertige Funktionen, die in der CPU hinterlegt sind. Diese Bausteine können vom Anwender aufgerufen und im Programm genutzt werden.

Systembausteine von STEP 7

Systemfunktionsbaustein (SFB)
Im Betriebssystem der CPU hinterlegter und vom Anwender aufrufbarer Funktionsbaustein.

Systemfunktion (SFC)
Im Betriebssystem der CPU hinterlegte und vom Anwender aufrufbare Funktion.

Systemdatenbaustein (SDB)
Speicherbereich im Programm, der von verschiedenen STEP-7-Tools (z.B. S-7-Configuration, Communication Configuration ...) erstellt wird, um Daten für das Automatisierungssystem zu speichern.

> Welche Systembausteine zur Verfügung stehen, ist von CPU zu CPU verschieden und kann den STEP-7-Referenzhandbüchern entnommen werden.

4.3 Steuerungsanweisung

Für die Bearbeitung durch eine speicherprogrammierbare Steuerung wird die Steuerungsaufgabe in einzelne Steuerungsanweisungen (s. Bild 4.3) zerlegt. Eine Steuerungsanweisung ist die selbständige Einheit eines Steuerungsprogrammes. Sie stellt eine Arbeitsvorschrift dar. Benennungen, Kennzeichen und Symbole für Steuerungsanweisungen sind in DIN 19 239 festgelegt.

Steuerungsanweisung		
Operatiosteil	Operandenteil	
	Kennzeichen	Parameter
U	E	0.0

Bild 4.3
Aufbau einer Steuerungsanweisung

4.3.1 Operationsteil

Die Operation beschreibt die auszuführende Funktion. Bild 4.4 zeigt, welche Operationen nach DIN 19239 unterschieden werden.

Bild 4.4

4.3.2 Beispiele für digitale Operationen

L laden
T transferieren
>I vergleichen auf «größer Ganzzahlen»
==R vergleichen auf «gleich Realzahlen»
–R Subtraktion bei Realzahlen

4.3.3 Beispiele für binäre Operationen

Bild 4.5 zeigt einen Auszug aus DIN 19 239.

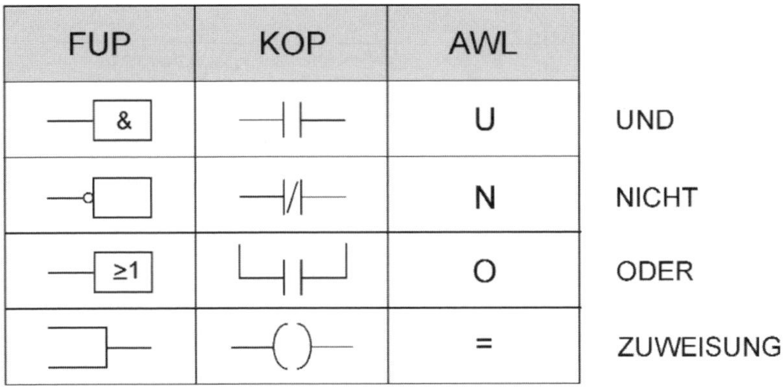

Bild 4.5
Auszug aus
DIN 19 239

4.3.4 Beispiele für organisatorische Operationen

CC Bausteinaufruf konditioniert
UC Bausteinaufruf unkonditioniert
AUF Datenbaustein aufschlagen
SPA Sprung absolut
SPB Sprung bedingt
BEA Bausteinende unbedingt
BEB Bausteinende bedingt

4.3.5 Operandenteil

Der Operandenteil enthält alle für die Ausführung der Operation notwendigen Angaben. Er gibt an, womit das Steuerwerk eine Operation ausführen soll. Das Operandenkennzeichen enthält die Art des Operanden:

E für Eingänge
A für Ausgänge
M für Merker
T für Zeiten
Z für Zähler
OB für Organisationsbaustein
FB für Funktionsbaustein
FC für Funktion
DB für Datenbaustein
SFB für Systemfunktionsbaustein
SFC für Systemfunktion
.. für 32-Bit-Konstante
usw.

Der Operandenparameter gibt die Adresse des Operanden an.

4.4 Adressierung

4.4.1 Symbolische Adressierung

Die symbolische Adressierung ist für eine bessere Verständlichkeit oft hilfreich. Sie ermöglicht es, einer bestimmten absoluten Adresse einen symbolischen Namen zuzuordnen. So kann man z.B. dem Eingang E0.0 den Namen END_STOP und den Datentyp BOOL zuordnen. Jeder symbolische Name darf nur einmal vorkommen. Die Zuordnung erfolgt mit dem Tool Symbol Editor.

4.4.2 Absolute Adressierung

In STEP 7 gibt es folgende absolute Adressierungen:

- unmittelbare Adressierung,
- direkte Adressierung,
- speicherindirekte Adressierung.

4.4.3 Unmittelbare Adressierung

Bei der unmittelbaren Adressierung ist der Operand in der Operation enthalten, d.h., es folgt entweder direkt der Wert, mit dem diese Operation arbeiten soll, oder impliziert den Operanden.

Beispiele:

SET setze VKE auf 1
L+27 lade die Ganzzahl 27 in Akku 1
L L#+5 lade die 32-Bit-Konstante 5 in Akku 1

4.4.3.1 Direkte Adressierung

Bei der direkten Adressierung ist die Operandenadresse in der Operation enthalten, d.h. der Operand gibt die Adresse des Wertes an, den die Operation verarbeiten soll.

Der Operand besteht aus einem Operandenkennzeichen und einem Parameter und zeigt direkt auf die Adresse des Wertes.

Beispiele:

UE 0.0 führe eine *UND-Verknüpfung* des Eingangsbits E0.0 aus
L EB0 lade Eingangsbyte EB0 in Akku 1
=A4.0 weise dem VKE Ausgangsbit A4.0 zu.

4.4.3.2 Speicherindirekte Adressierung

Bei der speicherindirekten Adressierung wird die Operandenadresse indirekt über einen weiteren Operanden, der die Adresse des ersten enthält, vorgegeben, d.h., der Operand gibt die Adresse des Wertes an, den die Operation verarbeiten soll.

Die Adresse des Wertes oder der Nummer gibt der Operand indirekt über einen *Pointer* an. Das *Wort* oder *Doppelwort* kann sich in einem Merker (M), Datenbaustein (DB), Instanz-Datenbaustein (DI) oder in Lokaldaten (L) befinden.

Beispiele:

UE [MD3]	Führe eine *UND-Verknüpfung* des Eingangsbits aus. Die genaue Adresse befindet sich im Merkerdoppelwort MD3.
LEB [DID 4]	Lade Eingangsbyte in AKKU 1. Die genaue Adresse befindet sich im Instanz-Datendoppelwort DID 4.
AUF DB [LW 2]	Öffne den Datenbaustein. Die Datenbausteinnummer befindet sich im Lokaldatenwort LW 2.

4.5 Programmdarstellung

Grundlage jeder Programmdarstellung ist die Aufgabenstellung, in der die Funktion beschrieben wird, die in ein Programm umgesetzt werden soll. Die Aufgabenstellung liegt meist in Form eines Stromlaufplans vor (Bild 4.6).

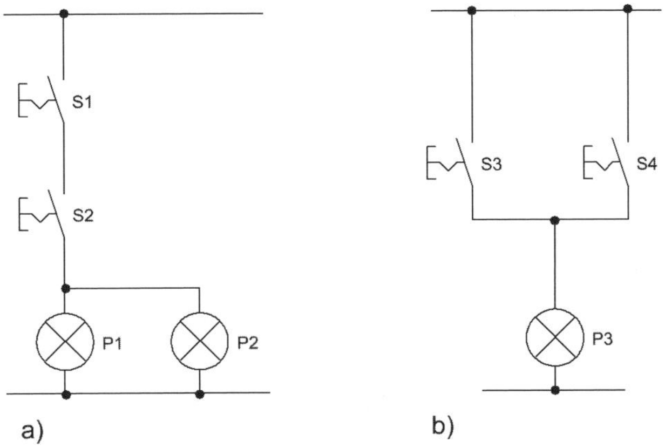

Bild 4.6
Stromlaufplan:
a) *UND-Verknüpfung*,
b) *ODER-Verknüpfung*

In STEP 7 läßt sich ein Programm in 3 verschiedenen Arten darstellen und programmieren. Folgende Programmierarten sind möglich:

Kontaktplan **KOP**
Funktionsplan **FUP**
Anweisungsliste **AWL**

4.5.1 Kontaktplan (KOP)

Der Kontaktplan (s. Bild 4.7) ist die bildliche Darstellung der Steuerungsaufgabe mit Symbolen nach *DIN 19 239*, die auch in den USA üblich sind. Er hat viel *Ähnlichkeit* mit dem herkömmlichen *Stromlaufplan*, jedoch sind mit Rücksicht für die Darstellung auf einem Bildschirm die einzelnen Strompfade nicht senkrecht, sondern waagrecht angeordnet.

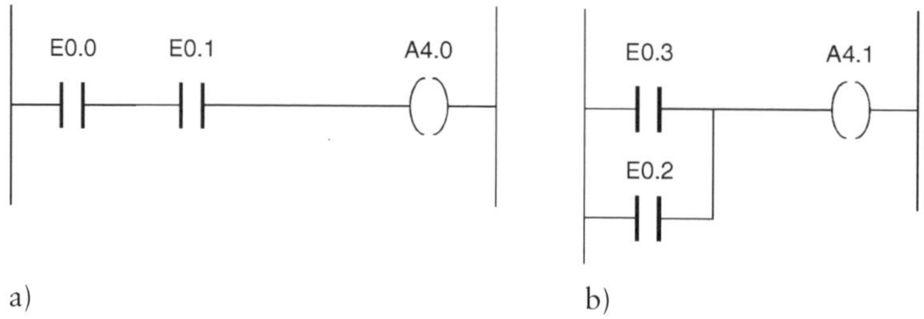

Bild 4.7
Kontaktplan
a) *UND-Verknüpfung*,
b) *ODER-Verknüpfung*

4.5.2 Funktionsplan FUP (erst ab STEP 7 V3.x)

Der Funktionsplan (s. Bild 4.8) ist die bildliche Darstellung der Steuerungsaufgabe mit Symbolen nach *DIN 40 700* und *DIN 19 239*. Die einzelnen Funktionen werden durch ein *Symbol mit Funktionskennzeichen* dargestellt. Auf der linken Seite des Symbols werden die Eingänge, auf der rechten Seite die Ausgänge angeordnet. Sie benutzt zur Darstellung die Logik der Booleschen Algebra mit den bekannten logischen Boxen.

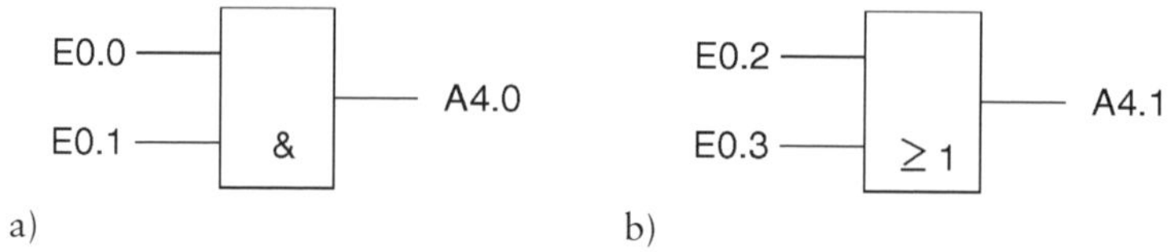

Bild 4.8
Funktionsplan
a) *UND-Verknüpfung*,
b) *ODER-Verknüpfung*

4.5.3 Anweisungsliste AWL

In der Anweisungsliste (s. Bild 4.9) wird die Steuerungsaufgabe mit einzelnen Steuerungsanweisungen beschrieben. Die Steuerungsanweisung (Operation und Operand) stellt die Aufgabe mit mnemotechnischen (sinnfälligen) Abkürzungen dar (DIN 19 239).

Bild 4.9
Die Anweisungsliste

Adresse	Operationsteil	Operandenteil		
		Kennzeichen	Parameter	
000	U	E	0.0	UND-Verknüpfung
002	U	E	0.1	
004	=	A	4.0	
006	O	E	0.2	ODER-Verknüpfung
008	O	E	0.3	
00A	=	A	4.1	
00C	BE			

Jede Darstellungsart hat spezielle Eigenschaften. Wenn bei der Programmierung bestimmte Regeln eingehalten werden, ist ein Übersetzen in alle 3 Darstellungsarten problemlos möglich.

Steuerungsprogramme, die in KOP oder FUP programmiert wurden, können grundsätzlich immer in die Anweisungsliste (AWL) übersetzt werden. Im Programmspeicher der Steuergeräte ist das Programm immer in AWL (allerdings in Maschinensprache) abgelegt.

4.6 Merker

Für Verknüpfungen innerhalb der Steuerung, bei denen keine Signalabgabe außerhalb der Steuerung erforderlich ist, werden Merker eingesetzt. Sie sind elektronische Speicherelemente (R-S-Speicherglieder), mit denen die beiden Signalzustände «0» und «1» abgespeichert werden können.

Jede SPS hat eine große Anzahl von Merkern zur Verfügung. Sie werden wie Ausgänge programmiert. Bei Ausfall der Betriebsspannung geht der gespeicherte Inhalt von Merkern verloren.

4.6.1 Remanente Merker

Ein Teil dieser Merker ist jedoch remanent (nullspannungssicher). Durch eine Pufferbatterie in der SPS wird der Spannungsausfall überbrückt. Die logischen Zustände bleiben deshalb erhalten.

Remanente Merker

- behalten bei Ausschalten der Speisespannung den letzten Zustand,
- behalten bei Wechsel der Betriebsart RUN > STOP ihren Zustand,
- können außer durch das Anwenderprogramm mit AG > URLÖSCHEN rückgesetzt werden.

Durch die Verwendung der remanenten Merker kann der letzte Anlagen- oder Maschinenzustand vor Verlassen des Betriebszustandes gespeichert werden. Bei Neustart kann die Anlage oder Maschine an der Stelle weiterarbeiten, wo sie zum Stillstand kam. Die Remanenzbereiche werden durch Parametrisieren im Tool S7 Configuration festgelegt.

4.6.2 Nichtremanente Merker

- werden bei Wechsel der Betriebsart RUN >STOP sowie bei NETZ EIN zurückgesetzt.

5 Verknüpfungen

5.1 Grundverknüpfungen

Eingabe des Programms UND-Verknüpfung mit dem PC nach dem FUP (s. Bild 5.1).

Zuordnungsliste		
Symbol	**Operand**	**Kommentar**
S1	E0.0	Schalter «Schließer»
S2	E0.1	Schalter «Schließer»
P1	A4.0	Leuchtmelder

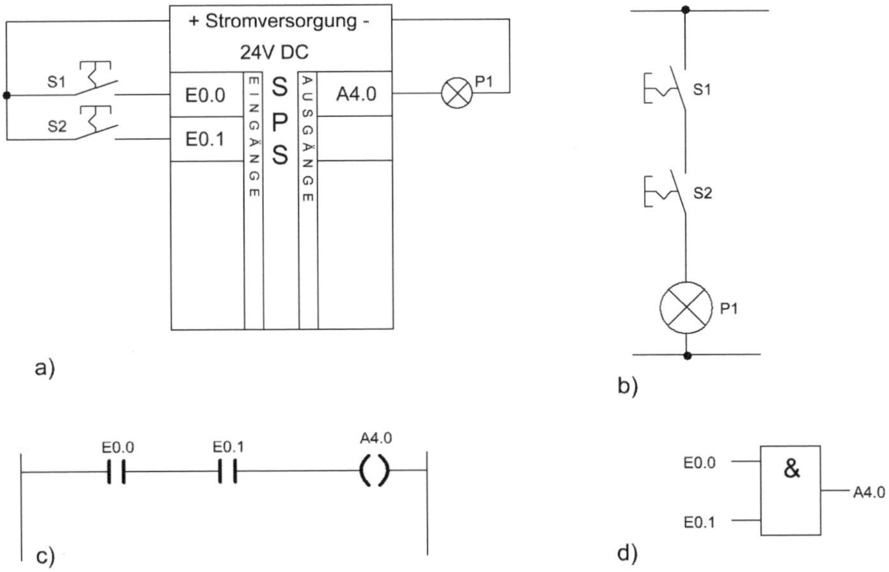

Bild 5.1 Eingabe der UND-Verknüpfung: a) Anschluß an die SPS, b) Stromlaufplan, c) KOP, d) FUP

Bevor man das Programm UND-Verknüpfung in die SIMATIC S7 eingibt, muß ein Projekt angelegt werden. Erst dann kann die CPU konfiguriert und parametrisiert werden. Sicherheitshalber sollte vorher die CPU urgelöscht werden, um sicherzustellen daß sich keine «alten» Bausteine in der CPU befinden. Man geht bei der Programmierung der S7-300 nach folgenden Schema vor:

CPU urlöschen

Projekt anlegen

CPU konfigurieren und parametrisieren

Konfigurationstabelle speichern

Konfiguration in die CPU laden

5.1.1 CPU urlöschen

Man geht nach folgenden Schritten vor:

Klicken mit der Maus auf den SIMATIC-Manager

⇨ Klicken im SIMATIC-Manager auf den Menübefehl:
⇨ **Datei** ⇨ **Öffnen** ⇨ **Erreichbare Teilnehmer**

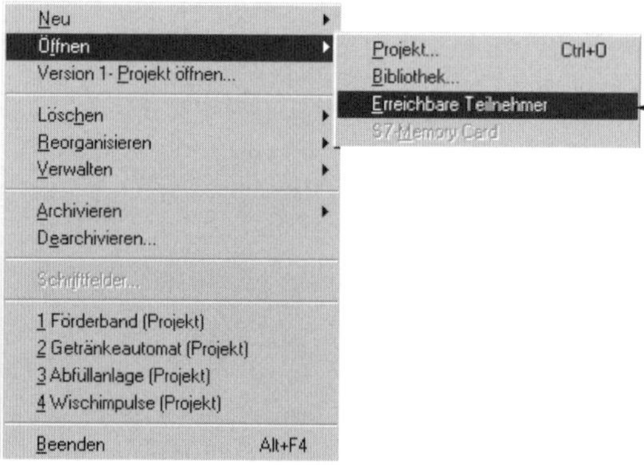

klicken

⇨ Folgendes Fenster erscheint:

auf MPI-Adresse doppelklicken

⇨ Folgendes Fenster erscheint:

Zielsystem anklicken

⇨ Folgendes Fenster erscheint:

Anzeigen mit dem Menübefehl: **Zielsystem ⇨ Betriebszustand ...** den aktuellen Betriebszustand der CPU. Man bringt die CPU in den Zustand STOP und bestätigt mit OK und verläßt das Dialogfeld mit Schließen. Die CPU geht in den Zustand STOP.

Nur im Zustand **STOP** kann das AG urgelöscht werden.

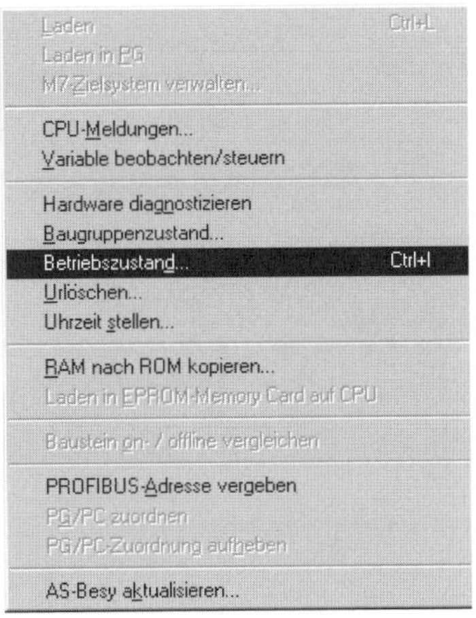

Jetzt kann die CPU urgelöscht werden.

auf das Menü klicken: **Zielsystem ⇨ urlöschen**

Aktion bestätigen.

Wichtig: An der CPU ist ein Schlüsselschalter angebracht. Dieser Schalter muß in der Stellung RUN-P oder STOP stehen.

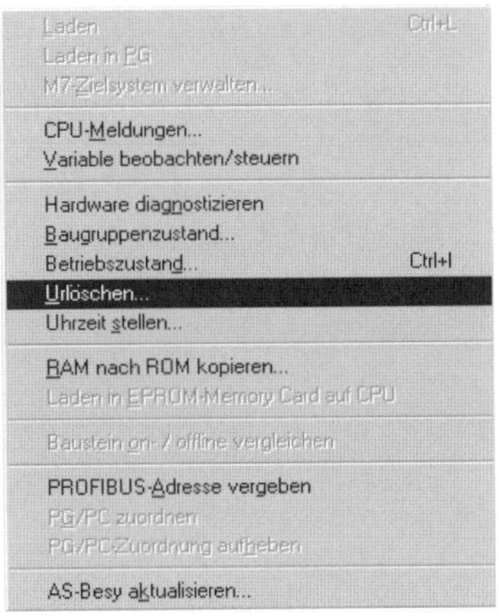

Die CPU wird jetzt zurückgesetzt, d.h., das gesamte Anwenderprogramm wird gelöscht, die Systemparameter und Baugruppenparameter werden auf die Defaulteinstellungen zurückgesetzt. Die CPU bricht damit alle bestehenden Verbindungen ab.

⇨ Schließen des Fensters und zurückkehren zum SIMATIC-Manager.

5.1.2 Projekte anlegen

Man legt nun für das Anwenderprogramm das Projekt UND-Verknüpfung an.

Klicken im SIMATIC-Manager auf den Menübefehl: **Datei ⇨ Neu ⇨ Projekt ...**

⇨ Folgendes Fenster erscheint:

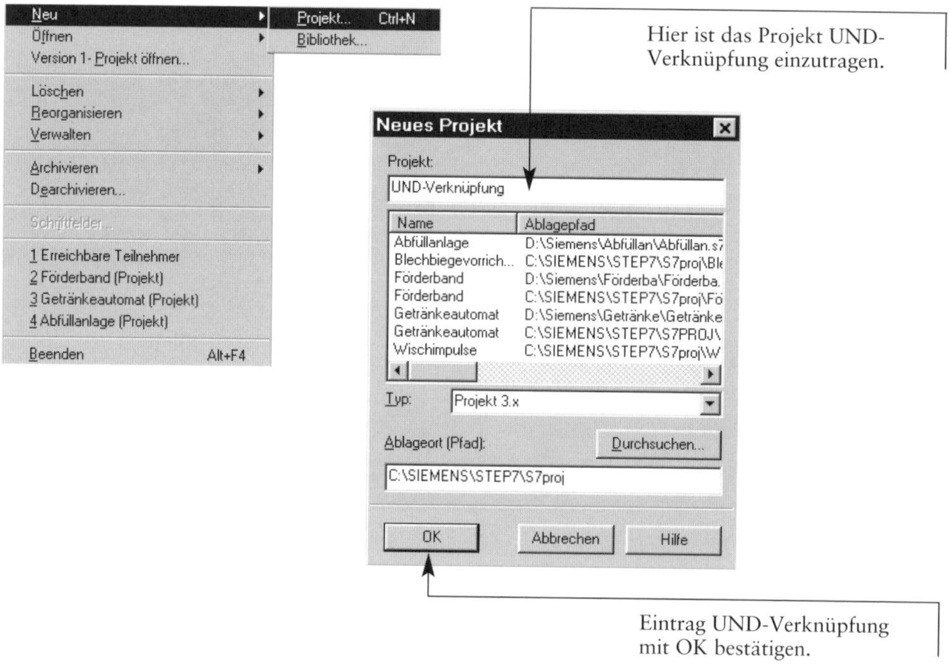

⇨ **Das Projekt ist nun angelegt.**

5.1.3 Einfügung der SIMATIC-300-Station

Man geht zum Menübefehl: **Einfügen** ⇨ Station ⇨ **SIMATIC-300-Station**

Eine SIMATIC-300-Station wird in das geöffnete Projekt (UND-Verknüpfung) eingefügt. Die Station und ihr Name wird im Projektfenster angezeigt.

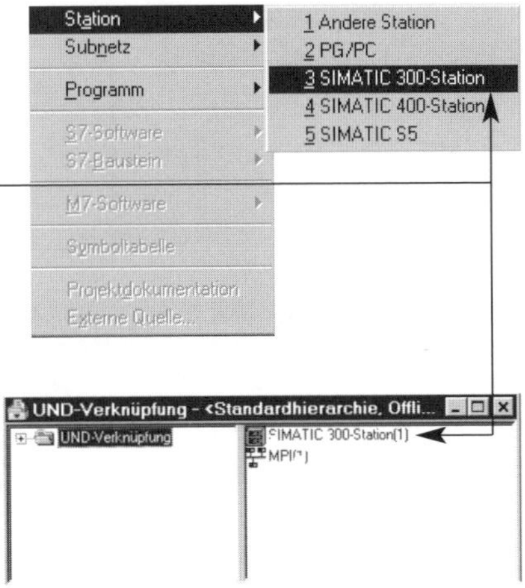

Im Projekt UND-Verknüpfung ist nun eine Hardware-Station eingefügt.

5.1.4 Konfigurieren und Parametrisieren

Um jetzt das Anwenderprogramm UND-Verknüpfung eingeben zu können, muß man die SIMATIC-Station neu konfigurieren und parametrisieren.

Hinterlegen der SIMATIC-Station im Projekt.

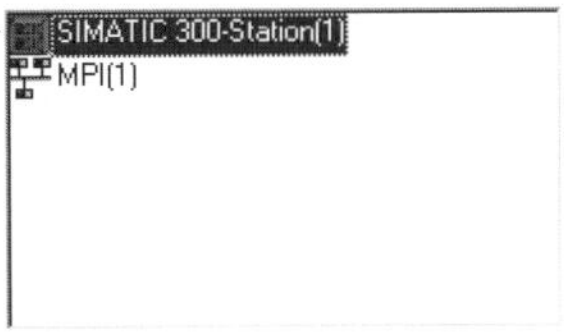

⇨ Aufrufen der Konfigurationstabelle mit dem Menübefehl:
Bearbeiten ⇨ Objekt öffnen.

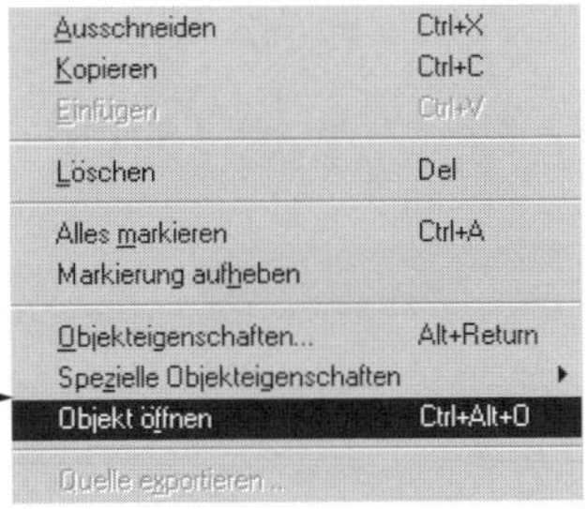

hier klicken ⇨ dann einfügen:
Hardware-Komponenten

Es wird der Hardware-Katalog (in ihm sind alle Hardware-Komponenten enthalten) angezeigt.

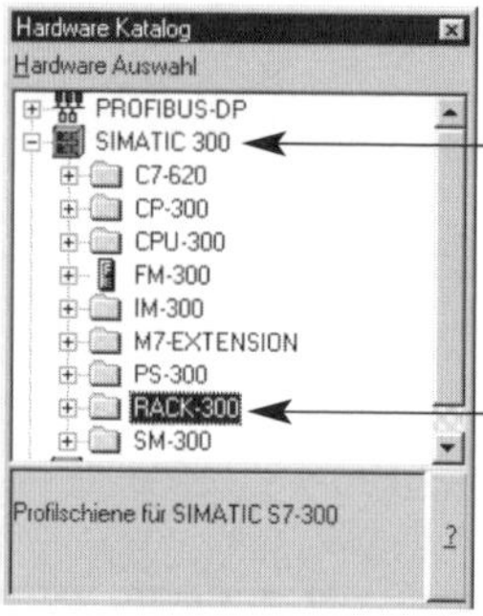

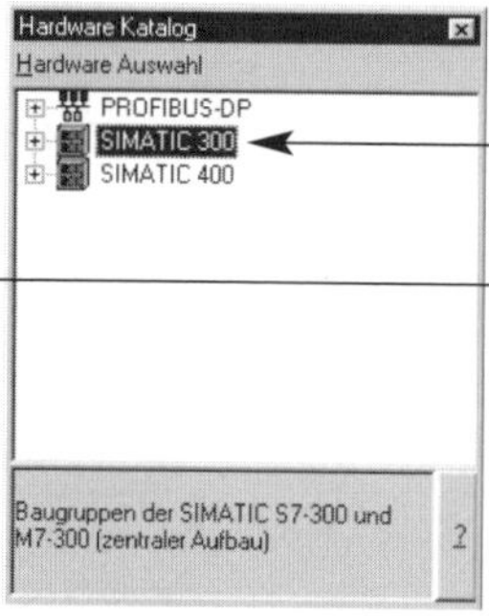

SIMATIC-300-Station hinterlegen.
«+»-Zeichen auf der linken Seite der SIMATIC-300-Station anklicken.
Aus dem «+»-Zeichen wird ein «–»-Zeichen (Unterverzeichnis).
In diesem Unterverzeichnis sind alle Hardware-Komponenten der S7-300-Station enthalten.

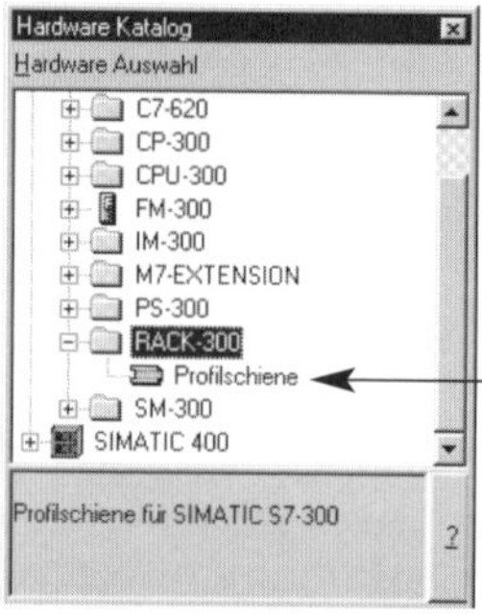

Profilschiene im Rack 300 auswählen. Die Profilschiene ist der Baugruppenträger, auf dem alle Hardware-Komponenten gesteckt werden.

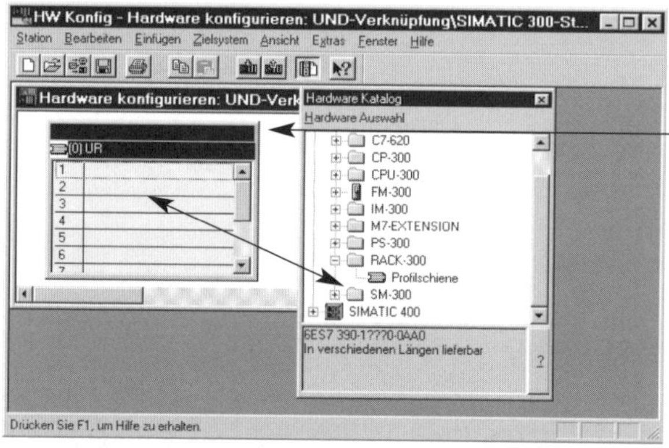

Mit **Drag & Drop** Profilschiene ins Arbeitsfenster ziehen.

(Profilschiene mit der Maus anklicken, festhalten und ziehen.)

Es wird eine Tabelle mit der Profilschiene und den Steckplätzen gezeigt.

⇨ anklicken der Tabelle:

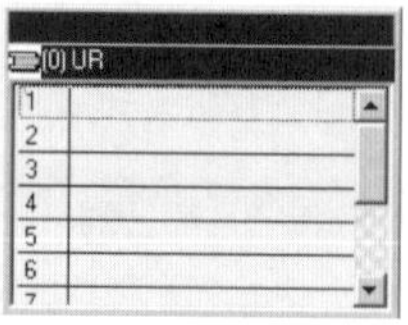

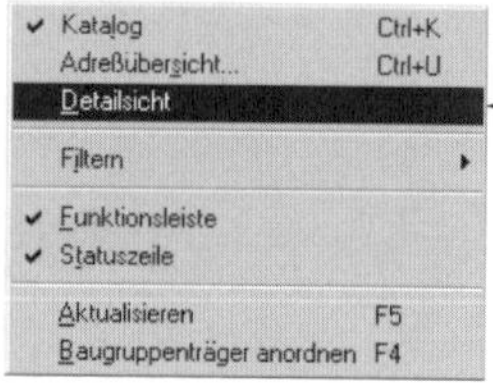

aus dem Menü wählen:
Ansicht ⇨ Detailansicht

⇨ Die Detailansicht der Konfigurationstabelle wird im Fenster gezeigt.

In der Detailansicht der Konfigurationstabelle werden die Bestellnummern und die Adressen der Baugruppen hinterlegt.

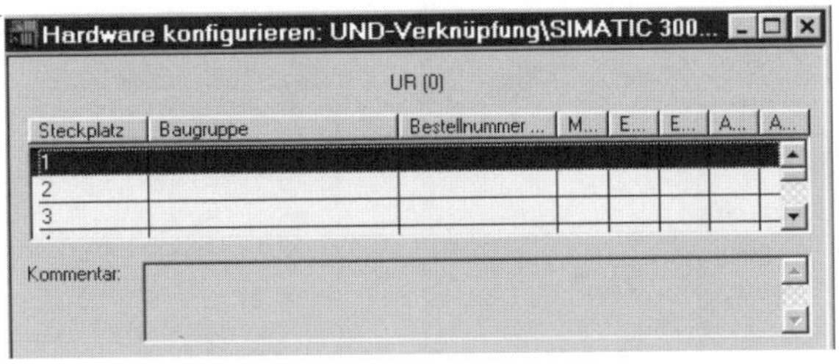

Auf die Profilschiene wird nun die Stromversorgung gesetzt. Wir verwenden für alle unsere nachfolgenden Beispiele die Stromversorgungsbaugruppe PS 307 mit 2 A.

5.1.5 Anordnung der Stromversorgungsbaugruppe

Anklicken des «+»-Zeichens in der Hardwareliste bei der Stromversorgung PS 300

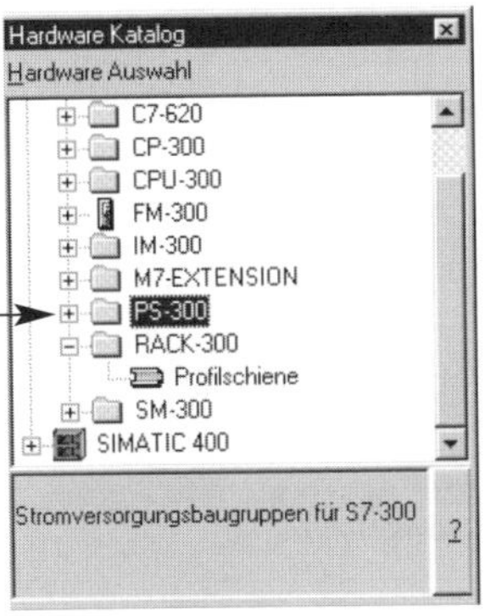

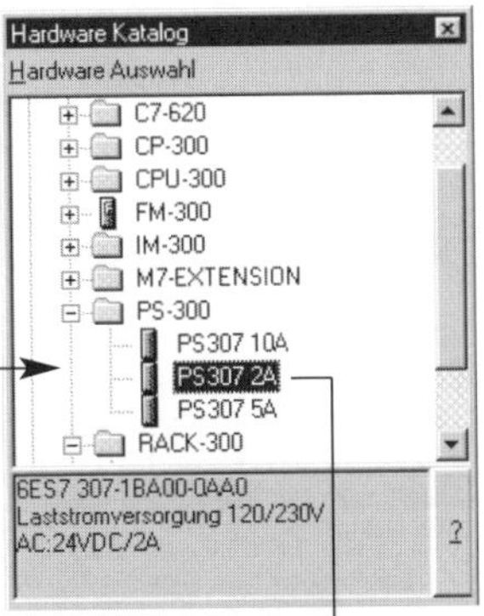

Das Unterverzeichnis mit den verschiedenen Stromversorgungen öffnet sich.

Mit Drag & Drop die Stromversorgung PS307 2A in die Konfigurationstabelle auf den Steckplatz 1.

Die Stromversorgungsbaugruppe ist nun installiert.

5.1.6 Anordnung der CPU 314

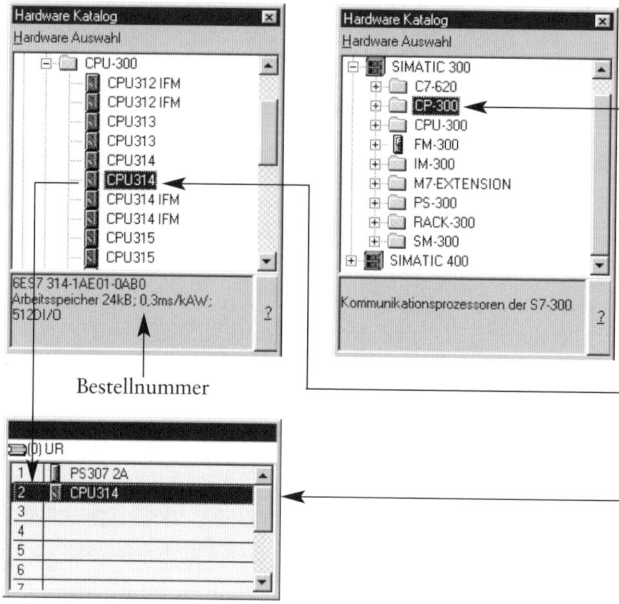

CPU 300 in der Hardware-Liste anklicken und über das «+»-Zeichen in das Unterverzeichnis der verschiedenen CPU-Typen gehen.

CPU-314 mit der Bestellnummer 314-1AE01-0AB0 auswählen. Mit dieser CPU werden alle Übungen getestet.

Per Drag & Drop die CPU in die Konfigurationstabelle auf den Steckplatz 2 ziehen.

Die CPU 314 ist nun installiert.

5.1.7 Anordnung der Eingabebaugruppe

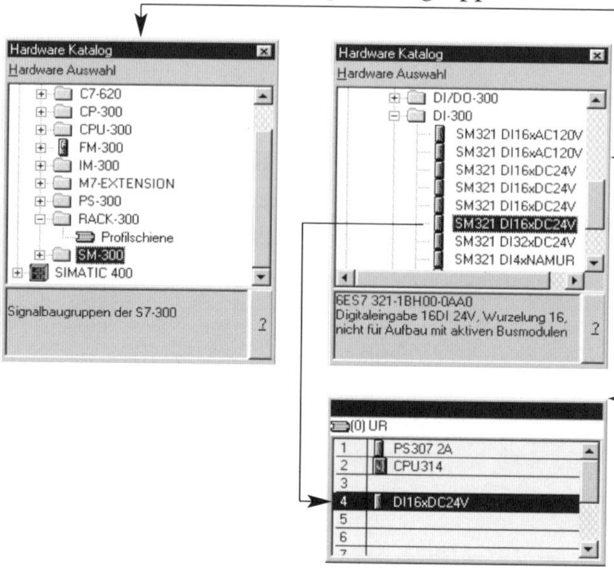

Hardware-Liste bei den SM-Baugruppen DI300 anklicken, dann das «+»-Zeichen.

Das Unterverzeichnis mit den verschiedenen DI (Digitale Eingabebaugruppen) öffnet sich. Baugruppe 16 DI mit der Bestellnummer 321-1BH00-0AA wählen. Diese Baugruppe besitzt 16 digitale Eingänge.

Per Drag & Drop die Eingabebaugruppe in die Konfigurationstabelle auf den Steckplatz 4 ziehen.
Wichtig: Steckplatz 3 bleibt frei. Er ist für die IM-Baugruppe reserviert.

Die Digitale Eingabebaugruppe (DI) mit 16 Eingängen ist nun installiert.

5.1.8 Anordnung der Ausgabebaugruppe

Anklicken der Hardware-Liste bei den SM-Baugruppen DO 300, dann das «+»-Zeichen.

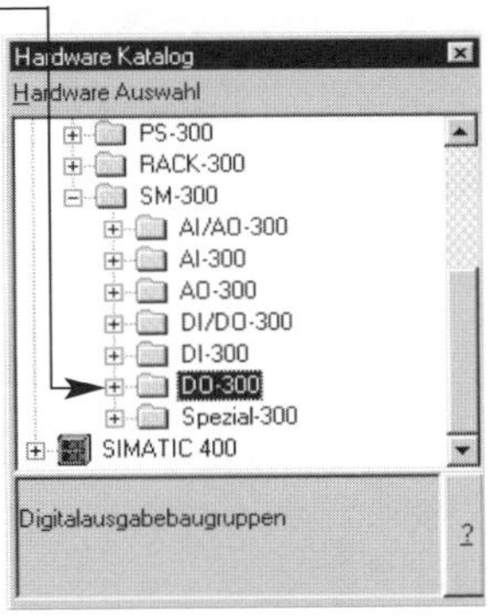

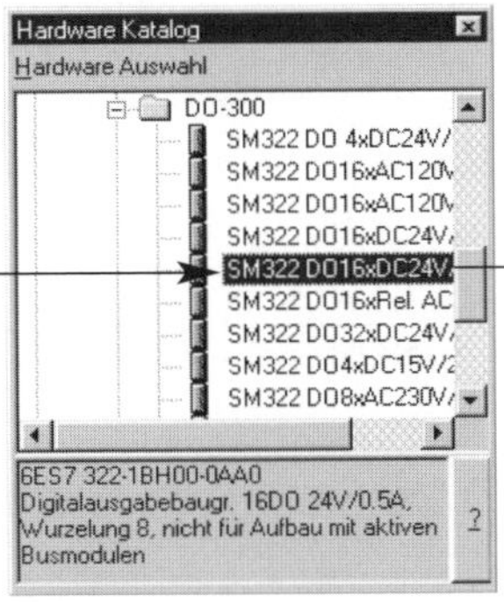

Das Unterverzeichnis mit den verschiedenen DO (digitale Ausgabebaugruppen) öffnet sich. Baugruppe 16 DO mit der Bestellnummer 322-1BH00-0AA0 wählen. Sie besitzt 16 digitale Ausgänge.

Per Drag & Drop die Ausgabebaugruppe in die Konfigurationstabelle auf den Steckplatz 5 ziehen.

Die Digitale Ausgabebaugruppe ist nun installiert. Die Konfigurationstabelle ist damit vollständig erstellt.

5.1.9 Parametrisieren der CPU 314

Um die CPU 314 für Übungen zu gebrauchen, muß man sie dementsprechend parametrisieren.

In der Konfigurationstabelle auf Steckplatz 2 (CPU 314) doppelklicken.

⇨ Folgendes Dialogfeld erscheint:

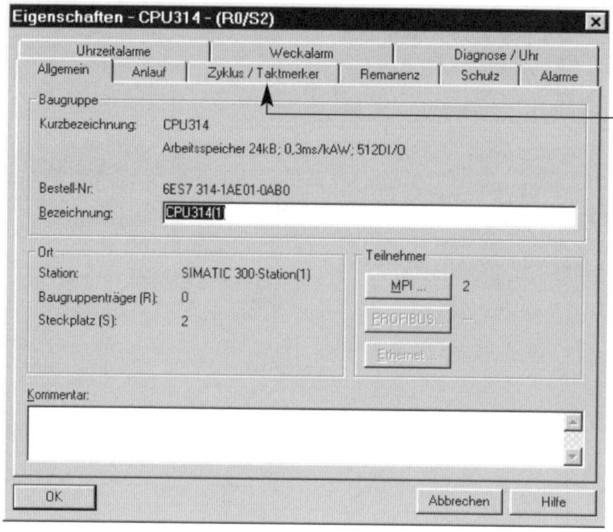

Zyklus / Taktmerker anklicken

In diesem Dialogfeld sind die Informationen der CPU und deren einstellbare Parameter hinterlegt.

Für weitere Übungen verwendet man einen Taktmerker (eingebauter Taktgeber). Damit man ihn verwenden kann, muß man die CPU parametrisieren.

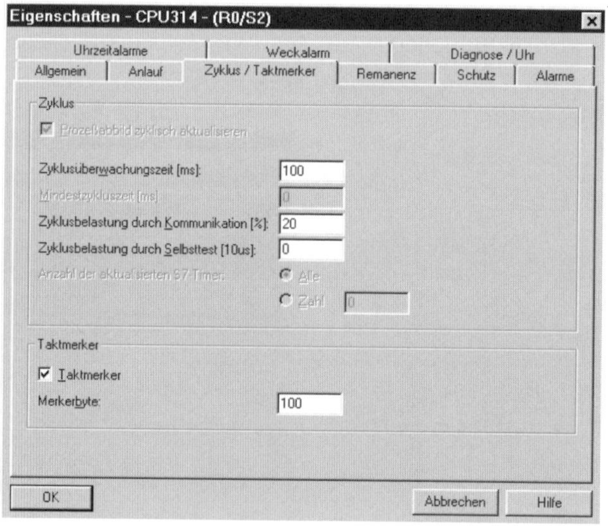

Der Merker 100 (MB 100) wird verwendet. Die einzelnen Bits des MB 100 sind dann mit verschiedenen Frequenzen abrufbar.

Die Zyklusüberwachungszeit wird auf 100 ms abgeändert.

Mit OK wird das Dialogfeld verlassen.

Die CPU ist nun für Übungen parametrisiert.

5.1.10 Speichern der Gesamtkonfiguration

Um die Gesamtkonfiguration zu erhalten, muß sie im Projekt UND-Verknüpfung gespeichert werden.

Menübefehl wählen:
Station ⇨ Speichern

Die gesamte Konfiguration wird im Projekt UND-Verknüpfung auf die Festplatte des PC gespeichert.

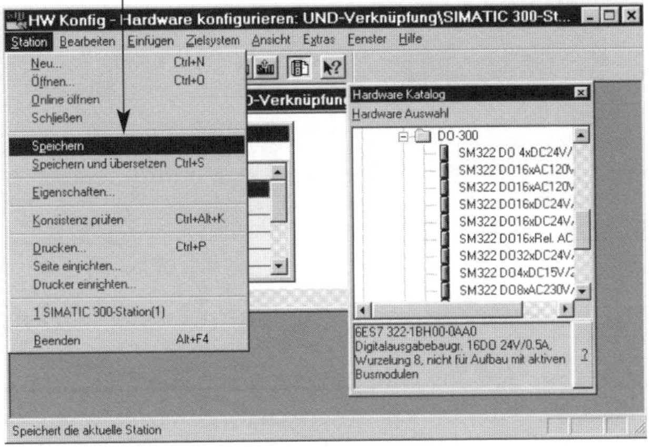

Die Gesamtkonfiguration ist nun im Projekt UND-Verknüpfung abgespeichert.

5.1.11 Übertragung der Konfiguration in die CPU

Um die Konfiguration wirksam werden zu lassen, muß sie in die S7-300 geladen werden.

Man geht in den Menübefehl:
Zielsystem ⇨ Laden in Baugruppe ....

Hinterlegen der Baugruppen mit dem Menübefehl:
Bearbeiten ⇨ Alles markieren

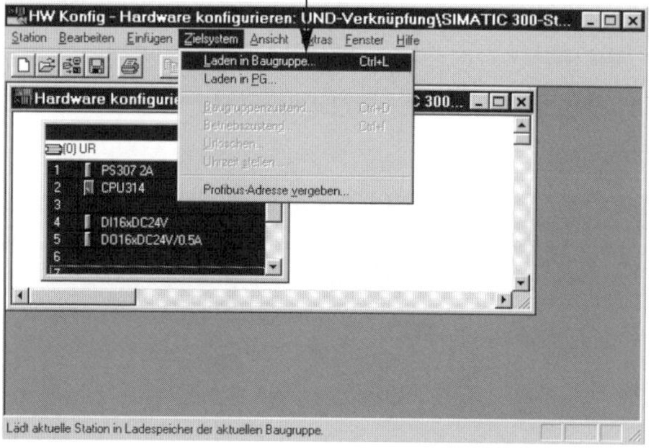

Menü anklicken:
Zielsystem ⇨ Laden in Baugruppe
Die erstellte Gesamtkonfiguration wird in die CPU mit der Teilnehmeradresse 2 geladen. Die geänderten Parameter, wie Taktmerker und Zykluszeitüberwachung, werden erst nach einem Neustart wirksam.

5.2 Anwendungsprogramm UND-Verknüpfung

Man kann ein Anwenderprogramm in AWL (Anweisungsliste), KOP (Kontaktplan) oder FUP (Funktionsplan) erstellen. Zunächst wird das Anwenderprogramm in der Darstellungsart FUP programmiert.

Für das gewählte Beispiel **UND-Verknüpfung** benötigt man zwei Bausteine, und zwar einen Organisationsbaustein und einen Funktionsbaustein.

Organisationsbaustein (OB 1)
Der Organisationsbaustein OB 1 stellt die Schnittstelle zwischen dem Betriebssystem der CPU und dem Anwenderprogramm dar. In ihm wird die Reihenfolge der Abarbeitung festgelegt.

Eine Funktion (FC)
Eine Funktion ist ein Code-Baustein «ohne Gedächtnis». Er kann jedoch Parameter übergeben und eignet sich deshalb besonders gut für wiederkehrende Funktionen.

5.2.1 Eingabe von FC (FC 1)

Man öffnet im SIMATIC-Manager das Projekt UND-Verknüpfung mit dem Menübefehl: **Datei ⇨ Öffnen ⇨ Projekt ...**

⇨ Folgendes Fenster erscheint:

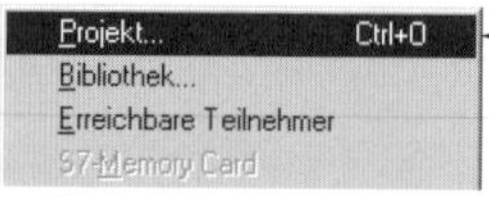

Projekt anklicken

⇨ Folgendes Fenster erscheint:

Projekt UND-Verknüpfung hinterlegen und mit OK bestätigen

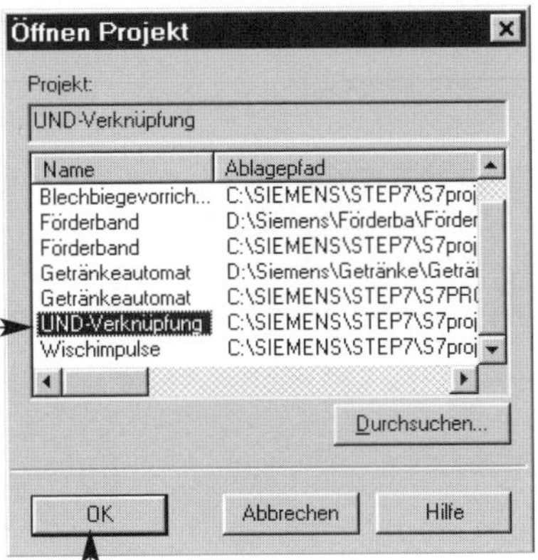

⇨ Folgendes Fenster erscheint:

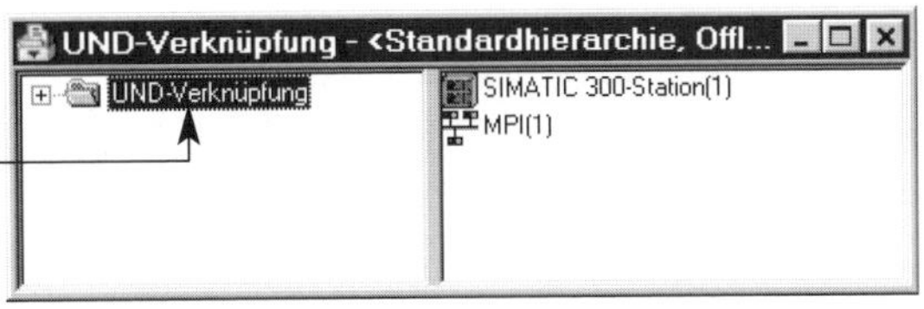

Projekt UND-Verknüpfung durch Doppelklicken des Projektes öffnen

Man geht durch Anklicken der «+»-Zeichen bis zur untersten Ebene des Unterverzeichnisses, wo der Behälter **Bausteine** installiert ist.

Behälter Bausteine selektieren (hinterlegen)

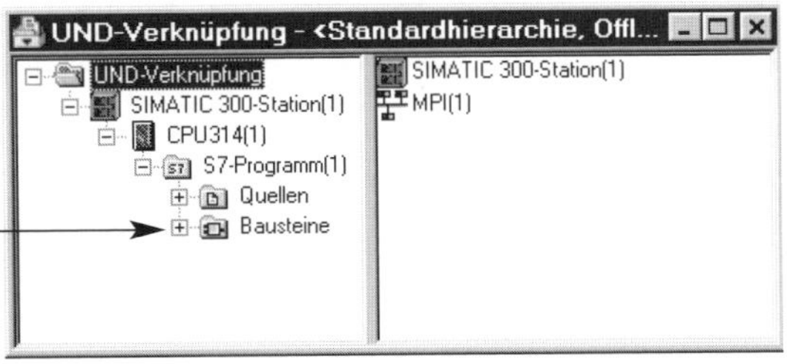

5.2.2 S7-Bausteinfunktion

Man wählt den Menübefehl:
Einfügen ⇨ **S7-Baustein** ⇨ **Funktion**

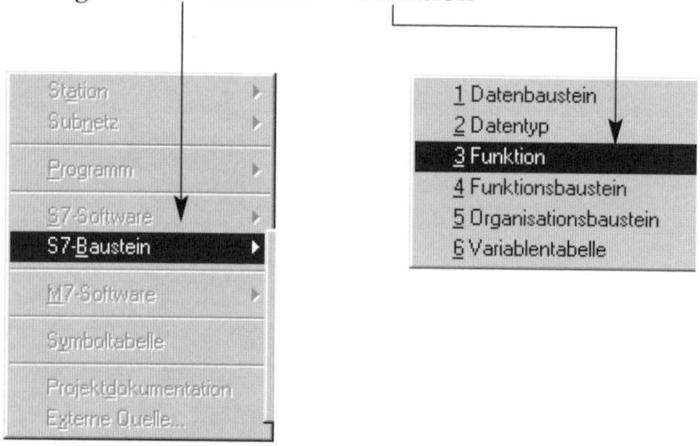

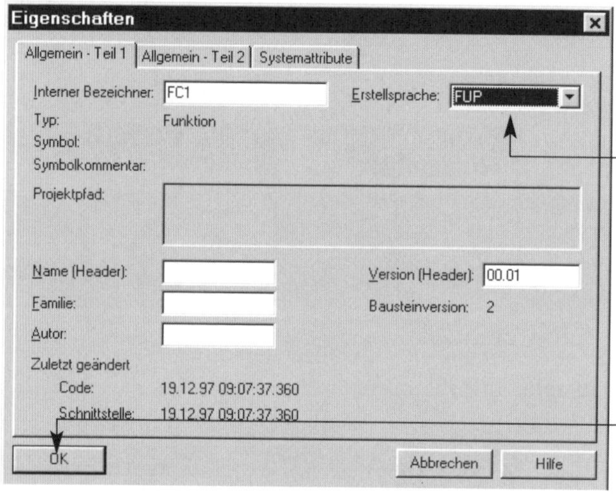

In diesem Dialogfeld wird die Darstellungsart (AWL, FUP, KOP) gewählt: hier FUP

FC 1 und OB 1 werden im Projektfenster **offline** angezeigt, d.h., es besteht noch keine Verbindung zur CPU. Mit OK bestätigen

⇨ Folgendes Fenster erscheint:

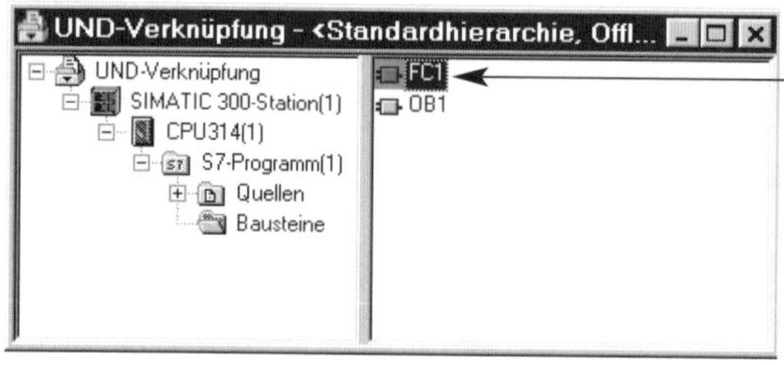

doppelklicken

⇨ Folgendes Fenster erscheint:

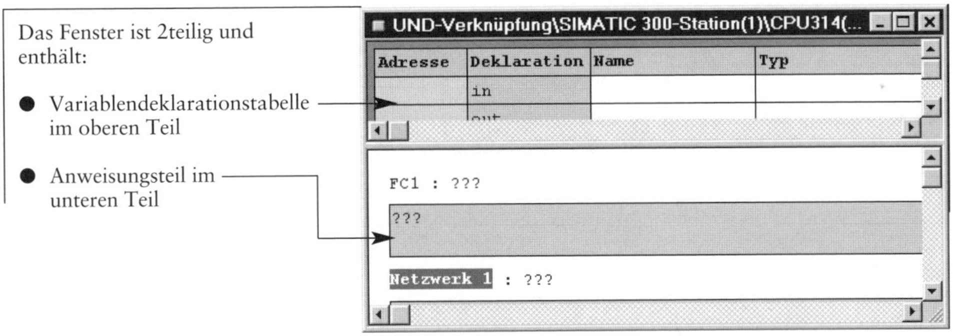

Die Variablendeklarationstabelle wird nicht benötigt, da das Anwenderprogramm FC 1 keine lokalen Variablen enthält (mit der Maus die Variablendeklarationstabelle nach oben wegschieben). Im Anweisungsteil wird z.B. das Programm mit FUP-Elementen eingegeben. Es ist jedoch auch möglich, das Programm in AWL oder in KOP einzugeben.
Im Anweisungsteil ist ein inkrementeller AWL-/ KOP-/ FUP-Editor integriert, der nach jeder Eingabe einer Anweisung eine Syntaxprüfung durchführt. Eventuelle Eingabefehler werden rot angezeigt. Solche Fehler müssen unbedingt vor dem Speichern des Bausteins behoben werden, da sonst keine Funktion vorliegt.

Folgende Texte sind in den Anweisungsteil einzutragen:

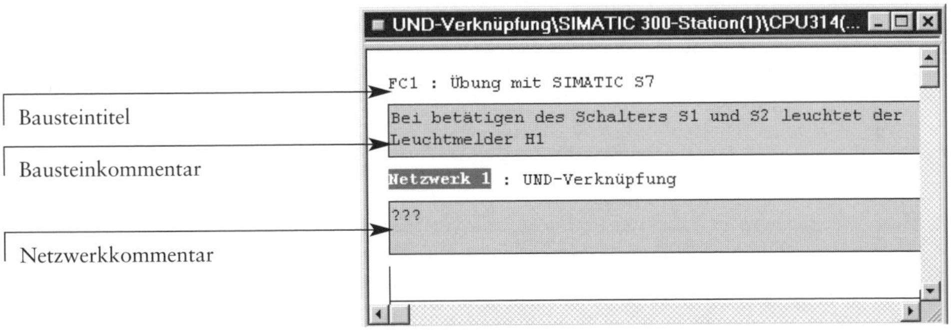

Man fügt das FUP-Element UND-Verknüpfung durch Anklicken des UND-Symbols hinzu:

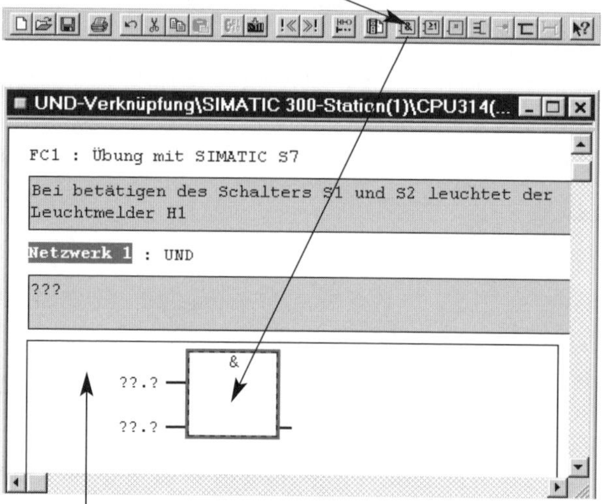

Das UND-Symbol muß jetzt noch durch Anklicken der jeweiligen Eingänge parametrisiert werden. E0.0 und E0.1 eintragen.

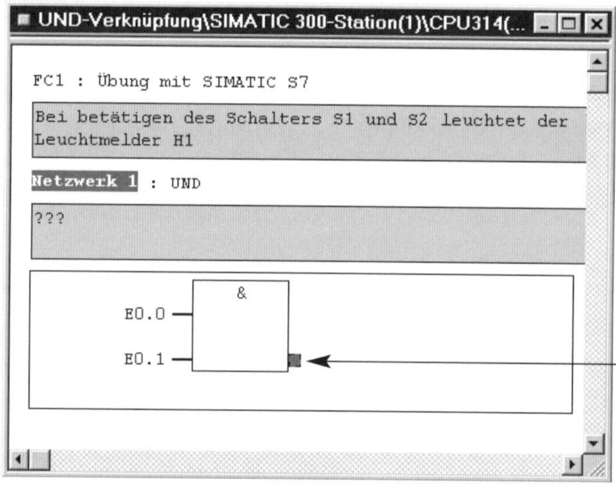

Der Ausgang der UND-Verknüpfung muß gesondert zugewiesen werden.

klicken

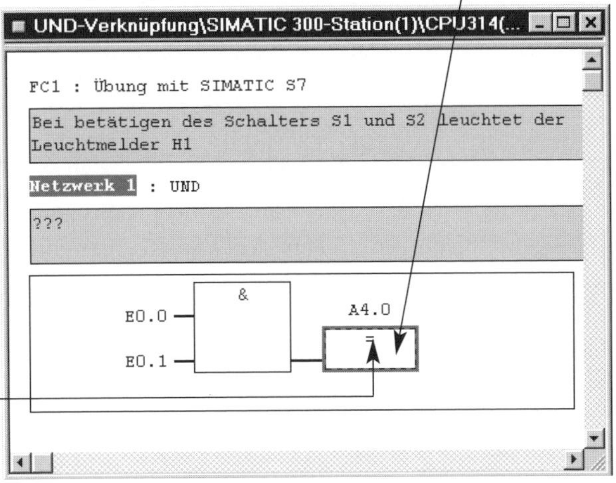

Mit Anklicken des Ausgangssymbols wird ein Ausgang zugewiesen. A4.0 eintragen.

Gespeichert wird das Programm unter dem Menübefehl: **Datei** ⇨ **Speichern**

5.2.3 Eingabe von OB 1

Man öffnet im SIMATIC-Manager das Projekt **UND-Verknüpfung** mit dem Menübefehl: **Datei** ⇨ **Öffnen** ⇨ **Projekt ...**

⇨ Folgendes Fenster erscheint:

Projekt anklicken

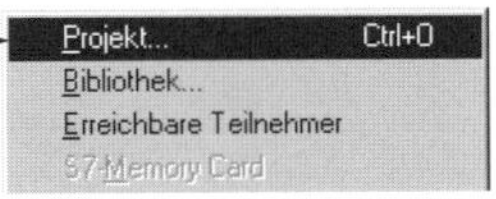

⇨ Folgendes Fenster erscheint:

Projekt UND-Verknüpfung hinterlegen und mit OK bestätigen.

⇨ Folgendes Fenster erscheint:

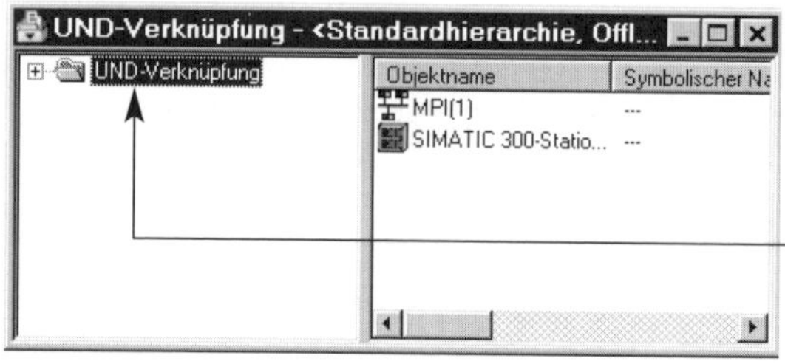

Projekt UND-Verknüpfung öffnen durch Doppelklicken des Projekts.

Man geht durch Anklicken der «+»-Zeichen bis zur untersten Ebene des Unterverzeichnisses, wo der Behälter **Bausteine** installiert ist.

Man selektiert (hinterlegt) den Menübefehl: S7-Baustein und fügt mit dem Menübefehl: **Einfügen** ⇨ **S7-Baustein** ⇨ **Organisationsbaustein** einen OB 1 ein.

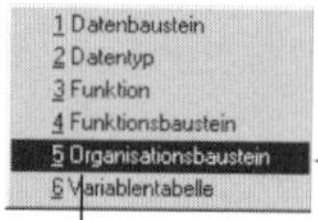

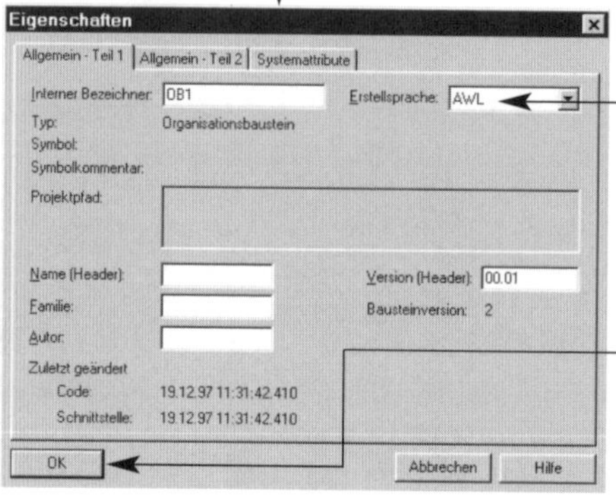

In diesem Dialogfeld wird die Darstellungsart (AWL, FUP oder KOP) gewählt: hier AWL. Sprungbefehle können nur in AWL programmiert werden.

Der OB 1 wird im Projektfenster **offline** angezeigt, d.h., es besteht noch keine Verbindung zur CPU. Mit OK bestätigen.

⇨ Folgendes Fenster erscheint:

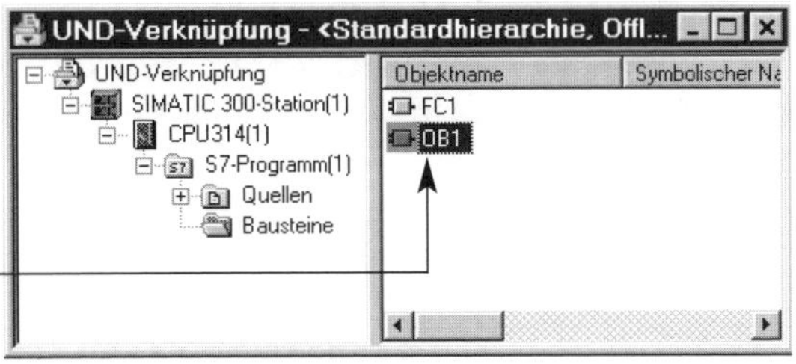

doppelklicken

⇨ Folgendes Fenster erscheint:

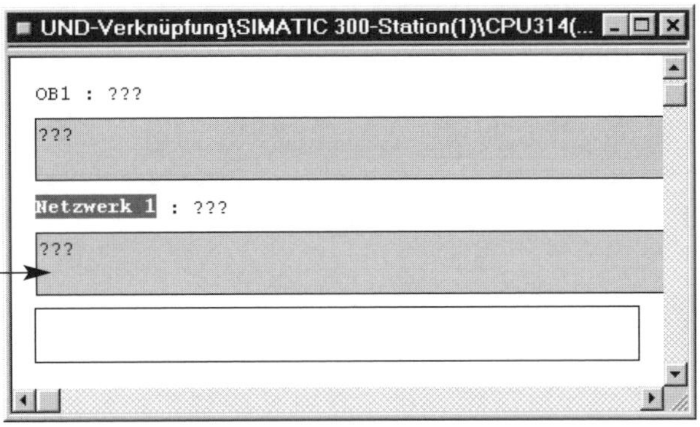

Anweisungsteil

Jetzt schreibt man folgenden absoluten Sprungbefehl in das Netzwerk 1:

CALL FC 1

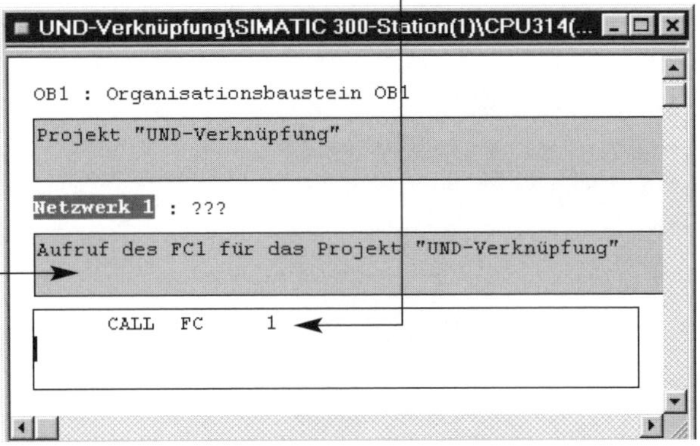

Netzwerkkommentar

Gespeichert wird der OB 1 unter dem Menübefehl: **Datei** ⇨ **Speichern**

5.2.4 Laden

Um das Programm UND-Verknüpfung zu testen, muß es erst in die CPU des Automatisierungsgerätes S7-300 geladen werden. Es ist möglich, einzelne Bausteine, aber auch komplette Anwenderprogramme in die S7-300 zu laden. Für das Laden des Anwenderprogrammes in das Automatisierungsgerät S7-300 müssen folgende Voraussetzungen erfüllt sein:

Online-Verbindung zwischen PC und Automatisierungsgerät muß vorhanden sein.
Das Programm, das geladen werden soll, muß fehlerfrei sein.
Die CPU S7-300 muß im STOP-Zustand sein.

Jetzt wird im SIMATIC-Manager (**Ansicht offline**) das Unterverzeichnis **Bausteine** aufgerufen.

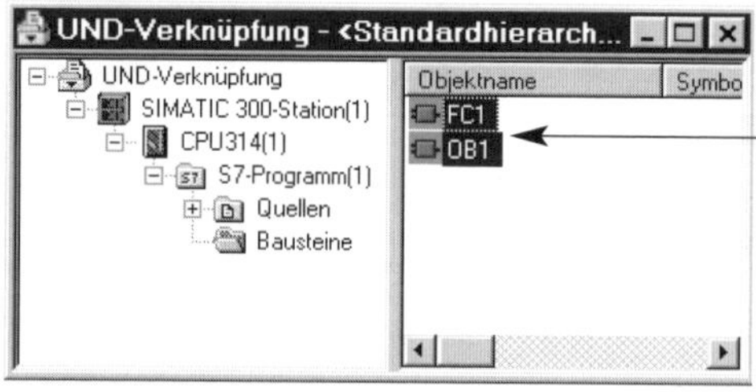

Bei gedrückter Shift-Taste FC 1 und OB 1 anklicken. Beide Bausteine werden selektiert.

Danach wählt man den Menübefehl:
Zielsystem ⇨ Laden

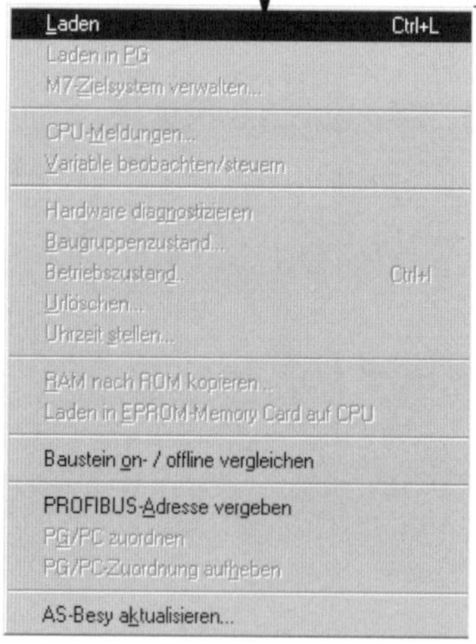

Beide Bausteine FC 1 und OB 1 werden in das Automatisierungsgerät geladen.

Das Projekt UND-Verknüpfung ist damit im Automatisierungsgerät geladen.

5.2.5 Testen

Um das Anwenderprogramm auf seine Funktionalität zu prüfen, muß es getestet werden. Dazu muß die anschließende Reihenfolge beachtet werden:

Baustein online öffnen
Einstellungen für die Testanzeige festlegen
Triggerbedingungen festlegen
Testumgebung wählen
Test starten oder stoppen

Man wählt den Menübefehl im SIMATIC-Manager:
Ansicht ⇨ Online

Wichtig:
Voraussetzung ist, daß die CPU in Stellung RUN geschaltet ist (Online-Verbindung).

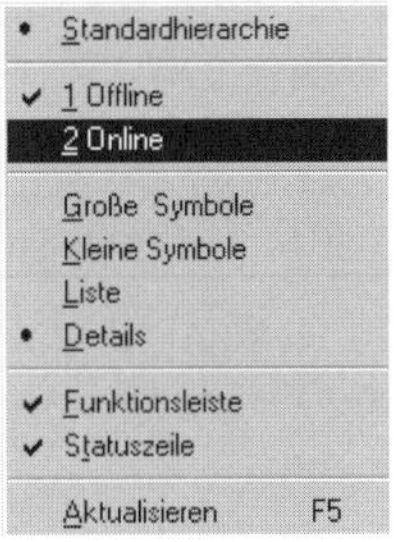

⇨ Folgendes Fenster erscheint:

FC 1 doppelklicken

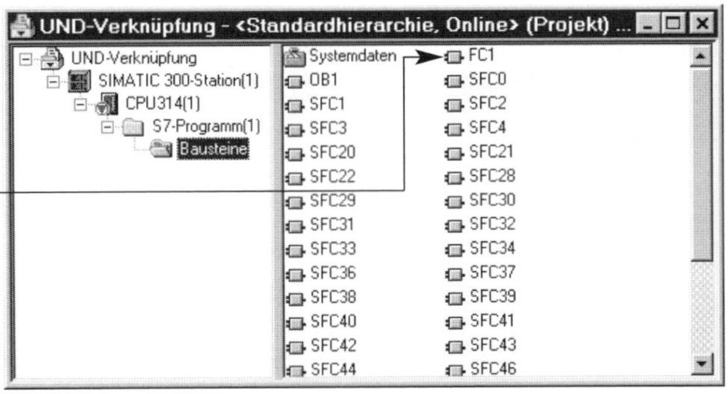

⇨ Folgendes Fenster erscheint:

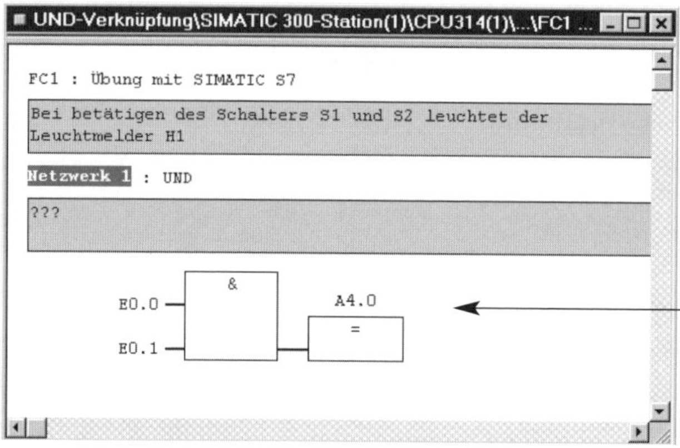

Die UND-Verknüpfung wird jetzt online dargestellt, d.h., es besteht jetzt eine Verbindung vom PC zum AG.

5.2.6 Festlegung der Triggerbedingungen

Es ist unabhängig, ob in AWL, KOP oder FUP getestet wird, man kann dabei immer die Triggerbedingungen, die Testumgebung oder die Einstellung der Testanzeige festlegen.

Mit dem Menübefehl wird die Triggerbedingung aufgerufen:
Test ⇨ Aufrufumgebung

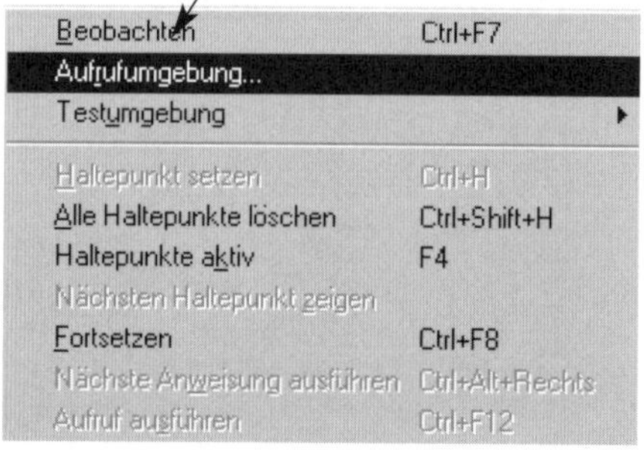

⇨ Folgendes Fenster erscheint:

Mit der Triggerbedingung wird die Aufrufumgebung des zu testenden Bausteins eingestellt. Der Baustein kann nur getestet werden, wenn die Triggerbedingung erfüllt ist. Es gibt die Mölichkeit, aus drei Einstellungen zu wählen. Für das Beispiel UND-Verknüpfung brauchen wir keine Bedingung. Hier hat die Aufrufumgebung keine Bedeutung.

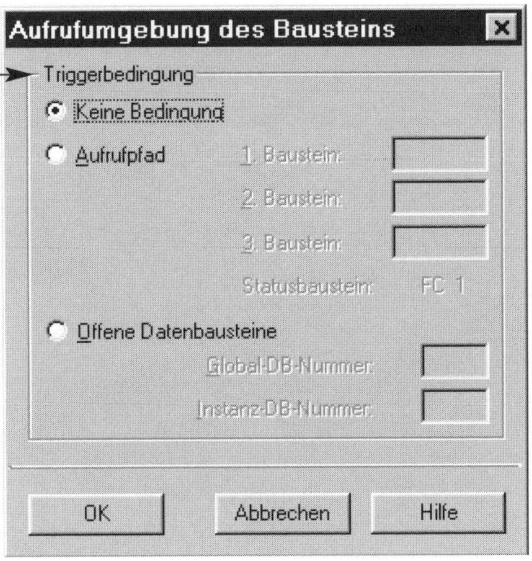

Es gibt die Möglichkeit, zwischen 2 Testsituationen zu wählen:

1. Prozeß
Hier wird der Status von Anweisungen beim Durchlaufen von Schleifen nur beim 1. Schleifendurchlauf ermittelt.

2. Labor
Hier wird der Status von Anweisungen beim Durchlaufen von Schleifen bei jedem Schleifendurchlauf ermittelt.

Im vorliegenden Beispiel UND-Verknüpfung wird die Testsituation Prozeß gewählt.

Aus dem Menübefehl wählt man:
Extras ⇨ Einstellungen

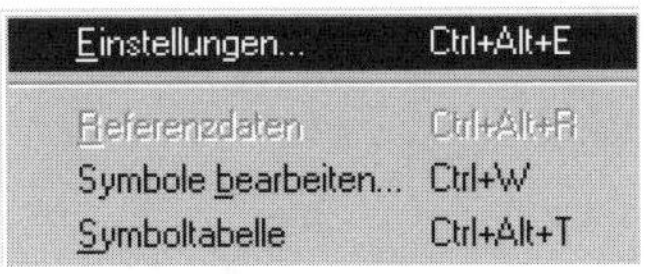

⇨ Folgendes Fenster erscheint:

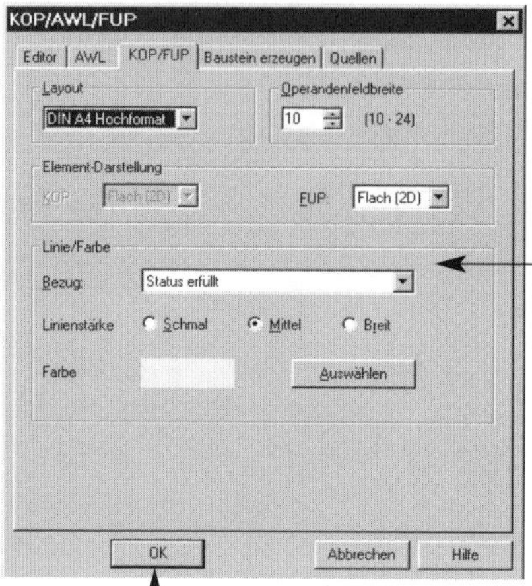

In diesem Dialogfeld sind verschiedene Einstellungen wie z.B. die Farbe und die Linienstärke oder die Schriftart durch Anklicken zu wählen.

Bestätigt wird die Einstellung mit OK.

Wählen mit dem Menübefehl:
Test ⇨ Beobachten

⇨ Folgendes Fenster erscheint:

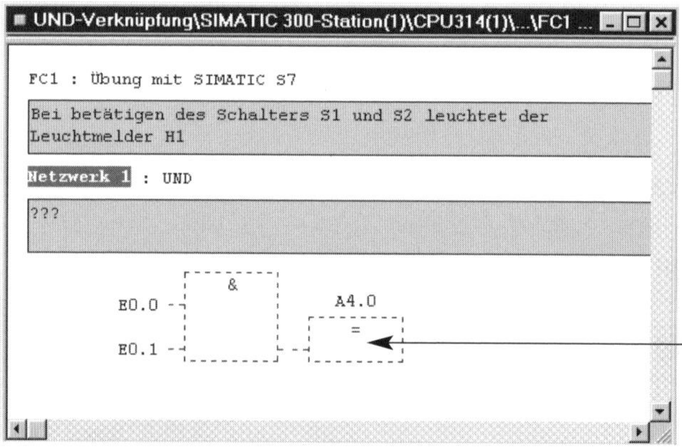

Hier ist die Farbe für den Programmstatus «Blau» gewählt.

Man legt nun an die Eingänge E0.0 und E0.1 wechselhaft 1- oder 0-Signal und beobachtet den wechselnden Programmstatus.

Im nachfolgenden Bild führen alle Eingänge E0.0 und E0.1 1-Signal. Der Ausgang 4.0 führt dadurch 1-Signal. Die UND-Bedingung ist erfüllt.

Der Programmstatus wird nur für den im Editor sichtbaren Bereich dargestellt.

Funktionstabelle		
E0.0	E0.1	A4.0
0	0	0
0	1	0
1	0	0
1	1	1

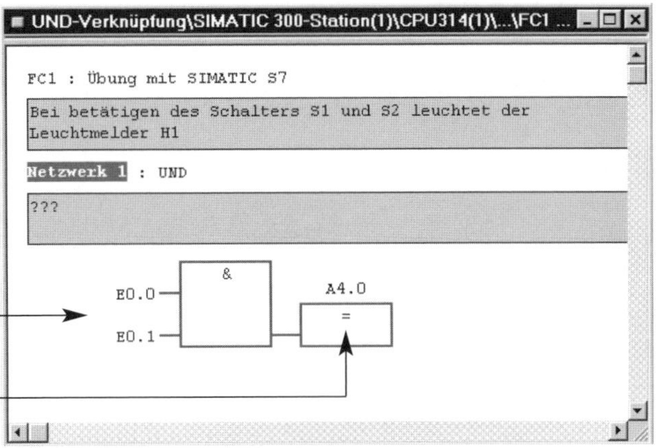

5.2.7 FUP-Programmstatus ausschalten

Man wählt aus dem Menübefehl:
Test ⇨ **Beobachten** und klickt auf Beobachten.

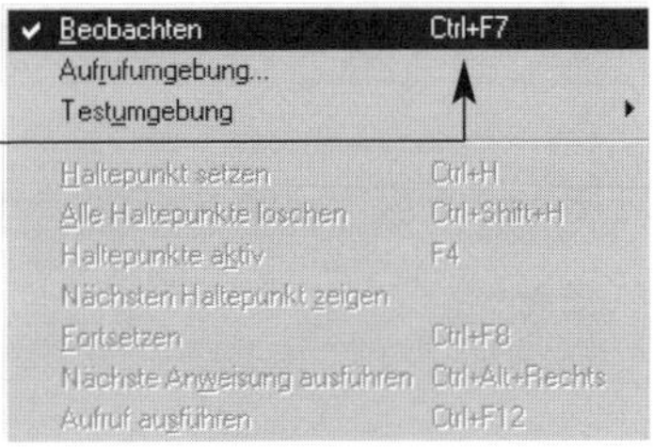

Durch Anklicken auf **Beobachten** oder durch Betätigen der Tasten «**Ctrl + F7**» wird der Programmstatus abgewählt.

5.2.8 Testen mit AWL

Das in FUP eingegebene Programm UND-Verknüpfung kann auch in der Darstellungsart AWL getestet werden.

Man wählt aus dem Menübefehl:
Ansicht ⇨ **AWL** die Darstellungsart Anweisungsliste

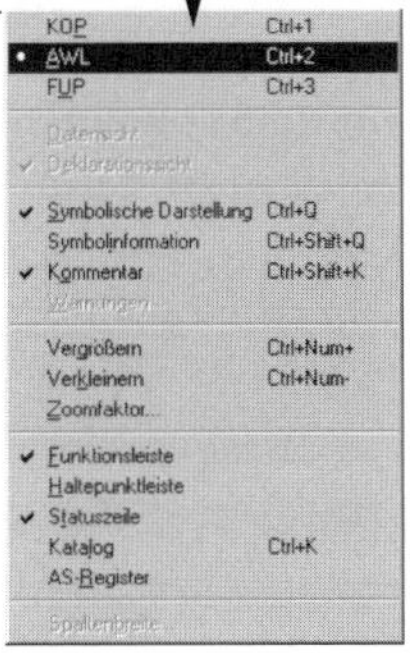

Voraussetzungen, um die AWL im Statusbetrieb anzuzeigen, sind die gleichen wie beim FUP:

- der Baustein muß fehlerfrei sein,
- die CPU muß im RUN-Betrieb stehen,
- der Baustein muß im Onlinebetrieb geöffnet sein.

⇨ Folgendes Fenster erscheint:

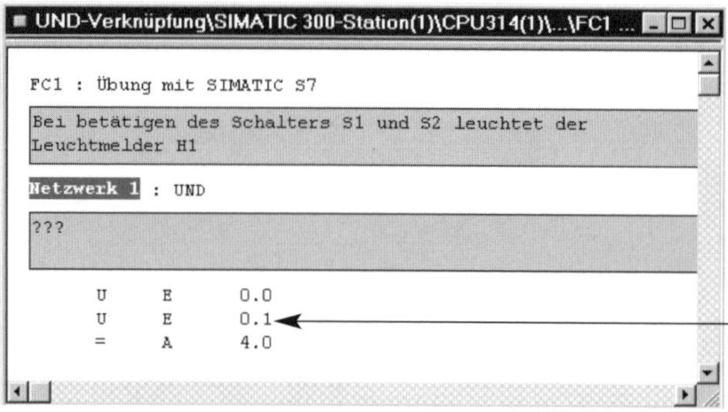

Das Programm UND-Verknüpfung wird in AWL dargestellt.

Man wählt den Menübefehl:
Test ⇨ Beobachten

⇨ Folgendes Fenster erscheint:

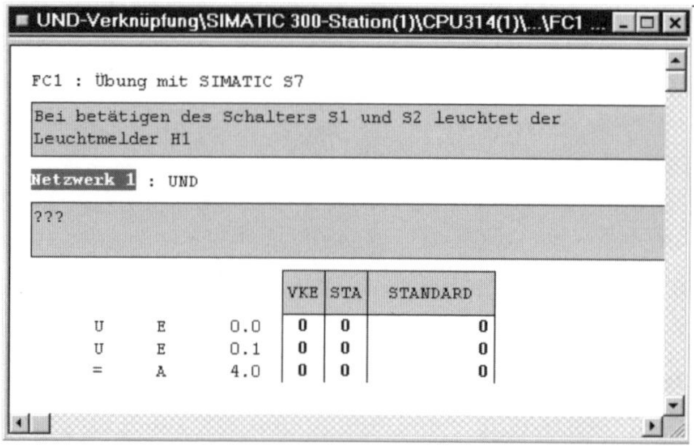

Der AWL-Status wird in Form einer Tabelle angezeigt.
In dieser Tabelle werden das Statusbit, das VKE und der Standardstatus angezeigt.

Nun legt man an die Eingänge E0.0 und E0.1 wechselhaft 1- oder 0-Signal und beobachtet den wechselnden Programmstatus.

Im nachfolgenden Bild führen alle Eingänge E0.0 und E0.1 1-Signal. Der Ausgang A4.0 führt dadurch 1-Signal. Die UND-Bedingung ist erfüllt.

Der Programmstatus wird nur für den im Editor sichtbaren Bereich dargestellt.

Funktionstabelle		
E0.0	E0.1	A4.0
0	0	0
0	1	0
1	0	0
1	**1**	**1**

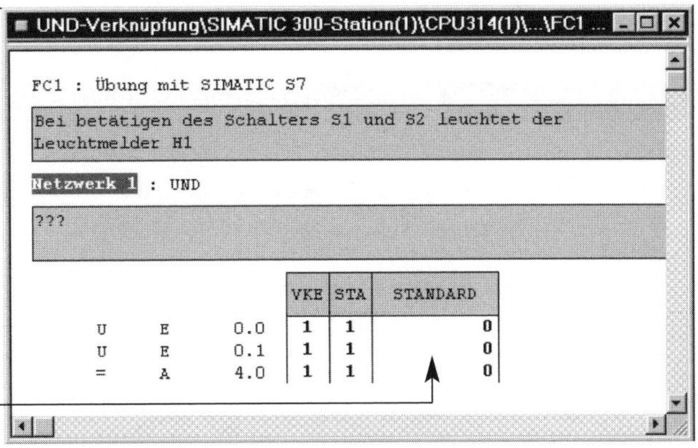

Man verläßt den Programmstatus wieder mit dem Menübefehl:
Test ⇨ **Beobachten** und klickt auf Beobachten.

5.2.9 Testen mit KOP

Das in FUP eingegebene Programm UND-Verknüpfung kann auch in der Darstellungsart KOP getestet werden.

Aus dem Menübefehl wählt man:
Ansicht ⇨ **KOP** die Darstellungsart Kontaktplan

Voraussetzungen, um den Kontaktplan im Statusbetrieb anzuzeigen, sind die gleichen wie beim FUP:

- der Baustein muß fehlerfrei sein,
- die CPU muß im RUN-Betrieb stehen,
- der Baustein muß im Onlinebetrieb geöffnet sein.

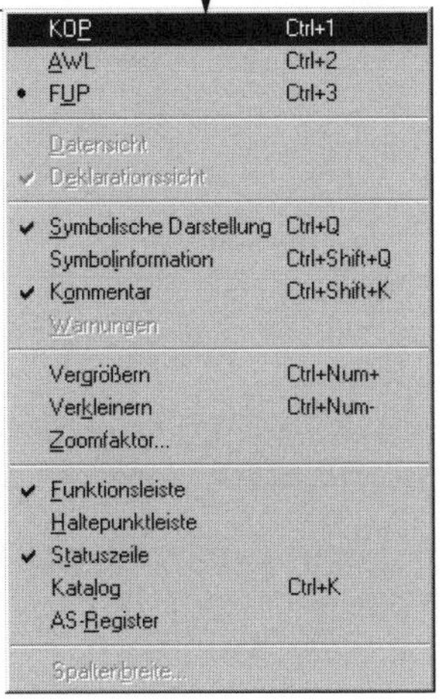

•

⇨ Folgendes Fenster erscheint:

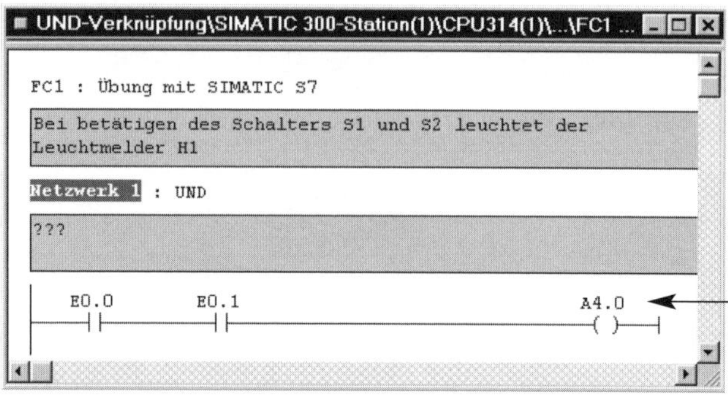

Das Programm UND-Verknüpfung wird in KOP dargestellt.

Man wählt aus dem Menübefehl:
Test ⇨ Beobachten

⇨ Folgendes Fenster erscheint:

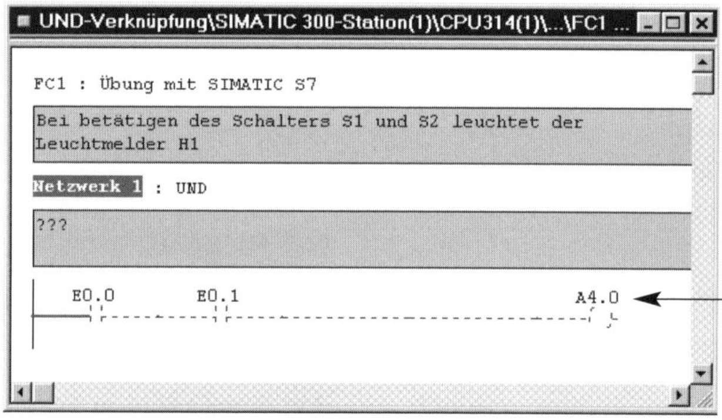

Der Programmstatus wird als KOP für den im Editor sichtbaren Bereich dargestellt.

Man legt nun an die Eingänge E0.0 und E0.1 wechselhaft 1- oder 0-Signal und beobachtet den wechselnden Programmstatus.

Im nachfolgenden Bild führen alle Eingänge E0.0 und E0.1 1-Signal. Der Ausgang 4.0 führt dadurch 1-Signal. Die UND-Bedingung ist erfüllt.

Der Programmstatus wird nur für den im Editor sichtbaren Bereich dargestellt.

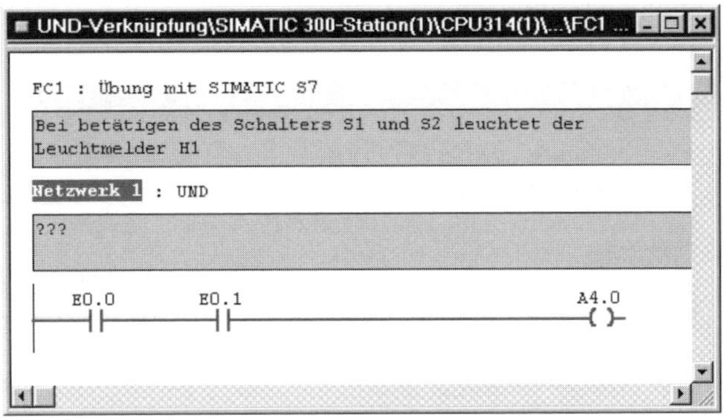

Funktionstabelle		
E0.0	E0.1	A4.0
0	0	0
0	1	0
1	0	0
1	**1**	**1**

Den Programmstatus verläßt man wieder mit dem Menübefehl:
Test ⇨ **Beobachten** und klickt mit der Maus auf Beobachten.

5.2.10 Erweiterung von 2 auf 3 Eingänge (3. Eingang E0.2)

5.2.10.1 Erweiterung mit AWL

Man wählt folgendes Fenster an:

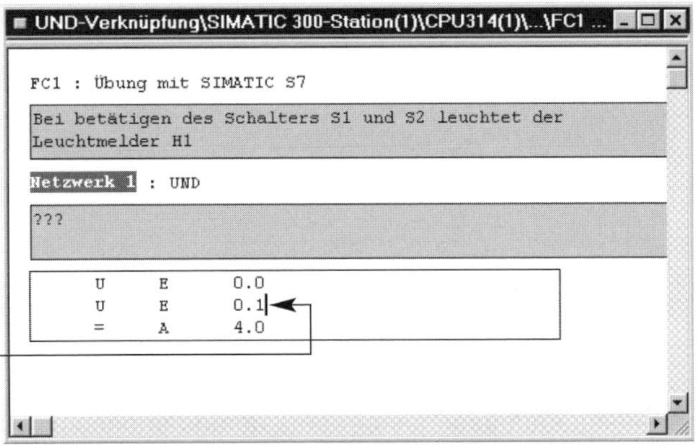

Mit dem Cursor an folgender Position wird die Taste «Return» betätigt.

⇨ Folgendes Fenster erscheint:

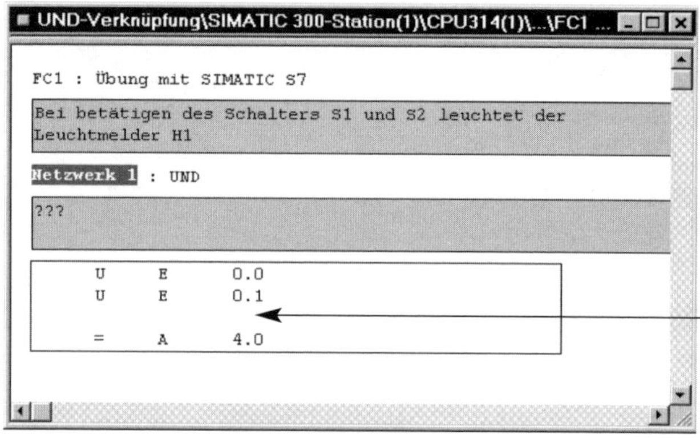

Im durch Drücken der Return-Taste gewonnenen Zwischenraum wird die Anweisung: U E 0.2 eingefügt.

Fenster nach eingefügter Anweisung «E0.2».

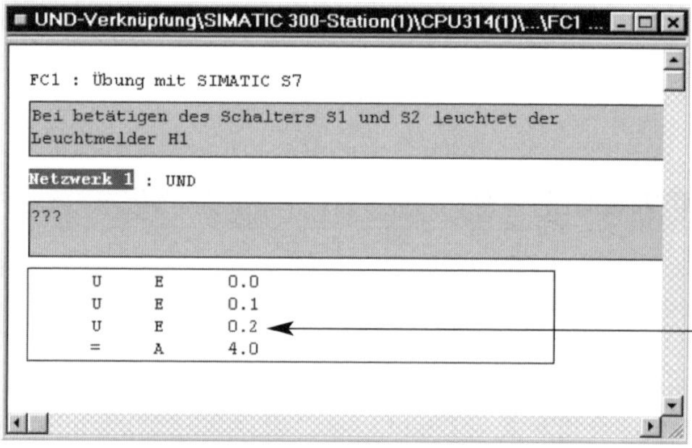

Die UND-Verknüpfung ist nun von 2 Eingängen auf 3 erweitert.

Schalten der CPU in den **STOP-Zustand.**

Menübefehl wählen:
Zielsystem ⇨ Laden
UND-Verknüpfung mit 3 Eingängen in die CPU laden.

CPU in den **RUN-Zustand** schalten, Programm testen.

Fenster im Testmodus (AWL)

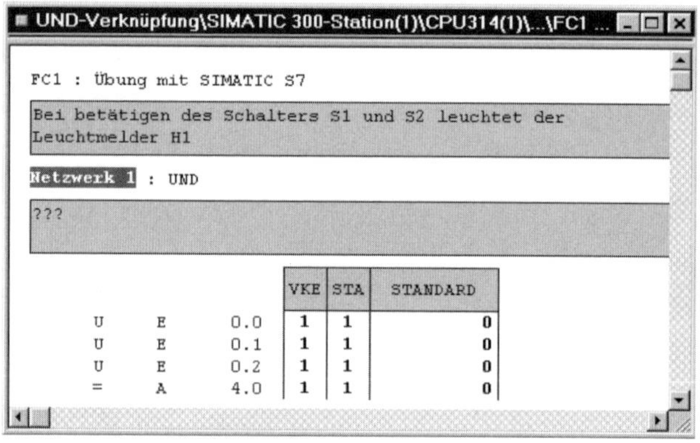

Funktionstabelle			
E0.0	E0.1	E0.2	A4.0
0	0	0	0
0	0	1	0
0	1	0	0
0	1	1	0
1	0	0	0
1	0	1	0
1	1	0	0
1	**1**	**1**	**1**

Den Programmstatus verläßt man wieder mit dem Menübefehl:
Test ⇨ **Beobachten** und klickt mit der Maus auf Beobachten.

5.2.10.2 Erweiterung mit KOP

Man wählt die Darstellungsart Kontaktplan
Menübefehl:
Ansicht ⇨ **KOP** ⇨ Folgendes Fenster erscheint:

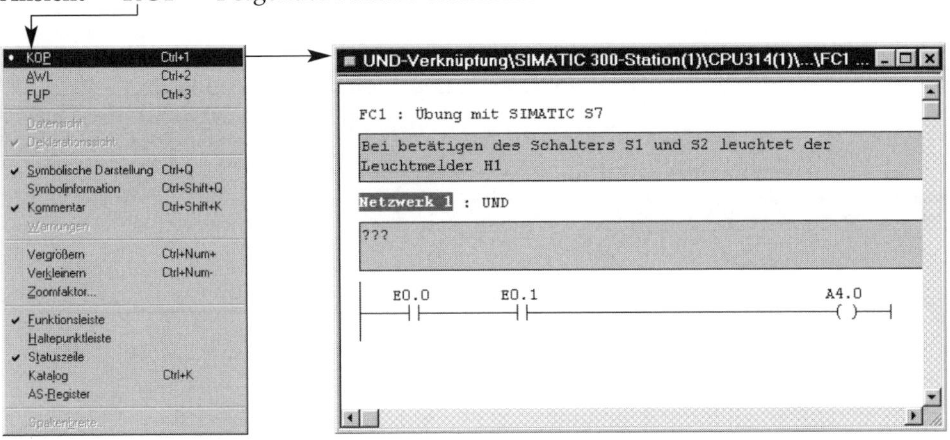

und klickt mit der Maus an folgendes Raster:

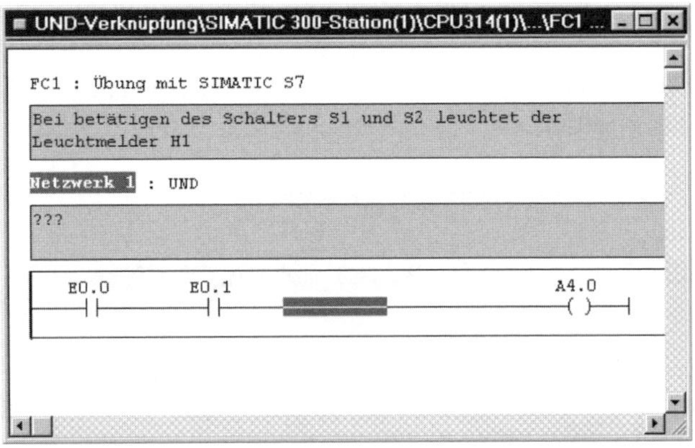

Hier klickt man mit der Maus
auf das Schließer-Symbol.

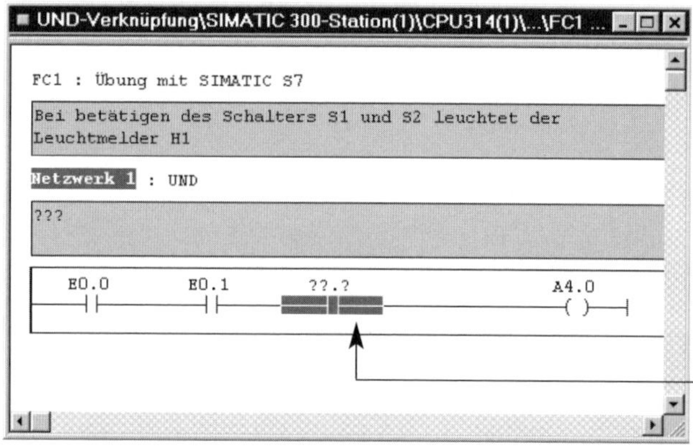

Ein Schließer wird in die UND-Verknüpfung eingefügt.

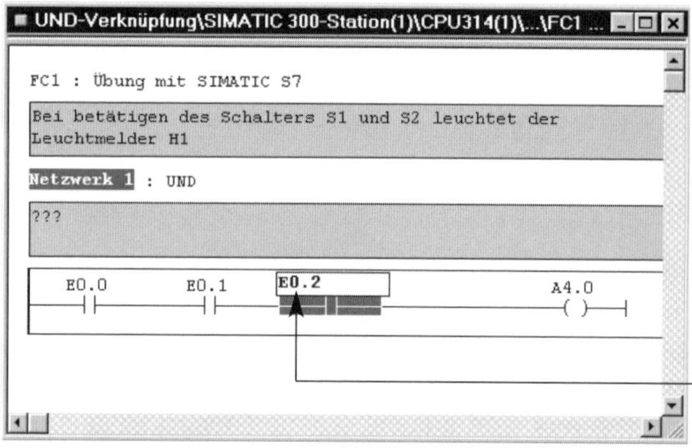

Der hinzugefügte Schließer wird mit E0.2 parametrisiert.

Dann schaltet man die CPU in den **STOP-Zustand** und lädt und testet (**RUN-Zustand**) das Programm.

⇨ Fenster im Testmodus (KOP):

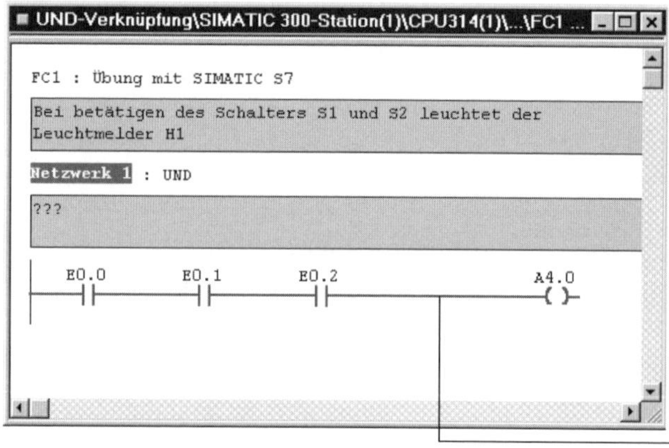

Funktionstabelle			
E0.0	E0.1	E0.2	A4.0
0	0	0	0
0	0	1	0
0	1	0	0
0	1	1	0
1	0	0	0
1	0	1	0
1	1	0	0
1	**1**	**1**	**1**

Man verläßt den Programmstatus wieder mit dem Menübefehl:
Test ⇨ **Beobachten** und klickt mit der Maus auf Beobachten.

5.2.10.3 Erweiterung mit FUP

⇨ Man wählt folgendes Fenster an:

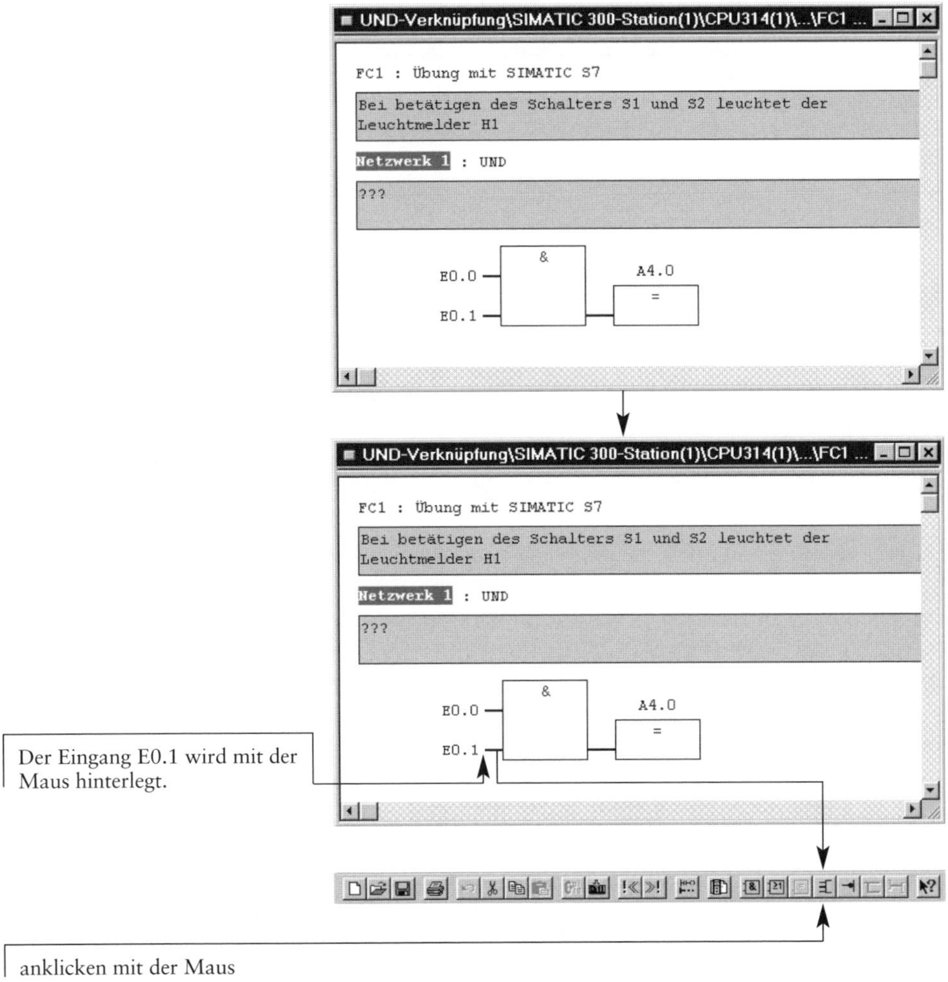

⇨ Folgendes Fenster erscheint:

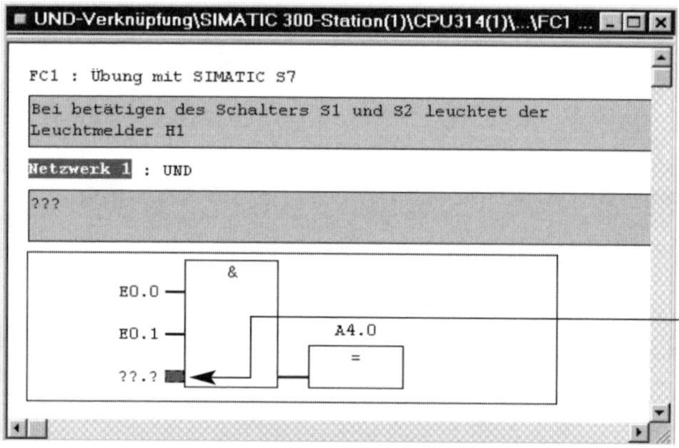

hinzugefügter Eingang E0.2 wird parametrisiert

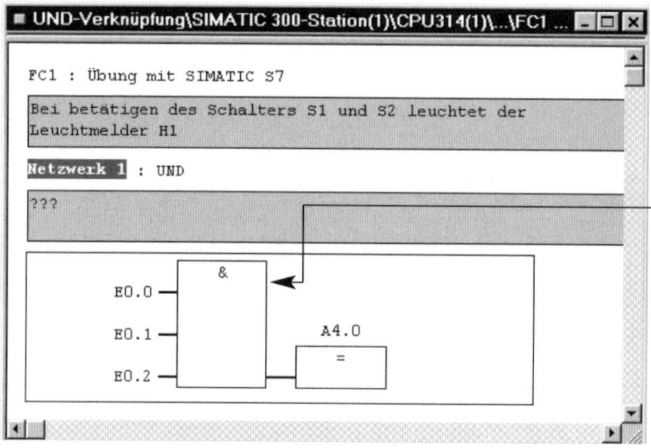

Die UND-Verknüpfung ist nun von 2 Eingängen auf 3 erweitert.

CPU in den **STOP-Zustand** schalten.
Menübefehl wählen:
Zielsystem ⇨ **Laden**
Programm in die CPU laden,
Programm testen.

Fenster im Testmodus (FUP)

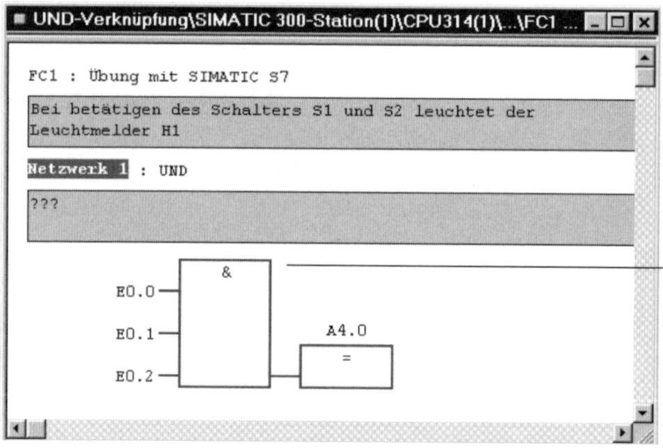

Funktionstabelle

E0.0	E0.1	E0.2	A4.0
0	0	0	0
0	0	1	0
0	1	0	0
0	1	1	0
1	0	0	0
1	0	1	0
1	1	0	0
1	**1**	**1**	**1**

Den Programmstatus verläßt man wieder mit dem Menübefehl:
Test ⇨ **Beobachten** und klickt mit der Maus auf Beobachten.

5.2.11 Reduzierung von 3 auf 2 Eingänge (E0.2 löschen)

5.2.11.1 Reduzierung mit AWL

Damit wird der Ausgangszustand wieder hergestellt.

⇨ Ausgangszustand ist folgendes Fenster:

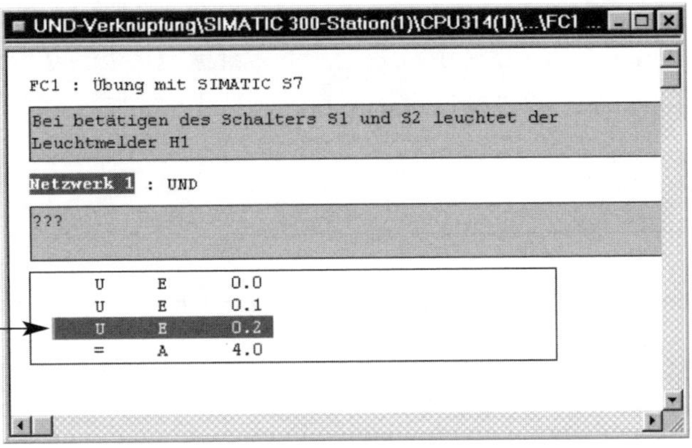

zu löschende Zeile mit der Maus hinterlegen, «**Entf**»-Taste drücken, die Zeile wird entfernt.

Die UND-Verknüpfung mit 2 Eingängen wird wieder hergestellt.

Man schaltet die CPU in den **STOP-Zustand** und wählt den Menübefehl:
Zielsystem ⇨ **Laden**
Anschließend lädt man die UND-Verknüpfung mit 2 Eingängen in die CPU und schaltet die CPU in den RUN-Zustand.

Dann testet man das Programm.

5.2.11.2 Reduzierung mit KOP

Damit wird der Ausgangszustand wieder hergestellt.

⇨ Ausgangszustand ist folgendes Fenster:

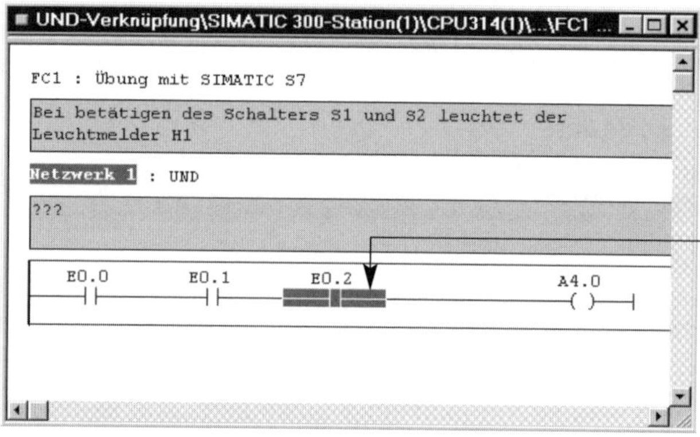

zu löschendes UND-Symbol mit der Maus hinterlegen, «**Entf**»-Taste drücken, der Schließer wird entfernt.

Die UND-Verknüpfung mit 2 Eingängen wird wieder hergestellt.

Man schaltet die CPU in den STOP-Zustand und wählt den Menübefehl:
Zielsystem ⇨ Laden
Danach lädt man die UND-Verknüpfung mit 2 Eingängen in die CPU und schaltet die CPU in den RUN-Zustand.

Anschließend testet man das Programm.

5.2.11.3 Reduzierung mit FUP

⇨ Ausgangszustand ist folgendes Fenster:

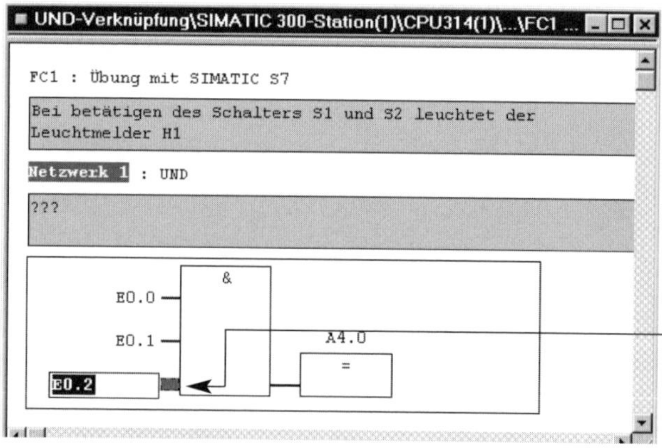

Eingang E0.2 mit der Maus hinterlegen, «**Entf**»-Taste drücken, der Eingang E0.2 wird entfernt.

Die UND-Verknüpfung mit 2 Eingängen wird wieder hergestellt.

Man schaltet die CPU in den STOP-Zustand und wählt den Menübefehl:
Zielsystem ⇨ Laden
Dann lädt man die UND-Verknüpfung mit 2 Eingängen in die CPU und schaltet die CPU in den RUN-Zustand.

Abschließend testet man das Programm aus.

5.3 Anwendungsprogramm ODER-Verknüpfung

5.3.1 Eingabe des Programmes mit dem PC (FUP)

Zuordnungsliste		
Symbol	**Operand**	**Kommentar**
S3	E0.2	Schalter «Schließer»
S4	E0.3	Schalter «Schließer»
P2	A4.1	Leuchtmelder

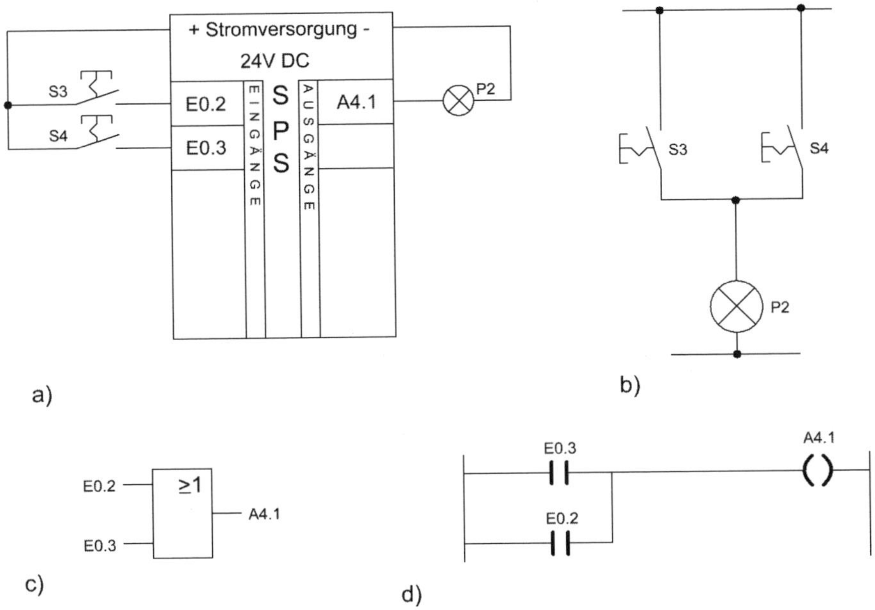

Bild 5.2 Eingabe der ODER-Verknüpfung: a) Anschluß an die SPS, b) Stromlaufplan, c) FUP, d) KOP

Bevor das Programm «ODER-Verknüpfung» in die SIMATIC S7-300 eingegeben wird, muß ein **Projekt** angelegt werden (s.a. Bild 5.2). Das geschieht auf die gleiche Weise, wie bei der UND-Verknüpfung.
Die CPU nicht urlöschen, da sonst das Programm «UND-Verknüpfung» verlorengeht. Verwendet wird für **alle nachfolgenden Übungen** die SIMATIC-S7-300-Station, wie bei der 1. Übung (Programm UND-Verknüpfung). Bei «Urlöschen» würde auch unsere Station 1 verlorengehen. Die Programmierung des Programmes «ODER-Verknüpfung» erläutern die nachfolgenden Schritte.

5.3.2 Projekt anlegen

Man klickt im SIMATIC-Manager auf den Menübefehl:
Datei ⇨ Neu ⇨ Projekt...

Hier trägt man das Projekt ODER-Verknüpfung ein.

⇨ Folgendes Fenster erscheint:

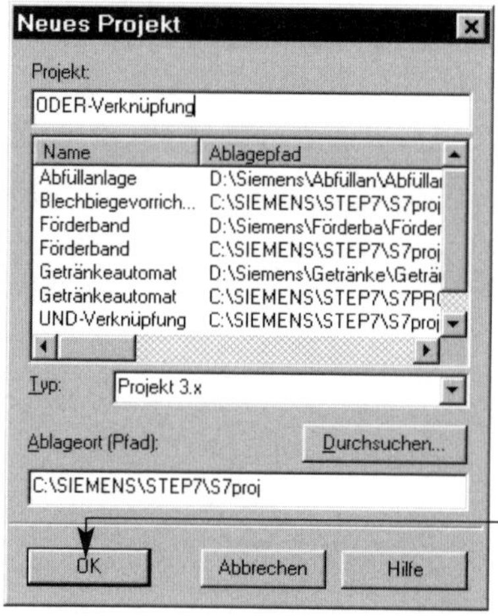

mit OK bestätigen

Das Projekt ODER-Verknüpfung ist nun angelegt.

⇨ Es erscheint folgendes Fenster.

In dieses Fenster muß nun die SIMATIC-Station eingefügt werden. Da mit der gleichen SIMATIC-Station wie im vorherigen Projekt gearbeitet wird, braucht keine neue Station angelegt zu werden.
Vom Projekt «UND-Verknüpfung» kopiert man die SIMATIC-Station in das Projekt «ODER-Verknüpfung».

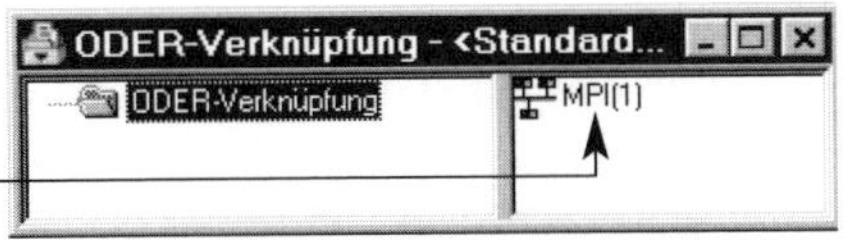

5.3.3 SIMATIC-Station 1 in ein anderes Projekt kopieren

Man öffnet mit dem Menübefehl:
Datei ⇨ **Öffnen** ⇨ **Projekt** das Projekt «**UND-Verknüpfung**»

⇨ Folgendes Fenster erscheint:

UND-Verknüpfung doppelklicken

⇨ Folgendes Fenster erscheint:

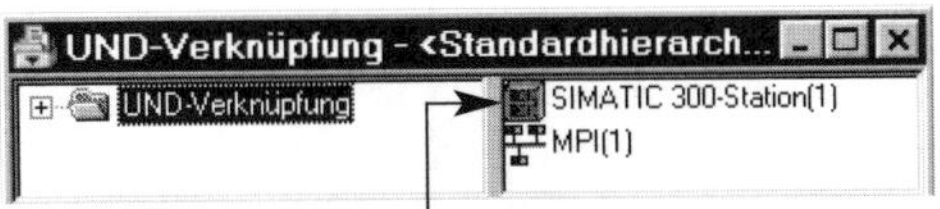

die SIMATIC-Station (1) mit der Maus hinterlegen, Betätigen des Menübefehls: **Bearbeiten** ⇨ **Kopieren,** die Station (1) wird in die Zwischenablage kopiert.

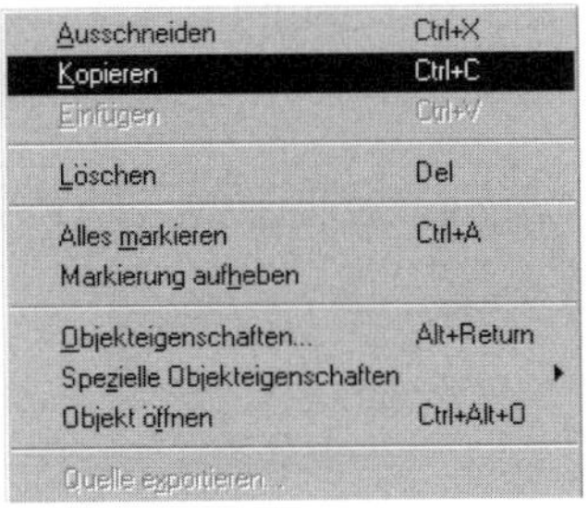

Anschließend Betätigen der Menübefehle:
Datei ⇨ Schließen

⇨ Folgendes Fenster erscheint:

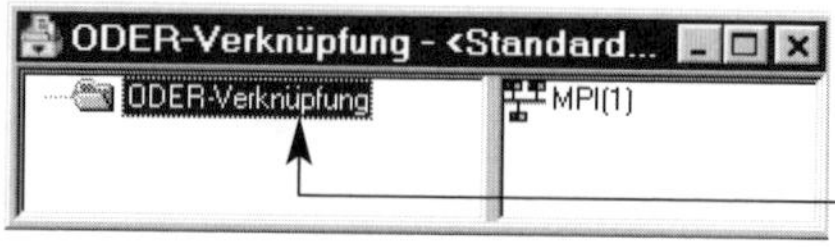

Man befindet sich wieder im Projekt «ODER-Verknüpfung».

⇨ Folgendes Fenster erscheint:

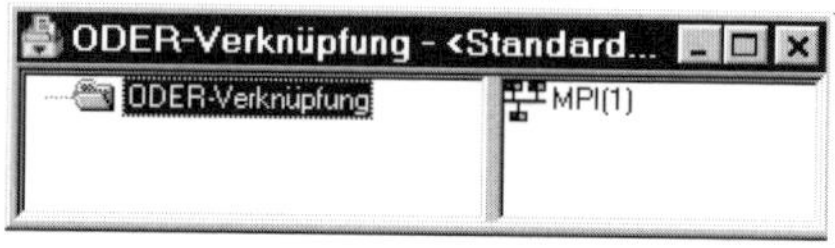

MPI(1)-Schnittstelle durch Mausklick wählen und Betätigen des Menübefehls:
Bearbeiten ⇨ Einfügen

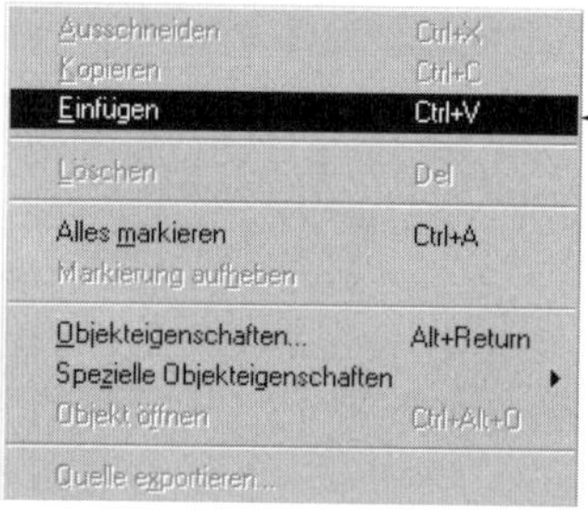

⇨ Folgendes Fenster erscheint:

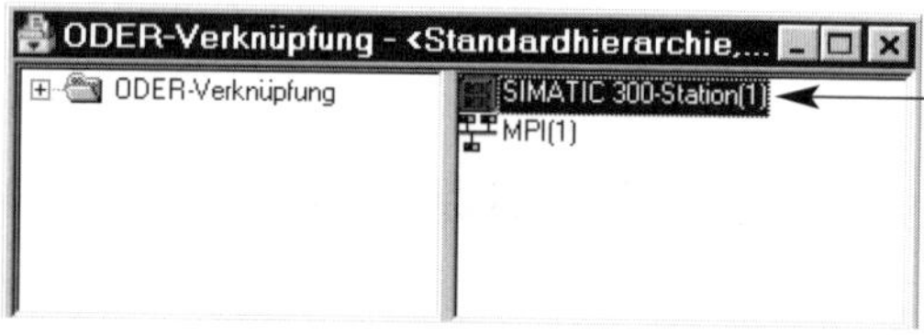

Die SIMATIC-Station (1) wurde von der Zwischenablage mit allen eingestellten und konfigurierten Parametern eingefügt.

Jetzt geht man durch Anklicken der «+»-Zeichen bis zur untersten Ebene des Verzeichnisses. In der untersten Ebene ist der Behälter «**Bausteine**» installiert.

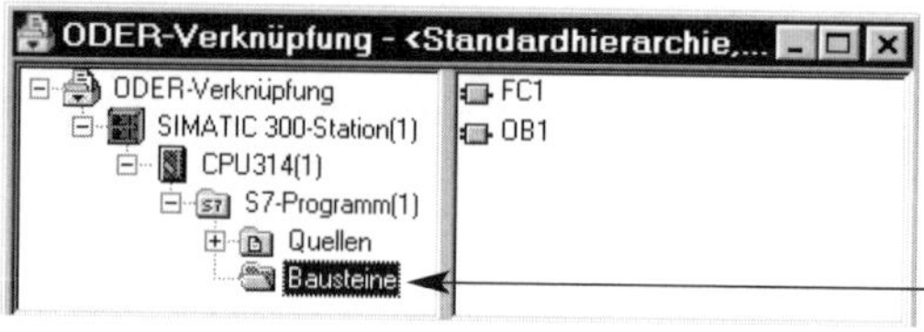

Man selektiert den Behälter Baustein und fügt mit dem Menübefehl:
Einfügen ⇨ **S7-Baustein** ⇨ **Funktion** eine Funktion FC 2 ein.

Einstellung «FUP»

Bestätigung mit OK

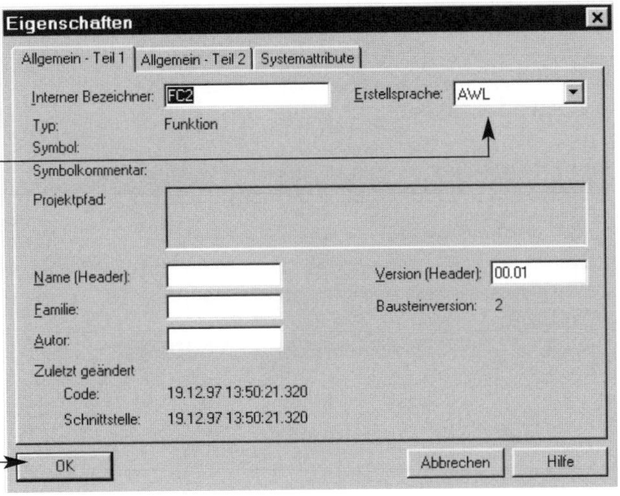

⇨ Folgendes Fenster erscheint:

Die Funktion «FC2» wurde eingefügt.

«FC 2» doppelklicken

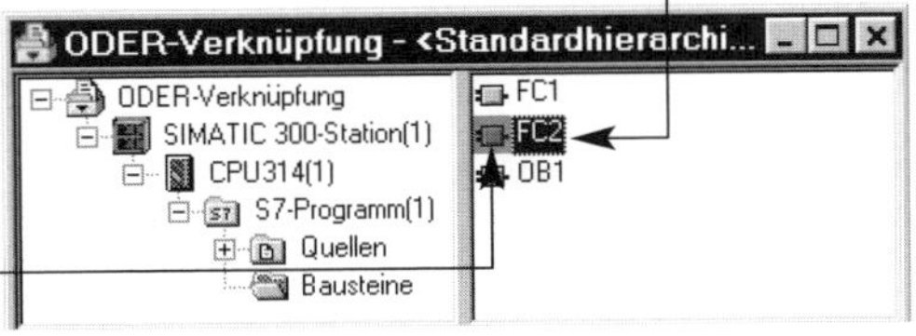

⇨ Folgendes Fenster erscheint:

Kommentare einfügen

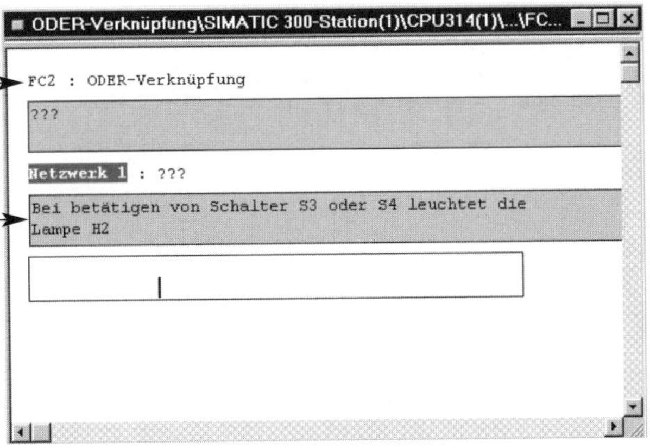

Durch Anklicken auf die «ODER-Box» wird das ODER-Symbol eingefügt.

⇨ Folgendes Fenster erscheint:

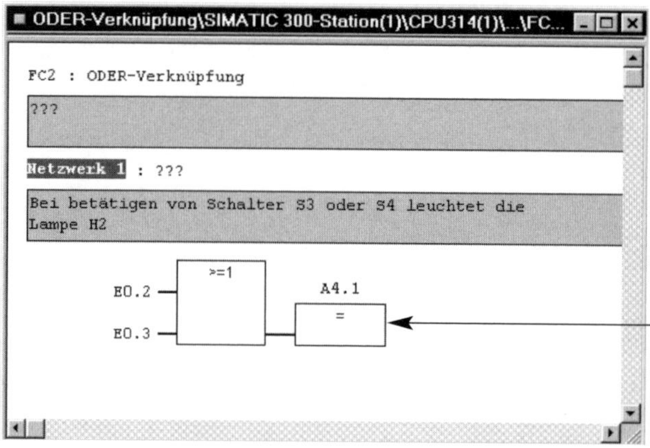

Eingänge der ODER-Verknüpfung mit E0.2 parametrisieren. E0.3 und A4.1

Gespeichert wird das Programm unter dem Menübefehl: **Datei** ⇨ **Speichern**

5.3.4 OB 1 ändern

Man öffnet mit dem SIMATIC-Manager folgendes Fenster:

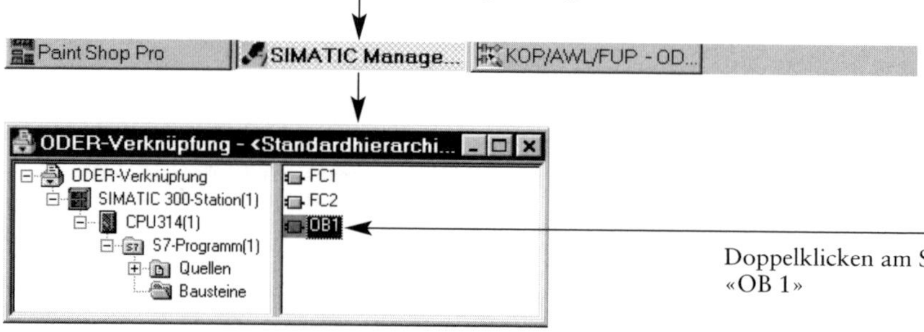

Doppelklicken am Symbol «OB 1»

⇨ Folgendes Fenster erscheint:

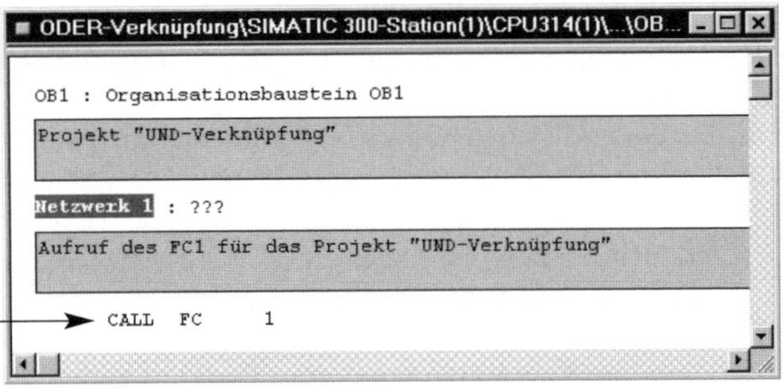

Texte für die ODER-Verknüpfung passend abändern.

Befehlszeile ändern: CALL FC 1 in **CALL FC 2** sowie die Texte in einen entsprechenden Text und mit RETURN bestätigen.

⇨ Folgendes Fenster erscheint:

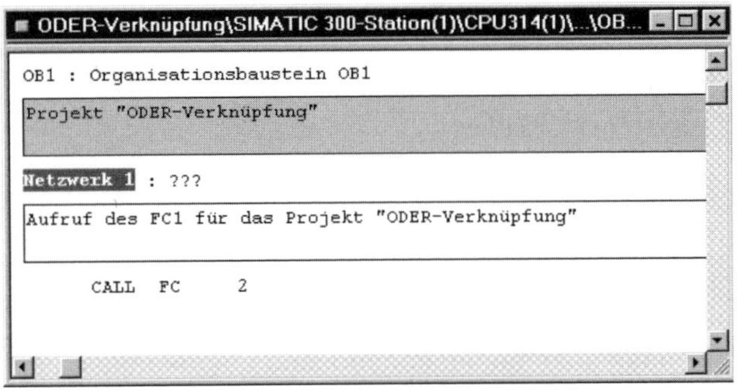

Jetzt speichert man den geänderten OB 1 unter dem Menübefehl: **Datei** ⇨ **Speichern**

Es steht nun der OB 1 für das Projekt ODER-Verknüpfung zur Verfügung.

5.3.5 Laden

Um das Programm ODER-Verknüpfung zu testen, muß es erst in die CPU des Automatisierungsgerätes S7-300 geladen werden.
Es ist möglich, einzelne Bausteine, aber auch komplette Anwenderprogramme in die S7-300 zu laden.
Für das Laden des Anwenderprogramms in das Automatisierungsgerät S7-300 müssen folgende Voraussetzungen erfüllt sein:

- **Onlineverbindung zwischen PC und Automatisierungsgerät muß vorhanden sein.**
- **CPU S7-300 muß im STOP-Zustand sein.**

Dann wird im SIMATIC-Manager (**Ansicht Offline**) das Unterverzeichnis Bausteine aufgerufen.

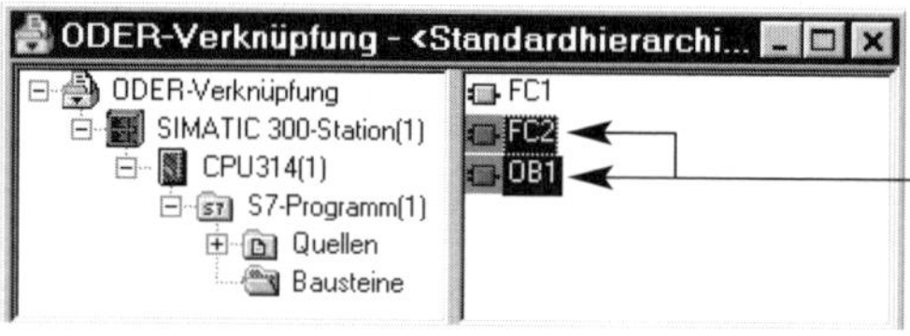

Bei gedrückter Shift-Taste FC 2 und OB 1 anklicken. Beide Bausteine werden selektiert.

Man wählt den Menübefehl:
Zielsystem ⇨ Laden

Das Projekt ODER-Verknüpfung ist nun im Automatisierungsgerät vorhanden.

5.3.6 Testen

Um das Anwenderprogramm auf Funktionalität zu überprüfen, muß es getestet werden.

Folgende Reihenfolge muß beachtet werden:

- Baustein online öffnen
- Einstellungen für die Testanzeige festlegen
- Triggerbedingungen festlegen
- Testumgebung wählen
- Test starten oder stoppen

Man wählt im SIMATIC-Manager den Menübefehl:
Ansicht ⇨ Online

⇨ Folgendes Fenster erscheint:

FC 2 doppelklicken

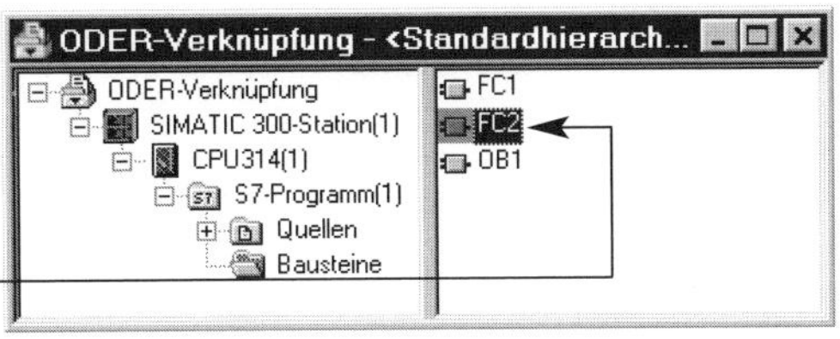

⇨ Folgendes Fenster erscheint:

Die ODER-Verknüpfung wird jetzt online dargestellt, d.h., es besteht jetzt eine Verbindung vom PG zum AG (CPU).

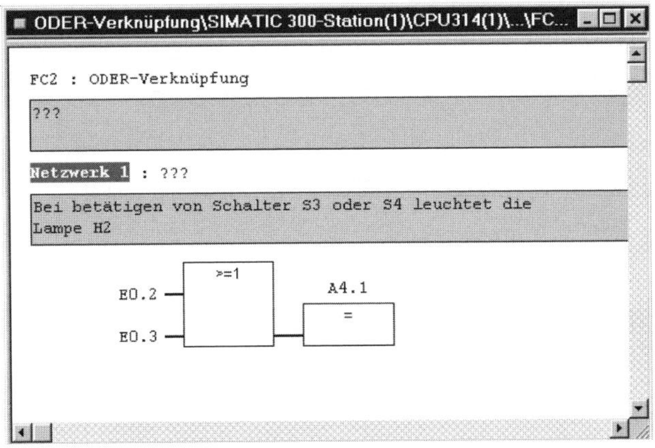

Man ruft mit dem Menübefehl:
Test ⇨ **Aufrufumgebung** die Triggerbedingung auf,
und wählt: Keine Bedingung

Anklicken der Testumgebung.
Wählen: **Prozeß**

und aus dem Menübefehl:
Extras ⇨ **Einstellungen** die gewollten Einstellungen,

dann aus dem Menübefehl:
Test ⇨ **Beobachten** oder die Funktionstasten **Ctrl + F7**

⇨ Folgendes Fenster erscheint:

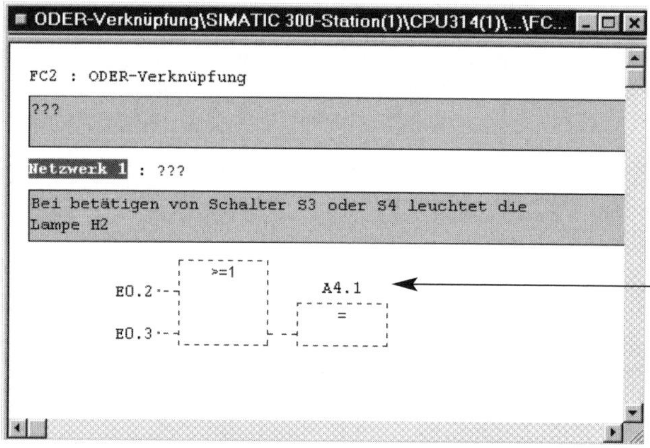

Man legt nun an die Eingänge E0.2 und E0.3 wechselhaft 1- oder 0-Signal und beobachtet den wechselnden Programmstatus.
Darstellungsart im Fenster: FUP.

Jetzt kann man das Programm in KOP und AWL testen.

⇨ **Fenster: KOP**

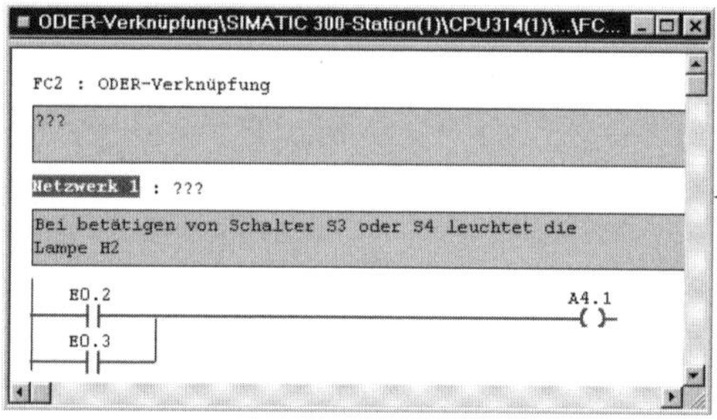

Funktionstabelle		
E0.2	E0.3	A4.1
0	0	0
0	1	1
1	0	1
1	**1**	**1**

⇨ **Fenster: AWL**

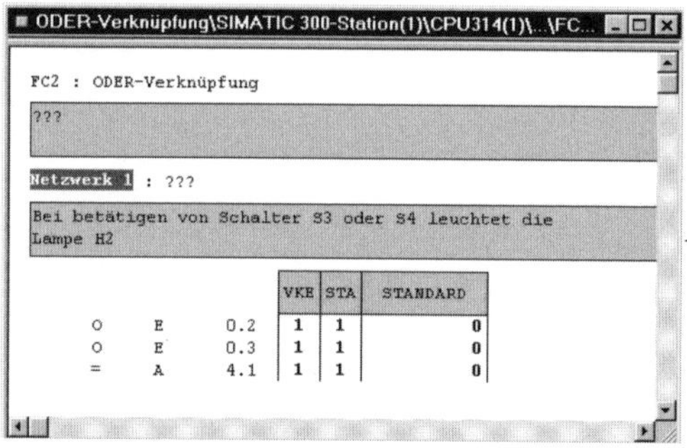

Die Verknüpfungsergebnisse sind nach der Funktionstabelle zu überprüfen.

6 Programmeingabe

6.1 UND vor ODER

Die UND- vor ODER-Verknüpfung entspricht einer Parallelschaltung mehrerer in Reihe geschalteter Kontakte im Stromlaufplan. Bei diesen aus Reihen- und Parallelschaltung zusammengesetzten Zweigen führt der Ausgang A4.2 den Signalzustand 1, wenn in mindestens einem Zweig alle in Reihe geschalteten Kontakte geschlossen sind (den Signalzustand 1 haben).
UND- vor ODER-Verknüpfungen werden in der Darstellungsart AWL ohne Klammern programmiert, es müssen jedoch die parallelgeschalteten Zweige durch die Eingabe des O (ODER-Funktion) voneinander getrennt werden. Dabei werden zuerst die UND-Funktionen bearbeitet und aus den Ergebnissen das Ergebnis der ODER-Funktion gebildet. Die erste UND-Funktion (E0.0, E0.1) wird von der zweiten UND-Funktion (E0.2, E0.3) durch das einzelne O (ODER-Funktion) getrennt.

UND-Verknüpfungen haben Vorrang und werden damit immer vor den ODER-Verknüpfungen bearbeitet.

Zuordnungsliste		
Symbol	Operand	Kommentar
S1	E0.0	Schalter «Schließer»
S2	E0.1	Schalter «Schließer»
S3	E0.2	Schalter «Schließer»
S4	E0.3	Schalter «Schließer»
P1	A4.2	Leuchtmelder

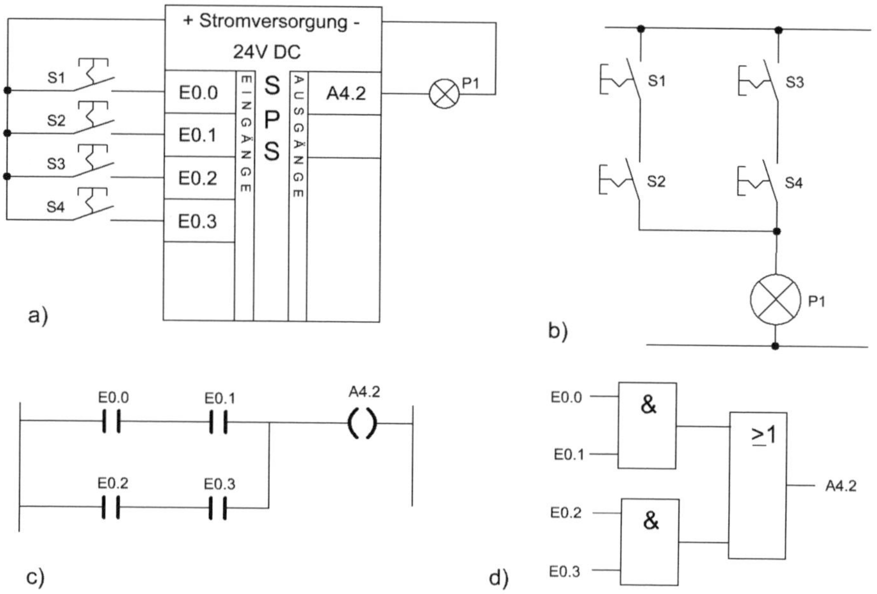

Bild 6.1 Eingabe der UND-Verknüpfung: a) Anschluß an die SPS, b) Stromlaufplan, c) KOP, d) FUP

Bevor das Programm UND vor ODER in die SIMATIC S7-300 eingegeben wird, muß ein **Projekt** angelegt werden (s. Bild 6.1), hier das Projekt «**UND vor ODER**». Dabei darf man die CPU nicht urlöschen, da sonst die gesamten Programme verlorengehen. Für **alle nachfolgenden Übungen** wird die SIMATIC-S7-300-Station verwendet, wie sie bei der 1. Übung (Programm UND-Verknüpfung verwendet wurde. Bei «Urlöschen» würde auch die Station 1 verlorengehen.

Folgende Schritte sind bei der Programmierung des Programmes UND vor ODER einzuhalten:

- Projekt UND vor ODER anlegen
- Baustein FC 3 anlegen
- UND vor ODER in FUP programmieren
- OB 1 ändern
- FC 3 und OB 1 in die CPU laden
- Programm testen

Das folgende Fenster zeigt die **UND- vor ODER**-Verknüpfung in **FUP**:

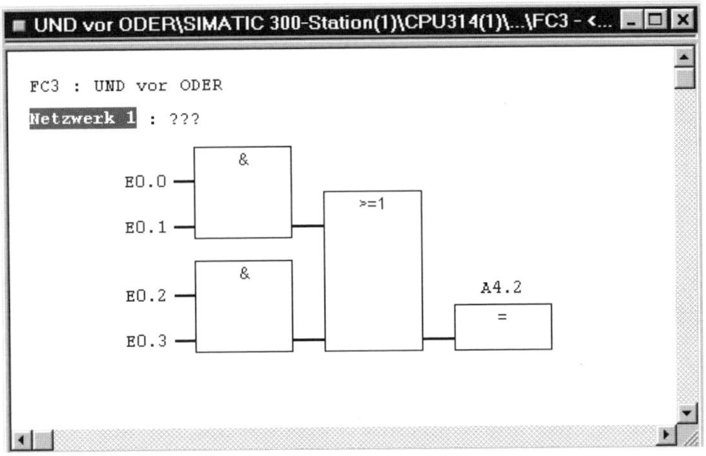

Darstellungsart: **KOP**

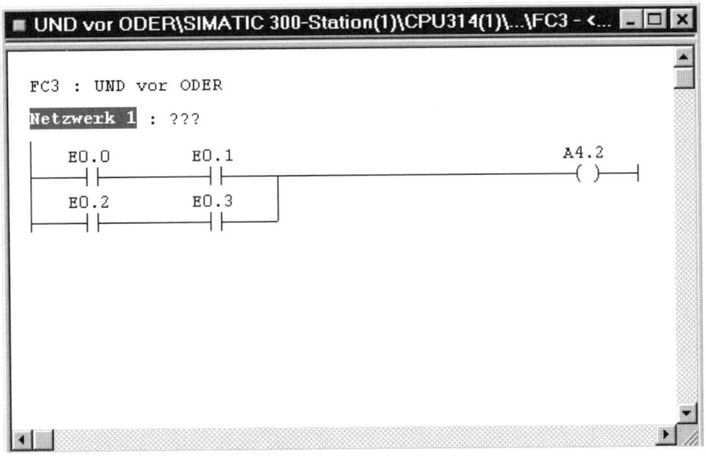

Darstellungsart: **AWL**

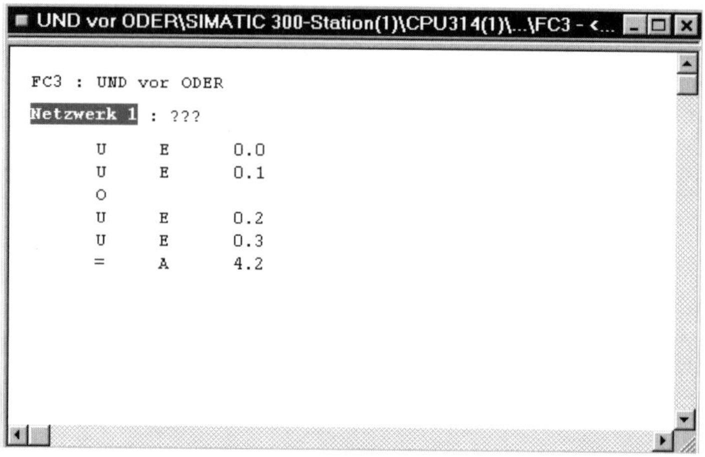

Programm testen.

6.2 ODER vor UND

Die ODER- vor UND-Verknüpfung entspricht einer Reihenschaltung mehrerer parallelgeschalteter Kontakte im Stromlaufplan. Bei dieser in Reihen- und Parallelschaltung zusammengesetzten Verknüpfung hat der Ausgang 4.3 nur dann den Signalzustand 1, wenn in jedem der beiden Parallelzweige mindestens einer der Kontakte den Signalzustand 1 aufweist.

Damit ODER-Verknüpfungen Vorrang vor UND-Verknüpfungen haben, müssen sie durch Klammern zusammengefaßt werden.

Bevor wir das Programm ODER vor UND in die SIMATIC S7-300 eingeben, muß ein **Projekt** angelegt werden (s. Bild 6.2).

Zuordnungsliste		
Symbol	Operand	Kommentar
S1	E1.0	Schalter «Schließer»
S2	E1.1	Schalter «Schließer»
S3	E1.2	Schalter «Schließer»
S4	E1.3	Schalter «Schließer»
P3	A4.3	Leuchtmelder

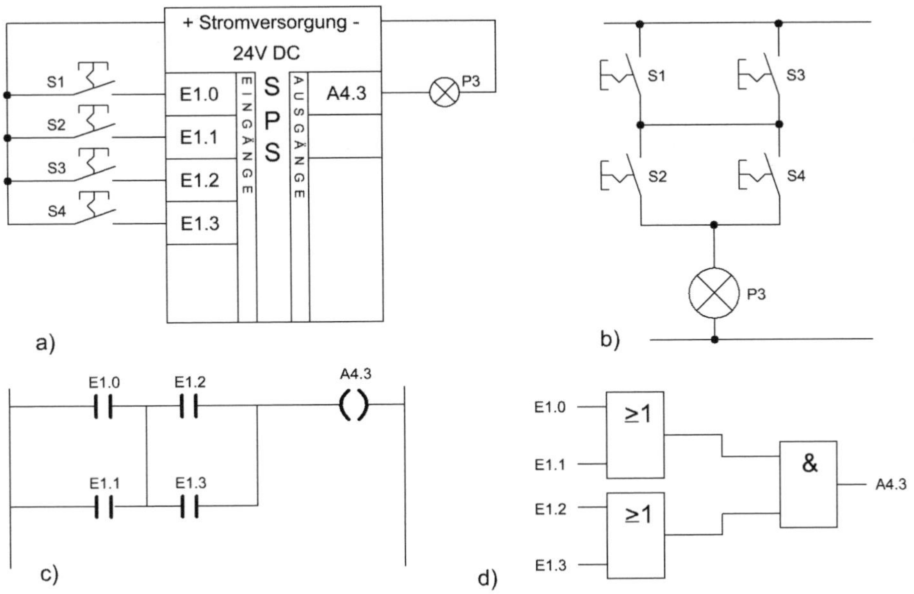

Bild 6.2 Anlage der UND-Verknüpfung: a) Anschluß an die SPS, b) Stromlaufplan, c) KOP, d) FUP

Man legt das Projekt «**ODER vor UND**» an. Dabei darf man die CPU nicht urlöschen, da sonst die gesamten Programme verlorengehen.
Für **alle nachfolgenden Übungen** wird die SIMATIC-S7-300-Station verwendet, wie sie bei der ersten Übung (Programm UND-Verknüpfung) verwendet wurde. Bei «Urlöschen» würde die Station 1 verlorengehen.

Bei der Programmierung des Programmes «ODER vor UND» sind folgende Schritte zu beachten:

- Projekt ODER vor UND anlegen
- Baustein FC 4 anlegen
- UND vor ODER in FUP programmieren
- OB 1 ändern
- FC 4 und OB 1 in die CPU laden
- Programm testen

Im nachfolgenden Fenster wird die **ODER vor UND**-Verknüpfung in **FUP** dargestellt.

Darstellungsart: **FUP**

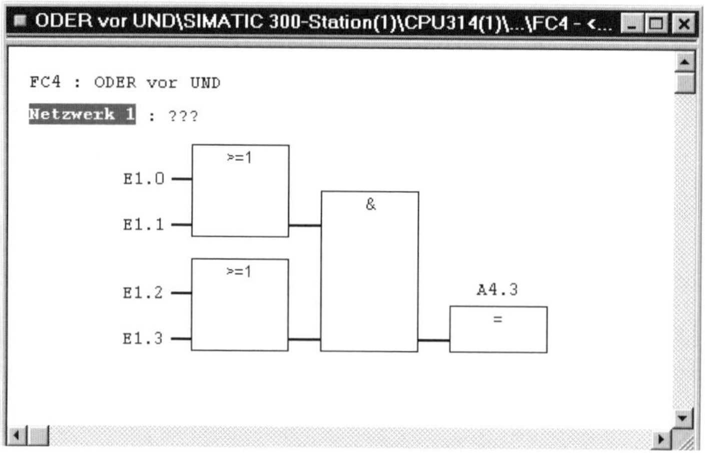

Darstellung: **KOP**

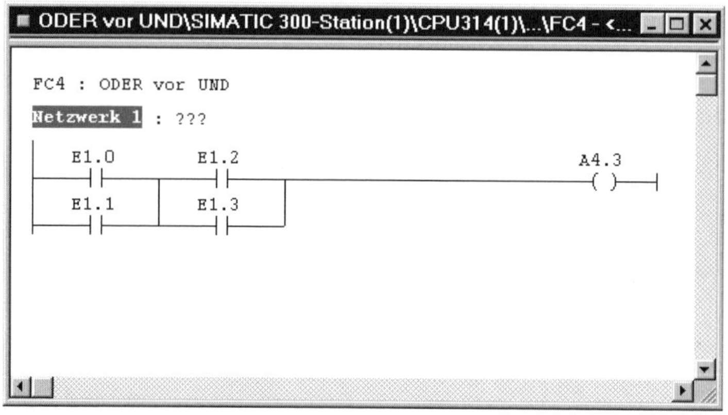

Darstellung: **AWL**

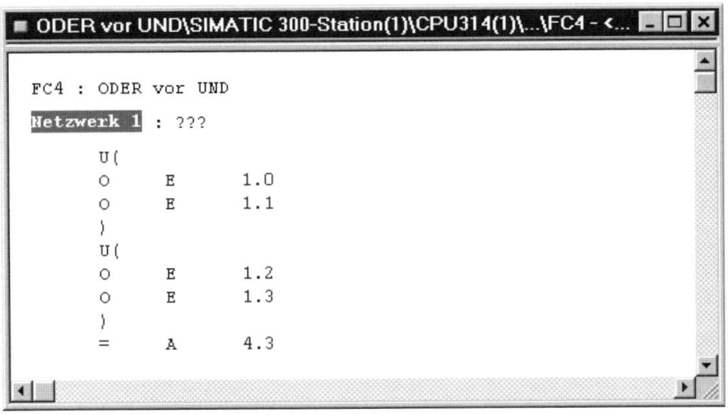

Testen des Programmes.

6.3 Abfrage auf Signalzustand 0

Die Abfrage auf Signalzustand 0 entspricht in einer kontaktbehafteten Schaltung einem Öffner.

Bevor das Programm «Abfrage auf den Signalzustand 0» in die SIMATIC S7-300 eingegeben wird, muß ein **Projekt** «**Abfrage auf 0**» angelegt werden (s. Bild 6.3).

Wieder wird für **alle nachfolgenden Übungen** die SIMATIC-S7-300-Station verwendet, wie bei der 1. Übung (Programm UND-Verknüpfung). Auch hier ist zu beachten: Bei «Urlöschen» würde die Station 1 verlorengehen.

Man geht nach folgenden Schritten vor:

- Projekt Abfrage auf 0 anlegen
- Baustein FC 5 anlegen
- Abfrage auf 0 in FUP programmieren
- OB 1 ändern
- FC 5 und OB 1 in die CPU laden
- Programm testen

Zuordnungsliste		
Symbol	Operand	Kommentar
S2	E0.2	Schalter «Schließer»
S3	E0.3	Schalter «Öffner»
P1	A4.1	Leuchtmelder

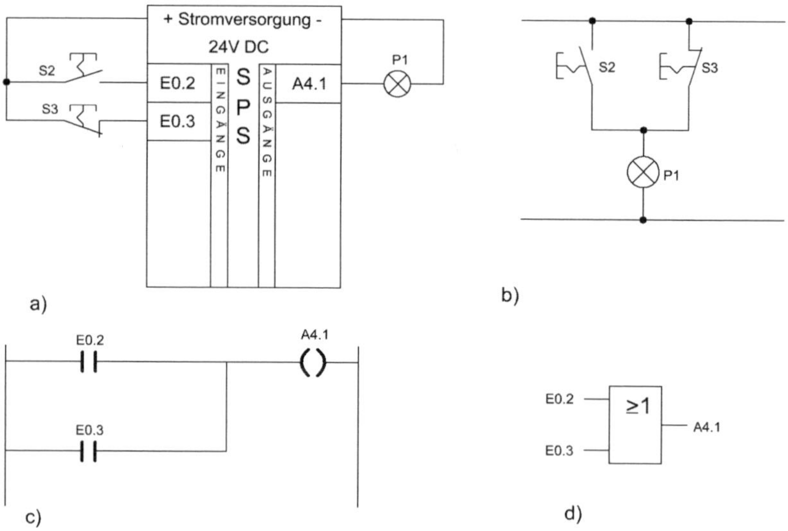

Bild 6.3 Anlage des Projektes: a) Anschluß an die SPS, b) Stromlaufplan, c) KOP, d) FUP

Im nachfolgenden Fenster wird das Programm «**Abfrage auf 0**» in **FUP** dargestellt.

Darstellungsart: **FUP**

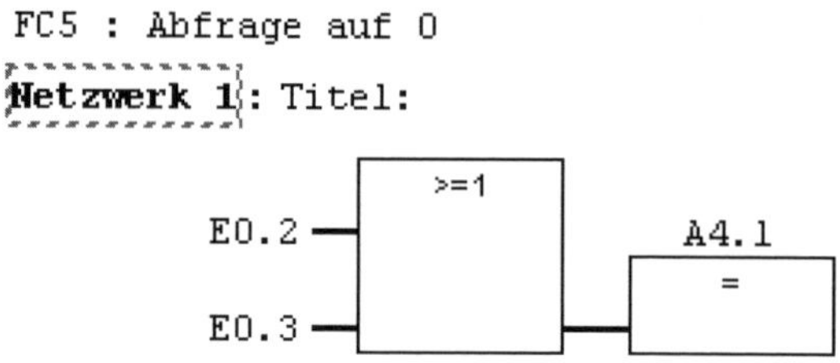

Darstellung: **KOP**

```
FC5 : Abfrage auf 0
Netzwerk 1: Titel:
```

Darstellung: **AWL**

```
FC5 : Abfrage auf 0
Netzwerk 1: Titel:
          O     E     0.2
          O     E     0.3
          =     A     4.1
```

Testen des Programmes.

6.4 Exklusiv-ODER-Verknüpfung

Die Schaltung zeigt eine Exklusiv-ODER-Verknüpfung (X), bei der der Ausgang 4.0 nur dann eingeschaltet ist (Signalzustand 1), wenn nur einer der Eingänge den Signalzustand 1 aufweist. In einer kontaktbehafteten Schaltung kann dies nur mit Öffnern und Schließern realisiert werden.

Bevor das Programm «Exklusiv-ODER-Verknüpfung» in die SIMATIC S7-300 eingeben wird, muß das **«Projekt Exklusiv-ODER»** angelegt werden (s. Bild 6.4). Verwendet wird für **alle nachfolgenden Übungen** die SIMATIC S7-300 Station, wie bei der 1. Übung (Programm UND-Verknüpfung).

Zuordnungsliste		
Symbol	Operand	Kommentar
S0	E0.2	Schalter «Schließer»
S1	E0.3	Schalter «Schließer»
P1	A4.0	Leuchtmelder

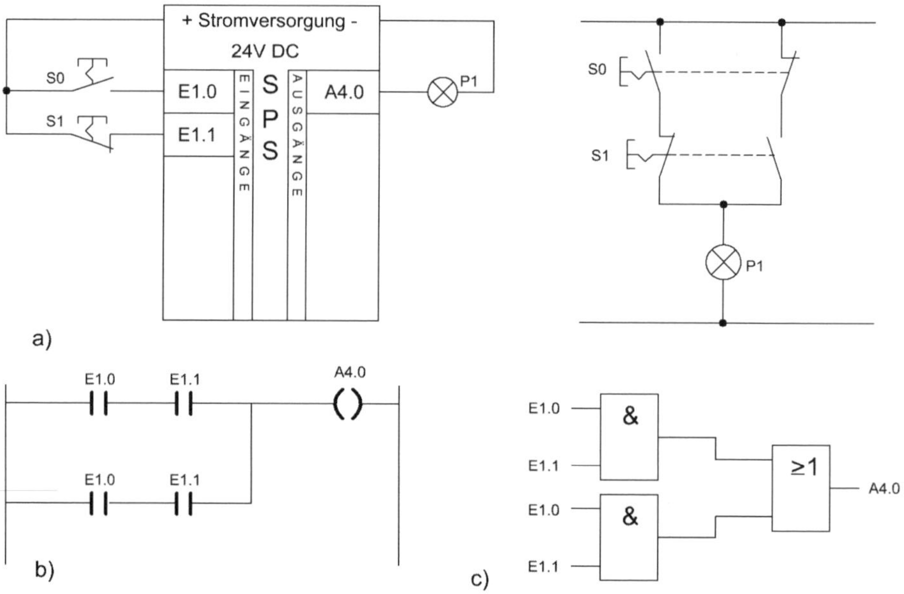

Bild 6.4 Anlage des Projektes: a) Anschluß an die SPS, b) Stromlaufplan, c) KOP, d) FUP

Man geht nach folgenden Schritten vor:

- Projekt Exklusiv-ODER anlegen
- Baustein FC 6 anlegen
- Exklusiv-ODER in FUP programmieren
- OB 1 ändern
- FC 6 und OB 1 in die CPU laden
- Programm testen

In den nachfolgenden Fenstern wird das Programm «**Exklusiv-ODER**» dargestellt.

Darstellungsart: **FUP**

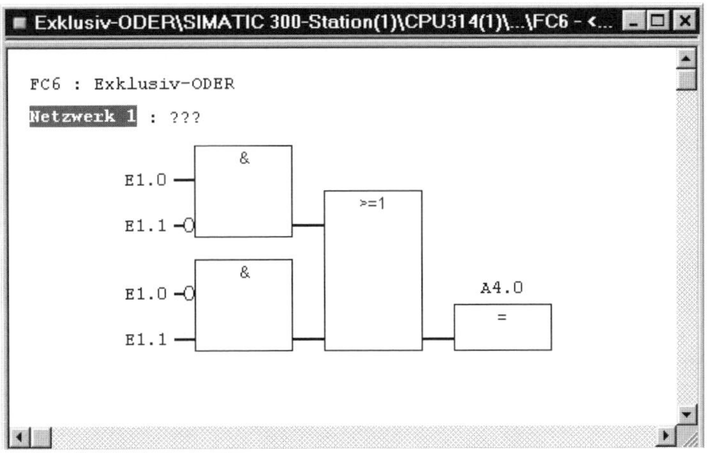

Darstellung: **KOP**

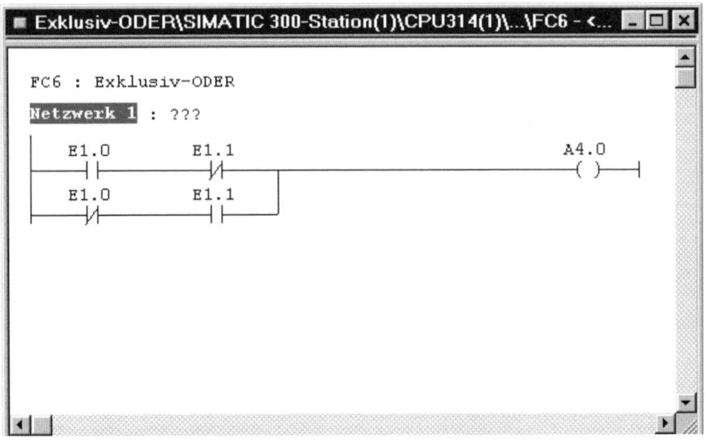

Darstellung: **AWL**

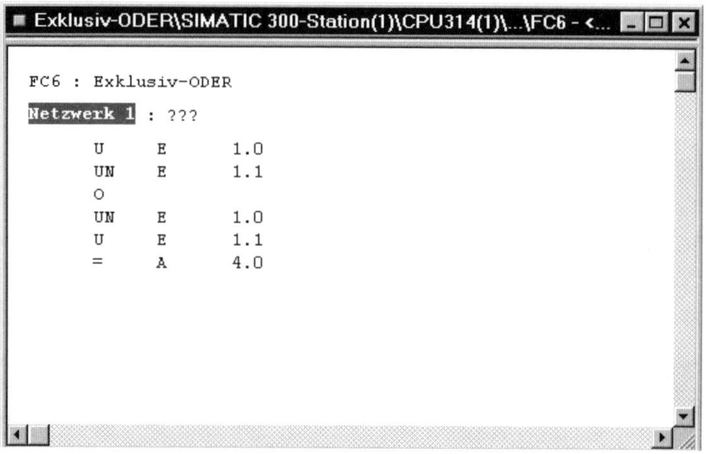

Testen des Programmes.

6.5 Abfrage von Ausgängen

Für das Einschalten der Ausgänge A4.0 und A4.1 gelten unterschiedliche Bedingungen. In diesen Fällen muß für jeden Ausgang ein eigener Strompfad bzw. ein eigenes Verknüpfungssymbol vorgesehen werden. Da das Automatisierungsgerät nicht nur den Signalzustand von Eingängen, sondern auch den von Ausgängen, Merkern usw. abfragen kann, wird in der UND-Verknüpfung für den Ausgang A4.0 und Ausgang A4.1 abgefragt.

Bevor das Programm Abfrage von Ausgängen in die SIMATIC S7-300 eingegeben wird, muß ein **Projekt «Ausgänge abfragen»** angelegt werden.

Zuordnungsliste		
Symbol	Operand	Kommentar
S1	E1.0	Schalter «Schließer»
S2	E1.1	Schalter «Schließer»
S3	E1.2	Schalter «Schließer»
P1	A4.0	Leuchtmelder
P2	A4.1	Leuchtmelder

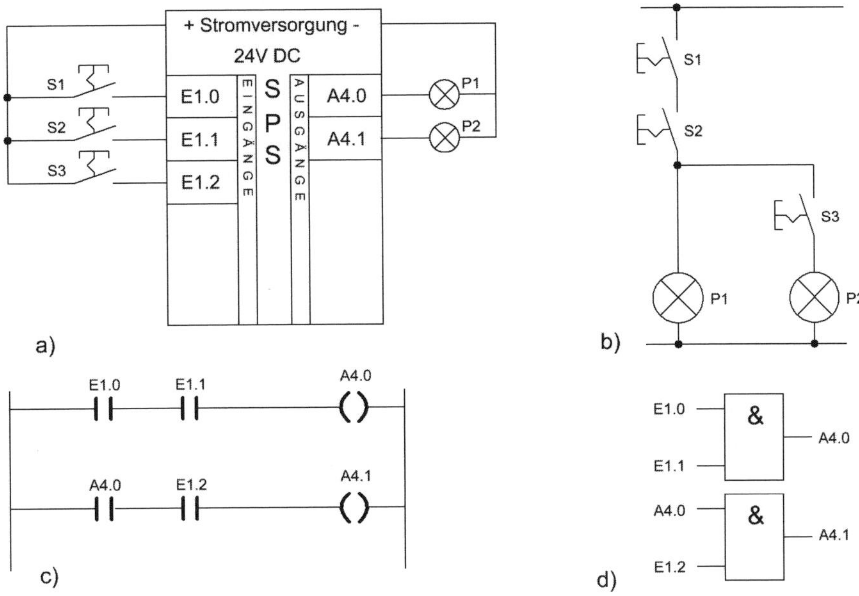

Bild 6.5 Anlage des Projektes: a) Anschluß an die SPS, b) Stromlaufplan, c) KOP, d) FUP

Verwendet wird für **alle nachfolgenden Übungen** die SIMATIC-S7-300-Station, wie bei der 1. Übung (Programm UND-Verknüpfung). Man geht bei der Programmierung des Programmes «**Ausgänge abfragen**» nach folgenden Schritten vor:

- Projekt Ausgänge abfragen anlegen
- Baustein FC 7 anlegen
- Ausgänge abfragen in FUP programmieren
- OB 1 ändern
- FC 7 und OB 1 in die CPU laden
- Programm testen

Die ersten beiden Vorgänge werden hier nicht mehr erklärt (siehe Vorgang UND-Verknüpfung). Bei diesem Beispiel muß jedoch ein zweites Netzwerk eingefügt werden.

6.6 Einfügung von Netzwerken

⇨ Folgendes Fenster ist geöffnet:

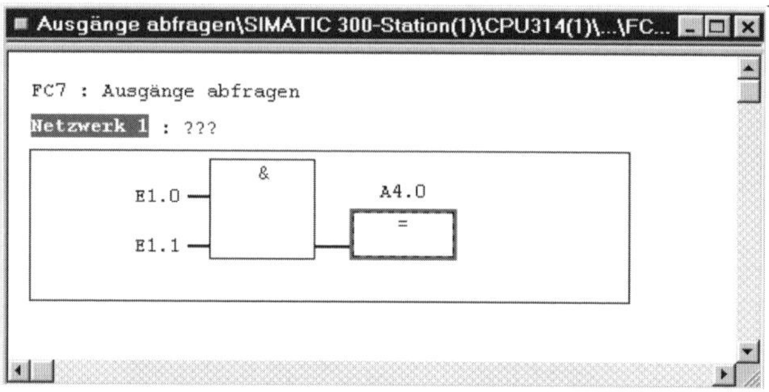

Beispiel Ausgänge abfragen erfordert ein zweites Netzwerk. Projekt anklicken

Hier anklicken oder den Menübefehl: **Einfügen** ⇨ **Netzwerk** wählen.

⇨ Folgendes Fenster erscheint:

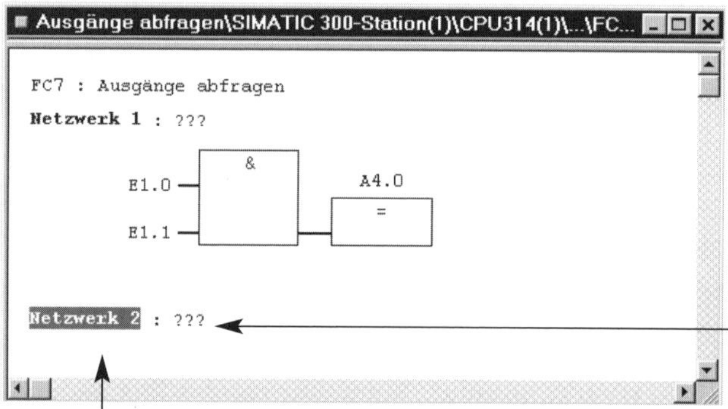

Hier kann das 2. Netzwerk eingefügt werden.

anklicken

⇨ Folgendes Fenster erscheint:

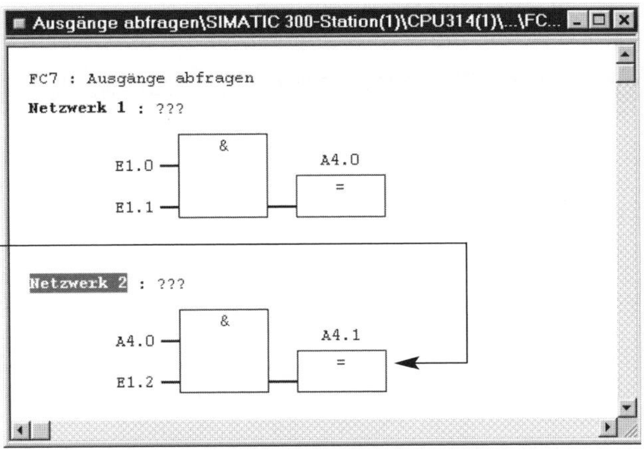

Die Eingänge werden nach der Zuordnungsliste parametrisiert.

Das Programm wird nach den erlernten Schritten weiter abgearbeitet.

Das Löschen von Netzwerken geschieht nach folgender Reihenfolge:

- Netzwerk 2 (Überschrift) mit der Maus anklicken,
- Wählen des Menübefehls: **Bearbeiten** ⇨ **Löschen** oder Betätigen der Funktionstaste **DEL** (Entf),
- Das Netzwerk wird gelöscht.

Rückgängig macht man den Befehl durch den Menübefehl:
Bearbeiten ⇨ **Rückgängig** oder betätigen der Funktionstaste «**Ctrl + Z**».

In den folgenden Fenstern werden Programme «**Ausgänge abfragen**» dargestellt.

Darstellungsart: **KOP**

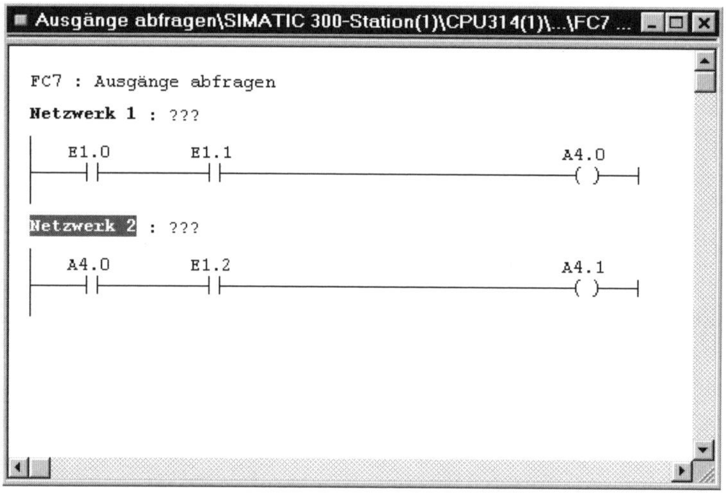

Darstellung: **AWL**

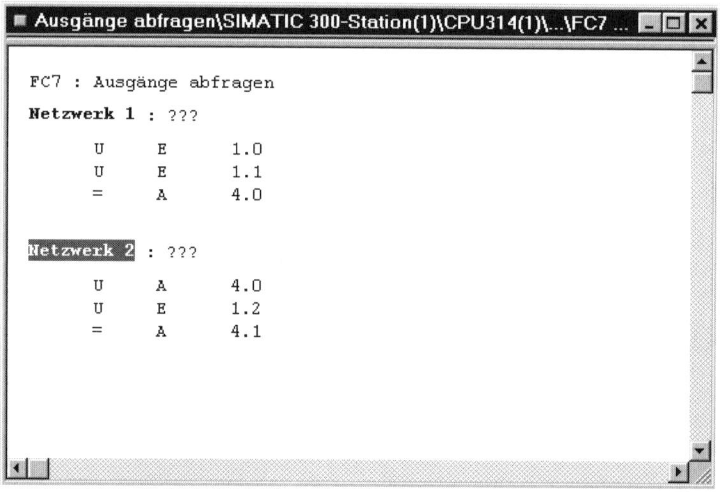

Testen des Programmes.

6.7 Selbsthaltung mit dem PC

Die in Schützsteuerungen übliche Schaltung für eine Speicherfunktion ist die Selbsthaltung.
Für das Ausschalten des Schützes sind 2 Varianten möglich, je nachdem, ob Einschalten oder Ausschalten vorrangig ist.
Bei der Programmierung ist zu beachten, daß die in Richtung AUS wirkenden Taster auch beim Einsatz einer SPS aus sicherheitstechnischen Gründen Öffnerkontakte haben sollen und auf 1-Signal abgefragt werden müssen.

Vorrangiges Einschalten

Zuordnungsliste		
Symbol	Operand	Kommentar
S1	E1.0	Taster «Schließer»
S2	E1.1	Taster «Öffner»
K1	A4.0	Hilfsschütz

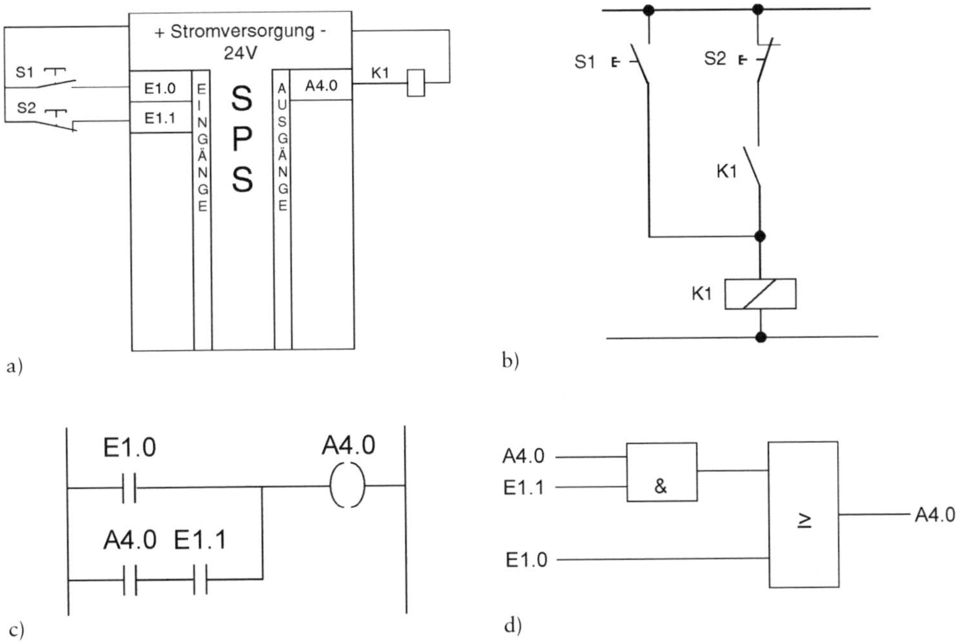

Bild 6.6 Anlegen des Projektes Vorrangiges Einschalten: a) Anschluß an die SPS, b) Stromlaufplan, c) KOP, d) FUP

Vorrangiges Ausschalten

Zuordnungsliste		
Symbol	Operand	Kommentar
S3	E0.0	Taster «Schließer»
S4	E0.1	Taster «Öffner»
K2	A4.1	Hilfsschütz

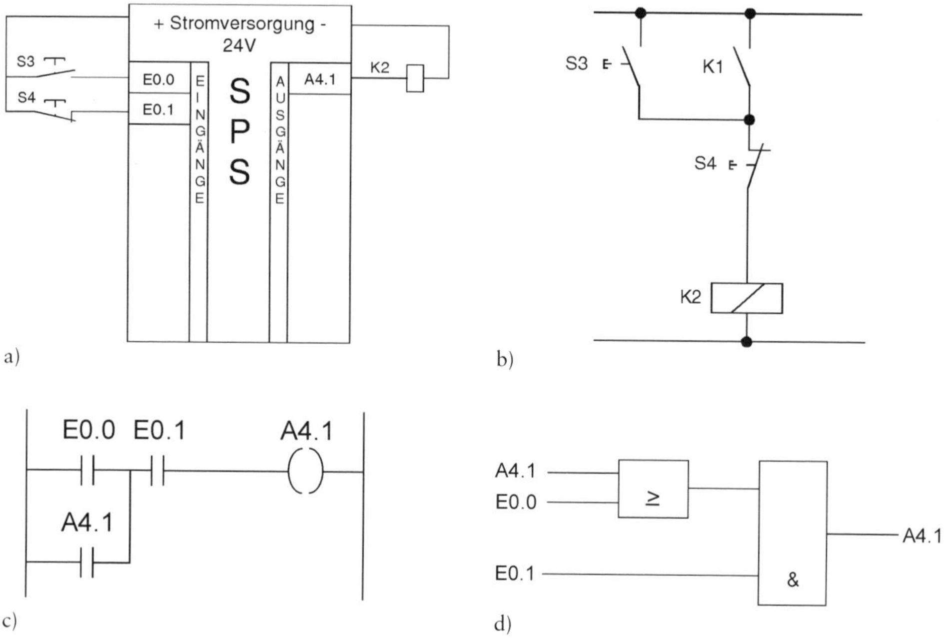

Bild 6.7 Anlegen des Projektes Vorrangiges Ausschalten: a) Anschluß an die SPS, b) Stromlaufplan, c) KOP, d) FUP

Man geht nach folgenden Schritten vor:

- Projekt Selbsthaltung anlegen
- Baustein FC 8 anlegen
- Projekt Selbsthaltung in FUP programmieren
- OB 1 ändern
- FC 8 und OB 1 in die CPU laden

In den nachfolgenden Fenstern wird das Programm in den Darstellungsarten AWL, KOP und FUP als Lösung dargestellt.

Darstellungsart: **AWL**

FC8 : Selbsthaltung

Netzwerk 1 : Vorrangiges Einschalten

```
U    A    4.0
U    E    1.1
O    E    1.0
=    A    4.0
```

Netzwerk 2 : Vorrangiges Ausschalten

```
U(
O    A    4.1
O    E    0.0
)
U    E    0.1
=    A    4.1
```

Darstellungsart: **KOP**

FC8 : Selbsthaltung

Netzwerk 1 : Vorrangiges Einschalten

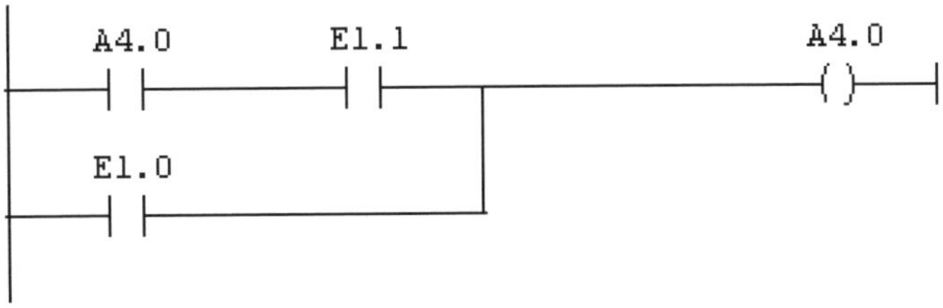

Netzwerk 2 : Vorrangiges Ausschalten

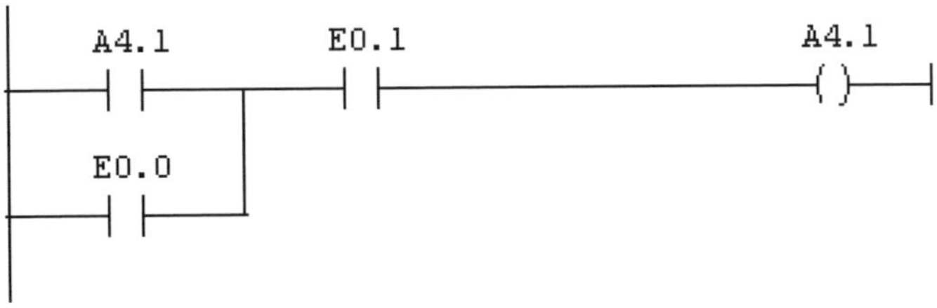

Darstellungsart: **FUP**

FC8 : Selbsthaltung

Netzwerk 1 : Vorrangiges Einschalten

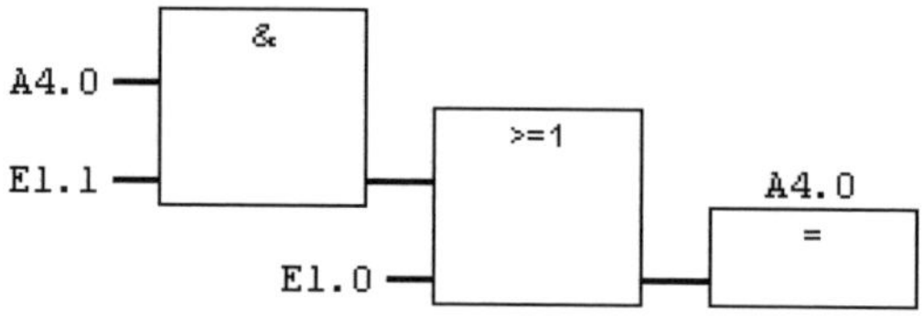

Netzwerk 2 : Vorrangiges Ausschalten

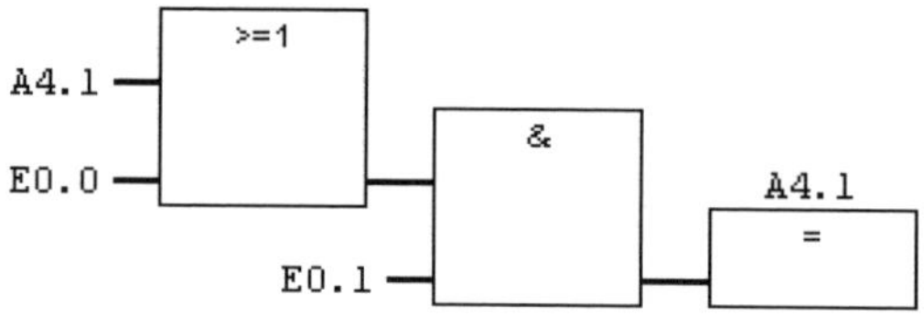

Testen Sie das Programm aus.

6.8 Praktische Steuerungsbeispiele mit dem PC

6.8.1 Temperaturdifferenz

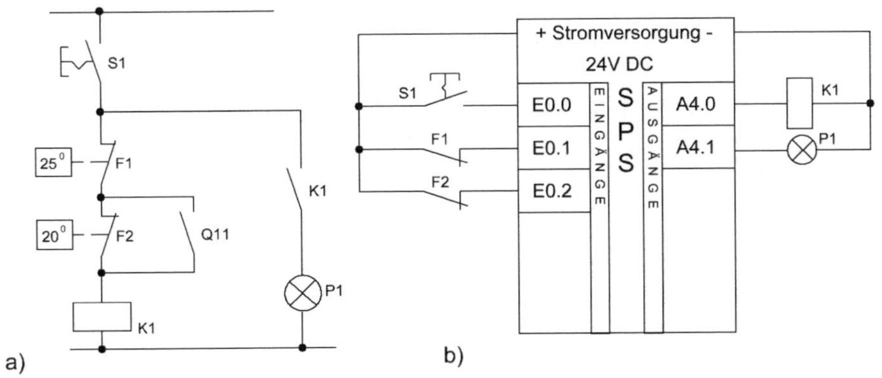

Bild 6.8 Steuerungsbeispiel Temperaturdifferenzschaltung: a) Stromlaufplan b) Anschluß an eine SPS

Funktionsbeschreibung (Bild 6.8)
Wird der Stellschalter S1 betätigt, ist die Anlage betriebsbereit. Der Thermostat F1 schaltet bei 25 °C, der Thermostat F2 bei 20 °C. Sinkt die Temperatur unter 20 °C, dann sind die Schaltglieder beider Thermostate geschlossen, und das Schütz K1 zieht an. Steigt die Temperatur über 20 °C, öffnet der Thermostat F2, doch das Schütz K1 bleibt über den zu F2 parallel geschalteten Schließer von K1 so lange angezogen, bis die Temperatur über 25 °C steigt und der Thermostat F1 öffnet. Der Leuchtmelder P1 leuchtet bei erregtem Schütz. Über den Stellschalter S1 kann die Anlage wieder abgeschaltet werden.

Zuordnungsliste		
Symbol	Operand	Kommentar
S1	E0.0	Anlage Temperaturdifferenz «Ein» Schließer
F1	E0.1	Thermostat 25 °C «Öffner»
F2	E0.2	Thermostat 20 °C «Öffner»
K1	A4.0	Hilfsschütz für Schaltaufgabe
P1	A4.1	Leuchtmelder

Man geht nach folgender Reihenfolge vor:

- Projekt Temperaturdifferenz in FUP anlegen
- Funktion wählen (Vorschlag: FC 9)
- OB 1 organisieren
- Programm in die CPU laden
- Programm testen (**Schalter an der CPU auf RUN-P**. In dieser Schalterstellung ist es möglich, Programme im Onlinebetrieb zu ändern, ohne den Schalter in die Stellung STOP bringen zu müssen).
- Darstellungsarten wechseln: ⇨ FUP ⇨ KOP ⇨ AWL

Ende der Übung.

6.8.2 Getränkeautomat

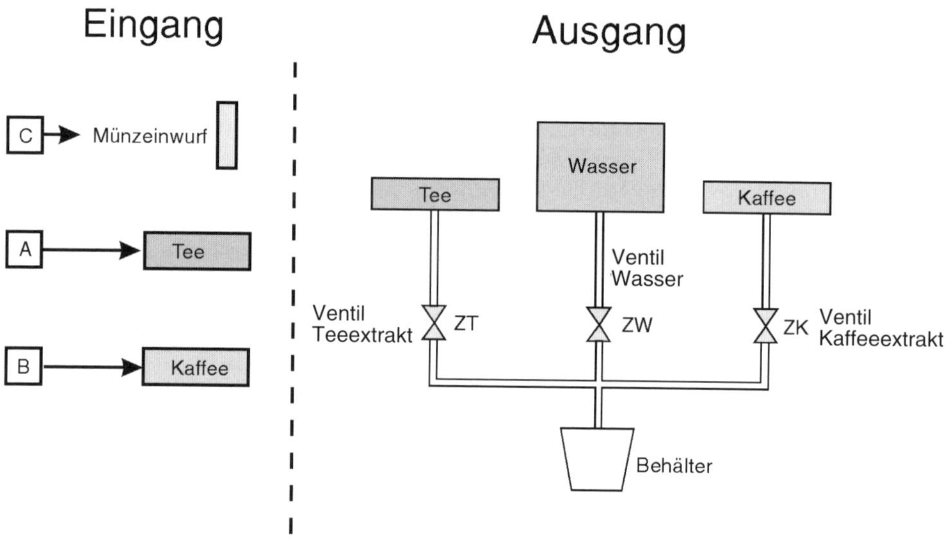

Bild 6.9 Steuerungsbeispiel Getränkeautomat: Technologieschema

Funktionsbeschreibung
Nach Einwurf einer passenden Münze kann der Benutzer durch Drücken der Taste «Tee» bzw. «Kaffee» das gewünschte Getränk auswählen. Aus methodischen Gründen wird das Problem auf 3 Eingangsvariablen vereinfacht. Das Getränk soll immer dann ausgegeben werden, wenn nach dem Einwurf einer Münze entweder die Tee- oder die Kaffeetaste gedrückt wird.
Es läuft folgender Vorgang ab: Das heiße Wasser wird durch das Magnetventil «ZW» freigegeben. Dem Tee- oder Kaffee-Extrakt wird das heiße Wasser zugeführt. (Der Einfachheit halber werden keine Zusätze wie Milch oder Zucker beigefügt.)

ZK = Kaffee-Extrakt läuft aus
ZT = Tee-Extrakt läuft aus
ZW = Heißes Wasser läuft aus

Wenn keine der Tasten gedrückt wird, sind alle Eingangssignale «0»

Funktionstabelle					
A (Tee)	B (Kaffee)	C (Münze)	ZT (Tee)	ZK (Kaffee)	ZW (Wasser)
0	0	0	0	0	0
0	0	1	0	0	0
0	1	1	0	1	1
0	1	0	0	0	0
1	0	1	1	0	1
1	0	0	0	0	0
1	1	1	0	0	0
1	1	0	0	0	0

Aufgabe:
Es ist ein Getränkeautomat nach vorgegebenem Funktionsplan zu programmieren (Bild 6.10).

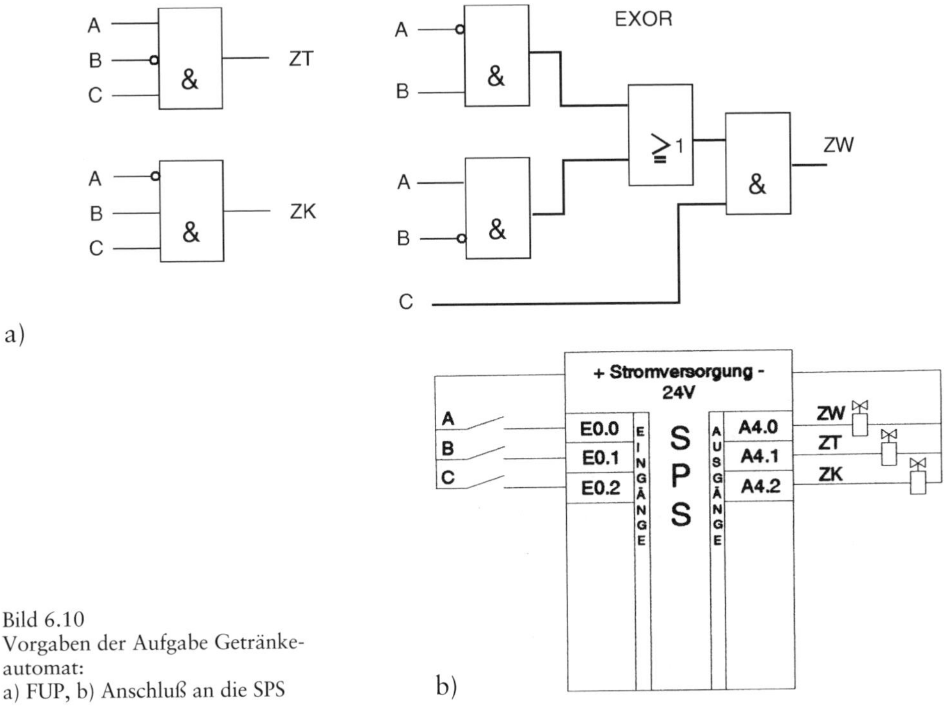

Bild 6.10
Vorgaben der Aufgabe Getränkeautomat:
a) FUP, b) Anschluß an die SPS

Zuordnungsliste		
Symbol	Operand	Kommentar
A	E0.0	Eingang «Vorwahl Tee»
B	E0.1	Eingang «Vorwahl Kaffee»
C	E0.2	Münzeinwurf
ZW	A4.0	Magnetventil «Wasser»
ZT	A4.1	Magnetventil «Tee»
ZK	A4.2	Magnetventil «Kaffee»

Man geht nach folgender Reihenfolge vor:

- Getränkeautomat in FUP programmieren
- Funktion wählen (Vorschlag: FC 10)
- OB 1 organisieren
- In die CPU laden
- Programm testen (**Schalter an der CPU auf RUN-P:** In dieser Schalterstellung ist es möglich, Programme im Onlinebetrieb zu ändern, ohne den Schalter in die Stellung STOP bringen zu müssen)
- Darstellungsarten wechseln: ⇨ FUP ⇨ KOP ⇨ AWL

6.8.3 Sprechanlage

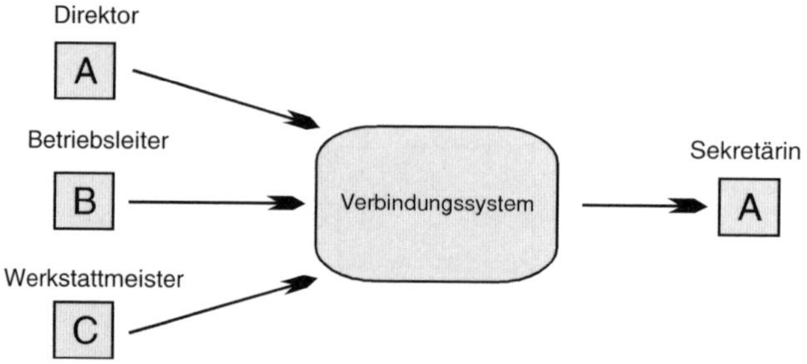

Bild 6.11
Sprechanlage: Technologieschema

Funktionsbeschreibung

In einem Betrieb sollen 3 leitende Mitarbeiter in Sprechverbindung mit der Sekretärin treten können (s. Bild 6.11). Dies sind der Direktor «A», der Betriebsleiter «B» und der Werkstattmeister «C». Entsprechend der Stellung der Herren in der Firma sind die Sprechabsichten mit Priorität versehen, d.h., der Direktor bekommt die höchste Priorität , der Werkstattmeister wird nur dann vermittelt, wenn nicht einer der zwei anderen Benutzer spricht (s. Bild 6.12).

Bild 6.12
Definition der Schaltvariablen

X = 1, A spricht
Y = 1, B spricht, d.h., A = 0
Z = 1, C spricht, d.h., A = 0, B = 0

Es soll auch dafür gesorgt werden, daß bei einem Sprechwunsch die höhere Priorität Vorrang hat (s. Bild 6.13) und ein Gespräch geringerer Priorität unterbrochen wird.

Funktionstabelle		
Eingangsvariable		
A	B	C
0	0	0
0	0	1
0	1	0
0	1	1
1	0	0
1	0	1
1	1	0
1	1	1

Funktionstabelle		
Ausgangsvariable		
X	Y	Z
0	0	0
0	0	1
0	1	0
0	1	0
1	0	0
1	0	0
1	0	0
1	0	0

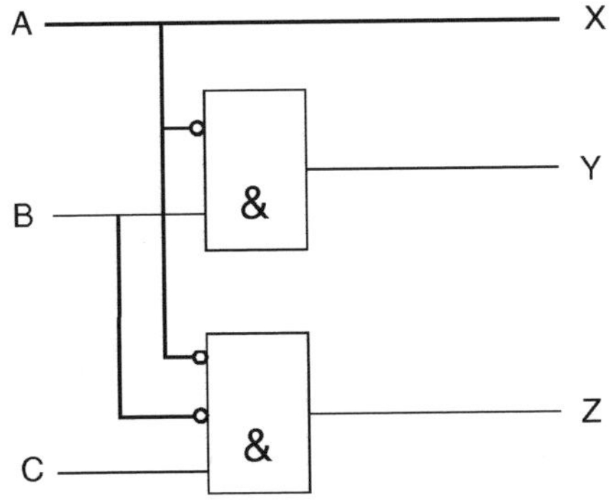

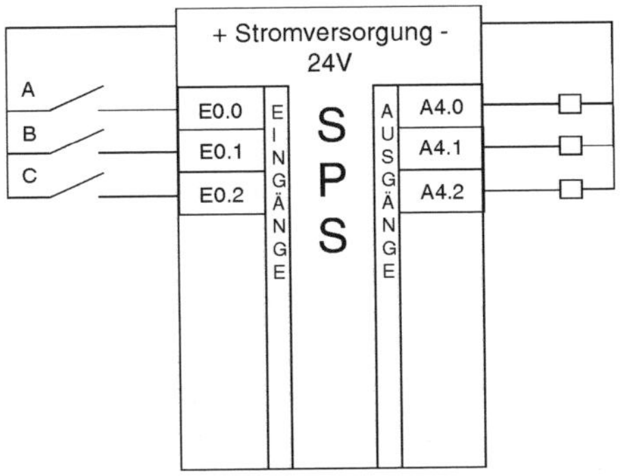

Bild 6.13 Projekt anlegen: a) FUP, b) Anschluß an die SPS

Zuordnungsliste		
Symbol	Operand	Kommentar
A	E0.0	Direktor
B	E0.1	Betriebsleiter
C	E0.2	Werkstattmeister
X	A4.0	Schaltrelais – Direktor spricht
Y	A4.1	Schaltrelais – Betriebsleiter spricht
Z	A4.2	Schaltrelais – Werkstattmeister spricht

Man geht nach folgender Reihenfolge vor:

- Sprechanlage in FUP programmieren
- Funktion wählen (Vorschlag FC 11)
- OB 1 organisieren
- Programm in die CPU laden
- Programm testen (**Schalter an der CPU auf RUN-P:** In dieser Schalterstellung ist es möglich, Programme im Onlinebetrieb zu ändern, ohne den Schalter in die Stellung STOP bringen zu müssen.)
- Darstellungsarten wechseln: ⇨ FUP ⇨ KOP ⇨ AWL

6.8.4 Generator

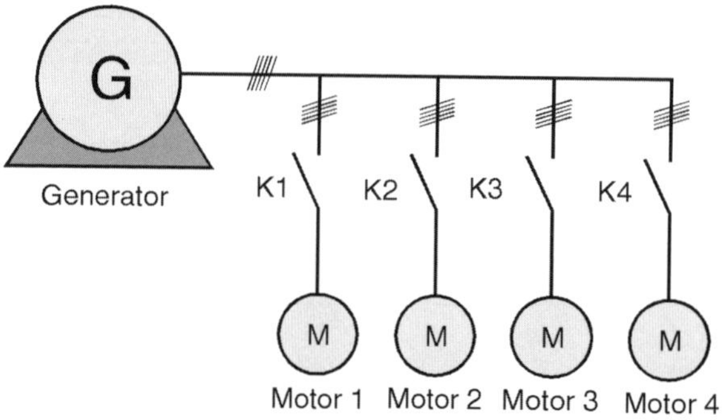

Bild 6.14
Generator: Technologieschema

Funktionsbeschreibung
Ein Generator (s. Bild 6.14) liefert maximal 7 kW. Am Generator können nacheinander 4 Motoren angeschlossen werden. Diese Motoren nehmen folgende Leistungen auf:

PA = 5 kW
PB = 1 kW
PC = 3 kW
PD = 2 kW

Es soll am Ausgang «A» 1-Signal liegen, wenn mehr als 7 kW eingeschaltet werden (s. Bild 6.15). Das Signal macht den letzten Einschaltbefehl wirkungslos.

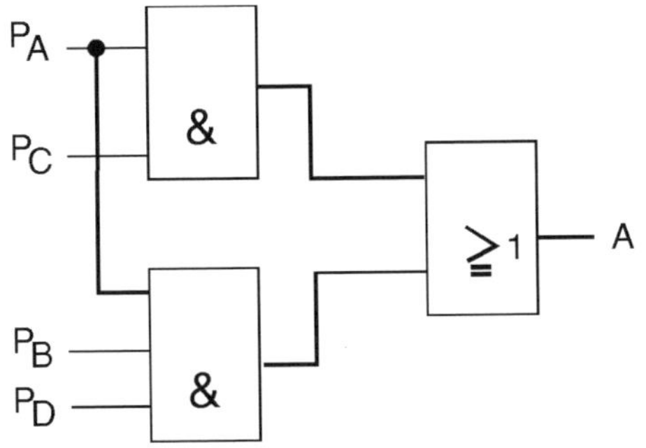

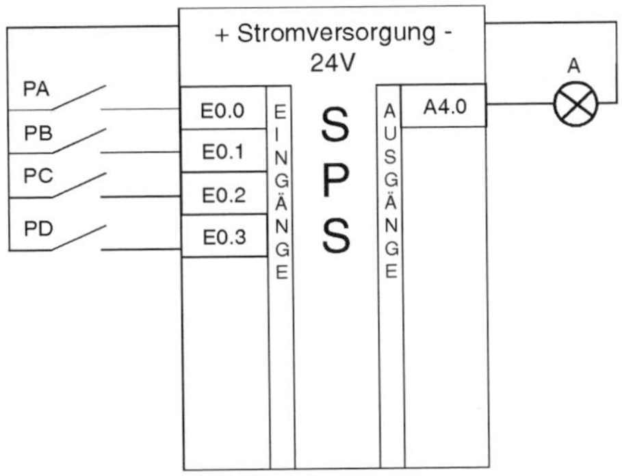

Bild 6.15 Projekt anlegen: a) FUP, b) Anschluß an die SPS

Zuordnungsliste		
Symbol	Operand	Kommentar
PA	E0.0	Motor 5 kW
PB	E0.1	Motor 1 kW
PC	E0.2	Motor 3 kW
PD	E0.3	Motor 2 kW
A	A4.0	Leuchtmelder

Man geht nach folgender Reihenfolge vor:

- Generator in FUP programmieren
- Funktion wählen (Vorschlag: FC 12)
- OB 1 organisieren
- Programm in die CPU laden
- Programm testen (**Schalter an der CPU auf RUN-P:** In dieser Schalterstellung ist es möglich, Programme im Onlinebetrieb zu ändern, ohne den Schalter in die Stellung STOP bringen zu müssen.)
- Darstellungsart wechseln: ⇨ FUP ⇨ KOP ⇨ AWL

Ende der Übung.

6.8.5 Kesselsteuerung

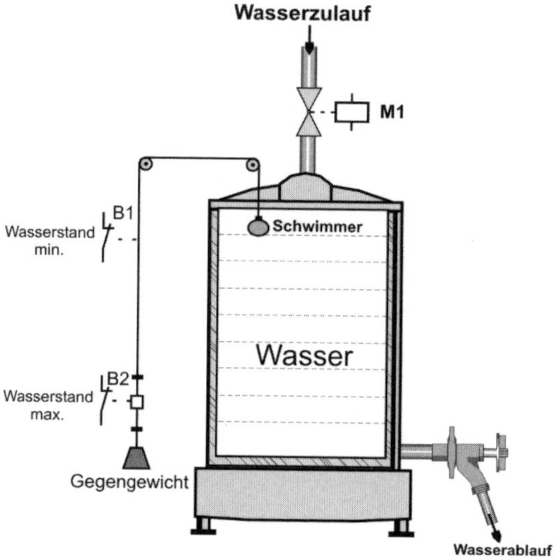

Bild 6.16
Kesselsteuerung:
Technologieschema

Funktionsbeschreibung

Es soll ein Kessel (Bild 6.16) mit Wasser gefüllt werden. Ist der Kessel leer (Sonde «min.» ist nicht betätigt), wird das Wassereinlaufventil M1 betätigt, und der Behälter füllt sich automatisch. Bei Erreichen der Sonde «max.» wird das Wasserventil wieder geschlossen, bei Erreichen des unteren Wasserstandes beginnt der Vorgang von neuem. Die Anlage wird mit dem Schalter S0 eingeschaltet. Das Wassereinlaufventil wird durch den Leuchtmelder P0 angezeigt (s. Bild 6.17).

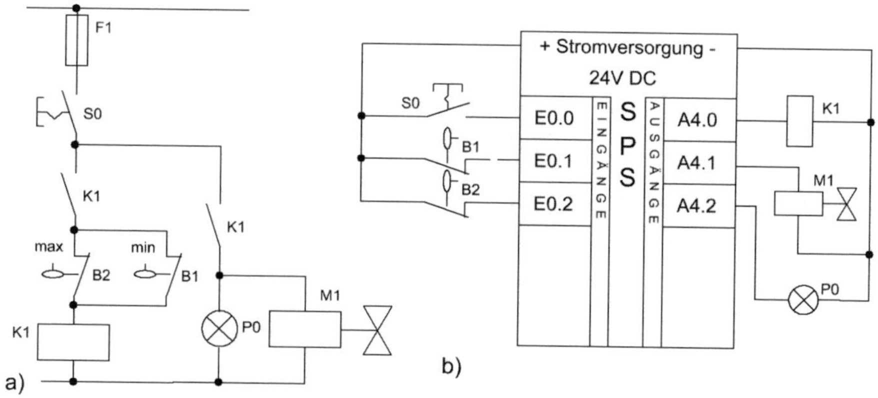

Bild 6.17 Kesselschaltung: a) Stromlaufplan, b) Anschluß an die SPS

Zuordnungsliste		
Symbol	Operand	Kommentar
S0	E0.0	Anlage Kesselsteuerung «Ein» – Schließer
S1	E0.1	Wassersonde min. – Öffner
S2	E0.2	Wassersonde max. – Öffner
K1	A4.0	Hilfsschütz
M1	A4.1	Wasserzulaufventil
P0	A4.2	Leuchtmelder für Wasserzulauf

Man geht nach folgender Reihenfolge vor:

- Kesselsteuerung in FUP programmieren
- Funktion wählen (Vorschlag: FC 13)
- OB 1 organisieren
- Programm in die CPU laden
- Programm testen (**Schalter an der CPU auf RUN-P:** In dieser Schalterstellung ist es möglich, Programme im Onlinebetrieb zu ändern, ohne den Schalter in die Stellung STOP bringen zu müssen).
- Darstellungsart wechseln: ⇨ FUP ⇨ KOP ⇨ AWL

6.8.6 Schmelzöfen

Bild 6.18
Schmelzöfen:
Technologieschema

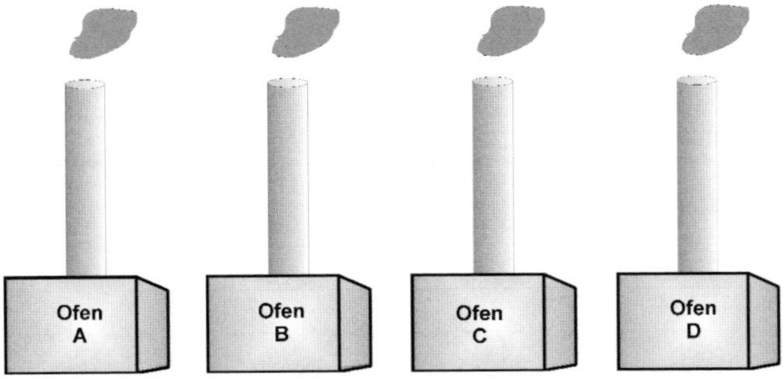

Funktionsbeschreibung
In einer Firma werden 4 Schmelzöfen (A, B, C, D) betrieben. Für die Abnahme der elektrischen Energie, die sie benötigen, wurden Tagesspitzenzeiten vereinbart. Wird dieser Höchstwert überschritten, muß ein hoher Sonderpreis gezahlt werden.

Die 4 Schmelzöfen haben einzeln (d.h. prozentual auf den Höchstwert bezogen) folgende Anschlußwerte:

A = 65 %
B = 45 %
C = 25 %
D = 25 %

Eine Verriegelungsschaltung soll das Zuschalten eines Ofens unmöglich machen, wenn dadurch die zulässige Höchstabnahme überschritten wird. Wenn aufgrund einer Störung trotzdem mehr Öfen zugeschaltet werden, soll ein Alarmsignal abgegeben werden.
Es wird vorausgesetzt, daß niemals 2 Öfen gleichzeitig eingeschaltet werden (s. Bild 6.19).

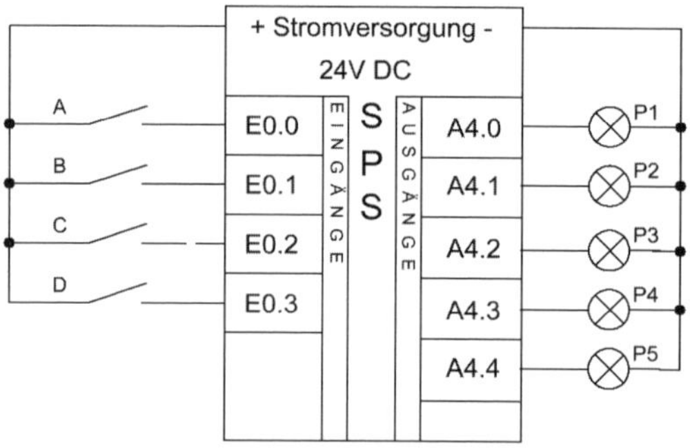

Bild 6.19
Anschluß an die SPS

Zuordnungsliste		
Symbol	Operand	Kommentar
A	E0.0	Ofen 1
B	E0.1	Ofen 2
C	E0.2	Ofen 3
D	E0.3	Ofen 4
Va	A4.0	Leuchtmelder P1
Vb	A4.1	Leuchtmelder P2
Vc	A4.2	Leuchtmelder P3
Vd	A4.3	Leuchtmelder P4
Vp	A4.4	Leuchtmelder P5

Funktionstabelle								
A	B	C	D	Va	Vb	Vc	Vd	Vp
0	0	0	0	0	0	0	0	0
0	0	0	1	0	0	0	0	0
0	0	1	0	0	0	0	0	0
0	0	1	1	1	0	0	0	0
0	1	0	0	1	0	0	0	0
0	1	0	1	1	0	0	0	0
0	1	1	0	1	0	0	0	0
0	1	1	1	1	0	0	0	0
1	0	0	0	0	1	0	0	0
1	0	0	1	0	1	1	0	0
1	0	1	0	0	1	0	1	0
1	0	1	1	0	0	0	0	1
1	1	0	0	0	0	0	0	1
1	1	0	1	0	0	0	0	1
1	1	1	0	0	0	0	0	1
1	1	1	1	0	0	0	0	1

Ofen «A» ist in Betrieb
Ofen «B» ist in Betrieb
Ofen «C» ist in Betrieb
Ofen «D» ist in Betrieb

Va ⇨ Schaltanlage für Ofen «A» verriegelt.
Vb ⇨ Schaltanlage für Ofen «B» verriegelt.
Vc ⇨ Schaltanlage für Ofen «C» verriegelt.
Vd ⇨ Schaltanlage für Ofen «D» verriegelt.
Vp ⇨ Alarm ist ausgelöst.

Die Schaltung in FUP zeigt Bild 6.20.

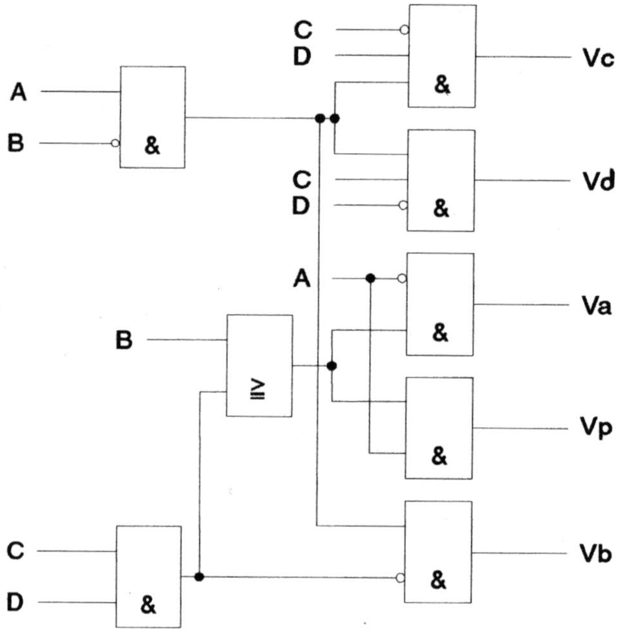

Bild 6.20
FUP

Man geht nach folgender Reihenfolge vor:

- Schmelzöfen in FUP programmieren
- Funktion wählen (Vorschlag FC 14)
- OB 1 organisieren
- Programm in die CPU laden
- Programm testen (**Schalter an der CPU auf RUN-P,** in dieser Schalterstellung ist es möglich, Programme im Onlinebetrieb zu ändern, ohne den Schalter in die Stellung STOP bringen zu müssen)
- Darstellungsarten wechseln: ⇨ FUP ⇨ KOP ⇨ AWL
- Ergebnisse mit der Funktionstabelle vergleichen

Ende der Übung.

6.9 Speicherschaltung

6.9.1 R-S-Speicherschaltung

Jede Schaltung, die zwei stabile Zustände hat und die durch entsprechende Eingangssignale von einem Zustand in den anderen schaltbar ist, gilt als Signalspeicher (Selbsthaltung bei einem Steuerrelais). In der Digitaltechnik spricht man auch von einem *Flipflop*.

Nach DIN 40 900 wird eine R-S-Speicherfunktion als Rechteck mit dem Setzeingang «**S**» und dem Rücksetzeingang «**R**» dargestellt. Kurzzeitiger Signalzustand 1 am Setzeingang **S** richtet die Speicherfunktion ein. Kurzzeitiger Signalzustand 1 am Rücksetzeingang **R** führt zum Rücksetzen (Abschalten) der Speicherfunktion. Signalzustand 0 an den Eingängen R und S verändert den vorher eingestellten Zustand nicht. Liegt an beiden Eingängen gleichzeitig 1-Signal an, wird **vorrangig gesetzt** oder zurückgesetzt. Dieses vorrangige «Setzen» oder «Rücksetzen» muß bei der Programmierung berücksichtigt werden.

Setzen = Einschalten bzw. Rücksetzen = Ausschalten: nur bei 1-Signal;
keine Wirkung bei 0-Signal (Signalzustand bleibt erhalten).

Vorrangiges Zurücksetzen

Bild 6.21

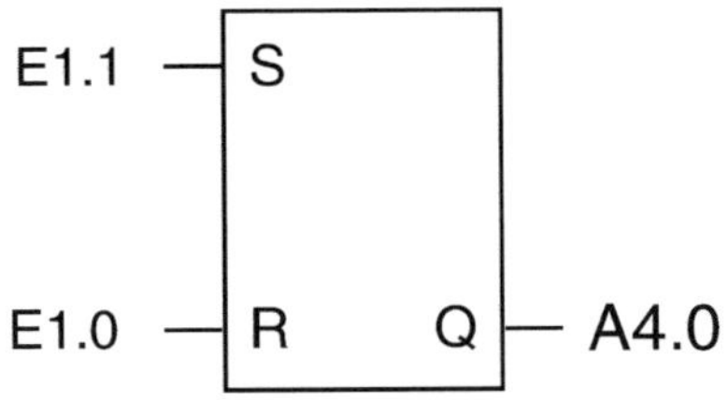

Die zuletzt programmierten Anweisungen werden von der Steuerung mit Vorrang bearbeitet. In Bild 6.21 wird zunächst die Setzoperation ausgeführt und dann die Rücksetzoperation, d.h., wenn in diesem Fall beide Eingänge (S und R) 1-Signal haben, wird das Flipflop (Speicher) vorrangig zurückgesetzt. Der Ausgang A4.0 führt 0-Signal. Dieser Speicher wird in der Praxis am häufigsten verwendet.

Vorrangiges Setzen

Bild 6.22

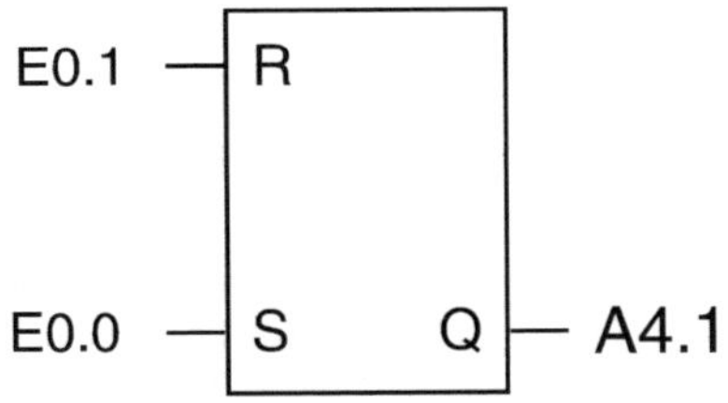

Die zuletzt programmierten Anweisungen werden von der Steuerung mit Vorrang behandelt. In Bild 6.22 wird der Speicher, wenn beide Eingänge 1-Signal führen, gesetzt.

6.9.2 Eingabe des Programmes

Aufgabe (Bild 6.23):

- «R-S-Speicherschaltung» in FUP programmieren
- Funktion FC 10 wählen
- OB 1 organisieren
- Programm in die CPU laden
- Programm testen
- Darstellungsarten wechseln: ⇨ FUP ⇨ KOP ⇨ AWL

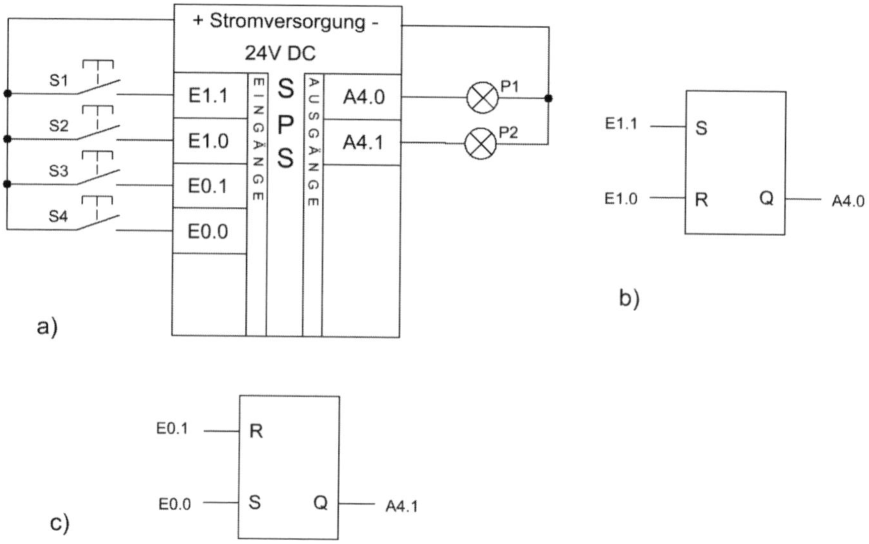

Bild 6.23 R-S-Speicherfunktion zur Aufgabe: a) Anschluß an die SPS, b) vorrangig zurücksetzen (FUP), c) vorrangig setzen (FUP)

Zuordnungsliste		
Symbol	Operand	Kommentar
S1	E1.1	Taster «Schließer»
S2	E1.0	Taster «Schließer»
S3	E0.1	Taster «Schließer»
S4	E0.0	Taster «Schließer»
P1	A4.0	Leuchtmelder
P2	A4.1	Leuchtmelder

Die vorhergehenden Schritte zur Projektanlegung werden hier nicht mehr ausführlich dargestellt.

⇨ Folgendes Fenster erscheint:

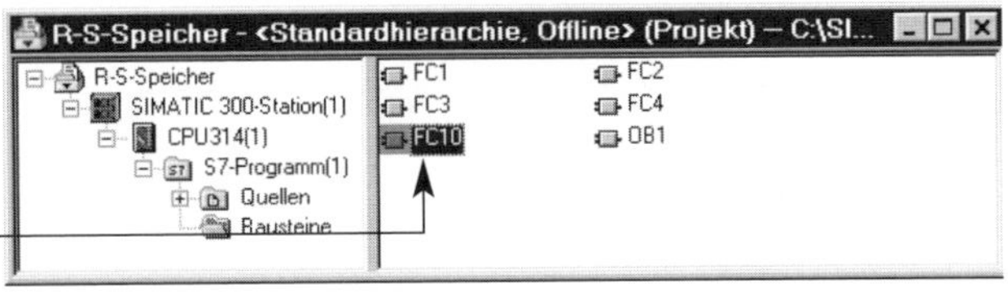

FC 10 aufrufen

⇨ Folgendes Fenster erscheint:

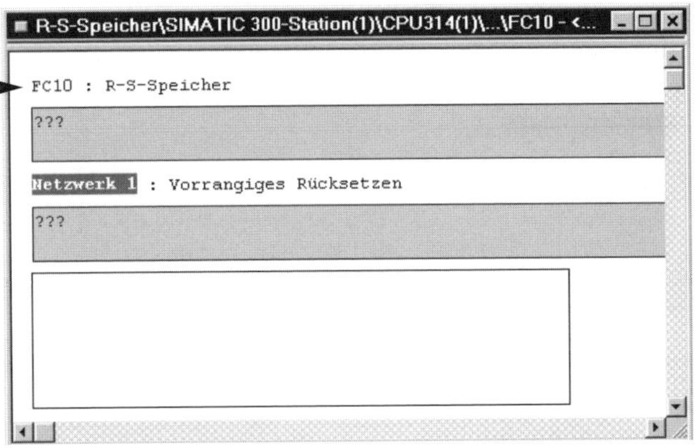

Netzwerkkommentare einfügen

auf «**Programmelemente**» klicken oder Menübefehl betätigen: **Ansicht** ⇨ **Katalog**

⇨ Folgendes Fenster erscheint:

Im Hardwarekatalog sind alle Programmelemente hinterlegt und können per Drag & Drop in das jeweilige Fenster gezogen werden.

Hier das «+»-Zeichen im Behälter Bitverknüpfung anklicken.

⇨ Folgendes Fenster erscheint:

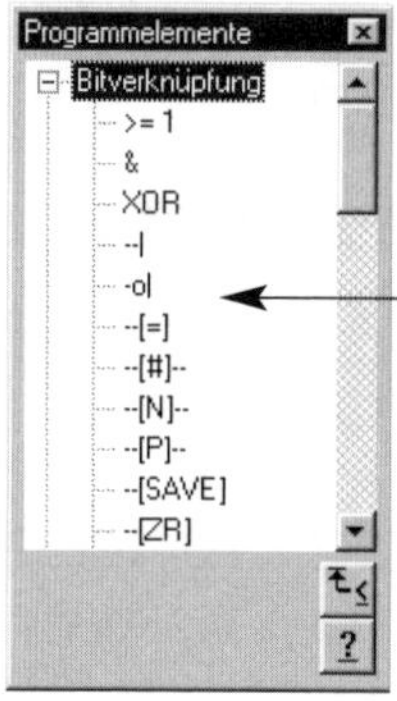

Es besteht hier die Möglichkeit, die entsprechende Bitverknüpfung in das Arbeitsfenster per Drag & Drop zu ziehen.

Für unsere R-S-Speicherfunktion (Vorrangig Rücksetzen) benötigen wir nachfolgende Funktion (SR):

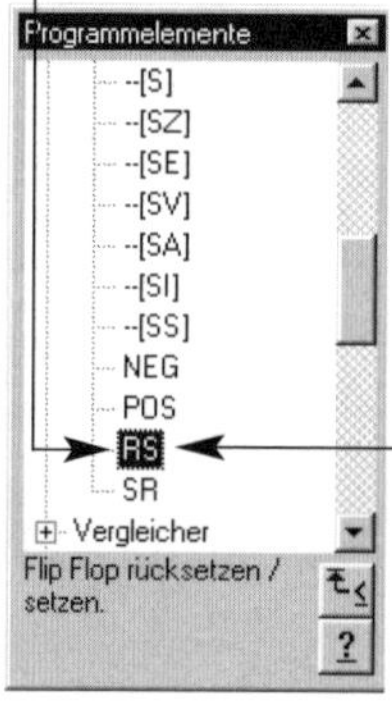

Flipflop setzen bzw. rücksetzen

⇨ Folgendes Fenster erscheint:

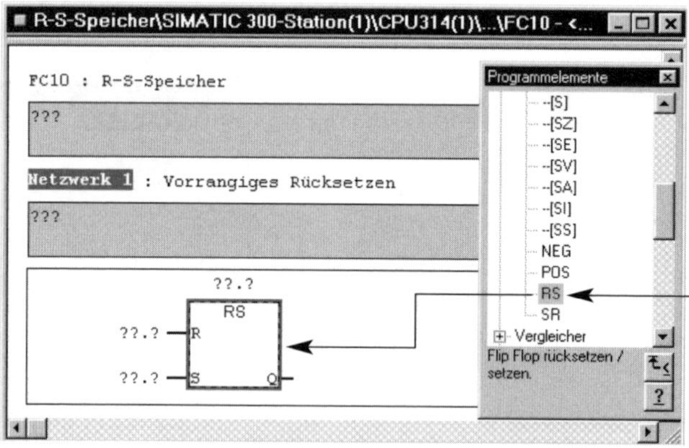

Mit **Drag & Drop** in das Arbeitsfenster ziehen.

⇨ Nach Fertigstellung des Programmes erscheint folgendes Fenster:

Darstellungsart FUP mit zwei Netzwerken:
1. Netzwerk: vorrangig einschalten
2. Netzwerk: vorrangig ausschalten

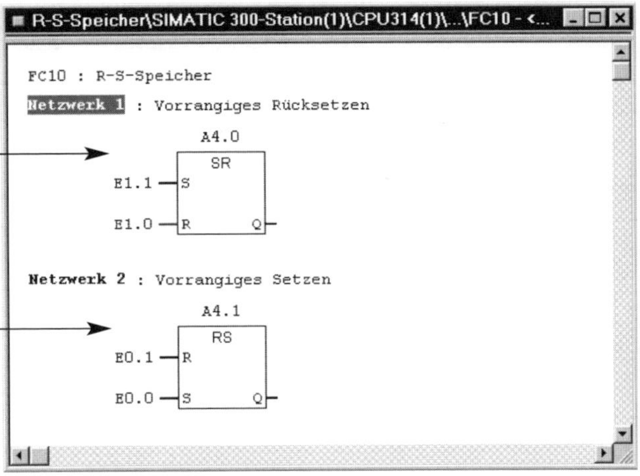

In den nachfolgenden Fenstern wird das Programm in den Darstellungsarten KOP und AWL als Lösung dargestellt.

Darstellungsart: **KOP**

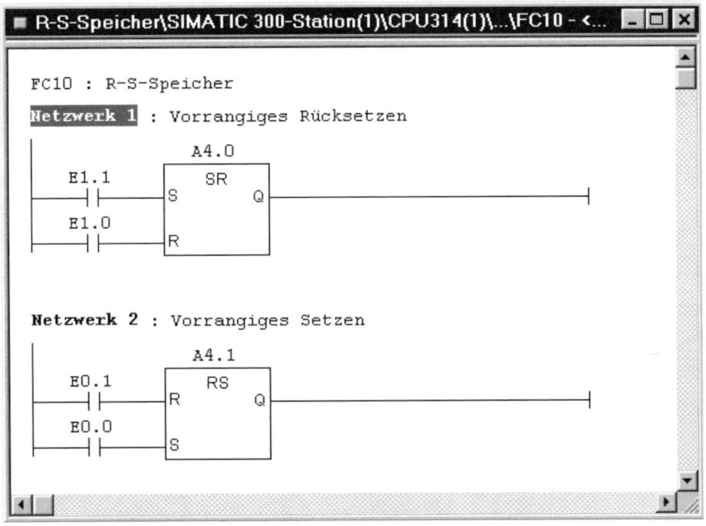

Darstellungsart: **AWL**

```
R-S-Speicher\SIMATIC 300-Station(1)\CPU314(1)\...\FC10 - <...

FC10 : R-S-Speicher
Netzwerk 1 : Vorrangiges Rücksetzen
      U     E      1.1
      S     A      4.0
      U     E      1.0
      R     A      4.0
      NOP   0

Netzwerk 2 : Vorrangiges Setzen
      U     E      0.1
      R     A      4.1
      U     E      0.0
      S     A      4.1
      NOP   0
```

Programm testen.

6.9.3 Pumpensteuerung

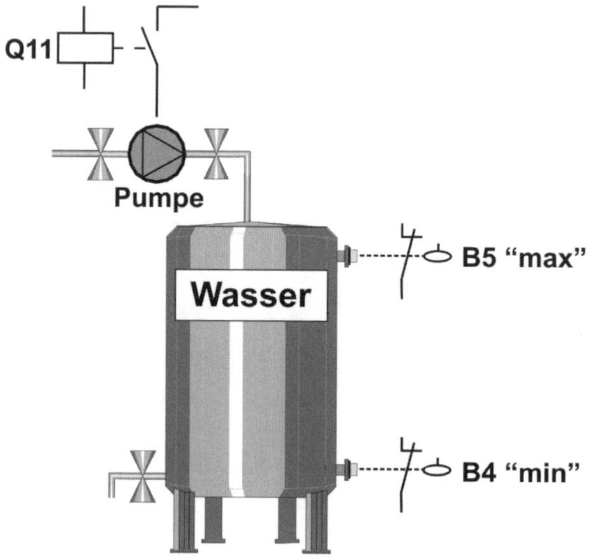

Bild 6.24
Pumpensteuerung: Technologieschema

Funktionsbeschreibung

Der Füllvorgang eines Wasserbehälters (Pumpe Ein) erfolgt automatisch nach dem Einschalten der Anlage, wenn der untere Niveaupunkt erreicht ist. Bei Erreichen des oberen Füllstandes schaltet die Pumpe ab.

Um ein Abschalten durch «Schwappen» zu verhindern, muß die Bedingung «Füllstand max.» mindestens 1 Sekunde lang vorhanden sein. Die Schwimmschalter werden durch Taster nachgebildet.

Mit dem Taster S1 wird die Automatik-Hand-Umschaltung vorgenommen. Der Handbetrieb wird durch einen Leuchtmelder P1 angezeigt. Im Handbetrieb kann die Pumpe nur über den Taster S2 «Hand Ein» eingeschaltet werden. Das Ausschalten erfolgt über den Taster S3 «Hand Aus», oder wieder bei Erreichen des maximalen Füllstandes «B5 max.».

Die Anlage steht nach dem Einschalten im Automatikbetrieb. Der Pumpenmotor kann jetzt über dem Schütz Q11 von beiden Füllstandsendtastern «B4 min. und B5 max.» ein- bzw. ausgeschaltet werden. Die Bedingung Füllstand «min.» braucht nur kurzzeitig anzustehen, die Bedingung Füllstand «max.» muß mindestens 1 Sekunde vorhanden sein. S2 und S3 sind im Automatikbetrieb wirkungslos. Mit dem Taster S1 wird über ein T-Flipflop (Impulsschaltung – Binäruntersetzer) eine Hand-Automatik-Schaltung vorgenommen. Im Handbetrieb ist «S4 min.» wirkungslos, und die Pumpe kann nur durch betätigen von S2 «Hand Ein» eingeschaltet werden. Ein Ausschalten ist danach über S3 «Hand Aus» oder durch betätigen von S5 «max.» möglich. Den zugehörigen Logikschaltplan zeigt Bild 6.25, den Anschluß an die SPS Bild 6.26.

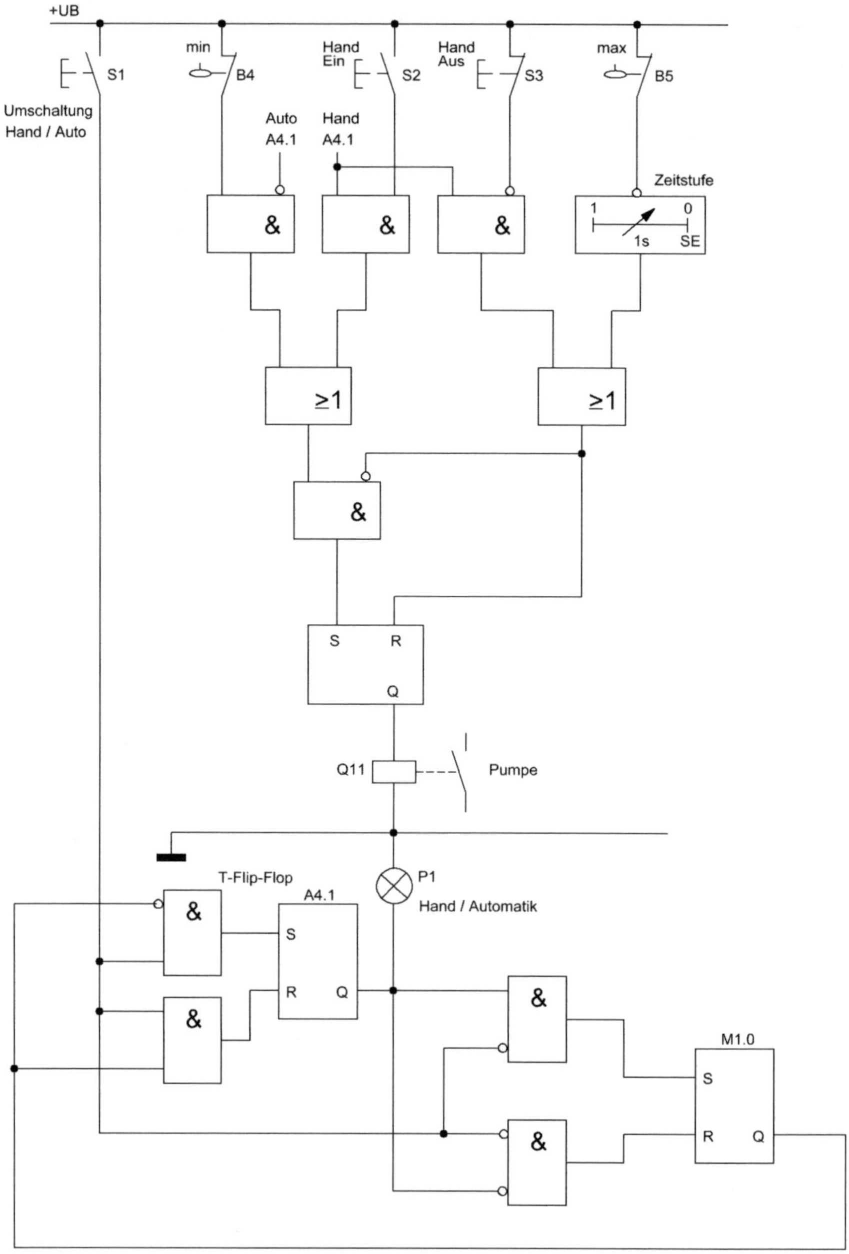

Bild 6.25 Logikschaltplan

Zuordnungsliste		
Symbol	Operand	Kommentar
S1	E0.1	Taster «Schließer» – Umschaltung Hand/Auto
S2	E0.2	Taster «Schließer» – Pumpe Hand Ein
S3	E0.3	Taster «Öffner» – Pumpe Hand Aus
B4	E0.4	Schwimmerschalter «Öffner» min. Füllstand
B5	E0.5	Schwimmerschalter «Öffner» max. Füllstand
Q11	A4.0	Leistungsschütz «Pumpenmotor»
P1	A4.1	Leuchtmelder «Hand/Automatik»

Bild 6.26
Anschluß an die SPS

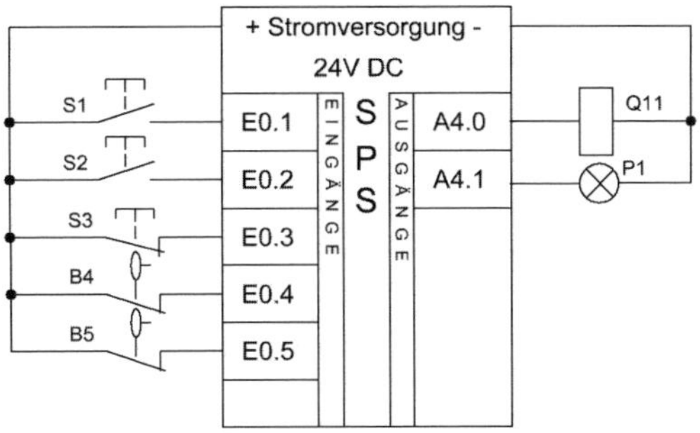

Man wählt folgende Reihenfolge:

- Pumpensteuerung in FUP, KOP, AWL programmieren
- Funktion wählen (Vorschlag FC 29)
- OB 1 organisieren
- Programm in die CPU laden
- Programm testen (**Schalter an der CPU auf RUN-P,** in dieser Schalterstellung ist es möglich, Programme im Onlinebetrieb zu ändern, ohne den Schalter in die Stellung STOP bringen zu müssen).
- Darstellungsarten wechseln ⇨ FUP ⇨ KOP ⇨ AWL

7 Erzeugen von Wischimpulsen (Flankenoperationen)

Flankenoperationen erfassen im Gegensatz zu einem statischen Signalzustand 0 und 1 die Signaländerung, z.B. eines Eingangs. Das Programm einer Flankenoperation entspricht einem flankenerkennenden Kontakt in einem Relaisschaltkreis.

7.1 Wischimpuls mit steigender Flanke (FP)

Bild 7.1
Programmierter Wischimpuls mit steigender Flanke:
a) in FUP,
b) in AWL,
c) Signal-Zeit-Diagramm

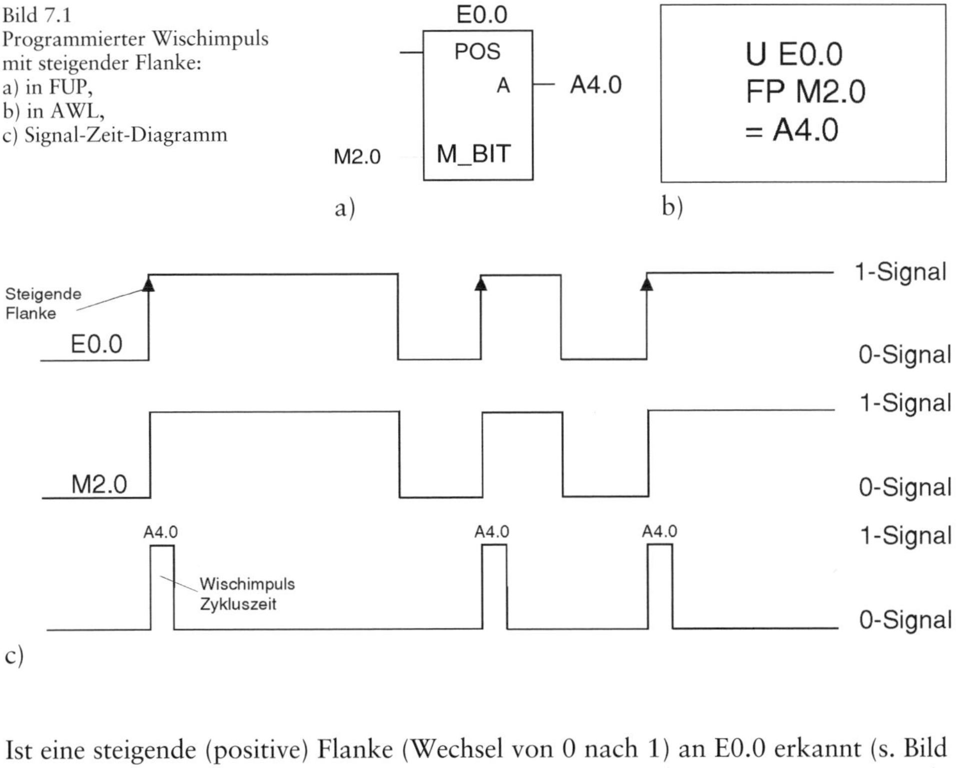

Ist eine steigende (positive) Flanke (Wechsel von 0 nach 1) an E0.0 erkannt (s. Bild 7.1), so wird der Ausgang A4.0 für einen OB 1-Zyklus auf 1 gesetzt. Eine steigende Flanke wird erkannt, indem das Automatisierungssystem das VKE, das die Operation «U» geliefert hat, im Flankenmerker M2.0 speichert und es mit dem VKE des vorhergehenden Zyklus vergleicht.

7.2 Wischimpuls mit fallender Flanke (FN)

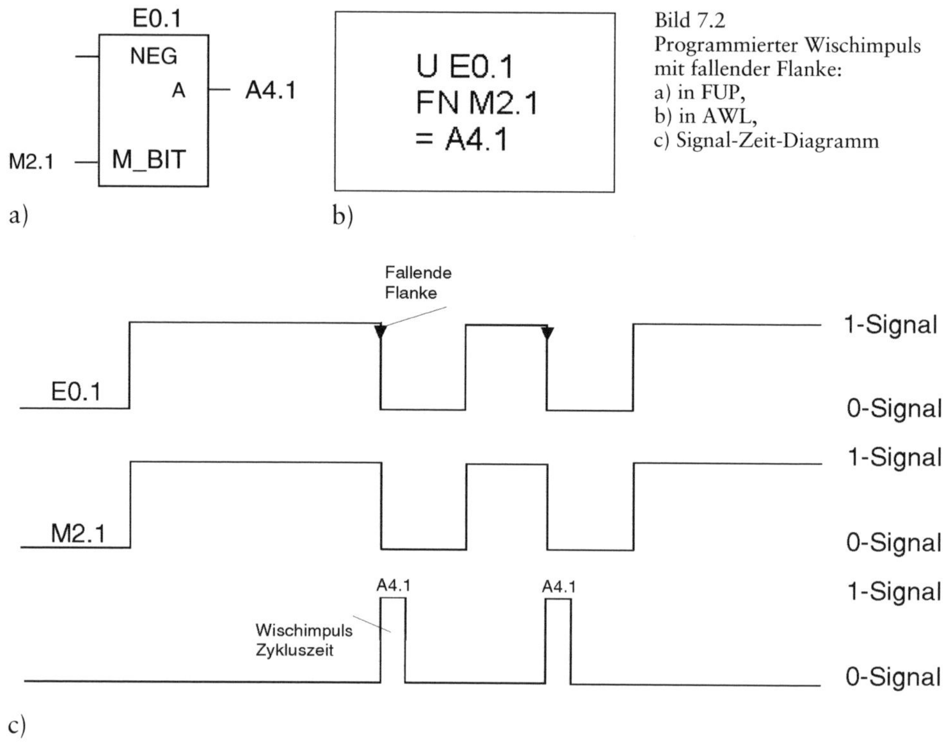

Bild 7.2
Programmierter Wischimpuls mit fallender Flanke:
a) in FUP,
b) in AWL,
c) Signal-Zeit-Diagramm

Ist eine fallende Flanke (Bild 7.2) an E0.1 erkannt (Wechsel von 1 nach 0), so wird A4.1 für einen OB 1-Zyklus auf 1 gesetzt. Eine fallende Flanke wird erkannt, indem das Automatisierungssystem das VKE (das die Operation «U» geliefert hat) im Flankenmerker M2.1 speichert und es mit dem VKE des vorhergehenden Zyklus vergleicht.

7.3 Programmeingabe

Aufgabe:

- Wischimpulse in FUP programmieren
- Funktion FC 11 verwenden
- OB 1 organisieren
- Programm in die CPU laden
- Programm testen
- Darstellungsarten wechseln: ⇨ FUP ⇨ KOP ⇨ AWL

Zuordnungsliste		
Symbol	Operand	Kommentar
S1	E0.0	Taster «Schließer»
S2	E0.1	Taster «Schließer»
P1	A4.0	Leuchtmelder
P2	A4.1	Leuchtmelder

Bild 7.3
Wischimpuls-Programmeingabe:
Anschluß an die SPS

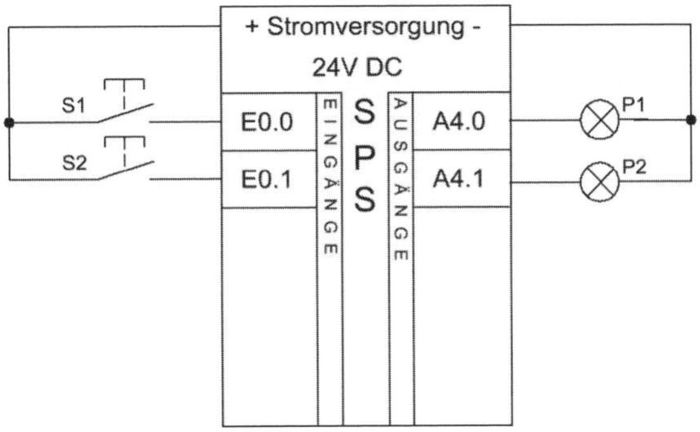

Die vorhergehenden Schritte zur Projektierung werden hier nicht mehr ausführlich dargestellt

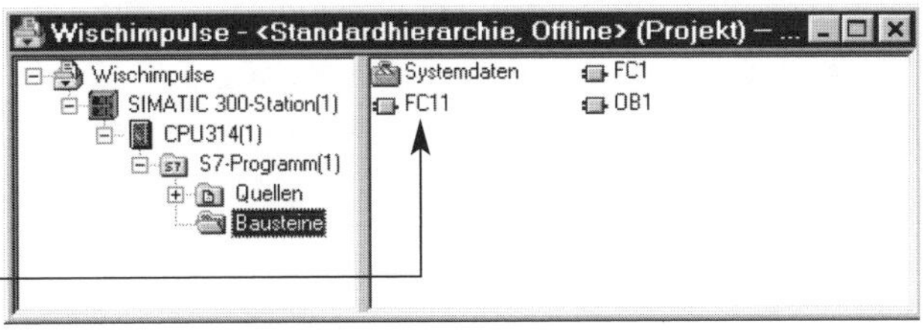

FC 11 aufrufen

⇨ Folgendes Fenster erscheint:

Netzwerkkommentare einfügen

Man klickt mit der Maus auf die Menüleiste Programmelemente oder betätigt den Menübefehl: **Ansicht** ⇨ **Katalog**

⇨ Folgendes Fenster erscheint:

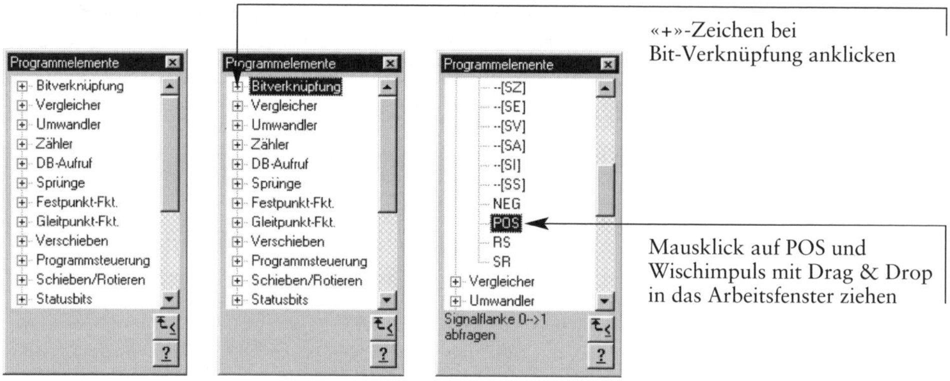

Auch Wischimpuls für fallende Flanken (NEG) in das zweite Netzwerk des Arbeitsfensters ziehen.

⇨ Folgendes Fenster erscheint:

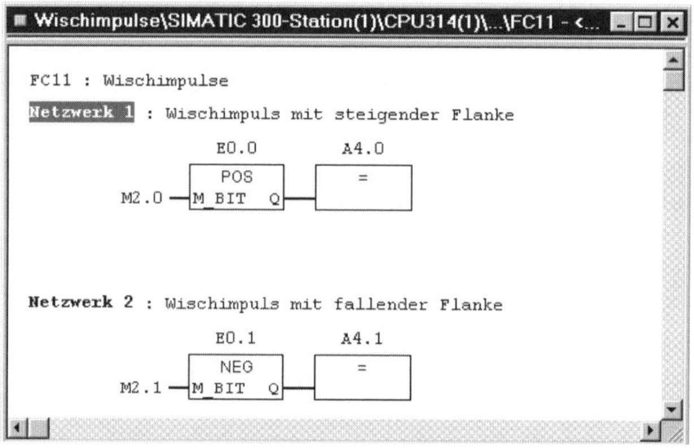

Das Fenster zeigt den FUP mit zwei Netzwerken:
1. Netzwerk: Wischimpuls mit steigender Flanke
2. Netzwerk: Wischimpuls mit fallender Flanke

In den nachfolgenden Fenstern wird das Programm mit «KOP» und «AWL» als Lösung gezeigt.

Darstellungsart **KOP:**

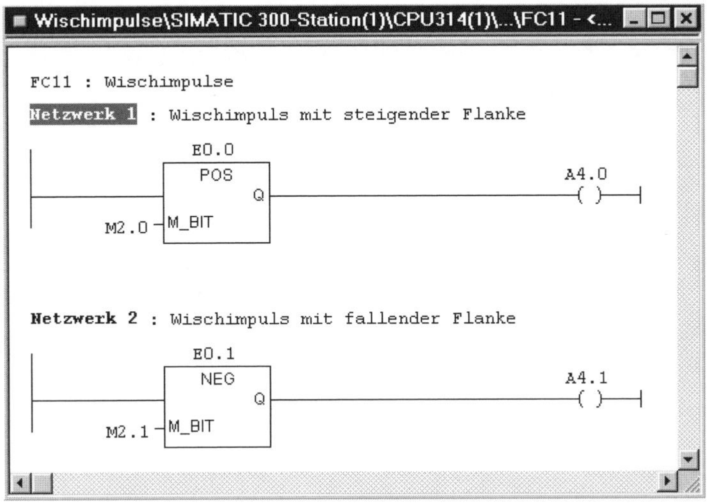

Darstellungsart **AWL:**

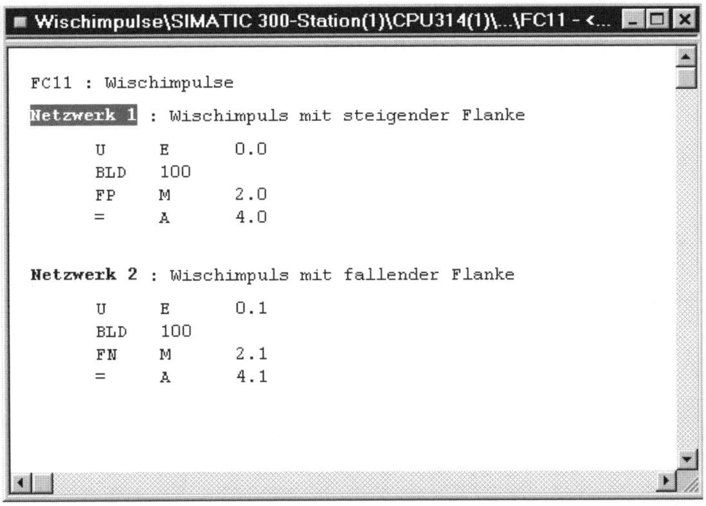

Programm testen.

7.4 Quittierschaltung

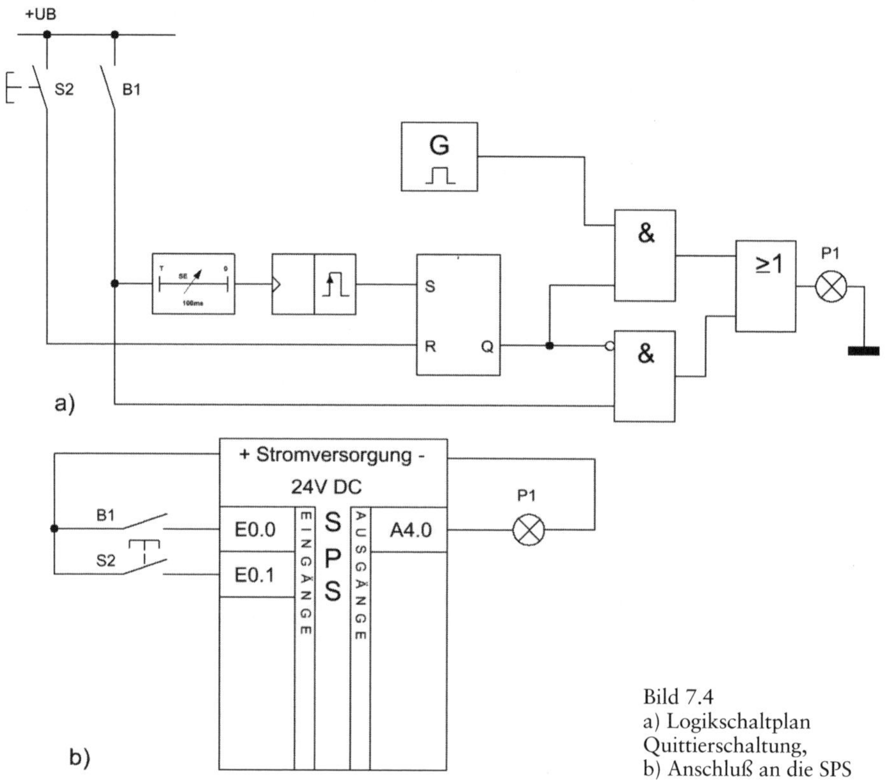

Bild 7.4
a) Logikschaltplan Quittierschaltung,
b) Anschluß an die SPS

Funktionsbeschreibung

Bei einer digitalen Schaltung soll bei Auftreten eines Fehlsignals (Störung) eine Warnlampe mit 2 Hz blinken.

Nach betätigen einer Quittiertaste S2 soll die Warnlampe von Blinklicht auf Dauerlicht wechseln, das erlöscht, wenn das Fehlsignal verschwindet (s. Bild 7.4).

Zuordnungsliste		
Symbol	Operand	Kommentar
B1	E0.0	Störung «Schließer»
S2	E0.1	Störung quittieren «Schließer»
P1	A4.0	Leuchtmelder

Man geht nach folgender Reihenfolge vor:

- Quittierschaltung in AWL, FUP, KOP programmieren
- Funktion wählen (Vorschlag FC 28)
- OB 1 organisieren
- Programm in die CPU laden
- Programm testen (**Schalter an der CPU auf RUN-P**, in dieser Schalterstellung ist es möglich, Programme im Onlinebetrieb zu ändern, ohne den Schalter in die Stellung «STOP» bringen zu müssen.)
- Darstellungsarten wechseln: AWL ⇨ FUP ⇨ KOP

8 Zeitfunktionen

Das Automatisierungsgerät S7-300 mit der CPU 314 hat 128 (0...127) Zeitglieder (Timer), die für unterschiedliche Funktionen eingesetzt werden können. Die Laufzeit wird durch das Programm vorgegeben, sie kann sich zwischen 0,01 Sekunde und 9990 Sekunden bzw. 2 Stunden, 46 Minuten und 30 Sekunden bewegen. Für die Realisierung von Steuerungsaufgaben müssen sehr häufig verschiedene Zeitfunktionen eingesetzt werden. Die Zeitfunktionen sind in der Zentralbaugruppe des Automatisierungsgerätes (AG) integriert. Die Einstellung der gewünschten Zeit und das Starten der Zeitfunktion müssen über das Anwenderprogramm erfolgen. Jedem der unterschiedlichen Zeitfunktionen ist ein 16-Bit-Wort zugeordnet.

8.1 Zeitwertvorgabe

Die Zeitdauer TW (Laufzeit) kann als vordefinierte Konstante, als Eingangswort EW, als Ausgangswort AW, als Datenwort DBW/DIW oder als Merkerwort MW vorgegeben werden (s. Bild 8.1).

Bild 8.1
FUP für TW

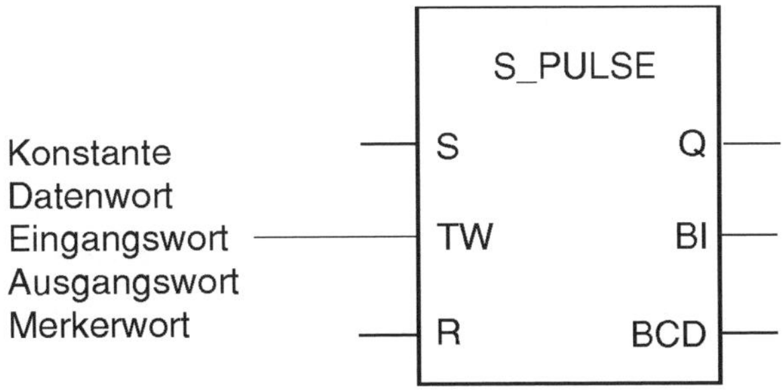

Ein Zeitwort hat, links beginnend, 2 Zustandsbits, die der Prozessor zur Bearbeitung der Zeitfunktionen benötigt. Sie sind für die Vorgabe der Zeitdauer irrevelant, d.h., sie haben für den Zeitablauf keine Bedeutung. Daran anschließend folgen 2 Bits für die Zeitbasis und je 4 Bits für den BCD-codierten Zeitwert. Bild 8.2 hat den Zeitwert von 137 mit der Zeitbasis 1 s.

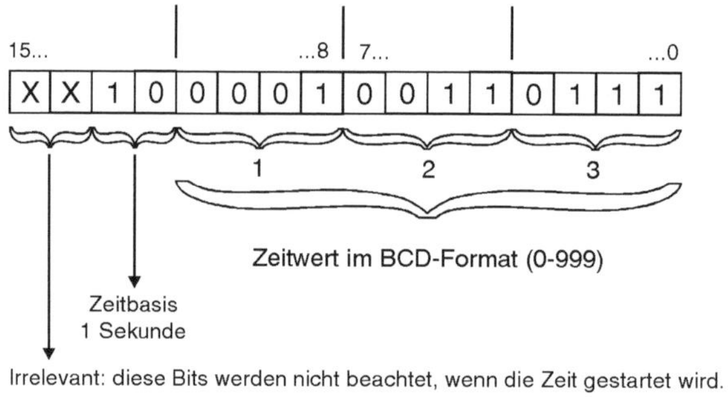

Bild 8.2
Zeitwert

8.2 Zeit freigeben (FR)

Ein positiver Flankenwechsel von 0 auf 1 im Verknüpfungsergebnis der Operation Freigabe (FR) gibt eine Zeit frei. Die Operation Freigabe (FR) gibt es nur in der Darstellungsart AWL. Zum Starten oder für die normale Funktion einer Zeit wird die Freigabe (FR) nicht benötigt. Diese Funktion wird nur dazu verwendet, eine laufende Zeit nachzutriggern, bzw. Sie wieder anlaufen zu lassen. Der Wiederanlauf der Zeitstufe führt nur dann zur Funktion, wenn die Startoperation weiterhin mit Signal 1 bearbeitet wird.

8.3 Zeitwert

Die Bits 12 und 13 des Timerwortes enthalten die Zeitbasis binärcodiert. Sie definiert das Intervall, in dem das Zeitwort um 1 Einheit vermindert wird. Die kleinste Zeitbasis beträgt 10 ms, die größte 10 s. Werte, deren Auflösung für den gewünschten Bereich zu groß sind, werden abgerundet (FUP s. Bild 8.3).

Zeitbasis	Binärcode	Zeitbereich
0,01 S	00	10 MS bis 9 S bis 990 MS
0,1 S	01	100 MS bis 1 M bis 39 S bis 900 MS
1 S	10	1 S bis 16 M bis 39 S
10 S	11	10 S bis 2 H bis 46 M bis 30 S

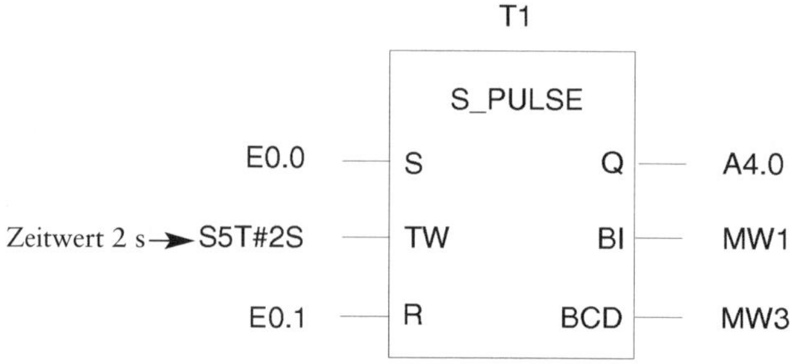

Bild 8.3
FUP für FR

8.4 Zeit rücksetzen

Ein Signal am Rücksetzeingang (R) der Zeitstufe setzt die Zeitstufe zurück, der Zeitablauf wird beendet. Der Ausgang (Q) der Zeitstufe wird zurückgesetzt.

Zeitwert abfragen
Ein Zeitwert ist in einem Zeitwort binärcodiert gespeichert. Dieser Wert kann als Dualzahl (BI) oder als BCD-Zahl (BCD) in den Akku geladen und von dort aus in andere Operandenbereiche transferiert werden. Bei der AWL-Programmierung wird für die duale Abfrage L Z1 oder für die BCD-Abfrage LC Z1 verwendet.

Signalzustand der Zeit abfragen (binär) Q
Eine Zeit kann auf ihren Signalzustand 0 oder 1 abgefragt werden. Man kann mit U Z1, UN Z1, ON Z1 usw. abfragen und das Ergebnis für weitere Verknüpfungen verwenden.

8.5 Auswahl der Zeiten (5 verschiedene Zeiten)

8.5.1 Zeitstufe als Impuls (SI)

Bild 8.4
FUP für SI

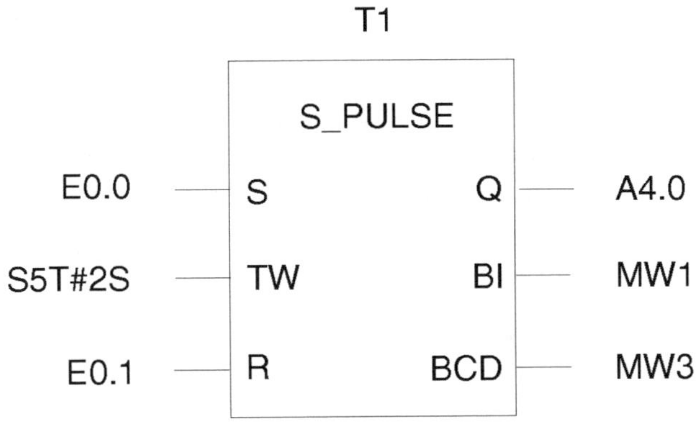

Der Ausgang Q (s. Bild 8.4) führt nach dem Starten des Zeitglieds «Impuls (SI)» 1-Signal. Der Ausgang wird dann zurückgesetzt, wenn die vorgegebene Zeitdauer abgelaufen ist, wenn das Startsignal auf 0 zurückgesetzt wird oder wenn am Rücksetzeingang 1-Signal ansteht (s. Bild 8.5).

Signalzustandsdiagramm mit Freigabe (FR) für Zeit als Impuls (SI)

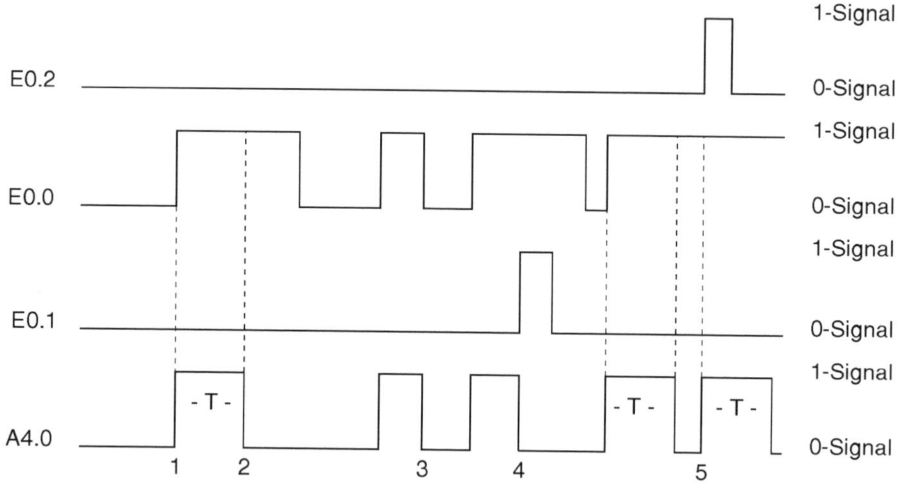

Bild 8.5 Signalzustandsdiagramm SI mit FR

Erläuterung zu Signalzustandsdiagramm für Zeitstufe (SI)

1 Ausgang A4.0 führt nach dem Start 1-Signal.
2 Ausgang A4.0 wird zurückgesetzt, wenn die Zeit abgelaufen ist.
3 Ausgang A4.0 wird zurückgesetzt, wenn das Startsignal auf 0 geht.
4 Ausgang A4.0 wird zurückgesetzt, wenn der Rücksetzeingang 1-Signal hat.
5 Ein positiver Flankenwechsel von 0 nach 1 der Operation Freigabe (FR), startet die Zeit neu. Der Wiederanlauf ist nur dann möglich, wenn die Startoperation weiterhin 1-Signal führt.

Anweisungsliste zu Bild 8.4

U	E0.2	
FR	T1	Freigabe der Zeitstufe T1 (nur in AWL möglich)
U	E0.0	
L	S5T#2S	lade Startzeit 2 s in Akku 1
SI	T1	starte Zeit T1 als Impuls
U	E0.1	
R	T1	Rücksetzen von T1
U	T1	
=	A4.0	binäre Abfrage der Zeit T1
L	T1	lade die Zeit T1 binärcodiert
T	MW1	transferiere den Wert in das Merkerwort MW1
LC	T1	lade die Zeit T1 BCD-codiert
T	MW3	transferiere den Wert in das Merkerwort MW3

8.5.2 Zeitstufe als verlängerter Impuls (SV)

Bild 8.6
FUP für SV

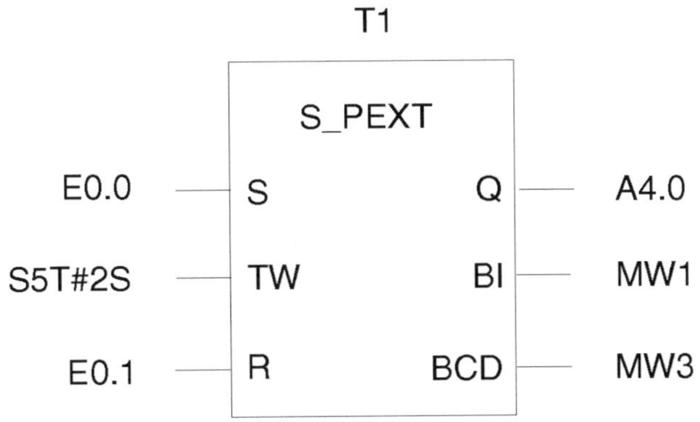

Ausgang Q (Bild 8.6) führt nach dem Starten des Zeitglieds «Verlängerter Impuls (SV)» 1-Signal (Bild 8.7). Der Ausgang Q wird zurückgesetzt, wenn die vorgegebene Zeitdauer abgelaufen ist oder der Rücksetzeingang 1-Signal aufweist. Das Einschalten des Starteingangs bewirkt während des Zeitablaufs kein Rücksetzen des Ausgangs Q (Selbsthaltung). Tritt ein neuer Signalwechsel am Signaleingang auf, während die Zeit läuft, wird die Zeit neu gestartet (nachtriggern).

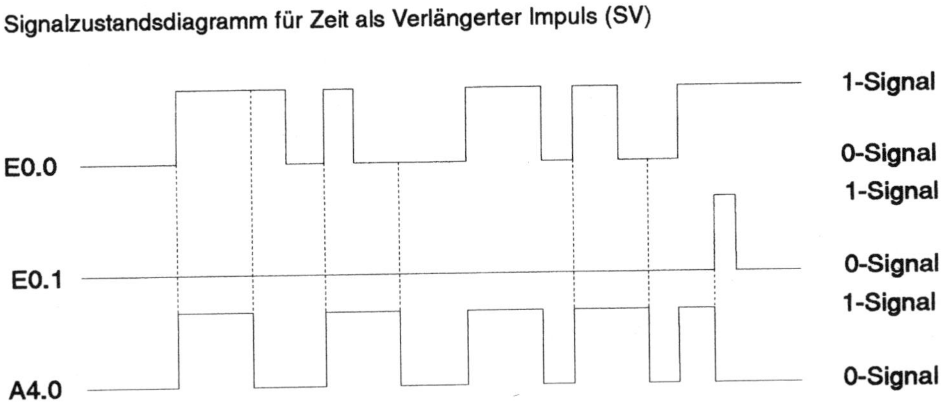

Bild 8.7 Signalzustandsdiagramm SV

Erläuterung zum Signalzustandsdiagramm für Zeitstufe SV

1 Ausgang A4.0 führt nach dem Start 1-Signal.
2 Ausgang A4.0 wird zurückgesetzt, wenn die Zeit abgelaufen ist.
3 Ausgang A4.0 wird zurückgesetzt, wenn das Startsignal auf 0 geht.
4 Zeitglied wird neu gestartet (nachtriggern).
5 Ausgang A4.0 wird zurückgesetzt, wenn der Rücksetzeingang 1-Signal hat.

Anweisungsliste zu Bild 8.7

```
U   E0.0
L   S5T#2S  lade Startzeit 2 s in Akku 1
SV  T1      starte Zeit T1 als verlängerter Impuls
U   E0.1
R   T1      Rücksetzen T1
U   T1
=   A4.0    binäre Abfrage der Zeit T1
L   T1      lade die Zeit T1 binärcodiert
T   MW1     transferiere den Wert in das Merkerwort MW1
LC  T1      lade die Zeit T1 BCD-codiert
T   MW3     transferiere den Wert in das Merkerwort MW3
```

8.5.3 Zeitstufe als Einschaltverzögerung (SE)

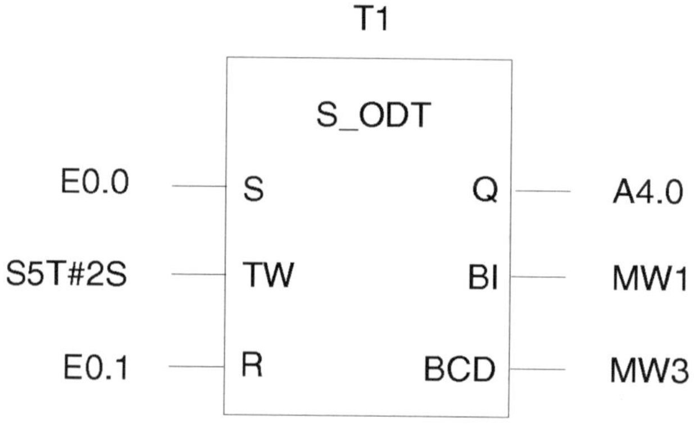

Bild 8.8
FUP für SE

Der Ausgang Q (Bild 8.8) führt nach dem Starten des Zeitglieds «Einschaltverzögerung (SE)» erst dann 1-Signal, wenn die programmierte Zeit abgelaufen ist und das VKE = 1 am Starteingang noch ansteht. Der Ausgang Q wird zurückgesetzt, wenn der Starteingang ausgeschaltet wird oder wenn am Rücksetzeingang des Zeitglieds 1-Signal ansteht.

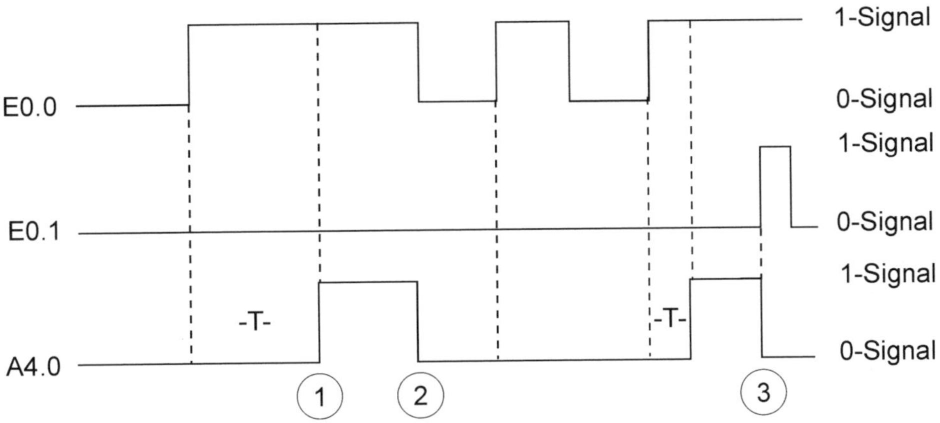

Bild 8.9 Signalzustandsdiagramm SE

Erläuterung zu Signalzustandsdiagramm für die Zeitstufe SE

1 Ausgang A4.0 führt 1-Signal, wenn die Zeit abgelaufen ist.
2 Ausgang A4.0 wird zurückgesetzt, wenn der Starteingang ausgeschaltet wird.
3 Ausgang A4.0 wird zurückgesetzt, wenn der Rücksetzeingang 1-Signal hat.

Anweisungsliste zu Bild 8.9

```
U   E0.0
L   S5T#2S  lade Startzeit 2 s in Akku 1
SE  T1      starte Zeit T1 als Einschaltverzögerung
U   E0.1
R   T1      Rücksetzen Zeitstufe T1
U   T1
=   A4.0    binäre Abfrage der Zeit T1
L   T1      lade die Zeit T1 binärcodiert
T   MW1     transferiere den Wert in das Merkerwort MW1
LC  T1      lade die Zeit T1 BCD-codiert
T   MW3     transferiere den Wert in das Merkerwort MW3
```

8.5.4 Zeitstufe als speichernde Einschaltverzögerung SS

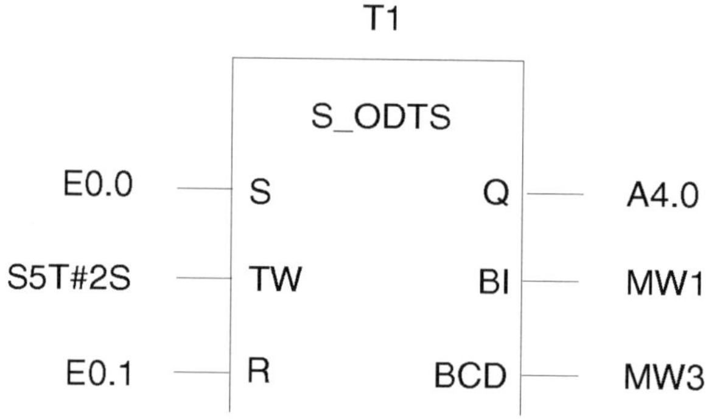

Bild 8.10
FUP für SS

Der Ausgang Q (Bild 8.10) führt nach dem Starten des Zeitglieds «Speichernde Einschaltverzögerung (SS)» erst dann 1-Signal, wenn die programmierte Zeit abgelaufen ist (Bild 8.11). Die Funktion benötigt nach dem Starten am Starteingang kein 1-Signal mehr, so daß dieser ausgeschaltet werden kann (Selbsthaltung). Der Ausgang Q wird zurückgesetzt, wenn am Rücksetzeingang des Zeitglieds 1-Signal ansteht. Aus- und erneutes Einschalten des Starteingangs bewirkt, solange die Zeit läuft, daß die Zeitfunktion neu gestartet (nachgetriggert) wird.

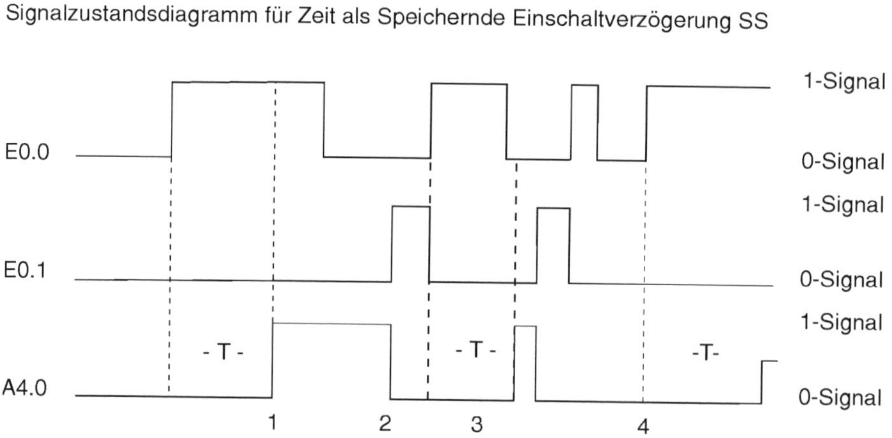

Bild 8.11 Signalzustandsdiagramm SS

Erläuterung zum Signalzustandsdiagramm für die Zeitstufe SS

1 Ausgang A4.0 führt 1-Signal wenn die Zeit abgelaufen ist.
2 Ausgang A4.0 wird zurückgesetzt, wenn der Rücksetzeingang 1-Signal hat.
3 Die Funktion benötigt nach dem Starten am Starteingang kein 1-Signal mehr.
4 Aus- und erneutes Einschalten des Starteingangs bewirkt, solange die Zeit läuft, daß die Zeitfunktion neu gestartet (nachgetriggert) wird.

Anweisungsliste zu Bild 8.11

U	E0.0	
L	S5T#2S	lade Startzeit 2 Sekunden in Akku 1
SS	T1	starte Zeit T1 als speichernde Einschaltverzögerung
U	E0.1	
R	T1	Rücksetzen Zeitstufe T1
U	T1	
=	A4.0	binäre Abfrage der Zeit T1
L	T1	lade die Zeit T1 binärcodiert
T	MW1	transferiere den Wert in das Merkerwort MW1
LC	T1	lade die Zeit T1 BCD-codiert
T	MW3	transferiere den Wert in das Merkerwort MW3

8.5.5 Zeitstufe als Ausschaltverzögerung SA

Bild 8.12
FUP für SA

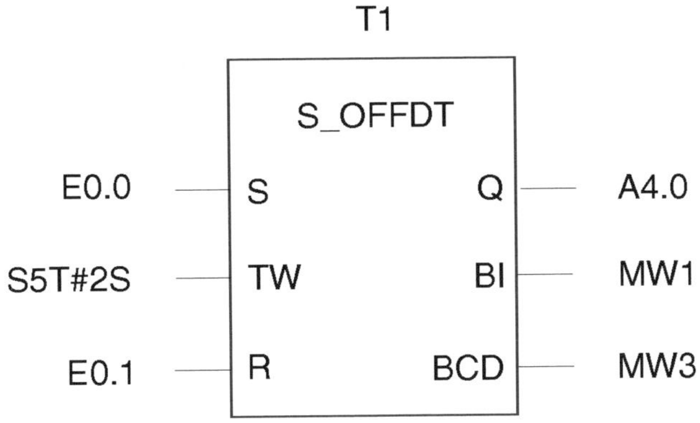

Erfolgt am Eingang ein Signalwechsel von 0 nach 1, dann schaltet der Ausgang Q (Bild 8.12) direkt ein. Erfolgt am Eingang ein Signalwechsel von 1 nach 0, liefert der Ausgang Q noch so lange Signalzustand 1, bis die programmierte Zeit abgelaufen ist. Das Ausschalten des Starteingangs bewirkt also ein verzögertes Ausschalten des Ausgangs, um die vorgegebene Zeitdauer. Der Ausgang Q wird auch dann ausgeschaltet, wenn der Rücksetzeingang 1-Signal führt. Ein erneutes Einschalten der Zeitstufe bewirkt, während die Zeit läuft, daß die ablaufende Zeit angehalten und erst beim nächsten Ausschalten des Starteingangs neu gestartet wird. Führen sowohl der Start- als auch der Rücksetzeingang der Zeitfunktion 1-Signal, wird der Ausgang des Zeitgliedes erst gesetzt, wenn das dominierende Rücksetzen ausgeschaltet ist (Bild 8.13).

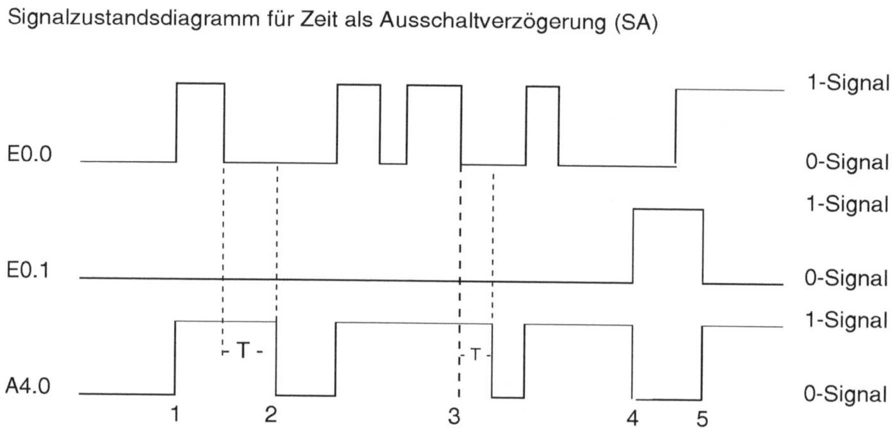

Bild 8.13 Signalzustandsdiagramm SA

Erläuterung zum Signalzustandsdiagramm SA

1 Ausgang A4.0 führt 1-Signal wenn der Starteingang 1-Signal führt.
2 Ausgang A4.0 führt so lange 1-Signal, bis die Zeit abgelaufen ist.
3 Erneutes Einschalten bewirkt, daß die ablaufende Zeit angehalten wird.
4 Ausgang des Zeitgliedes wird bei Rücksetzen ausgeschaltet.
5 Führen die Eingänge Start- und Rücksetzeingang 1-Signal, wird der Ausgang des Zeitglieds erst gesetzt, wenn das dominierende Rücksetzen ausgeschaltet ist.

Anweisungsliste zu Bild 8.13

```
U   E0.0
L   S5T#2S  lade Startzeit 2 s in Akku 1
SA  T1      starte Zeit T1 als Ausschaltverzögerung
U   E0.1
R   T1      Rücksetzen Zeitstufe T1
U   T1
=   A4.0    binäre Abfrage der Zeit T1
L   T1      lade die Zeit T1 binärcodiert
T   MW1     transferiere den Wert in das Merkerwort MW1
LC  T1      lade die Zeit T1 BCD-codiert
T   MW3     transferiere den Wert in das Merkerwort MW3
```

8.6 PC-Programmeingabe von Zeitfunktionen

Alle 5 Zeitfunktionen SI, SV, SE, SS und SA sind mit folgenden vorgegebenen Zeitwerten auszutesten:

SI T1 Vorgabezeit = 1,5 s
SV T2 Vorgabezeit = 1,75 s
SE T3 Vorgabezeit = 2 s
SS T4 Vorgabezeit = 2,3 s
SA T5 Vorgabezeit = 3 s

- Zeitfunktionen in FUP programmieren
- Funktion wählen
- OB 1 organisieren
- Programm in die CPU laden
- Programm testen
- Darstellungsarten wechseln: ⇨ FUP ⇨ KOP ⇨ AWL

Zuordnungsliste		
Symbol	Operand	Kommentar
S1	E0.0	Zeitstufe «SI»(T1) Schalter ein
S2	E0.1	Zeitsrufe «SI» (T1) Taster Rücksetzen
P1	A4.1	Zeitstufe «SI»(T1) Leuchtmelder
S3	E0.2	Zeitstufe «SV» (T2) Taster Ein
S4	E0.3	Zeitstufe «SV» (T2) Taster Rücksetzen
P2	A4.2	Zeitstufe «SV» (T2) Leuchtmelder
S5	E0.4	Zeitstufe «SE» (T3) Schalter Ein
S6	E0.5	Zeitstufe «SE» (T3) Taster Rücksetzen
P3	A4.3	Zeitstufe «SE» (T3) Leuchtmelder
S7	E0.6	Zeitstufe «SS» (T4) Taster Ein
S8	E0.7	Zeitstufe «SS» (T4) Taster Rücksetzen
P4	A4.4	Zeitstufe «SS» (T4) Leuchtmelder
S9	E1.0	Zeitstufe «SA» (T5) Taster Ein
S10	E1.1	Zeitstufe «SA» (T5) Taster Rücksetzen
P5	A4.5	Zeitstufe «SA» (T5) Leuchtmelder

Bild 8.14
Anschluß an die SPS

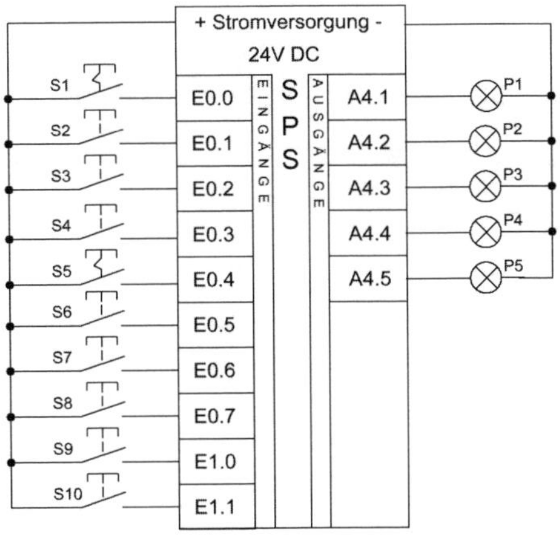

Die vorhergehenden Schritte zur Projektierung werden hier nicht mehr ausführlich dargestellt.

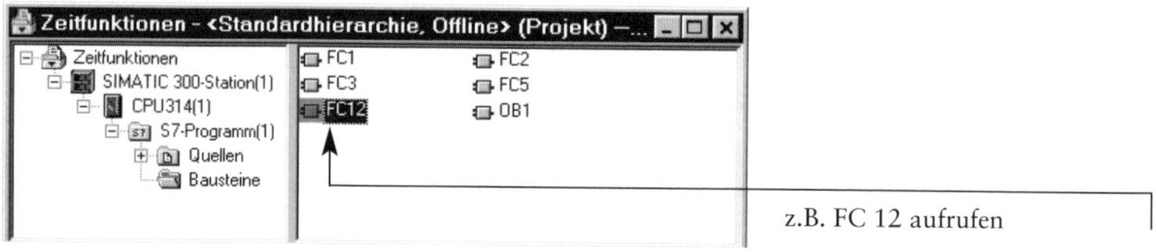

⇨ Folgendes Fenster erscheint:

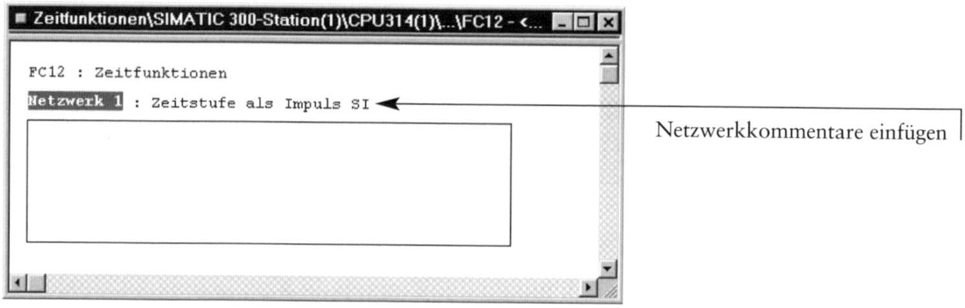

Man klickt mit der Maus auf die Menüleiste «Programmelemente» oder betätigt den Menübefehl: **Ansicht** ⇨ **Katalog**

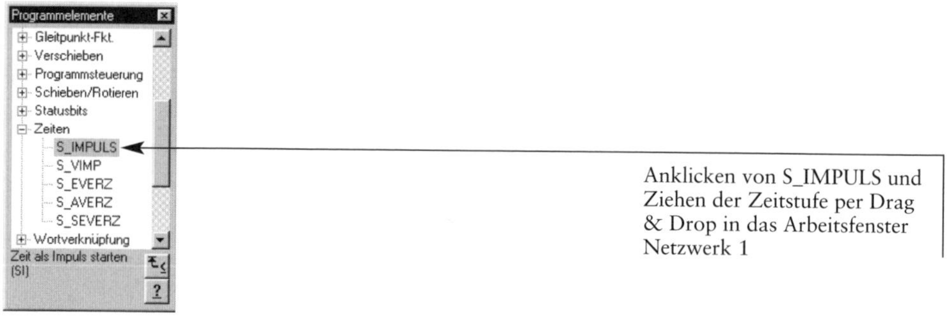

Parametrisieren der Zeitstufe SI

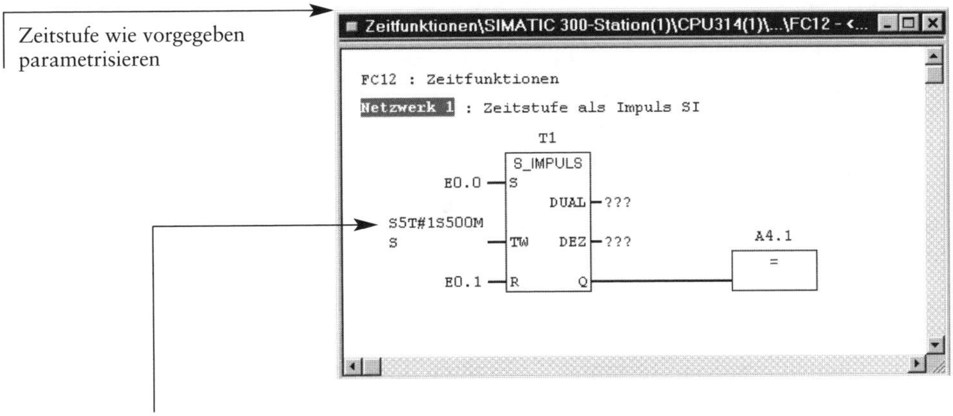

Der 1,5-s-Zeitwert ist mit folgenden Zeichen einzugeben:

S5T#1.5s

Wichtig dabei ist, daß nach der Zahl 1 ein **Punkt** folgt, kein Komma.

Ziehen mit **Drag & Drop** die Zeitstufen SV (S_VIMP), SE (S_EVERZ), SA (S_AVERZ) und SS (S_SEVERZ) in das Arbeitsfenster (für jede Zeitstufe ein Netzwerk einfügen).

Testen der Zeitfunktionen im Onlinebetrieb.

8.6.1 Garagenbeleuchtung

Bild 8.15
Garagenbeleuchtung:
Technologieschema

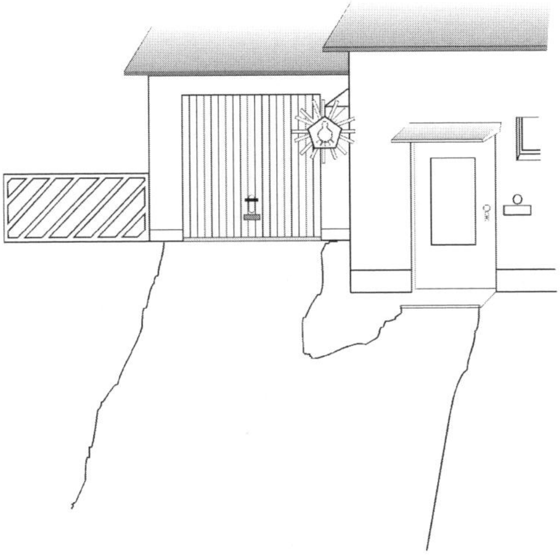

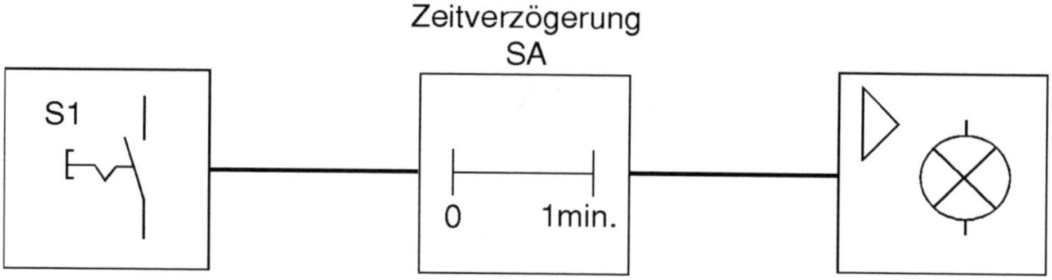

Bild 8.16 Garagenbeleuchtung: Blockschaltbild

Funktionsbeschreibung

Eine Garagenbeleuchtung (Bild 8.15) soll nicht sofort bei Betätigung des Ausschalters verlöschen, sondern erst einige Zeit später, damit der Bediener nicht im Dunkeln tappen muß. Man wählt im vorliegenden Beispiel eine Zeit von 1 min (Bild 8.16).

Zuordnungsliste		
Symbol	Operand	Kommentar
S1	E0.0	Anlage «Ein» – Schließer
P1	A4.0	Leuchtmelder

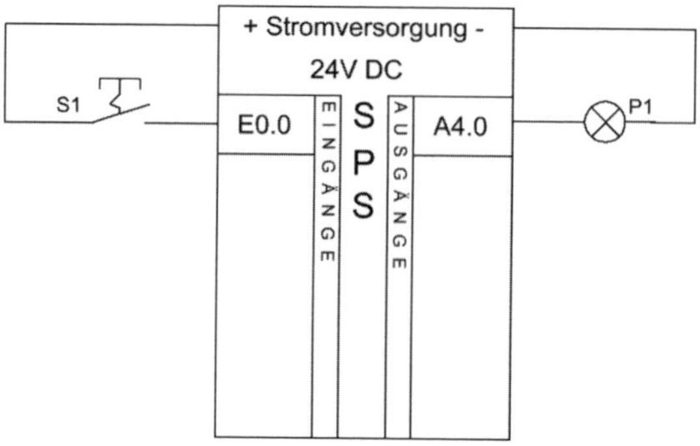

Bild 8.17
Anschluß an die SPS

Man geht nach folgender Reihenfolge vor:

- Garagenbeleuchtung in FUP, KOP, AWL programmieren
- Funktion wählen (Vorschlag: FC 19)
- OB 1 organisieren
- Programm in die CPU laden
- Programm testen (**Schalter an der CPU auf RUN-P,** in dieser Schalterstellung ist es möglich, Programme im Onlinebetrieb zu ändern, ohne den Schalter in die Stellung STOP bringen zu müssen.)
- Darstellungsarten wechseln: ⇨ FUP ⇨ KOP ⇨ AWL

8.6.2 Abfüllanlage

Bild 8.18
Abfüllanlage:
Technologieschema

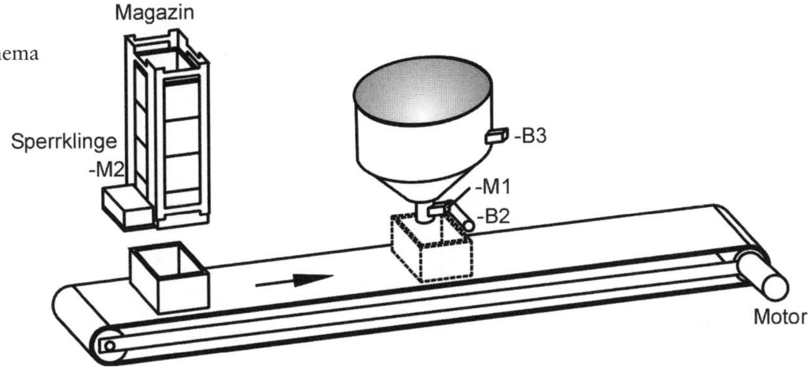

Funktionsbeschreibung
Wird der Taster «Start» gedrückt, transportiert das Förderband Kisten, die aus einem Magazin freigegeben werden, bis unter ein Silo. Wird der Sensor «B2» kontaktiert, stoppt das Förderband, und die Kiste wird zeitgeführt mit Flüssigkeit gefüllt. Ist die zeitbegrenzte Flüssigkeitszufuhr abgeschlossen, d.h., ist die Kiste voll, wird sie weiterbefördert. Solange der Taster «Start» gedrückt ist, wiederholt sich der Vorgang so lange, bis das Silo geleert ist. Bei leerem Silo leuchtet eine Warnlampe, bis das Silo wieder gefüllt ist.

Zuordnungsliste		
Symbol	Operand	Kommentar
S1	E0.0	Schalter «Start»-Schließer
B2	E0.1	Sensor «Behälter unter Silo»
B3	E0.2	Meldung «Silo leer»
M1	A4.1	Ventil am Silo
M2	A4.0	Freigabe für Kisten
Q11	A4.2	Förderbandmotor (Leistungsschütz)
P1	A4.7	Warnleuchte «Silo leer»

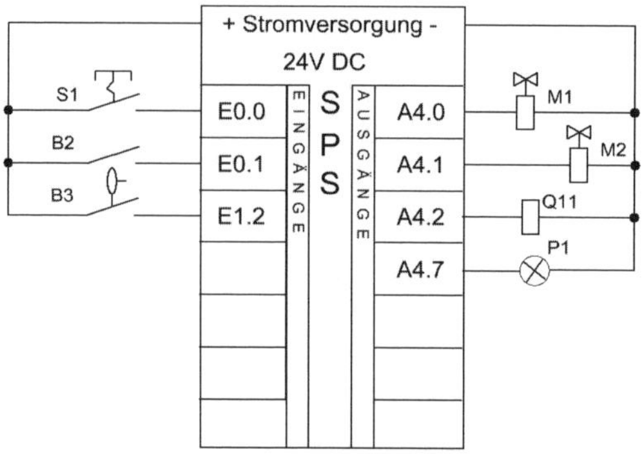

Bild 8.19
Anschluß an die SPS

Man geht nach folgender Reihenfolge vor:

- Abfüllanlage in FUP programmieren
- Funktion wählen (Vorschlag: FC 20)
- OB 1 organisieren
- Programm in die CPU laden
- Programm testen (**Schalter an der CPU auf RUN-P**, in dieser Schalterstellung ist es möglich, Programme im Onlinebetrieb zu ändern, ohne den Schalter in die Stellung «STOP» bringen zu müssen.)
- Darstellungsart wechseln: ⇨ FUP ⇨ KOP ⇨ AWL

8.6.3 Kompressoranlage

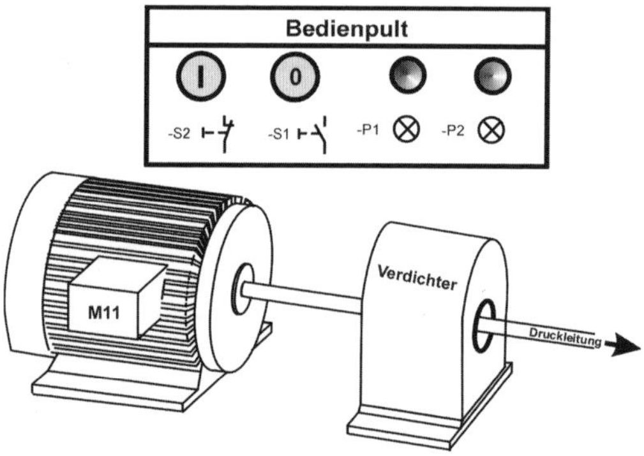

Bild 8.20
Kompressoranlage:
Technologieschema

Funktionsbeschreibung

Die Kompressoranlage (Bild 8.20) wird mit AC 400 V versorgt. Eine automatische Stern-Dreieck-Schaltung sorgt für den gleichmäßigen Anlauf des Motors M11. Die Kompressoranlage wird durch einen Temperaturfühler R10 sowie durch einen Druckwächter für Wasser (S3) und einen Druckwächter für Luft (S4) überwacht. Die Überwachungsschaltung R10, S3 und S4 bildet eine Sicherheitskette. Nimmt einer der Sensoren eine andere Schalterstellung ein, schaltet der Motor M1 ab, und die Lampe H2 leuchtet (Bild 8.21 und Bild 8.22).

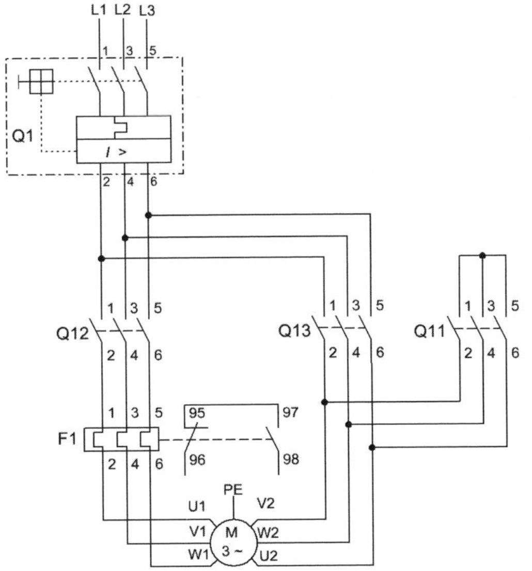

Bild 8.21 Hauptstromkreis

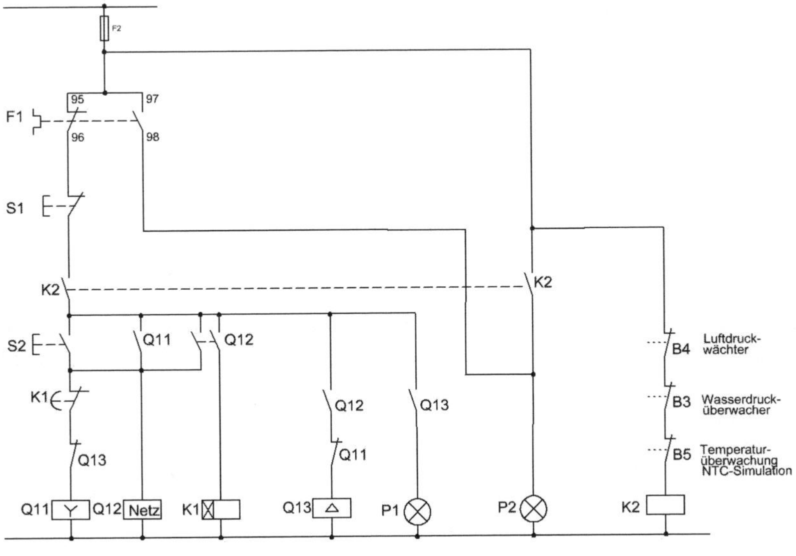

Bild 8.22 Steuerstromkreis

Zuordnungsliste		
Symbol	**Operand**	**Kommentar**
S1	E0.0	Taster Öffner – Anlage «Aus»
S2	E0.1	Taster Schließer – Anlage «Ein»
B3	E0.2	Kontakt Öffner (Wasserdrucküberwacher)
B4	E0.3	Kontakt Öffner (Luftdruckwächter)
B5	E0.4	Kontakt Öffner (Temperaturüberwachung – NTC)
F1	E0.5	Überstromauslöser für Motor
Q11	A4.0	Sternschütz
Q12	A4.1	Netzschütz
Q13	A4.2	Dreieckschütz
P1	A5.0	Leuchtmelder Betrieb
P2	A5.1	Leuchtmelder Störung
K1	T1	Zeitstufe Einschaltverzögerung 2,5 Sekunden
K2	Merker	Hilfsschütz

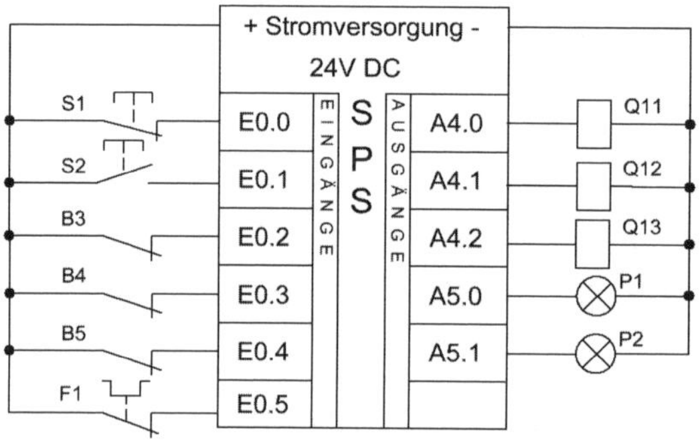

Bild 8.23
Anschluß an die SPS

Man geht nach folgender Reihenfolge vor:

- Kompressoranlage in FUP programmieren
- Funktion wählen (Vorschlag: FC 21)
- OB 1 organisieren
- Programm in die CPU laden
- Programm testen (**Schalter an der CPU auf RUN-P**, in dieser Schalterstellung ist es möglich, Programme im Onlinebetrieb zu ändern, ohne den Schalter in die Stellung STOP bringen zu müssen.)
- Darstellungsarten wechseln: ⇨ FUP ⇨ KOP ⇨ AWL

9 Taktgeber

Taktgeber werden für unterschiedliche Kontroll-, Überwachungs- und Steuerungsaufgaben eingesetzt. In der Digitaltechnik werden sie als «astabile» Kippschaltungen bezeichnet. Häufig benötigt man in der Praxis für Betriebs- oder Störmeldungen eine Blinkfrequenz. In der CPU S7-300 ist bereits ein parametrisierbarer Taktmerker vorhanden, der bei der CPU-Konfiguration (s. Abschnitt 5.1.9) eingestellt werden kann.

Taktmerker sind Merker innerhalb eines Taktmerkerbytes. Nehmen wir z.B. das Merkerbyte MB100, so sind in dem Merkerbyte der Merker M100.0, M100.1, M100.2, M100.3...M100.7 vorhanden. Das Merkerbyte hat also 8 Bit. Jedes einzelne Bit in dem Merkerbyte kann abgefragt - und weiterverarbeitet werden. Hier erhält dieses Merkerbyte den Namen Taktmerkerbyte MB100, weil schon bei der CPU-Konfiguration das Merkerbyte MB100 angegeben wurde. Ein Taktmerker ändert seinen Wert periodisch, wie folgende Tabelle zeigt.

Bit	.7	.6	.5	.4	.3	.2	.1	.0
Periodendauer (S)	2	1,6	1	0,8	0,5	0,4	0,2	0,1
Frequenz (Hz)	0,5	0,625	1	1,25	2	2,5	5	10

Eine Frequenz von 1 Hz würde z.B. bedeuten, daß bei Verwendung des Merkerbytes MB100 der Merker 100.5 abgefragt werden muß. Der Taktmerker taktet im Verhältnis 1:1 (Bild 9.1), d.h., die Impulspause ist gleich der Impulslänge.

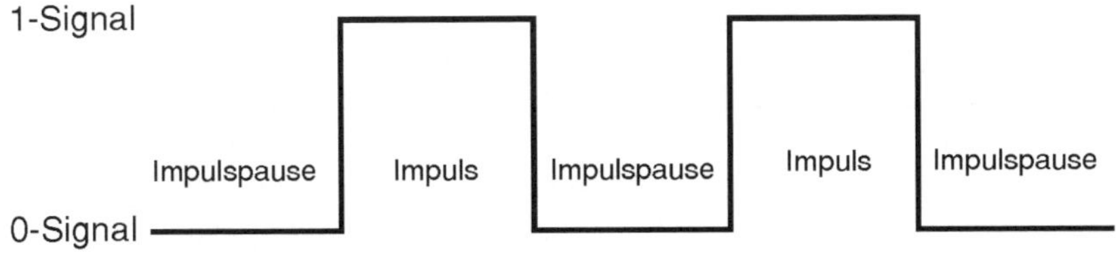

Bild 9.1 Taktverhältnis 1:1

9.1 PC-Programmeingabe mit Taktgeber

Es sollen vom Merkerbyte MB100 das in der CPU-Konfiguration als Taktmerkerbyte (s. Abschnitt 5.1.9) konfiguriert wurde, alle 8 Taktfrequenzen ausgetestet werden. Jeder Takt soll mit einem Schalter freigegeben und an der Baugruppe Ausgangsbyte AB4 angezeigt werden (8 Taktgeber mit Start-Stopp-Einrichtung und unterschiedlichen Frequenzen).

Man geht nach folgender Reihenfolge vor:

- Taktgeber in FUP programmieren
- Funktion wählen (Vorschlag: FC 13)
- OB 1 organisieren
- Programm in die CPU laden
- Programm testen (**Schalter an der CPU auf RUN-P**, in dieser Schalterstellung ist es möglich, Programme im Onlinebetrieb zu ändern, ohne den Schalter in die Stellung STOP bringen zu müssen)
- Darstellungsarten wechseln: ⇨ FUP ⇨ KOP ⇨ AWL

Zuordnungsliste		
Symbol	Operand	Kommentar
S1	E0.0	Freigabe 0,5Hz
S2	E0.1	Freigabe 0,625 Hz
S3	E0.2	Freigabe 1 Hz
S4	E0.3	Freigabe 1,25Hz
S5	E0.4	Freigabe 2 Hz
S6	E0.5	Freigabe 2,5 Hz
S7	E0.6	Freigabe 5 Hz
S8	E0.7	Freigabe 10 Hz
P1	A4.0	Leuchtmelder für Taktfrequenz 0,5 Hz
P2	A4.1	Leuchtmelder für Taktfrequenz 0,625 Hz
P3	A4.2	Leuchtmelder für Taktfrequenz 1 Hz
P4	A4.3	Leuchtmelder für Taktfrequenz 1,25 Hz
P5	A4.4	Leuchtmelder für Taktfrequenz 2 Hz
P6	A4.5	Leuchtmelder für Taktfrequenz 2,5 Hz
P7	A4.6	Leuchtmelder für Taktfrequenz 5 Hz
P8	A4.7	Leuchtmelder für Taktfrequenz 10 Hz

Bild 9.2
Anschluß an die SPS

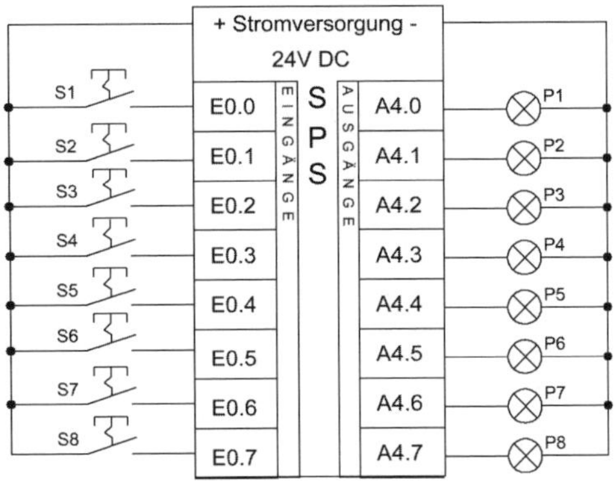

Die vorhergehenden Schritte zur Projektanlegung werden hier nicht mehr ausführlich dargestellt.

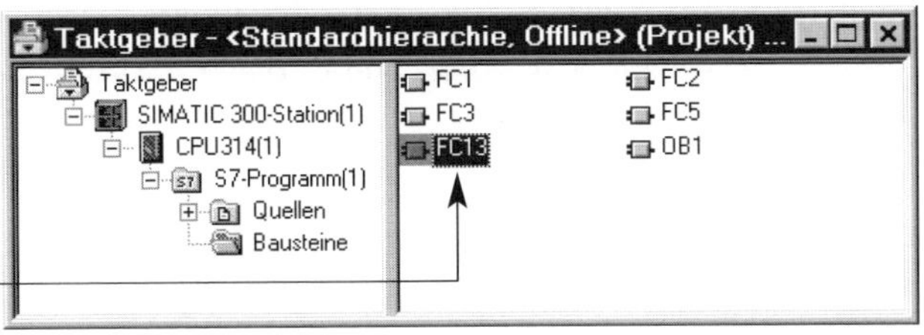

FC 13 aufrufen

⇨ Folgendes Fenster erscheint:

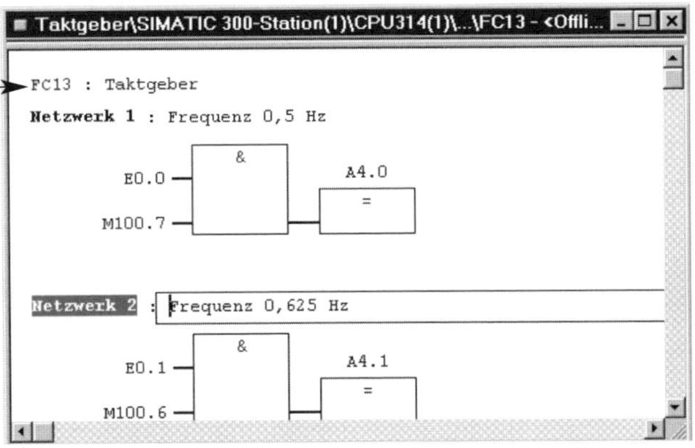

Netzwerkkommentare und entsprechende Netzwerke einfügen.
M100.7 = 0,5 Hz
M100.6 = 0,625 Hz
M100.5 = 1 Hz
M100.4 = 1,25 Hz
M100.3 = 2 Hz
M100.2 = 2,5 Hz
M100.1 = 5 Hz
M100.0 = 10 Hz

Alle Taktfrequenzen werden im Onlinebetrieb getestet.

Sollte ein Taktgeber mit variablem Tastverhältnis notwendig sein, so ist das ebenfalls mit Anwendung von Zeitstufen möglich (s. Kaftan, J.: SPS-Grundkurs 1. 4. Aufl., Kapitel 16. Würzburg: Vogel Buchverlag, 1993).

9.1.1 Kanalumschalter

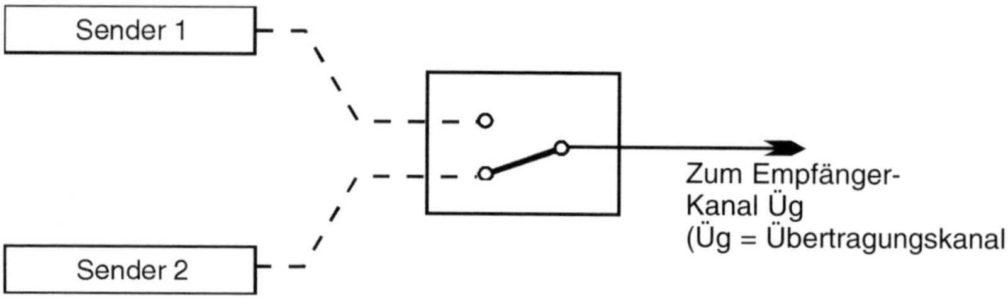

Bild 9.3 Kanalumschalter: Technologieschema

Funktionsbeschreibung

Digitale Informationsübertragung ist sehr sicher und wirtschaftlich. Besonders günstige Anlagen- und Betriebskosten ergeben sich bei der seriellen Datenübertragung. Bild 9.3 zeigt mehrere Informationen, die von verschiedenen Informationsquellen kommen und zeitlich nacheinander über einen Übertragungskanal «Üg» zum Empfänger geschickt werden. Die Bilder 9.4 a) und 9.4 b) geben den FUP und den Anschluß an die SPS wieder.

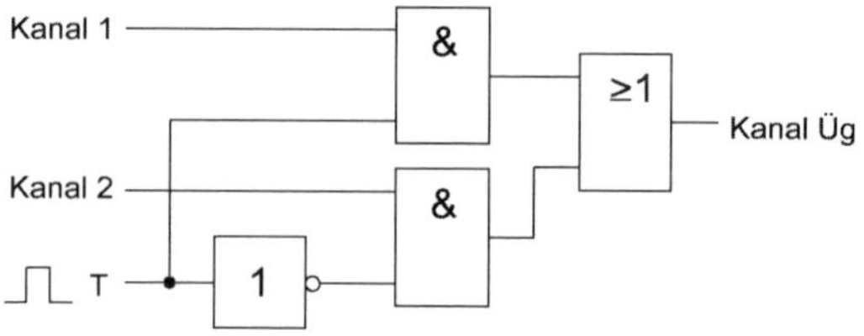

a)

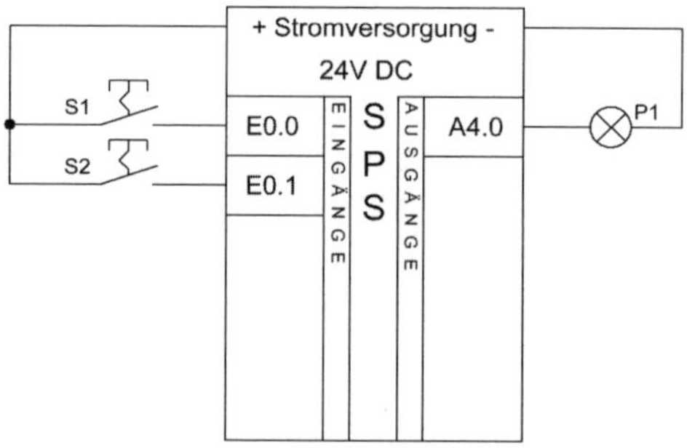

b)

Bild 9.4
a) FUP,
b) Anschluß an die SPS

Zuordnungsliste		
Symbol	Operand	Kommentar
S1	E0.0	Kanal 1
S2	E0.1	Kanal 2
T	M100.0	Takt
P1	A4.0	Leuchtmelder

Man geht nach folgender Reihenfolge vor:

- Kanalumschalter in FUP programmieren
- Funktion wählen (Vorschlag: FC 22)
- OB 1 organisieren
- Programm in die CPU laden
- Programm testen (**Schalter an der CPU auf RUN-P**, in dieser Schalterstellung ist es möglich, Programme im Onlinebetrieb zu ändern, ohne den Schalter in die Stellung STOP bringen zu müssen.)
- Darstellungsarten wechseln: ⇨ FUP ⇨ KOP ⇨ AWL

9.1.2 Personensuchanlage

Funktionsbeschreibung

Mit Hilfe einer Personensuchanlage, die nur eine Lampe besitzt, lassen sich 3 verschiedene Personen rufen. Mit Schalter S1 schaltet man die Lampe ein; Person 1 wird gerufen. Mit Schalter S2 und Schalter S3 schaltet man die Lampe «intermittierend» ein. Leuchtdauer und Pausendauer bestimmt ein Taktgeber. Die Bilder 9.5 a) und 9.5 b) zeigen den zugehörigen FUP und den SPS-Anschluß.

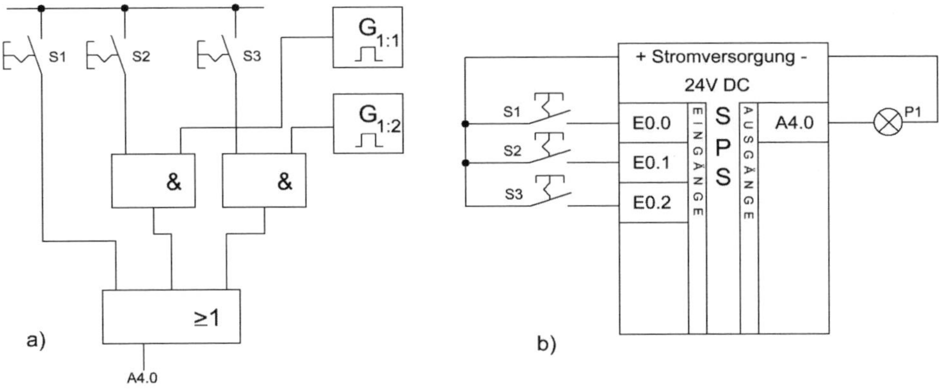

Bild 9.5 a) FUP, b) Anschluß an die SPS

Zuordnungsliste		
Symbol	Operand	Kommentar
S1	E0.0	Schalter «Schließer»
S2	E0.1	Schalter «Schließer»
S3	E0.2	Schalter «Schließer»
H1	A4.0	Leuchtmelder

Man geht nach folgender Reihenfolge vor:

- Personensuchanlage in FUP programmieren
- Funktion wählen (Vorschlag: FC 23)
- OB 1 organisieren
- Programm in die CPU laden
- Programm testen (**Schalter an der CPU auf RUN-P,** in dieser Schalterstellung ist es möglich, Programme im Onlinebetrieb zu ändern, ohne den Schalter in die Stellung STOP bringen zu müssen.)
- Darstellungsarten wechseln: ⇨ FUP ⇨ KOP ⇨ AWL

9.1.3 Luftversorgung

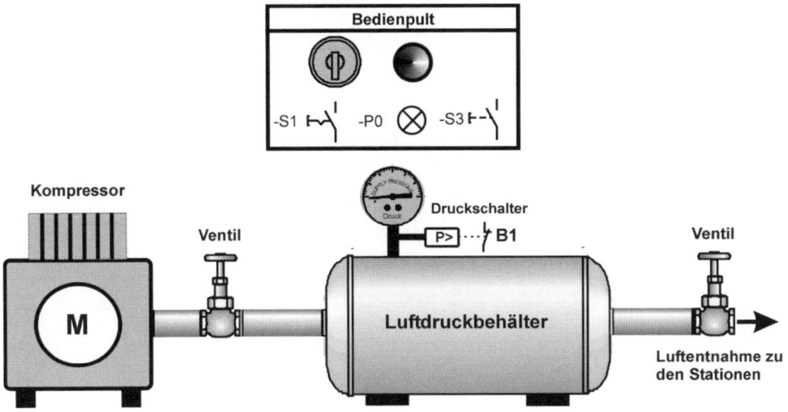

a)

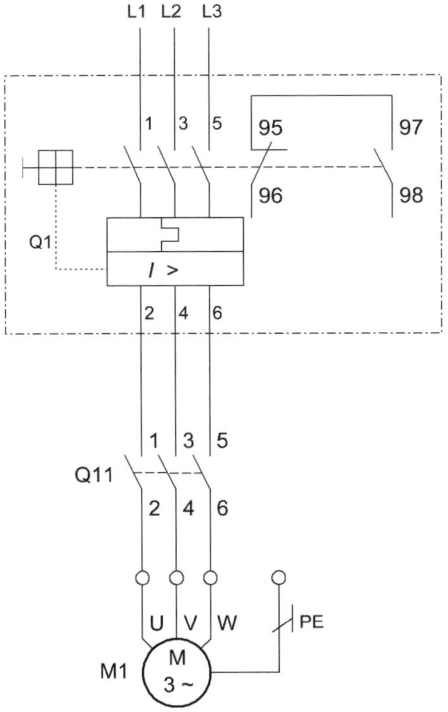

b)

Bild 9.6 Luftversorgung: a) Technologieschema, b) Hauptstromkreis

Funktionsbeschreibung
Die Anlage dient der Luftversorgung für ein Montageband. Mit dem Schalter S1 wird die Anlage eingeschaltet. Der Kompressor pumpt Luft in den Behälter. Der Druck in diesem Behälter wird mit einem Druckschalter S2 überwacht. Bei maximalem Druck öffnet S2, bei minimalem Druck schließt S2 bei Luftentnahme sinkt der Druck im Luftbehälter. Wenn der Druckschalter S2 min. unterschreitet (S2 geschlossen), kommt Luftanforderung. Der Kompressor läuft an und schaltet bei Erreichen des maximalen Druckes (S2 offen) wieder ab. Ist der Kompressor eingeschaltet, so wird das über den Leuchtmelder H0 angezeigt. Mit dem Taster S3 wird die Lampenprüfung durchgeführt. Bei Störung des Kompressors geht das Dauerlicht in ein Blinklicht mit einer Frequenz von 1 Hz über (Impuls-Pausen-Verhältnis 1:1).

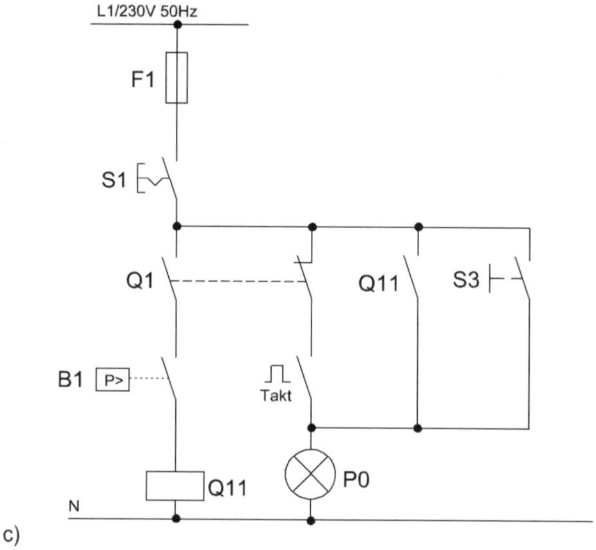

Bild 9.6
Luftversorgung:
c) Stromlaufplan

Zuordnungsliste		
Symbol	Operand	Kommentar
S1	E0.0	Anlage Luftversorgung «Ein» – Schließer
B1	E0.1	Druckschalter P – Öffner
S3	E0.2	Lampentest – Schließer
Q1	E0.3	Motorschutzschalter Hilfskontakt – Schließer
Q1	E0.4	Motorschutzschalter Hilfskontakt – Öffner
Takt	M100.0	Taktmerker
P0	A4.1	Leuchtmelder für Störung – Dauer/Blinklicht
Q11	A4.0	Leistungsschütz für Kompressor

Bild 9.6
Luftversorgung:
d) Anschluß an die SPS

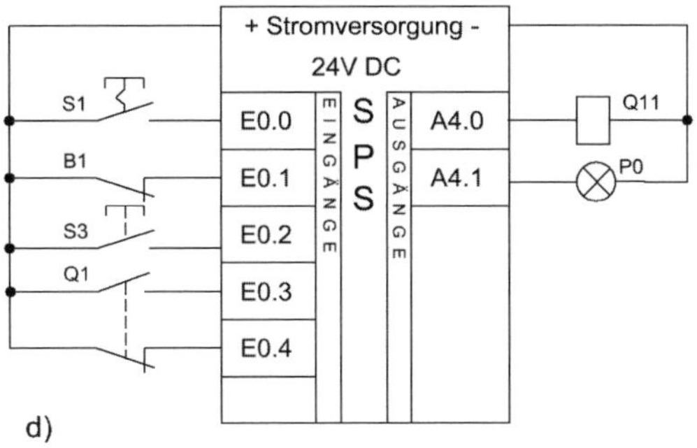

Man geht nach folgender Reihenfolge vor:

- Luftversorgung in FUP programmieren
- Funktion wählen (Vorschlag: FC 24)
- OB 1 organisieren
- Programm in die CPU laden
- Programm testen (**Schalter an der CPU auf RUN-P**, in dieser Schalterstellung ist es möglich, Programme im Onlinebetrieb zu ändern, ohne den Schalter in die Stellung STOP bringen zu müssen.)
- Darstellungsarten wechseln: ⇨ FUP ⇨ KOP ⇨ AWL

10 Zähler

Soll ein Informationsaustausch in der Programmiersprache STEP 7 zwischen dem Prozeßabbild der Eingänge (PAE) und dem Prozeßabbild der Ausgänge (PAA) sowie eine Weiterverarbeitung der Zeit- und Zählwerte, Vergleichs- und Rechenoperationen stattfinden, so muß man mit dem Ladebefehl (L) und dem Transferbefehl (T) arbeiten. Der Informationsaustausch funktioniert nicht direkt, sondern fließt immer über den Akkumulator (Akku). Der Akkumulator ist ein besonderes Register im Prozessor und dient als Zwischenspeicher. Lade- und Transferfunktionen (Bild 10.1) werden immer unabhängig vom Verknüpfungsergebnis (VKE) ausgeführt.

10.1 Lade- und Transferfunktionen

Bild 10.1
Prinzip: richtungsgebundener Informationsfluß

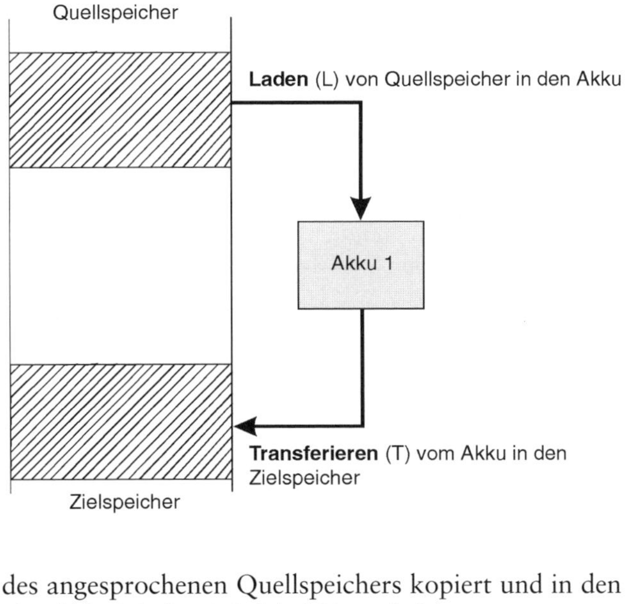

Beim Laden wird der Inhalt des angesprochenen Quellspeichers kopiert und in den Akku geschrieben. Der bisherige Akkuinhalt wird dabei überschrieben.
Beim Transferieren wird der Akkuinhalt kopiert und in den angesprochenen Zielspeicher geschrieben (Bild 10.2). Da der Akku nur kopiert wurde, steht er für weitere Transferoperationen zur Verfügung.

Beispiel AWL:
L EW 0
T AW 4
L +5
T AW 6
BE

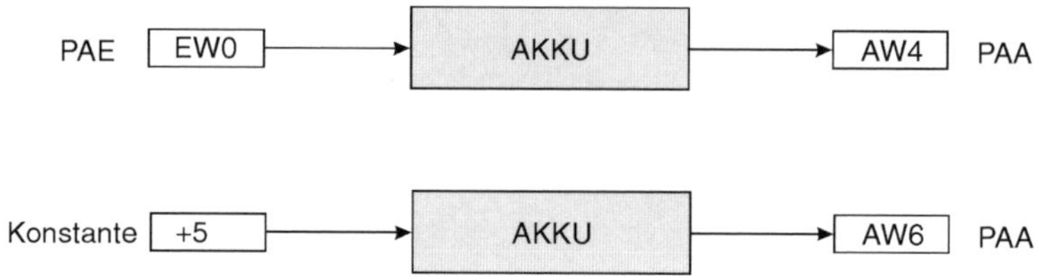

Bild 10.2 Informationsfluß: schematische Darstellung

Laden und Transferieren sind unbedingte Operationen, die unabhängig vom Verknüpfungsergebnis in jedem zyklischen Umlauf ausgeführt werden.

10.2 Zählerfunktionen

In der Steuerungstechnik werden für das Erfassen von Stückzahlen oder Impulsen, zur Auswertung von Zeiten und Entfernungen Zählfunktionen benötigt. Bei der SIMATIC S7 sind Zähler in der CPU integriert. Der Zählbereich des Zählers liegt zwischen 0 und 999. In der hier verwendeten S7-CPU 314 sind 64 Zähler integriert, denen die im folgenden aufgeführten Funktionen (s. Bilder 10.3a und 10.3b) zugeordnet werden können.

10.2.1 Zähler freigeben (FR)

Ein positiver Flankenwechsel von 0 nach 1 im Verknüpfungsergebnis der Operation Freigabe (FR) gibt 1 Zähler frei. Es wird weder für das Setzen eines Zählers oder für normale Zähloperationen eine Freigabe gefordert. Will man jedoch ohne steigende Flanke vor der entsprechenden Zähloperation (ZV, ZR oder S) einen Zähler setzen oder bzw. vorwärts- oder rückwärtszählen, so kann dies mit einer Freigabe erfolgen. Dies ist jedoch nur möglich, wenn das VKE-Bit vor der entsprechenden Operation (ZV, ZR oder S) den Signalzustand «1» hat. Die Operation Freigabe (FR) ist nur in der Darstellungsart AWL vorhanden.

10.2.2 Vorwärtszählen

Der Wert des adressierten Zählers wird um 1 erhöht. Die Funktion wird nur bei einem positiven Flankenwechsel der vor ZV programmierten Verknüpfung wirksam. Erreicht der Zählwert die obere Grenze 999, wird er nicht mehr erhöht. Ein Übertrag wird nicht gebildet.

10.2.3 Rückwärtszählen

Der Wert des adressierten Zählers wird um 1 verringert. Die Funktion wird nur bei einem positiven Flankenwechsel der vor ZR programmierten Verknüpfung wirksam. Erreicht der Zählwert die untere Grenze 0, wird er nicht mehr verringert.

10.2.4 Zähler setzen

Der Zähler kann auf einen bestimmten Wert gesetzt werden. Ab diesem Wert kann vorwärts- oder rückwärtsgezählt werden.
Soll z.B. der Zähler auf den Wert 8 gesetzt werden:

AWL

U	E 0.0	Abfragen des Signalzustandes
L	+5	Laden des Zählwertes
S	Z1	Setzen des Zählers mit dem geladenen Zählwert (bei positivem Flankenwechsel)

10.2.5 Zählwertvorgabe

Wird ein Zähler gesetzt, so wird der Inhalt von Akku 1 als Zählwert verwendet. Es besteht die Möglichkeit, den Zählwert entweder binärcodiert oder BCD-codiert zu laden. Folgende Operationen sind möglich:

- Eingangswort EW..
- Ausgangswort AW..
- Merkerwort MW..
- Datenwort DBW/DIW..
- Lokaldatenwort LW..
- Konstanten DW#16#, +8, B#16#, 2#...etc.

10.2.6 Zähler rücksetzen (R)

Bei einem Verknüpfungsergebnis VKE 1 wird der Zähler auf 0 gesetzt (rücksetzen). Bei einem VKE 0 bleibt der Zähler unbeeinflußt. Das Rücksetzen eines Zählers wirkt statisch. Bei erfüllter Rücksetzbedingung kann weder gesetzt noch gezählt werden.

10.2.7 Zählwert abfragen (L/LC)

Ein Zählwert ist in einem Zählerwort binärcodiert gespeichert. Der im Zähler stehende Wert kann als Dualzahl (DU) oder als BCD-Zahl (DE) in den Akku geladen und von dort in andere Operandenbereiche transferiert werden.
Bei der AWL-Programmierung kann zwischen **L Z1** (lade Zähler 1) für die Abfrage als Dualzahl und **LC Z1** (lade codiert Zähler 1) für die Abfrage der BCD-Zahl gewählt werden.

10.2.8 Signalzustand des Zählers abfragen (binär)

Der Zähler kann auf seinen Signalzustand abgefragt werden.

- Signalzustand 0 Zähler steht auf dem Wert 0
- Signalzustand 1 Zähler ist zählbereit

Die Signalzustände können mit **U Z1, UN Z1, ON Z1** usw. abgefragt und für weitere Verknüpfungen verwendet werden.

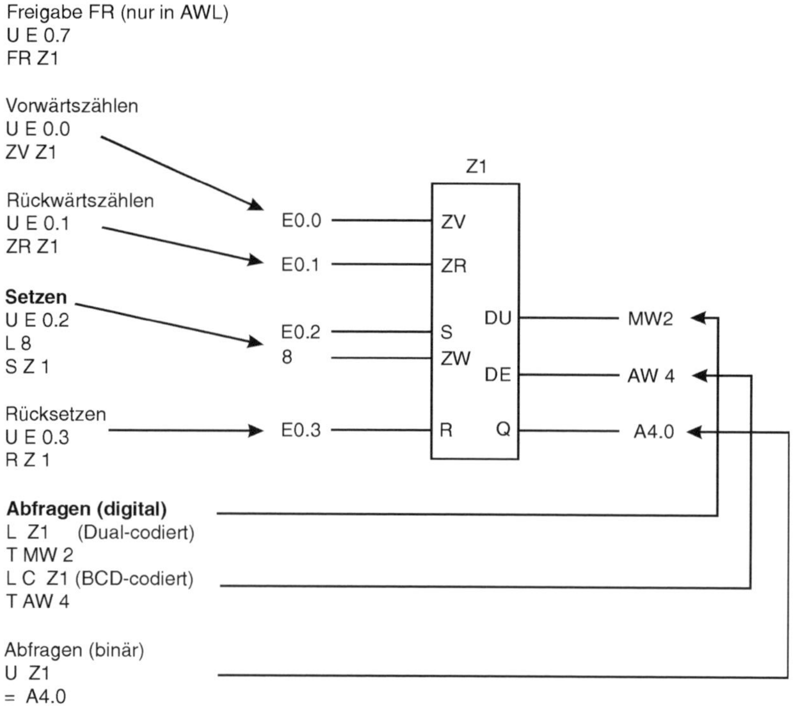

Bild 10.3a Programmierung des Zählers

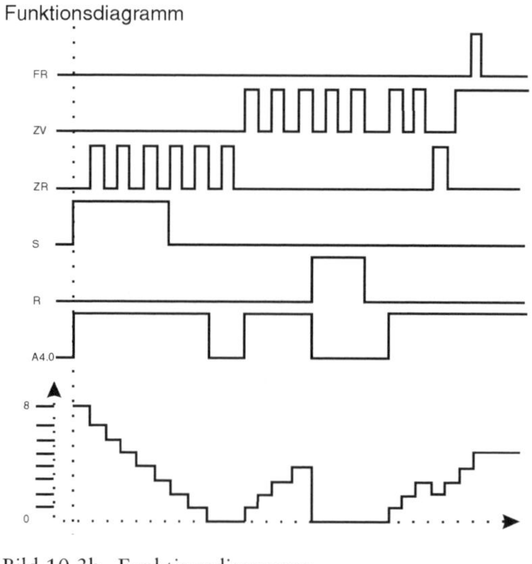

Bild 10.3b Funktionsdiagramm

10.3 PC-Programmeingabe Reinigungsbad

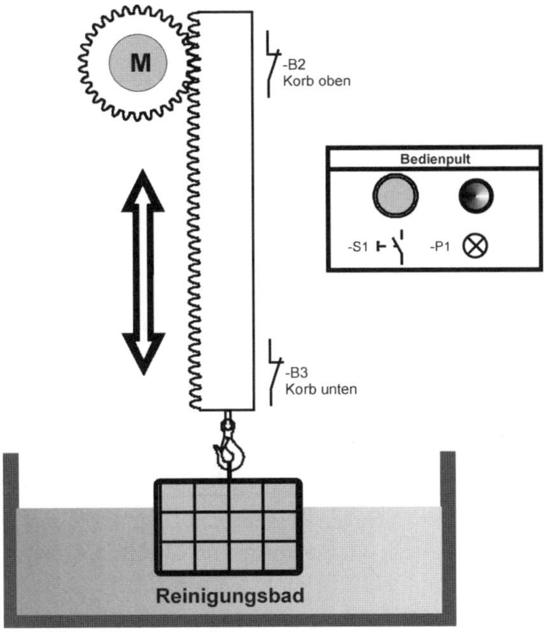

Bild 10.4
Reinigungsbad:
Technologieschema

Funktionsbeschreibung

Ein Reinigungsbad (Bild 10.4) soll an den gelöteten Leiterplatten das Flußmittel entfernen. Ein Korb wird von Hand ein- und ausgehängt. Wird der Taster S1 betätigt, fährt der Korb automatisch 5mal in das Reinigungsbad und verharrt dort jeweils 15 s um die Platinen zu reinigen. Nach dem Reinigungsprozeß kann der Korb ausgehängt bzw. gefüllt wieder eingehängt werden. Die Signallampe zeigt den Automatikbetrieb an.

Zuordnungsliste		
Symbol	Operand	Kommentar
S1	E0.0	Taster «Start»
B2	E0.1	Endschalter oben – Öffner
B3	E0.2	Endschalter unten – Öffner
Q11	A4.0	Motor nach unten
Q12	A4.1	Motor nach oben
P1	A4.2	Leuchtmelder Automatikbetrieb

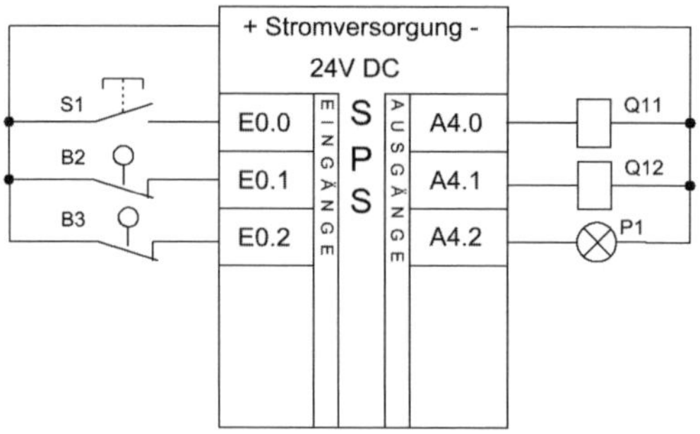

Bild 10.5
Anschluß an die SPS

Man geht nach folgender Reihenfolge vor:

- Reinigungsanlage in FUP Programmieren
- Funktion wählen (Vorschlag: FC 25)
- OB 1 organisieren
- Programm in die CPU laden
- Programm testen (**Schalter an der CPU auf RUN-P,** in dieser Schalterstellung ist es möglich, Programme im Onlinebetrieb zu ändern, ohne den Schalter in die Stellung STOP bringen zu müssen.)
- Darstellungsarten wechseln: ⇨ FUP ⇨ KOP ⇨ AWL

11 Vergleicher

Mit den Vergleichsfunktionen werden zwei digitale Werte, die in den Akkumulatoren 1 und 2 stehen, direkt miteinander verglichen.
Die zu vergleichenden Werte müssen aber erst in den Akku mit Ladeanweisungen hinterlegt werden.
Die Länge der Operanden (Byte, Wort) wird in Verbindung mit den Operanden angegeben, z.B. EB, EW, AB, MB, MW etc.
Das Ergebnis des Vergleichs ist binär. Voraussetzung für einen Vergleich ist, daß beide Zahlen dasselbe Format haben.

Folgende Paare von Zahlenwerten können verglichen werden:

- 2 Ganzzahlen (16 Bit, Symbol: I)
- 2 Ganzzahlen (32 Bit, Symbol: D)
- 2 Realzahlen (Gleitpunktzahlen 32 Bit, Symbol: R)

11.1 Vergleichsfunktionen

In der Programmiersprache STEP 7 kann man 6 verschiedene Vergleiche wählen:

11.1.1 gleich = =

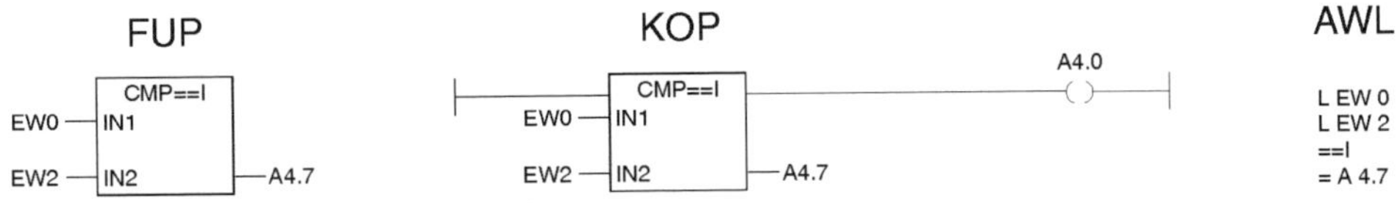

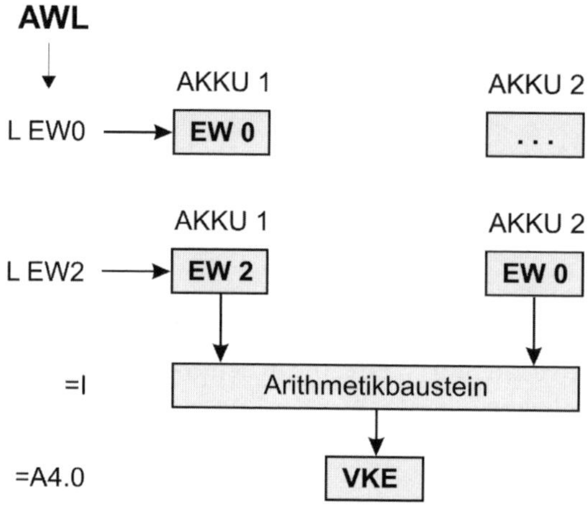

11.1.2 ungleich <>

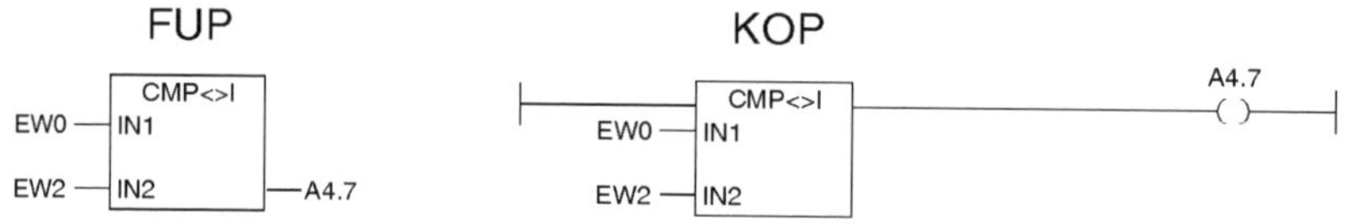

AWL

L EW 0
L EW 2
<>I
= A 4.7

11.1.3 größer als gleich >=

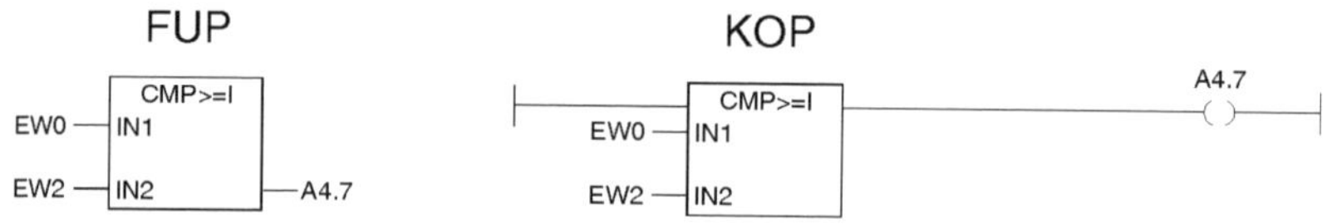

AWL

L EW 0
L EW 2
>=I
= A 4.7

11.1.4 größer >

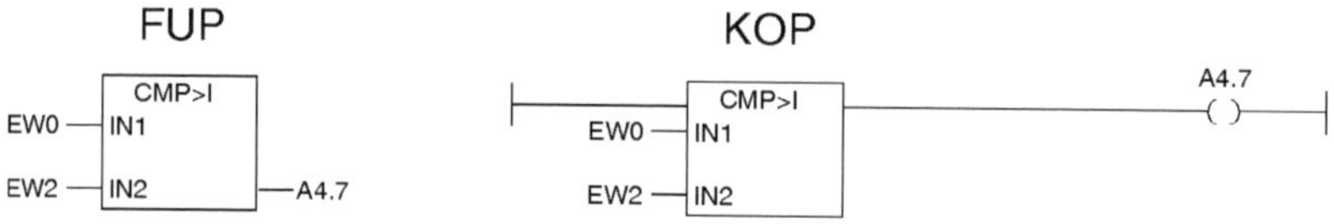

AWL

L EW 0
L EW 2
>I
= A 4.7

11.1.5 kleiner als gleich <=

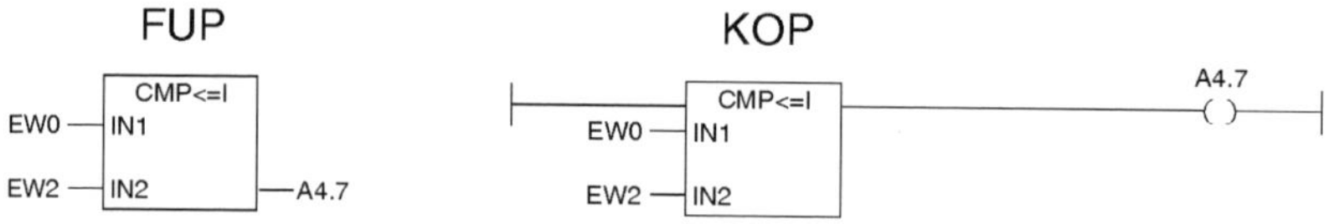

AWL

L EW 0
L EW 2
<=I
= A 4.7

11.1.6 kleiner <

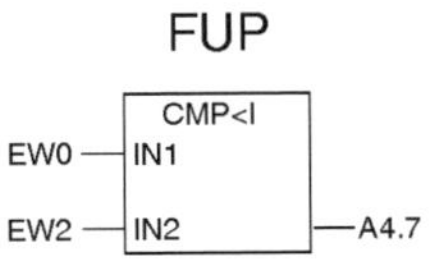

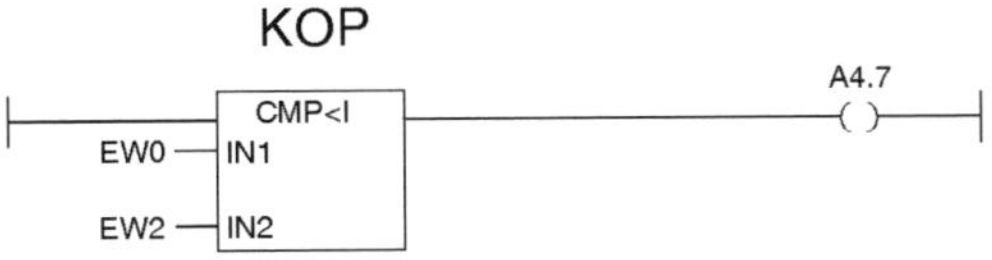

AWL

```
L EW 0
L EW 2
<I
= A 4.7
```

11.2 PC-Programmeingabe Landefeuer

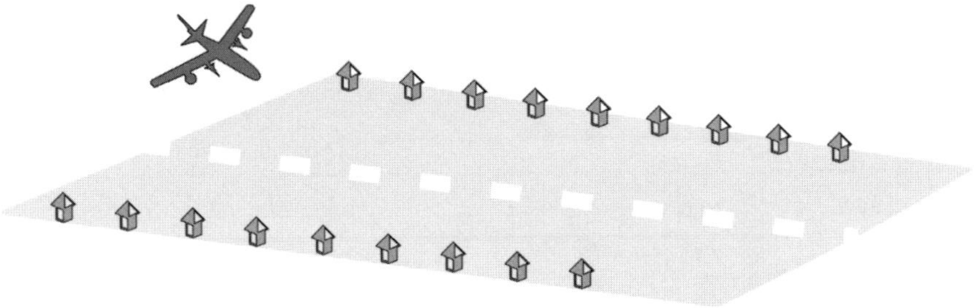

Bild 11.1 Landefeuer: Technologieschema

Funktionsbeschreibung

An einem Sportflugplatz sollen 9 Lampen (Landefeuer) links und rechts neben der Landebahn angebracht werden. Dieses Landefeuer soll den Piloten von Flugzeugen ein sicheres Landen bei Nacht ermöglichen. Das Landefeuer wird vom Tower mit dem Schalter «S1» eingeschaltet.

Zuordnungsliste		
Symbol	Operand	Kommentar
S1	E0.0	Landefeuer «ein» – Schließer
P1	A4.0	Leuchtmelder P1 für Landefeuer
P2	A4.1	Leuchtmelder P2 für Landefeuer
P3	A4.2	Leuchtmelder P3 für Landefeuer
P4	A4.3	Leuchtmelder P4 für Landefeuer
P5	A4.4	Leuchtmelder P5 für Landefeuer
P6	A4.5	Leuchtmelder P6 für Landefeuer
P7	A4.6	Leuchtmelder P7 für Landefeuer
P8	A4.7	Leuchtmelder P8 für Landefeuer
P9	A5.0	Leuchtmelder P9 für Landefeuer

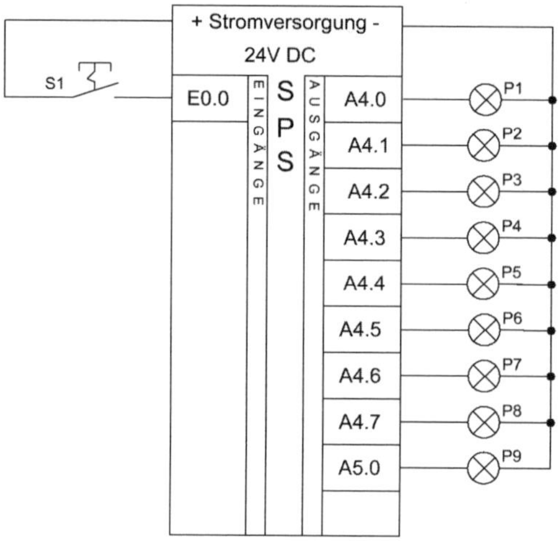

Bild 11.2
Anschluß an die SPS

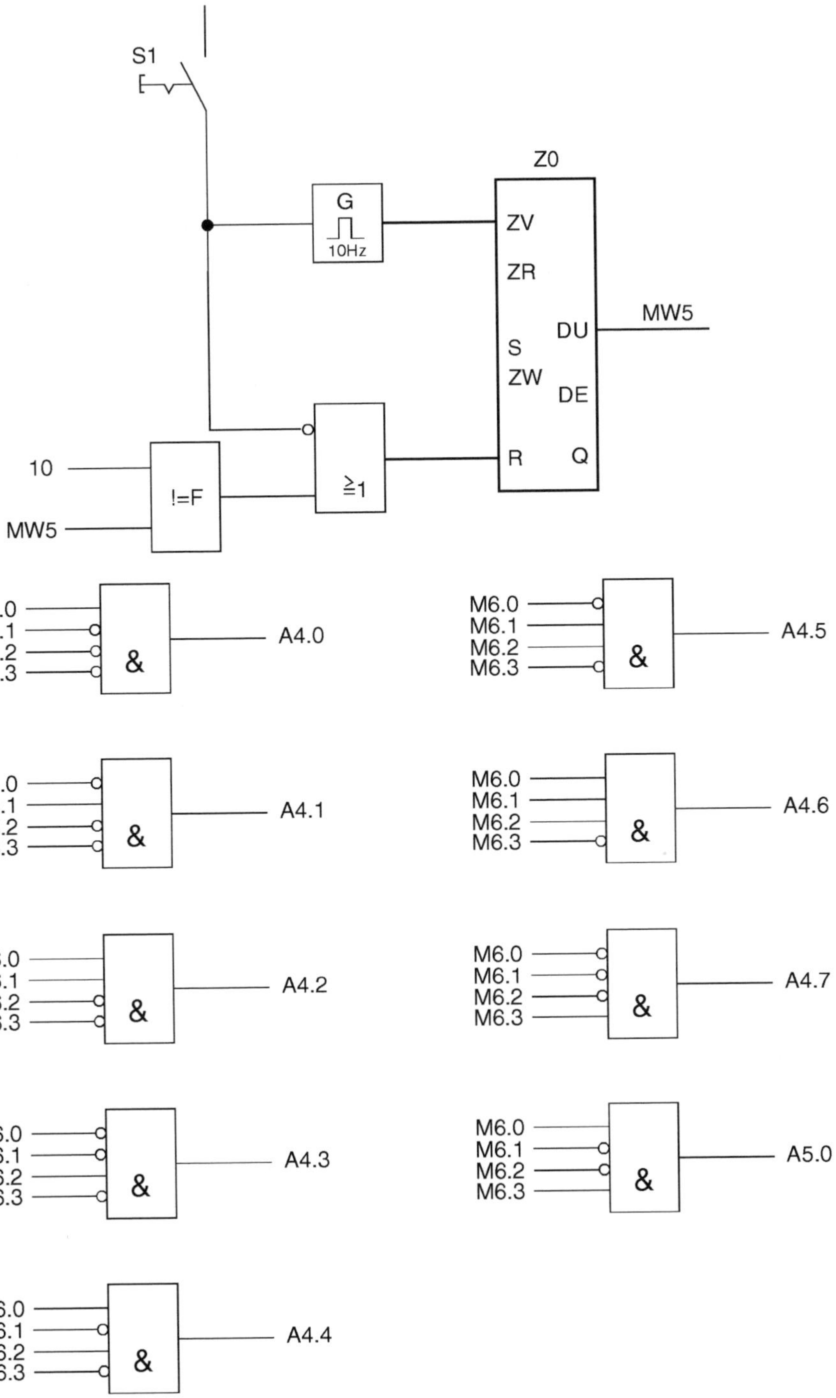
S1
Z0
G
10Hz
ZV
ZR
S
ZW
R
DU
DE
Q
MW5
10
MW5
!=F
≧1
M6.0
M6.1
M6.2
M6.3
&
A4.0
A4.1
A4.2
A4.3
A4.4
A4.5
A4.6
A4.7
A5.0

Bild 11.3 FUP

Man geht nach folgender Reihenfolge vor:

- Landefeuer in FUP programmieren
- Funktion wählen (Vorschlag: FC 26)
- OB 1 organisieren
- Programm in die CPU laden
- Programm testen (**Schalter an der CPU auf RUN-P**, in dieser Schalterstellung ist es möglich, Programme im Onlinebetrieb zu ändern, ohne den Schalter in die Stellung STOP bringen zu müssen.)
- Darstellungsarten wechseln: ⇨ FUP ⇨ KOP ⇨ AWL

11.3 Programmeingabe Ablauffunktion

Funktionsbeschreibung
Mit dem Schalter S1 wird der Taktmerker der CPU 1 Hz freigeschaltet (Start-Stopp-Einrichtung). Der Takt wird in einem Zähler Z1 gezählt. Bei Erreichen von 3 Taktimpulsen soll der Ausgang A4.0 1-Signal führen. Bei Erreichen von 5 Taktimpulsen soll der Ausgang A4.1 1-Signal und bei Erreichen von 7 Taktimpulsen der Ausgang A4.2 1-Signal führen. Bei Ausschalten des Schalters S1 sollen alle Ausgänge auf 0 gesetzt werden. Der Vorgang kann von neuem beginnen.

Zuordnungsliste		
Symbol	Operand	Kommentar
S1	E0.0	Schalter «Start»
P1	A4.0	Leuchtmelder P1
P2	A4.1	Leuchtmelder P2
P3	A4.2	Leuchtmelder P3

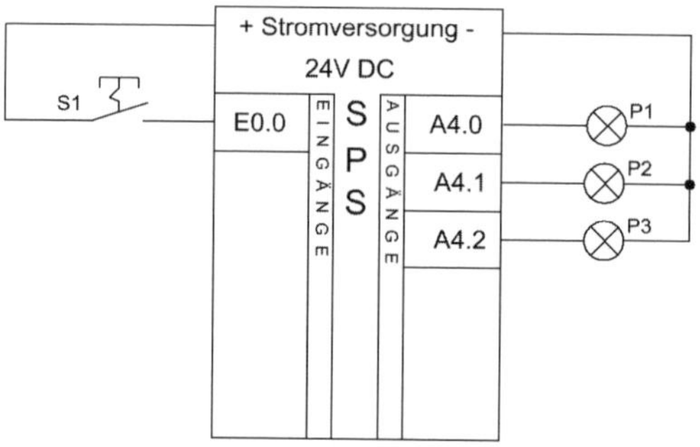

Bild 11.4
Anschluß an die SPS

Man geht nach folgender Reihenfolge vor:

- Ablauffunktion in FUP programmieren
- Funktion wählen (Vorschlag: FC 27)
- OB 1 organisieren
- Programm in die CPU laden
- Programm testen (**Schalter an der CPU auf RUN-P**, in dieser Schalterstellung ist es möglich, Programme im Onlinebetrieb zu ändern, ohne den Schalter in die Stellung STOP bringen zu müssen.)
- Darstellungsarten wechseln: ⇨ FUP ⇨ KOP ⇨ AWL

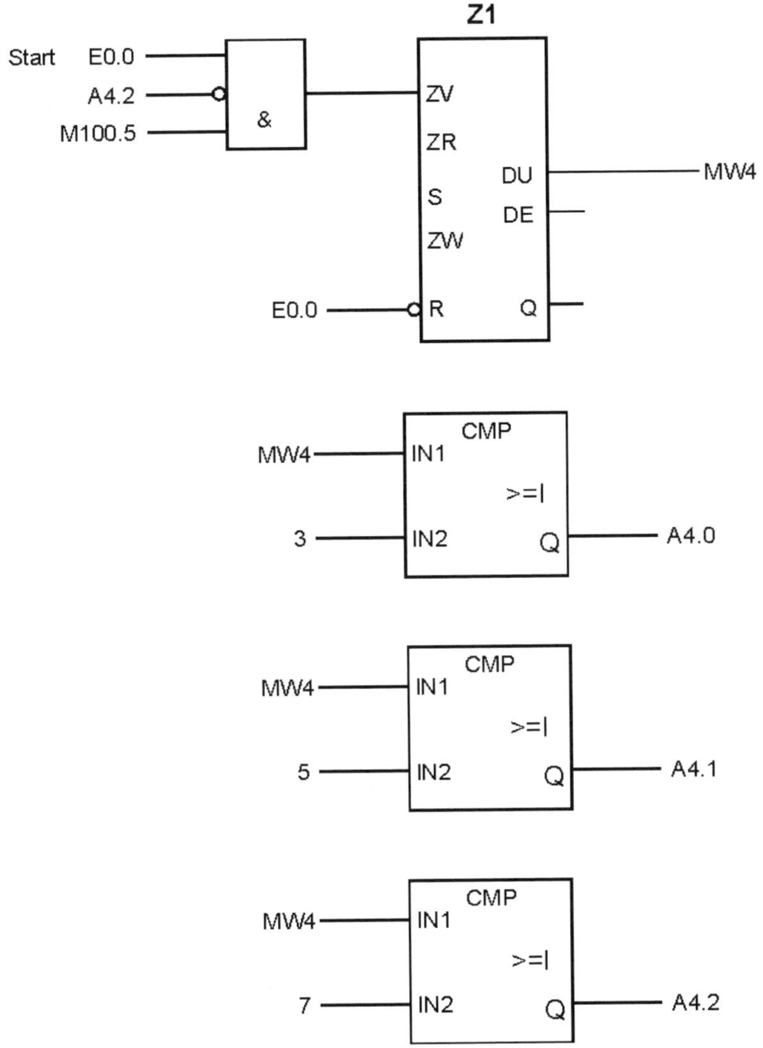

Bild 11.5 FUP

12 Praktische Beispiele mit Simulatoren

12.1 7-Segment-Anzeige

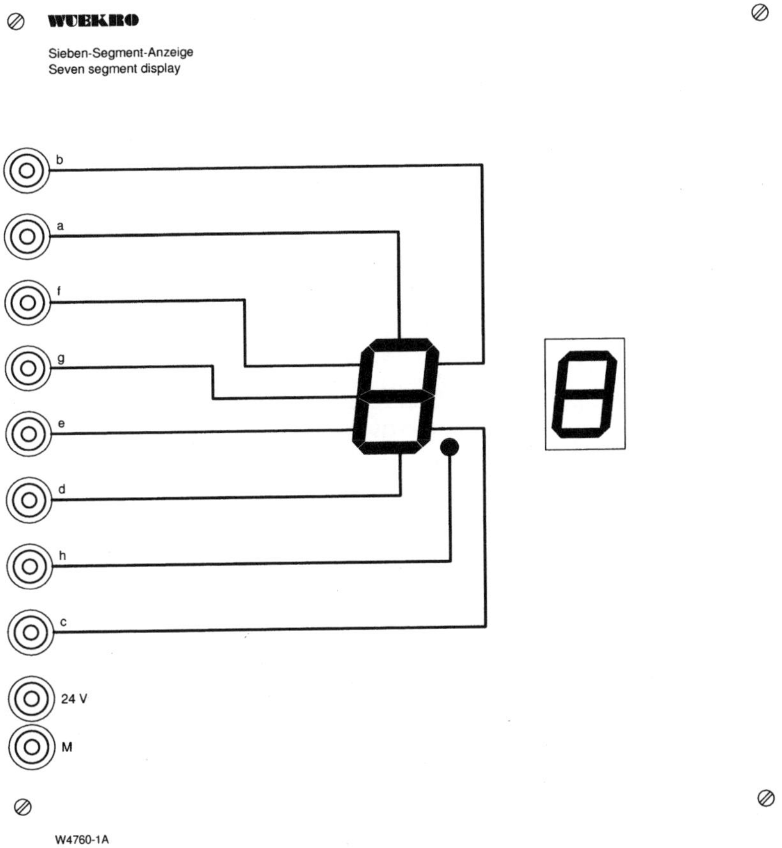

Bild 12.1 7-Segment-Anzeige: Technologieschema

Funktionsbeschreibung

Der Steuerungsablauf für die Umsetzung der Zahlen 0...9 im BCD-Code (8-4-2-1-Code) für die Darstellung mit einer 7-Segment-Anzeige soll mit einer speicherprogrammierbaren Steuerung realisiert werden. Die Signale der Zahlen 0...9 werden mit den Schaltern S1...S4 im BCD-Code in das Automatisierungsgerät eingeben. Auf der 7-Segment-Anzeige sollen die entsprechenden Ziffern 0...9 dargestellt werden. Dazu müssen für jede Ziffer die entsprechenden Segmente angesteuert werden.

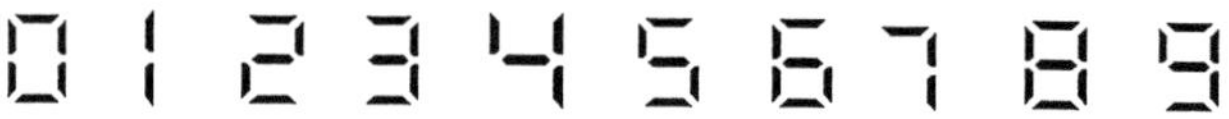

Bild 12.2
Zuordnung der Segmente zu den Dezimalziffern

Zuordnungsliste		
Symbol	Operand	Kommentar
S1	E0.0	Binärstelle 1-Wert 1
S2	E0.1	Binärstelle 2-Wert 2
S3	E0.2	Binärstelle 3-Wert 4
S4	E0.3	Binärstelle 4-Wert 8
a	A4.0	7-Segment-Anzeige-Segment a
b	A4.1	7-Segment-Anzeige-Segment b
c	A4.2	7-Segment-Anzeige-Segment c
d	A4.3	7-Segment-Anzeige-Segment d
e	A4.4	7-Segment-Anzeige-Segment e
f	A4.5	7-Segment-Anzeige-Segment f
g	A4.6	7-Segment-Anzeige-Segment g
M0.0	M0.0	Auswertung Zahl 0
M0.1	M0.1	Auswertung Zahl 1
M0.2	M0.2	Auswertung Zahl 2
M0.3	M0.3	Auswertung Zahl 3
M0.4	M0.4	Auswertung Zahl 4
M0.5	M0.5	Auswertung Zahl 5
M0.6	M0.6	Auswertung Zahl 6
M0.7	M0.7	Auswertung Zahl 7
M1.0	M1.0	Auswertung Zahl 8
M1.1	M1.1	Auswertung Zahl 9

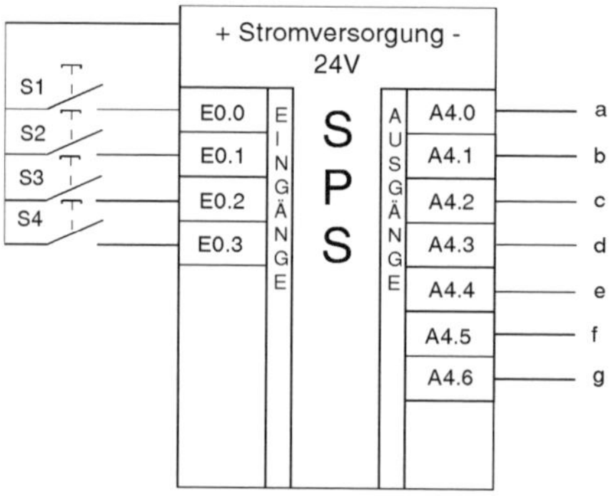

Bild 12.3
Anschluß an die SPS

Man geht nach folgender Reihenfolge vor:

- 7-Segment-Anzeige in FUP, KOP, AWL programmieren
- Funktion wählen (Vorschlag: FC 0)
- OB 1 organisieren
- Programm in die CPU laden
- Programm testen (**Schalter an der CPU auf RUN-P**, in dieser Schalterstellung ist es möglich, Programme im Onlinebetrieb zu ändern, ohne den Schalter in die Stellung STOP bringen zu müssen.)
- Darstellungsarten wechseln: ⇨ FUP ⇨ KOP ⇨ AWL

12.2 Stern-Dreieck-Anlauf

Der Steuerungsablauf für einen automatischen Stern-Dreieck-Anlauf eines Drehstrom-Asynchronmotors soll mit einer speicherprogrammierbaren Steuerung realisiert werden.

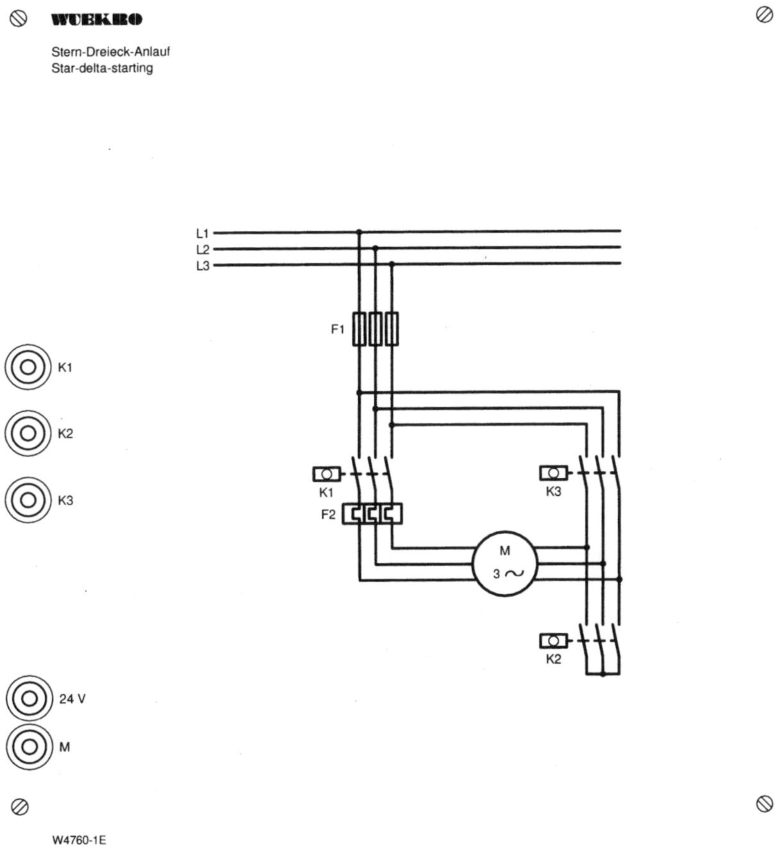

Bild 12.4 Stern-Dreieck-Anlauf: Technologieschema

Funktions- bzw. Problembeschreibung
Der Anlauf eines Drehstrom-Asynchronmotors soll über eine Stern-Dreieck-Schaltung erfolgen. Bei Betätigung des Tasters S1 (Schließer) soll der Motor in Sternschaltung anlaufen (Schütz Q11 und Sternschütz Q12 ein) und dann in Dreieckschaltung umschalten (Sternschütz Q12 aus und Dreieckschütz Q13 ein). Bei Betätigung des Tasters S0 (Öffner) wird die Steuerung sofort in den Ruhezustand versetzt. Beim Ansprechen des Überstromrelais F2 (Öffner) wird die Steuerung über das Automatisierungsgerät ebenfalls ausgeschaltet (s. Bild 12.4).

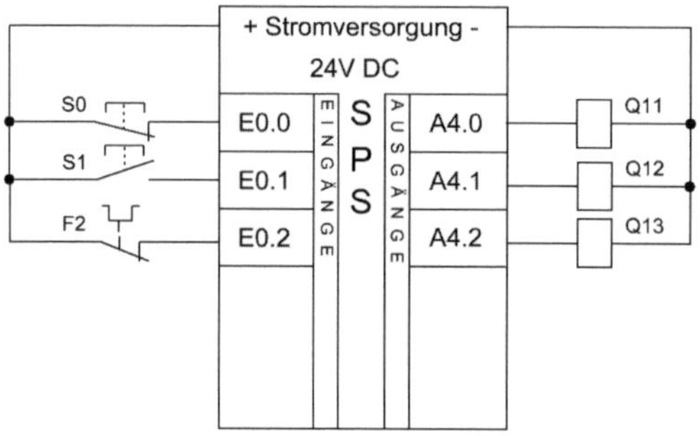

Bild 12.5
Anschluß an die SPS

Zuordnungsliste		
Symbol	Operand	Kommentar
S0	E0.0	Aus-Taster (Öffner)
S1	E0.1	Ein-Taster (Schließer)
F2	E0.2	Überstromrelais(Öffner)
Q11	A4.0	Netzschütz
Q12	A4.1	Sternschütz
Q13	A4.2	Dreieckschütz
T1	T1	Wartezeit
M1	M0.0	Merker für Start T 1

Man geht nach folgender Reihenfolge vor:

- Stern-Dreieck-Schaltung in FUP, KOP, AWL programmieren
- Funktion wählen (Vorschlag: FC 1)
- OB 1 organisieren
- Programm in die CPU laden
- Programm testen (**Schalter an der CPU auf RUN-P,** in dieser Schalterstellung ist es möglich, Programme im Onlinebetrieb zu ändern, ohne den Schalter in die Stellung STOP bringen zu müssen.)
- Darstellungsarten wechseln: ⇨ FUP ⇨ KOP ⇨ AWL

12.3 Ampelsteuerung

Der Steuerungsablauf für die Ampelanlage an einem Fußgängerübergang soll mit einer speicherprogrammierbaren Steuerung für Tag- und Nachtbetrieb realisiert werden.

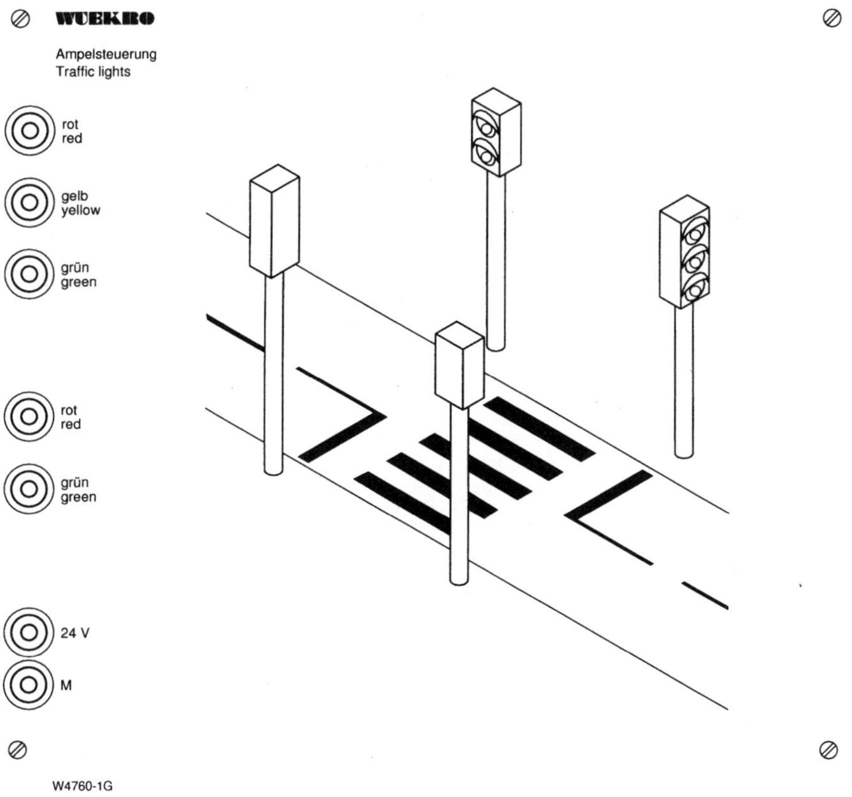

Bild 12.6 Ampelsteuerung: Technologieschema

Funktionsbeschreibung

Die Steuerung der Ampelanlage für einen Fußgängerübergang erfolgt in 2 Betriebsarten:

- Tagbetrieb,
- Nachtbetrieb.

Tagbetrieb

Die Ampelschaltung läuft automatisch ab. Dabei wiederholt sich ständig ein eingestellter Schaltzyklus. Die Schalttafeln der Ampeln innerhalb eines Schaltzyklus sind im folgenden Impuls-Zeit-Diagramm (Bild 12.7) dargestellt. Die angenommene Taktfrequenz beträgt 0,5 Hz.

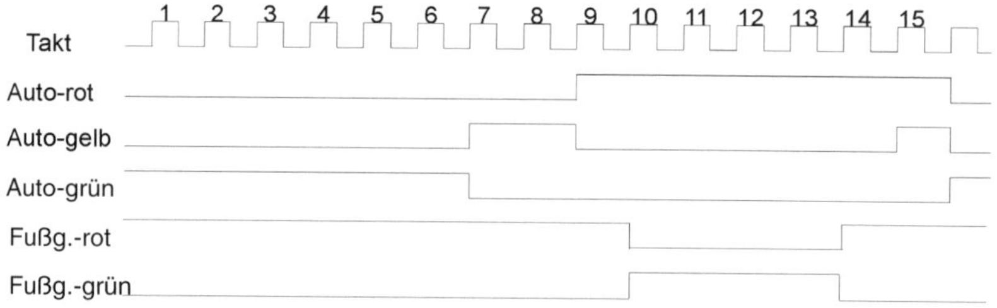

Bild 12.7 Impuls-Zeit-Diagramm

Nachtbetrieb

Der Nachtbetrieb wird mit dem Schalter SO eingestellt. Dabei wird der Schaltzyklus des Tagbetriebes sofort unterbrochen und die gelbe Signallampe der Autofahrerampel mit 0,5 Hz in Blinkschaltung betrieben.

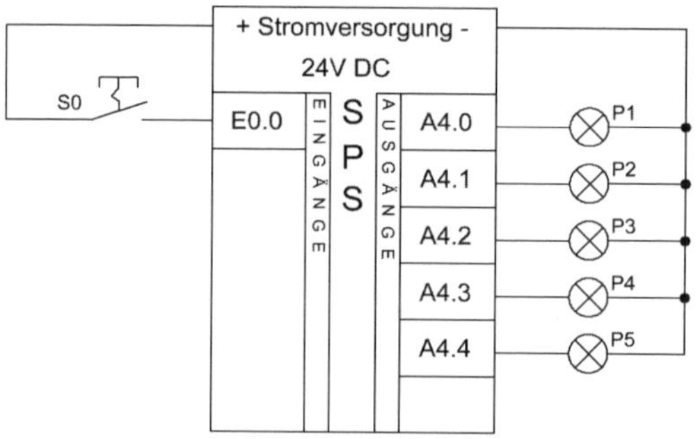

Bild 12.8
Anschluß an die SPS

Zuordnungsliste		
Symbol	Operand	Kommentar
S0	E0.0	Tag-Nachtschalter
P1	A4.0	Auto – Rot
P2	A4.1	Auto – Gelb
P3	A4.2	Auto – Grün
P4	A4.3	Fußgänger – Rot
P5	A4.4	Fußgänger – Grün
A5.0	A5.0	Zähler Wert 1
A5.1	A5.1	Zähler Wert 2
A5.2	A5.2	Zähler Wert 4
A5.3	A5.3	Zähler Wert 8
Z1	Z1	Zykluszähler
MB1	MB1	Zyklusmerker
M2	M2.0	Merker für Zähler Rücksetzen
M3	M100.7	Taktmerker 0,5 Hz

Man geht nach folgender Reihenfolge vor:

- Ampelsteuerung in FUP, KOP, AWL programmieren
- Funktion wählen (Vorschlag: FC 2)
- OB 1 organisieren
- Programm in die CPU laden
- Programm testen (**Schalter an der CPU auf RUN-P,** in dieser Schalterstellung ist es möglich, Programme im Onlinebetrieb zu ändern, ohne den Schalter in die Stellung STOP bringen zu müssen.)
- Darstellungsarten wechseln: ⇨ FUP ⇨ KOP ⇨ AWL

12.4 Bandsteuerung

Der Steuerungsablauf der Förderbandanlage (s. Bild 12.9) soll mit einer speicherprogrammierbare Steuerung realisiert werden.

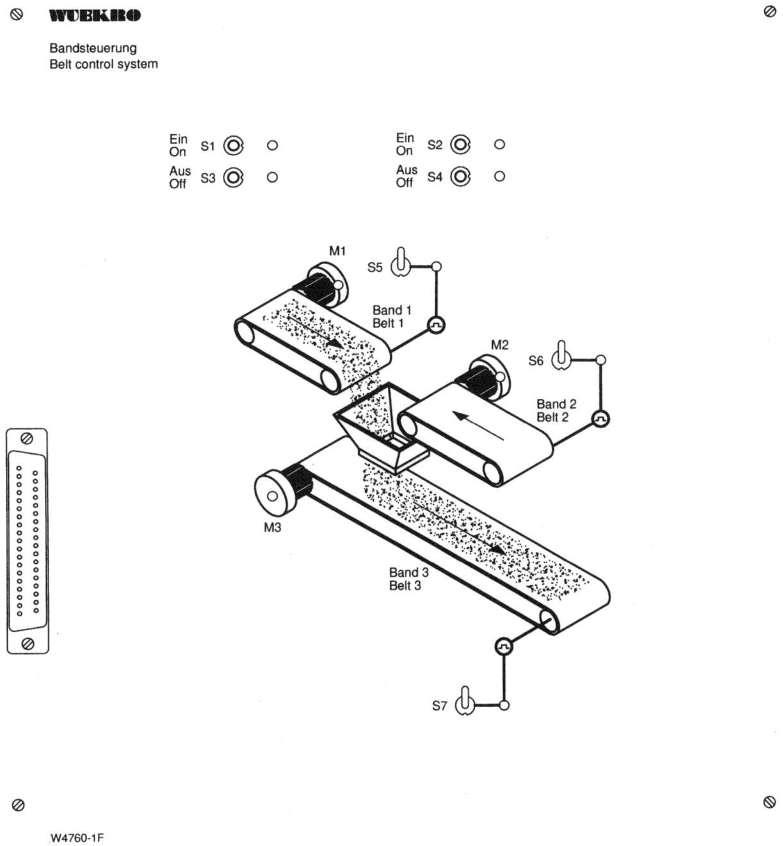

Bild 12.9 Bandsteuerung: Technologieschema

Funktionsbeschreibung
Über die Taster **S1...S4** sollen sich die Förderbänder 1 und 2 ein- und ausschalten lassen. Je eine EIN- und AUS-Lampe soll den Betriebszustand anzeigen. Die Bänder 1 und 2 dürfen nicht gleichzeitig fördern. Band 3 soll automatisch immer dann laufen, wenn Band 1 oder 2 fördert.

Bandwächter signalisieren die Bewegung der Bänder mit einer Pulsfrequenz von 10 Hz. Diese Frequenz wird durch einen Taktmerker in der CPU vorgegeben und dem Simulator übertragen. Bei Ausfall der Bandwächterimpulse (Stillstand oder Bandriß) liefern die Geber den Signalzustand 0.

Während der Anlaufphase von 3 s sollen die Bandwächterimpulse nicht ausgewertet werden. Nach dem Betätigen der AUS-Taster sollen vor dem Abschalten die Bänder 1 und 2 noch 2 s und das Band 3 noch 6 s leer fördern.
Fallen während des Betriebes die Bandwächtersignale von Band 1 oder 2 aus, so soll der jeweilige Antrieb sofort ausgeschaltet werden, während Band 3 noch 6 s lang leer fördert und erst dann ausgeschaltet wird. Die AUS-Lampe von Band 1 bzw. 2 soll die Störung durch Blinken im 2-Hz-Takt (Taktmerker in der CPU!) melden. Fallen die Bandwächterimpulse von Band 3 aus, so sind alle Antriebe sofort abzuschalten.

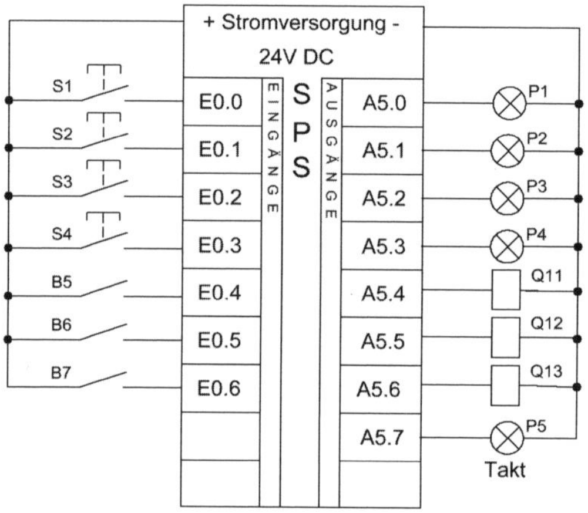

Bild 12.10
Anschluß an die SPS

Zuordnungsliste		
Symbol	Operand	Kommentar
S1	E0.0	Ein-Taste Band 1
S2	E0.1	Ein-Taste Band 2
S3	E0.2	Aus-Taste Band 1
S4	E0.3	Aus-Taste Band 2
B5	E0.4	Wächter Band 1
B6	E0.5	Wächter Band 2
B7	E0.6	Wächter Band 3
P1	A5.0	Ein-Lampe Band 1
P2	A5.1	Ein-Lampe Band 2
P3	A5.2	Aus-Lampe Band 1
P4	A5.3	Aus-Lampe Band 2
Q11	A5.4	Antrieb M1 Band 1
Q12	A5.5	Antrieb M1 Band 2
Q13	A5.6	Antrieb M1 Band 3
Takt	A5.7	10-Hz-Taktfrequenz
T0	T0	Zeit für Anlaufzeit: 3 Sekunden
T1	T1	Zeit für Bandüberwachung Band 1/2 – 0,12 Sekunden
T2	T2	Zeit für Bandüberwachung Band 3 – 0,12 Sekunden
T5	T5	Zeit für Ausschaltverzögerung Band 1 – 2 Sekunden
T6	T6	Zeit für Ausschaltverzögerung Band 2 – 2 Sekunden
T7	T7	Zeit für Ausschaltverzögerung Band 3 – 6 SM
Merker 1	M100.3	Merker für 2-Hz-Taktgeber
Merker 2	M100.0	Merker für 10-Hz-Taktgeber

Man geht nach folgender Reihenfolge vor:

- Bandsteuerung in FUP, KOP, AWL programmieren
- Funktion wählen (Vorschlag: FC 4)
- OB 1 organisieren
- Programm in die CPU laden
- Programm testen (**Schalter an der CPU auf RUN-P,** in dieser Schalterstellung ist es möglich, Programme im Onlinebetrieb zu ändern, ohne den Schalter in die Stellung STOP bringen zu müssen.)
- Wechseln Sie die Darstellungsarten ⇨ FUP ⇨ KOP ⇨ AWL

12.5 Reaktionsgefäß

Der Steuerungsablauf für einen chemischen Prozeß in einem Reaktionsgefäß (s. Bild 12.11) soll über eine speicherprogrammierbare Steuerung realisiert werden.

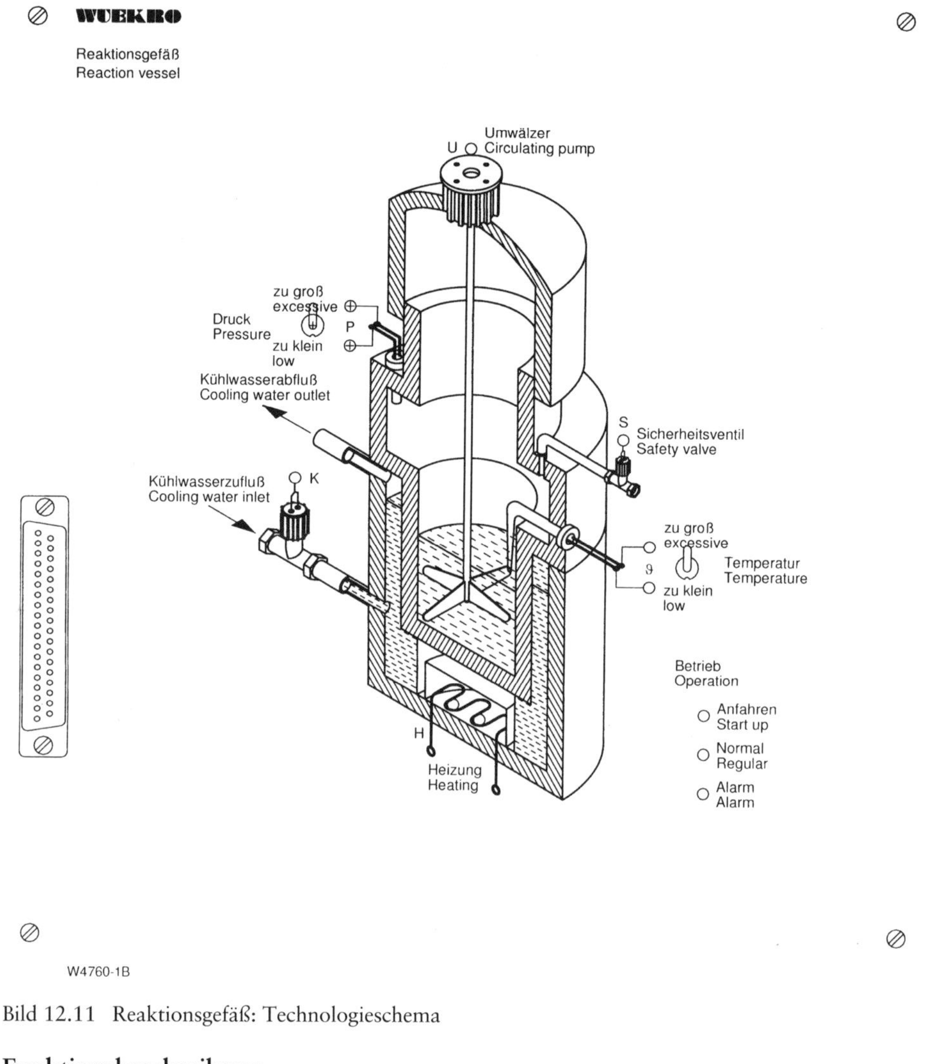

Bild 12.11 Reaktionsgefäß: Technologieschema

Funktionsbeschreibung

In einem Reaktionsgefäß soll ein chemischer Prozeß mit einer bestimmten Temperatur und unter einem bestimmten Druck ablaufen. Zur Messung von Temperatur und Druck besitzt das Reaktionsgefäß einen Temperaturfühler und einen Druckmesser. Die Regelung von Temperatur und Druck wird mit einer Heizung H, einem Kühlwasserzufluß K und einem Sicherheitsventil S bewirkt. Die Stellglieder vom Reaktionsgefäß sollen folgende Einschaltbedingungen zulassen:

Sicherheitsventil S: Druck **P** zu groß
Kühlwasserzufluß K: Temperatur zu groß
Heizung H: Temperatur zu klein oder P zu klein und Temperatur normal

Sind die Stellglieder Kühlwasserzufluß K oder Heizung H eingeschaltet, so ist der Umwälzer zu betätigen.
Der Ablauf der Reaktion ist in 3 Betriebszustände unterteilt:

1. Anfahren: P zu klein
2. Normal: P normal
3. Alarm: P zu groß

Die Anordnung der Geber und Stellglieder zeigt das Technologieschema.

Bild 12.12
Anschluß an die SPS

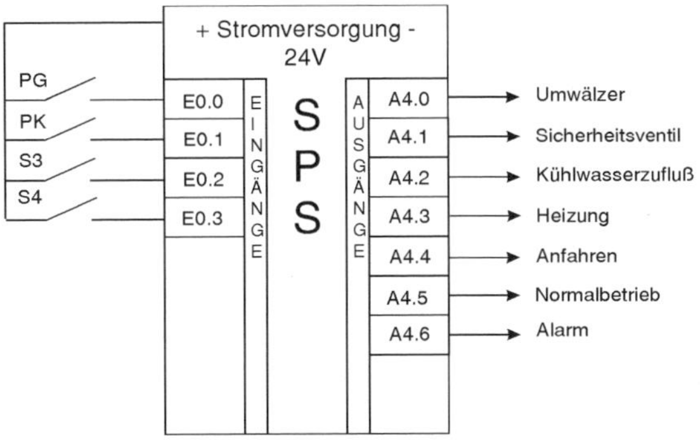

Zuordnungsliste		
Symbol	Operand	Kommentar
PG	E0.0	Druck zu groß
PK	E0.1	Druck zu klein
TG	E0.2	Temperatur zu groß
TK	E0.3	Temperatur zu klein
U	A4.0	Umwälzer
S	A4.1	Sicherheitsventil
K	A4.2	Kühlwasserzufluß
H	A4.3	Heizung
AN	A4.4	Anfahren
NB	A4.5	Normalbetrieb
AL	A4.6	Alarm

Man geht nach folgender Reihenfolge vor:

- Reaktionsgefäß in FUP, KOP, AWL programmieren
- Funktion wählen (Vorschlag: FC 0)
- OB 1 organisieren
- Programm in die CPU laden
- Programm testen (**Schalter an der CPU auf RUN-P,** in dieser Schalterstellung ist es möglich, Programme im Onlinebetrieb zu ändern, ohne den Schalter in die Stellung STOP bringen zu müssen.)
- Darstellungsarten wechseln: ⇨ FUP ⇨ KOP ⇨ AWL

12.6 Behälterfüllanlage

Der Steuerungsablauf einer Behälterfüllanlage (Bild 12.13) soll mit einer speicherprogrammierbaren Steuerung realisiert werden.

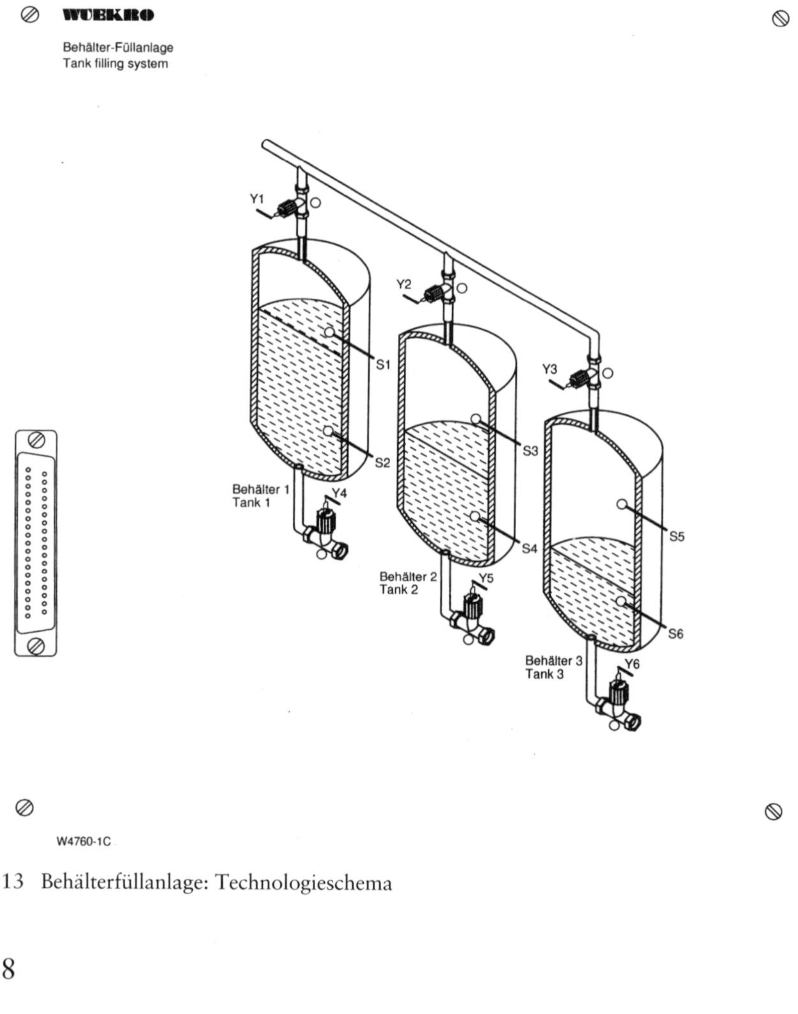

Bild 12.13 Behälterfüllanlage: Technologieschema

Funktionsbeschreibung
3 Vorratsbehälter mit den Signalgebern B1, B3, B5 für die Vollmeldung (Schließer) und B2, B4, B6 für die Leermeldung (Öffner) können manuell in beliebiger Reihenfolge entleert werden. Über die Steuerung soll immer nur ein Behälter mit Leermeldung so lange gefüllt werden, bis die Vollmeldung ausgelöst wird.

Das Füllen der Behälter soll in der Reihenfolge ausgeführt werden, in der sie entleert wurden. Werden die Behälter z.B. in der Reihenfolge 2-1-3 entleert, müssen sie auch in der Reihenfolge 2-1-3 gefüllt werden.

Zum Füllen werden über das Automatisierungsgerät die Ventile M1, M2 und M3 angesteuert. Mit den Schaltern S10, S11 und S12 (an der SPS) werden die Behälter über die Ventile M4, M5 und M6 entleert.

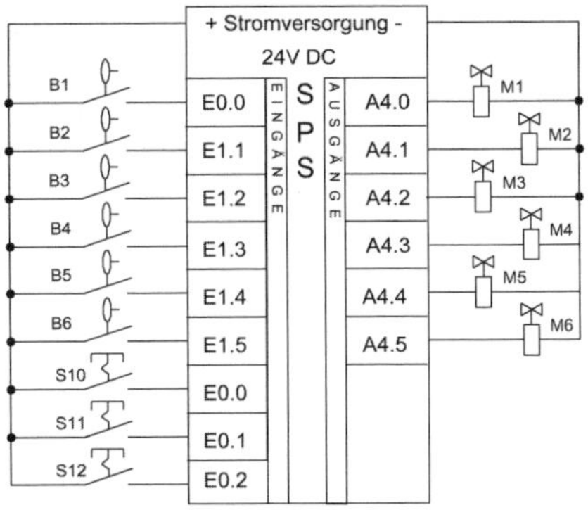

Bild 12.14
Anschluß an die SPS

Zuordnungsliste		
Symbol	Operand	Kommentar
B1	E1.0	Behälter 1 voll
B2	E1.1	Behälter 1 leer
B3	E1.2	Behälter 2 voll
B4	E1.3	Behälter 2 leer
B5	E1.4	Behälter 3 voll
B6	E1.5	Behälter 3 leer
S10	E0.0	Behälter 1 entleeren
S11	E0.1	Behälter 2 entleeren
S12	E0.2	Behälter 3 entleeren
M1	A4.0	Magnetventil 1
M2	A4.1	Magnetventil 2
M3	A4.2	Magnetventil 3
M4	A4.3	Magnetventil 4
M5	A4.4	Magnetventil 5
M6	A4.5	Magnetventil 6
M0.0	M0.0	Behälter 1 leer
M0.1	M0.1	Behälter 2 leer
M0.2	M0.2	Behälter 3 leer

Man geht nach folgender Reihenfolge vor:

- Behälterfüllanlage in FUP, KOP, AWL programmieren
- Funktion wählen (Vorschlag: FC 0)
- OB 1 organisieren
- Programm in die CPU laden
- Programm testen (**Schalter an der CPU auf RUN-P**, in dieser Schalterstellung ist es möglich, Programme im Onlinebetrieb zu ändern, ohne den Schalter in die Stellung STOP bringen zu müssen.)
- Darstellungsarten wechseln: ⇨ FUP ⇨ KOP ⇨ AWL

12.7 Tablettenabfüllautomat

Der Steuerungsablauf von einem Tablettenabfüllautomat (Bild 12.15) soll mit einer speicherprogrammierbaren Steuerung realisiert werden.

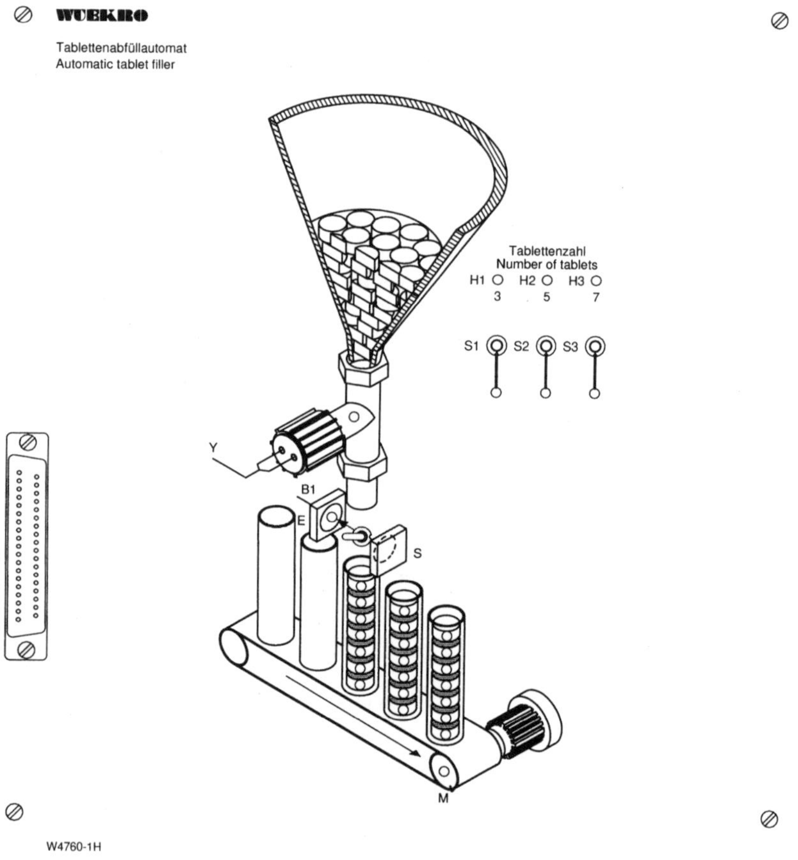

Bild 12.15 Tablettenabfüllautomat: Technologieschema

Funktionsbeschreibung
Ein Tablettenabfüllautomat soll fortlaufend Röhrchen mit einer wählbaren Anzahl von Tabletten abfüllen. Nach dem Einschalten der Anlage mit dem Schalter EIN ist die gewünschte Tablettenzahl zu wählen. Ein Bandmotor M treibt das Förderband an, bis ein Tablettenröhrchen an der Abfüllstelle angekommen ist, was durch Geber GA an der SPS bestätigt werden muß.
Das Ventil M1 öffnet dann den Vorratsbehälter; die Tablettenzählung erfolgt durch die Lichtschranke B1. Ist die eingestellte Anzahl von Tabletten erreicht, schließt das Ventil wieder und der Bandmotor wird in Bewegung gesetzt. Dieser Vorgang wiederholt sich fortlaufend.
Wird eine andere Tablettenzahl durch Drücken des entsprechenden Tasters gewünscht, so ist ein gerade laufender Abfüllvorgang noch mit der alten Anzahl zu beenden. Beim Ausschalten der Anlage wird ein begonnener Abfüllvorgang vollständig beendet, bevor alle Stellglieder abgeschaltet werden.

Die Steuerung erfordert eine Signalvorverarbeitung:

- Aus den kurzzeitig anliegenden Eingangssignalen S1, S2, S3 der gewünschten Tablettenanzahl müssen die Speicherzustände TSP3, TSP5, TSP7 entstehen.
- Die Zwischenmerker TA3, TA5, TA7 sollen unklare Zahlenvorwahlen unterbinden (Mehrfachbetätigung von S1, S2, S3).
- Die Umschaltung von einer auf die andere Tablettenzahl soll jederzeit direkt erfolgen können.
- Wird die Anlage ausgeschaltet, soll die Speicherung der Tablettenzahl gelöscht werden

Bild 12.16
Anschluß an die SPS

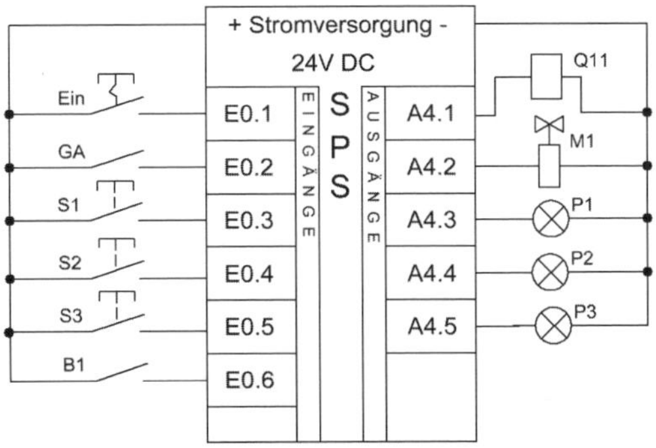

Zuordnungsliste		
Symbol	Operand	Kommentar
Ein	E0.1	Schalter Anlage Ein – Ein = 1 ein
GA	E0.2	Geber Abfüllstelle – GA = 1 Erreicht
S1	E0.3	Taster Zahl 3 – S1 = 1 Gedrückt
S2	E0.4	Taster Zahl 5 – S2 =1 Gedrückt
S3	E0.5	Taster Zahl 7 – S3 = 1 Gedrückt
B1	E0.6	Lichtschranke – B1 = 0 Frei
Q11	A4.1	Bandmotor – M =1 Läuft
M1	A4.2	Ventil Y = 1 Offen
P1	A4.3	Lampe Tabletten-Zahl 3 – H1 = 1 Leuchtet
P2	A4.4	Lampe Tabletten-Zahl 5 – H2 = 1 Leuchtet
P3	A4.5	Lampe Tabletten-Zahl 7 – H3 = 1 Leuchtet
Merker 0	M40.0	Zustandsmerker
Merker 1	M40.1	Zustandsmerker
Merker 2	M40.2	Zustandsmerker
Merker 3	M40.3	Zustandsmerker
Merker 4	M40.4	Zustandsmerker
Merker 5	M40.5	Zustandsmerker
Merker 6	M40.6	Zustandsmerker
TA3	M50.0	Zwischenmerker 3
TSP3	M50.1	Tabletten-Zählsp. 3
TA5	M50.2	Zwischenmerker 5
TSP5	M50.3	Tabletten-Zählsp. 5
TA7	M50.4	Zwischenmerker 7
TSP7	M50.5	Tabletten-Zählsp. 7
MY	M60.6	Einschaltmerker
Mx	M60.7	Richtimpulsmerker (Impuls 1 = Zykluszeit)
Z3	Z1	Abwärtszähler für 3 Tabletten
Z5	Z2	Abwärtszähler für 5 Tabletten
Z7	Z3	Abwärtszähler für 7 Tabletten

Man geht nach folgender Reihenfolge vor:

- Tablettenabfüllautomat in FUP , KOP, AWL programmieren
- Funktion wählen (Vorschlag: FC 1)
- OB 1 organisieren
- Programm in die CPU laden
- Programm testen (**Schalter an der CPU auf RUN-P**, in dieser Schalterstellung ist es möglich, Programme im Onlinebetrieb zu ändern, ohne den Schalter in die Stellung STOP bringen zu müssen.)
- Darstellungsarten wechseln: ⇨ FUP ⇨ KOP ⇨ AWL

12.8 Schleusentürsteuerung

Der Steuerungsablauf einer Schleusentür (Bild 12.17) soll mit einer speicherprogrammierbaren Steuerung realisiert werden.

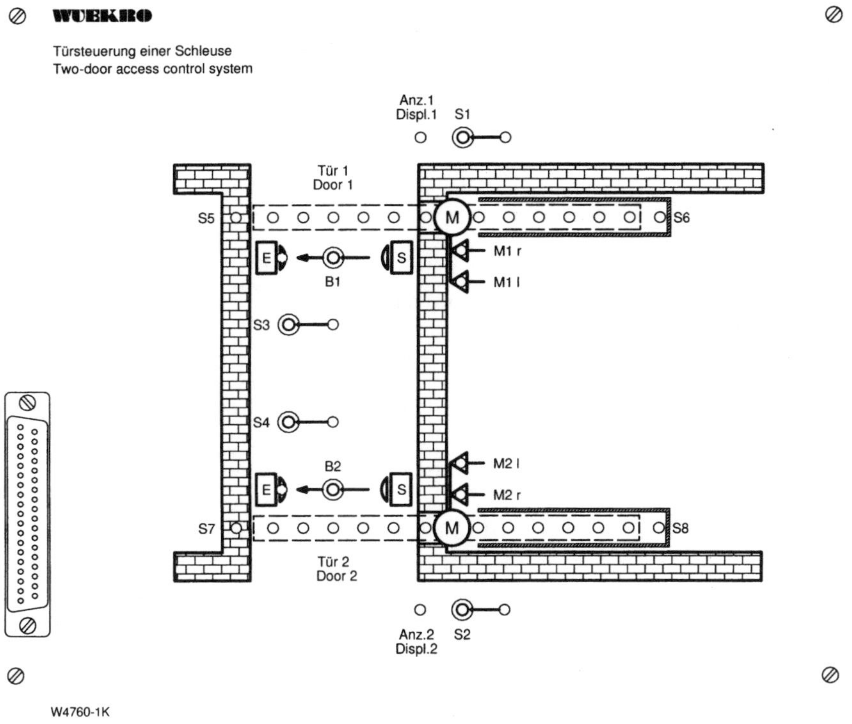

Bild 12.17 Schleusentürsteuerung: Technologieschema

Funktionsbeschreibung

Ein möglichst staubfreier Raum kann nur durch eine Schleuse mit 2 selbsttätig schließenden Türen A und B betreten oder verlassen werden. Die 1. Tür wird mittels äußerem Türöffnungstaster geöffnet, während die 2. Tür dann automatisch öffnet, jedoch erst nachdem sich die 1. Tür wieder geschlossen hat. Beide Türen schließen selbsttätig nach Ablauf einer Wartezeit von 3 s.

Wird während des Schließens einer Tür die zugehörige Lichtschranke unterbrochen oder der zugehörige äußere bzw. innere Türöffnungstaster betätigt, so öffnet die Tür sofort wieder. Die inneren Türöffnungstaster sind zur Sicherheit für den Fall angebracht, daß jemand die Schleuse ohne Betätigung eines äußeren Türöffnungstasters betreten hat, weil er die Tür offen vorfand, nachdem eine andere Person die Schleuse gerade verlassen hatte.

Für jede Tür sind 2 Endschalter vorgesehen, die melden, ob die Türen geöffnet bzw. geschlossen sind. Neben den äußeren Türöffnungstastern sind Meldeleuchten angebracht, die anzeigen, ob die Steuerung den Tastendruck erkannt hat.

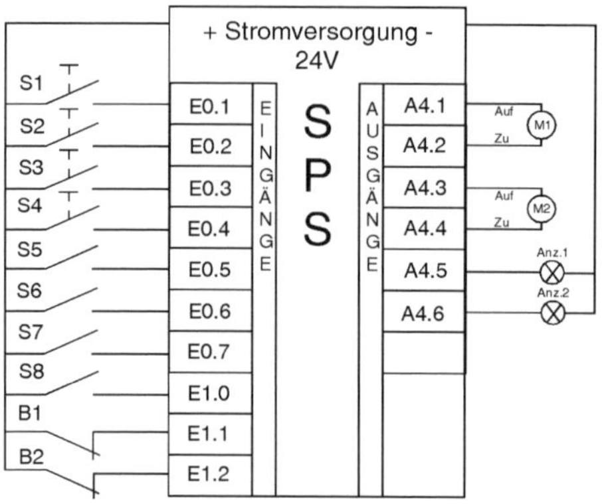

Bild 12.18
Anschluß an die SPS

Zuordnungsliste		
Symbol	Operand	Kommentar
S1	E0.1	Türöffnungstaster Tür 1 Außen-Schließer
S2	E0.2	Türöffnungstaster Tür 2 Außen-Schließer
S3	E0.3	Türöffnungstaster Tür 1 Innen-Schließer
S4	E0.4	Türöffnungstaster Tür 2 Innen-Schließer
S5	E0.5	Endschalter Tür 1 Zu-Schließer
S6	E0.6	Endschalter Tür 1 Auf-Schließer
S7	E0.7	Endschalter Tür 2 Zu-Schließer
S8	E1.0	Endschalter Tür 2 Auf-Schließer
B1	E1.1	Lichtschranke Tür 1-Öffner
B2	E1.2	Lichtschranke Tür 2-Öffner
M1A	A4.1	Motor Tür 1 Auf
M1Z	A4.2	Motor Tür 1 Zu
M2A	A4.3	Motor Tür 2 Auf
M2Z	A4.4	Motor Tür 2 Zu
Anz.1	A4.5	Anzeige Taster S1
Anz.2	A4.6	Anzeige Taster S2

Die Steuerung erfordert eine Signalvorverarbeitung:

- Aus den kurzzeitig anliegenden Eingangssignalen S1 bzw. S2 der äußeren Türöffnungstaster müssen Anzeigespeicherzustände ANZ1 bzw. ANZ2 entstehen, da die Steuerung nicht unbedingt sofort auf einen Tastendruck durch Öffnen einer Schleusentür reagieren kann. Die Anzeigespeicher werden jeweils zurückgesetzt, wenn die entsprechende Schleusentür aufgeht.
- Damit sich die Steuerung trotz gelöschter Anzeigespeicher merken kann, daß sie noch die jeweils andere Tür zu öffnen hat, sind außerdem 2 Tastenspeicher TSP1 bzw. TSP2 erforderlich. Die Tastenspeicher werden zurückgesetzt, wenn die jeweils 2. Tür geöffnet wird.

Man geht nach folgender Reihenfolge vor:

- Schleusentürsteuerung in FUP, KOP, AWL programmieren
- Funktion wählen (Vorschlag: F 5)
- OB 1 organisieren
- Programm in die CPU laden
- Programm testen (**Schalter an der CPU auf RUN-P**, in dieser Schalterstellung ist es möglich, Programme im Onlinebetrieb zu ändern, ohne den Schalter in die Stellung STOP bringen zu müssen.)
- Darstellungsarten wechseln: ⇨ FUP ⇨ KOP ⇨ AWL

12.9 Pumpensteuerung

Der Steuerungsablauf einer Pumpensteuerung (Bild 12.19) soll mit einer speicherprogrammierbaren Steuerung realisiert werden.

Funktionsbeschreibung
4 Pumpen fördern aus einem Saugbehälter in ein Netz. Durch stufenweises Zu- oder Abschalten der 4 Pumpen soll der Druck im Netz innerhalb eines bestimmten Bereiches konstant gehalten werden (Bild 12.20).

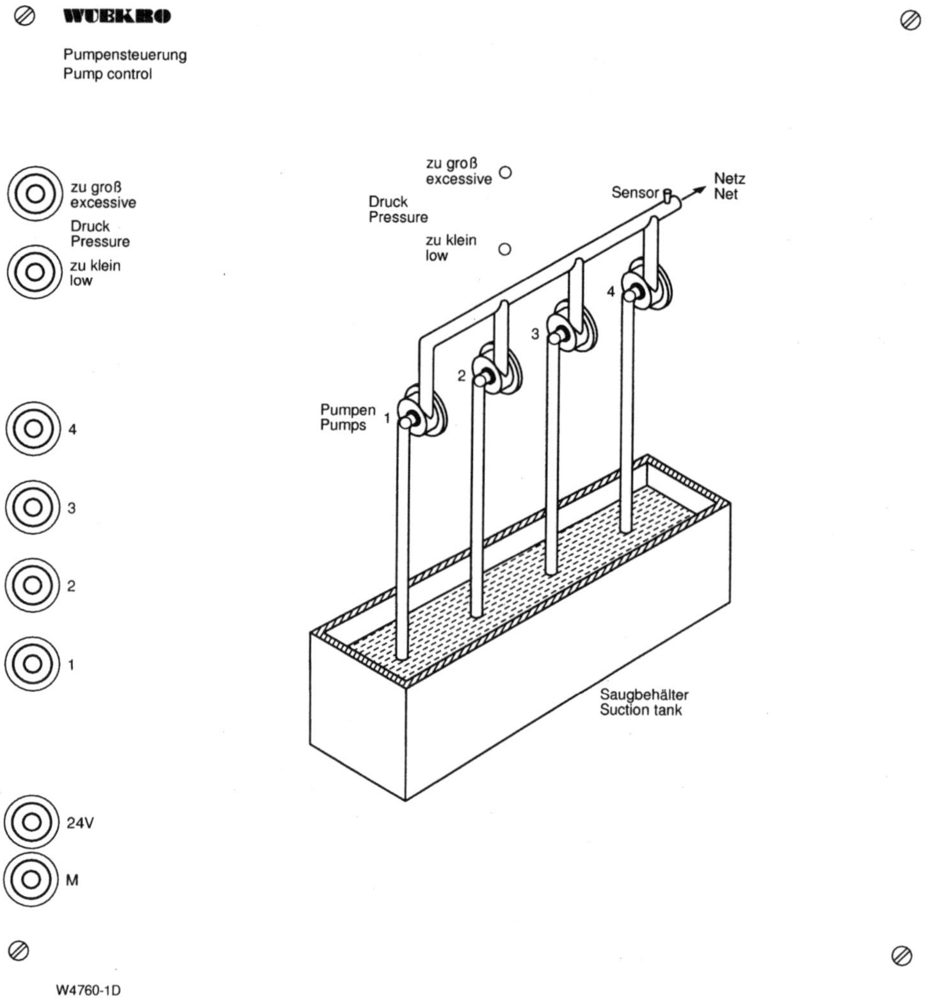

Bild 12.19 Pumpensteuerung: Technologieschema

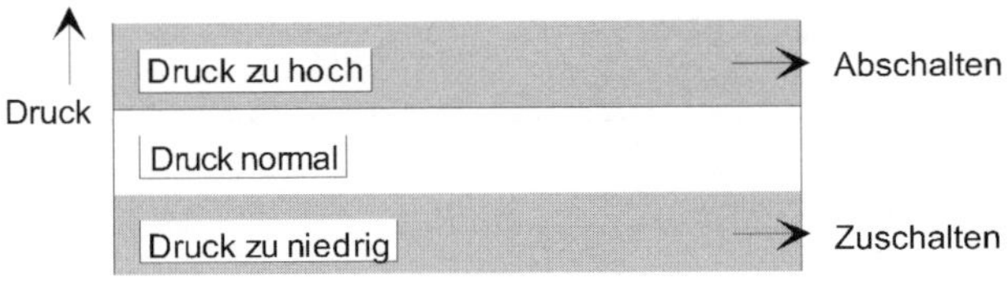

Bild 12.20

- Sowohl beim Zuschalten als auch beim Abschalten soll eine Reaktionszeit abgewartet werden, damit bei kurzzeitigen Druckänderungen keine Schaltimpulse ausgelöst werden.
- Immer dann, wenn der Druck länger als 5 s unter dem normalen Wert ist, soll ein Zuschaltimpuls ausgelöst werden.
- Immer dann, wenn der Druck länger als 5 s über dem normalen Wert ist, soll ein Abschaltimpuls ausgelöst werden.
- Dabei soll gewährleistet sein, daß alle 4 Pumpen möglichst gleiche Laufzeit und Schalthäufigkeit erreichen.
- Beim Abschalten ist stets die Pumpe mit der längsten Laufzeit auszuschalten, beim Zuschalten ist stets die Pumpe mit der längsten Ruhezeit einzuschalten.

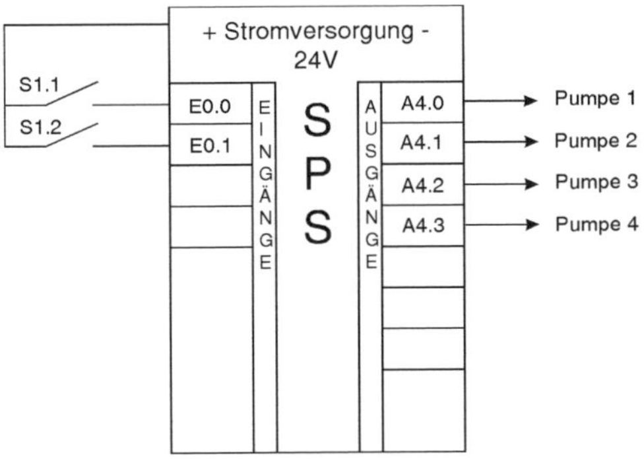

Bild 12.21
Anschluß an die SPS

Zuordnungsliste		
Symbol	Operand	Kommentar
S1.1	E0.0	Druck zu klein
S1.2	E0.1	Druck zu groß
P1	A4.0	Pumpe 1
P2	A4.1	Pumpe2
P3	A4.2	Pumpe3
P4	A4.3	Pumpe 4
T1	T1	Einschaltverzögerung SE
T2	T2	Ausschaltverzögerung SA
M1	M0.1	Impulsmerker für Pumpe Ein
M2	M1.1	Impulsmerker für Pumpe Aus
M3	M0.0	Merker für Start T1
M4	M1.0	Merker für Start T2
M5	M2.0	Register Pumpen Ein
M6	M2.1	Register Pumpen Ein
M7	M2.2	Register Pumpen Ein
A33.0	A33.0	Register Pumpen Ein
A33.1	A33.1	Register Pumpen Ein
A33.2	A33.2	Register Pumpen Ein
M8	M2.3	Register Pumpen Aus
M9	M2.4	Register Pumpen Aus
M10	M3.3	Register Pumpen Aus
M11	M3.4	Register Pumpen Aus

Man geht nach folgender Reihenfolge vor:

- Pumpensteuerung in FUP, KOP, AWL programmieren
- Funktion wählen (Vorschlag: FC 3)
- OB 1 organisieren
- Programm in die CPU laden
- Programm testen (**Schalter an der CPU auf RUN-P**, in dieser Schalterstellung ist es möglich, Programme im Onlinebetrieb zu ändern, ohne den Schalter in die Stellung STOP bringen zu müssen.)
- Darstellungsarten wechseln: ⇨ FUP ⇨ KOP ⇨ AWL

13 Ablaufsteuerungen

13.1 Einführung

Bearbeitungs- oder Prozeßabläufe, die eine bestimmte Reihenfolge einhalten (s. Bild 13.1), werden mit Ablaufsteuerungen gesteuert.

Ablaufsteuerungen haben folgende Vorteile:

- einfache und zeitsparende Projektierung und Programmierung,
- übersichtlicher Programmaufbau,
- leichte Änderung des Steuerungsablaufs,
- leichte Fehlersuche bei Störungen,
- unterschiedliche Betriebsarten.

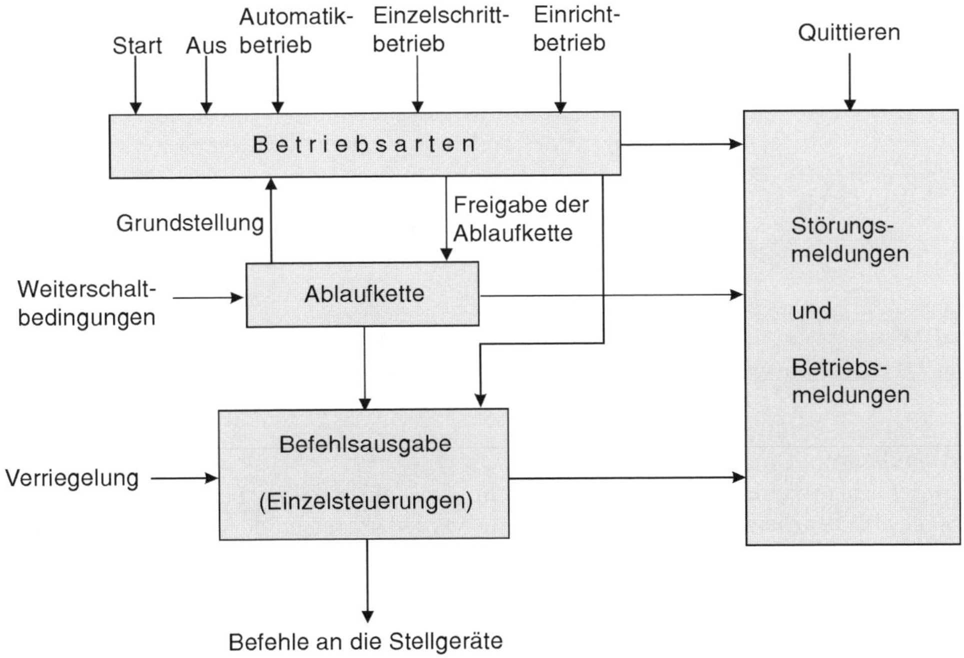

Bild 13.1 Gesamtsteuerung mit einer Ablaufsteuerung programmiert

13.2 Bestandteile einer Ablaufsteuerung

Die Funktionen einer Ablaufsteuerung gliedern sich in 4 Teile (s. Bild 13.2).

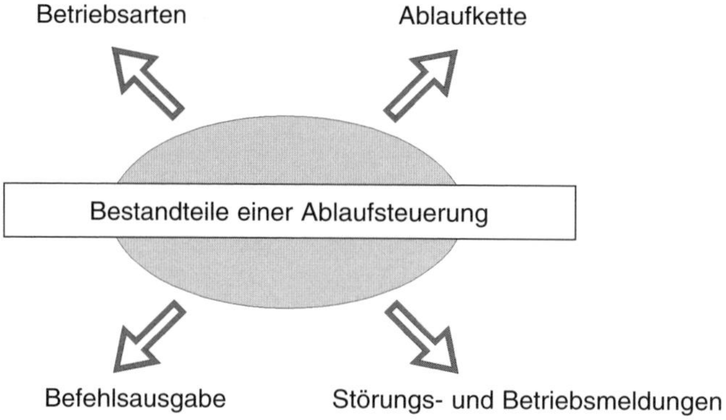

Bild 13.2
Ablaufsteuerung und ihre Bestandteile

Betriebsarten
Im Betriebsartenteil werden die verschiedenen Bedingungen für die Betriebsarten bearbeitet. Die Betriebsart z.B. Hand- oder Automatikbetrieb werden über Wahlschalter oder dementsprechende Taster auf einem Bedientableau eingestellt. Das Ergebnis wird angezeigt und der Ablaufkette sowie der Befehlsausgabe in Form von Freigabesignalen mitgeteilt.

Folgende Betriebsarten sind üblich:

AUTOMATIK	In dieser Betriebsart wird die Ablaufkette des Steuerungsablaufs ohne Eingriff des Bedienungspersonals abgearbeitet.
EINZELSCHRITT	In dieser Betriebsart wird die Ablaufkette von Hand schrittweise abgearbeitet, z.B. kann bei der Inbetriebnahme weitergeschaltet werden.
EINRICHTEN	In dieser Betriebsart können die einzelnen Stellgeräte unabhängig vom Programm der Steuerung von Hand betätigt werden.

Ablaufkette
In der Ablaufkette wird das Programm für den schrittweisen Funktionsablauf der Steuerung bearbeitet. Die Schritte der Kette werden nacheinander durchlaufen, dabei ist immer nur ein Schritt gesetzt.

Befehlsausgabe
Hier werden die Befehle, die von den einzelnen Schritten der Kette aktiviert wurden, mit den Freigabesignalen des Betriebsartenteils und den Verriegelungssignalen aus

dem Prozeß verknüpft. Außerdem werden die Befehle für das Steuern der einzelnen Stellgeräte von Hand berücksichtigt. Diese Funktion der Befehlsausgabe entspricht einer Einzelsteuerung.

Störungs- und Betriebsmeldungen
Hier werden die Störungs- und Betriebsmeldungen erzeugt sowie der aktuelle Ablaufschritt angezeigt.

13.3 Darstellungsart

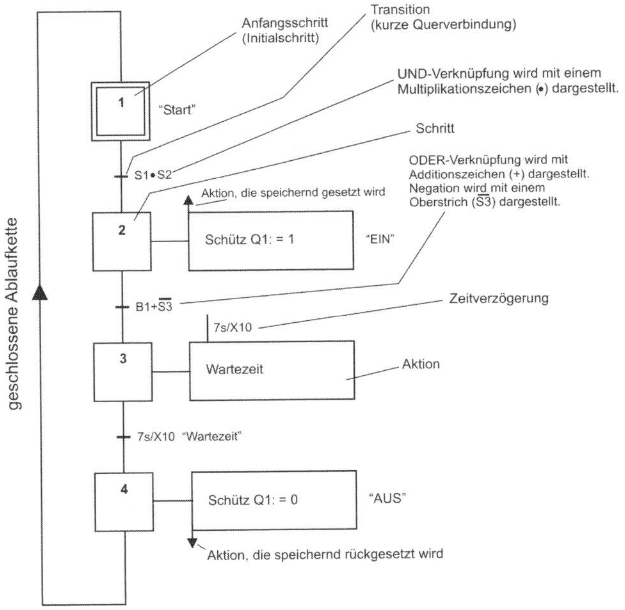

Bild 13.3 Ablaufkette

13.4 Lineare Ablaufkette

Bei der linearen Ablaufkette werden die Schritte nacheinander durchlaufen, dabei ist immer nur ein Schritt gesetzt.
Ein Schritt wird gesetzt, wenn der davor angeordnete Schritt eingeschaltet ist und die Weiterschaltbedingung für den Schritt erfüllt ist.
Weiterschaltbedingungen sind z.B. Endschalter, Zeitstufen, Sensoren, Betriebsarten usw.
Die Weiterschaltbedingung kann prozeß- oder zeitabhängig sein. Die einzelnen Schritte können Befehle an die Stellglieder ausgeben.

13.5 Blechbiegevorrichtung

Der Steuerungsablauf für eine Blechbiegevorrichtung soll mit einer speicherprogrammierbaren Steuerung realisiert werden (s. Bild 13.4).

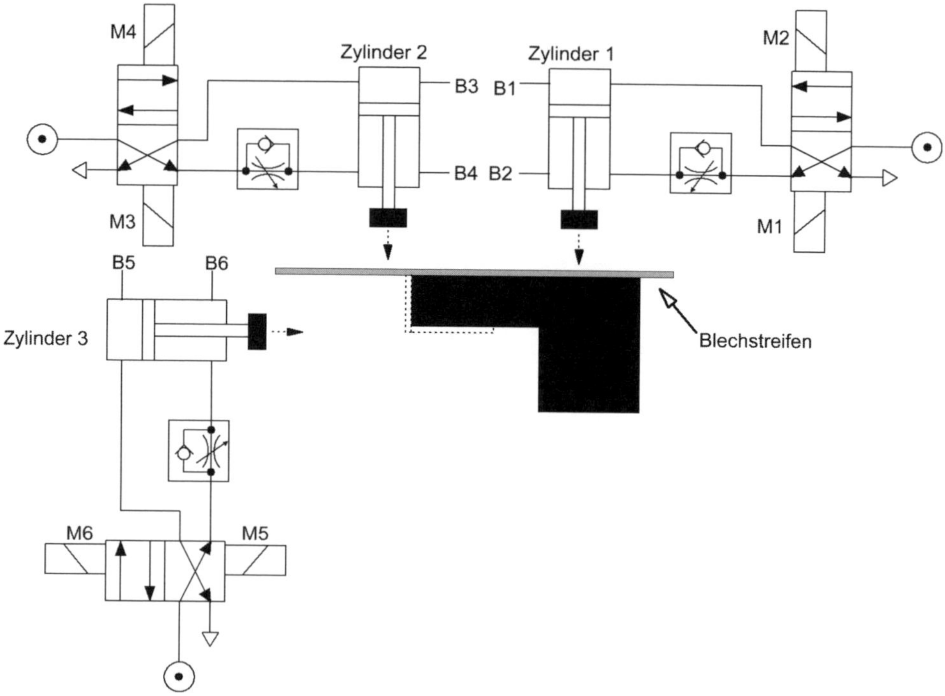

Bild 13.4 Blechbiegevorrichtung: Technologieschema

Funktionsbeschreibung

Auf einer Blechbiegevorrichtung werden Bleche gebogen. Nachdem das Blech von Hand eingelegt (Taste F5) und die Starttaste betätigt wurde, fährt Zylinder 1 aus und hält das Blech fest. Der Zylinder 2 biegt das Blech zunächst um 90°, bevor Zylinder 3 das Blech auf die endgültige Form bringt. Aus dem Technologieschema ist ersichtlich, welcher Elektromagnet jeweils angesteuert werden muß.

Bild 13.5
Anschluß an die SPS

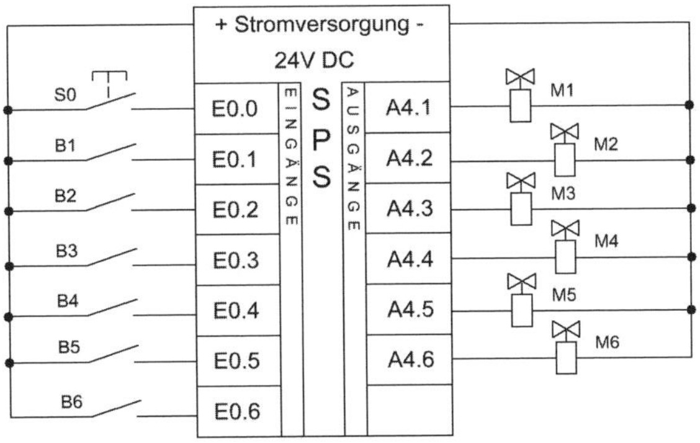

Zuordnungsliste		
Symbol	Operand	Kommentar
S0	E0.0	Start/Einzelschritt
B1	E0.1	Hintere Endlage Zylinder 1
B2	E0.2	Vordere Endlage Zylinder 1
B3	E0.3	Hintere Endlage Zylinder 2
B4	E0.4	Vordere Endlage Zylinder 2
B5	E0.5	Hintere Endlage Zylinder 3
B6	E0.6	Vordere Endlage Zylinder 3
M1	A4.1	Magnetventil Zylinder 1 vor
M2	A4.2	Magnetventil Zylinder 1 zurück
M3	A4.3	Magnetventil Zylinder 2 vor
M4	A4.4	Magnetventil Zylinder 2 zurück
M5	A4.5	Magnetventil Zylinder 3 vor
M6	A4.6	Magnetventil Zylinder 3 zurück

Betriebsartenteil
Der Betriebsartenteil ermöglicht den Betrieb der Blechbiegevorrichtung alternativ im automatik- oder manuell gesteuerten Einzelschrittbetrieb.

Automatikbetrieb
Der Automatikbetrieb wird mit dem Schalter S10 (S10=0) vorgewählt. In dieser Betriebsart kann der automatische Ablauf des Biegeprozesses über die Starttaste S0 ausgelöst werden, wenn sich Anlage und Ablaufkette in der Grundstellung befinden. Mit dem Taster S12 wird der Automatikbetrieb in Schritt «0» beendet.

Einzelschrittbetrieb mit Weiterschaltbedingungen
Mit dem Schalter S10 (S10=1) wird der Einzelschrittbetrieb eingestellt. In dieser Betriebsart wird durch Betätigung des Tasters S0 der jeweils nachfolgende Ablaufschritt eingeschaltet, sofern die Weiterschaltbedingungen erfüllt sind.

Die dem Ablaufschritt zugeordneten Ausgabebefehle werden nur ausgeführt, solange der Taster S9 geschaltet ist. Wird während des Automatikbetriebes auf Einzelschritt umgeschaltet, bleibt die Steuerung bei dem gerade befindlichen Ablaufschritt stehen. Die Weiterschaltung erfolgt dann wieder mit dem Taster S0.

Man geht nach folgender Reihenfolge vor:

- Blechbiegevorrichtung in FUP, KOP, AWL programmieren
- Funktion wählen (Vorschlag: FC 1)
- OB 1 organisieren
- Programm in die CPU laden
- Programm testen (Schalter an der CPU auf RUN-P, in dieser Schalterstellung ist es möglich, Programme im Onlinebetrieb zu ändern, ohne den Schalter in die Stellung STOP bringen zu müssen.)
- Darstellungsarten wechseln: ⇨ FUP ⇨ KOP ⇨ AWL

Bild 13.6
Ablaufkette

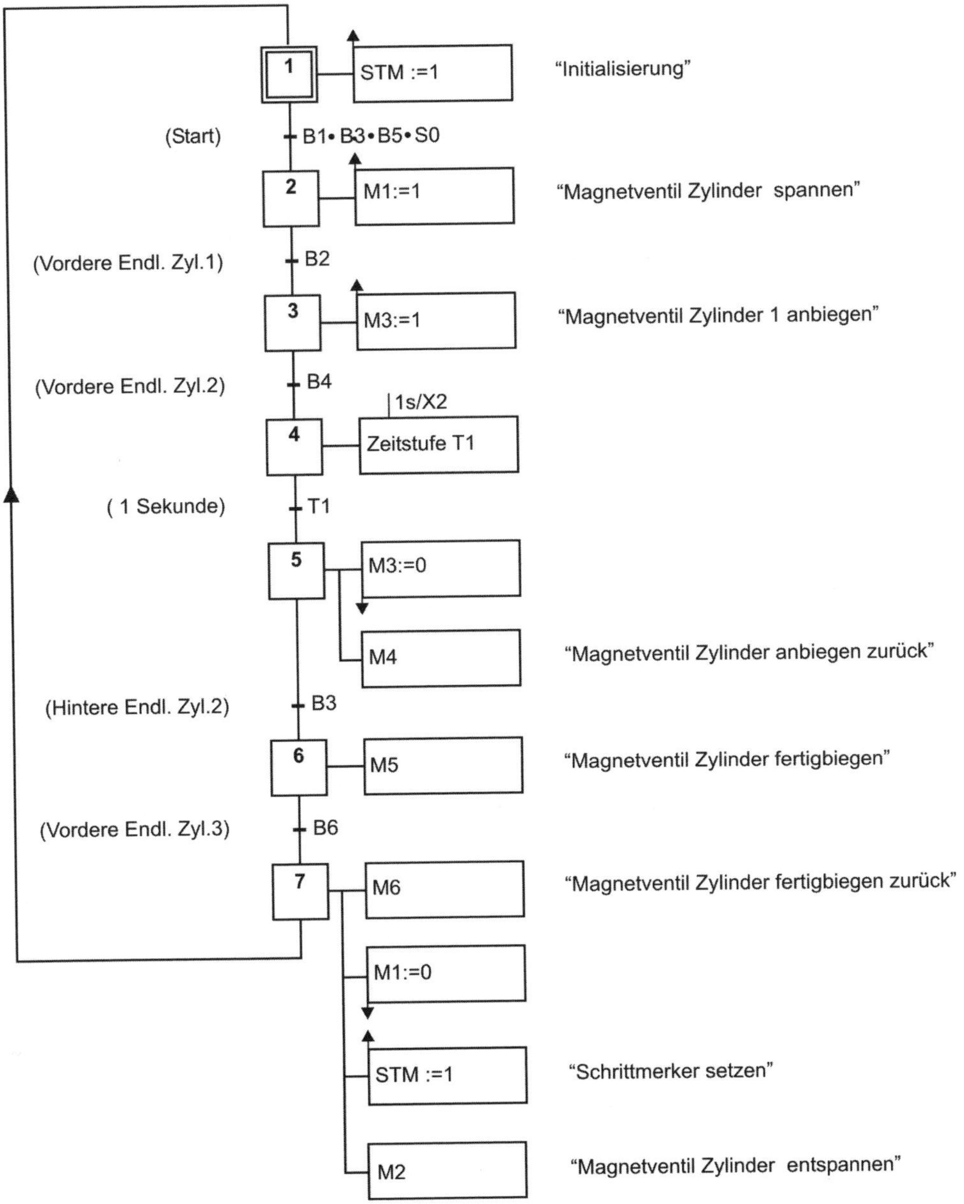

14 Sicherheitsbestimmungen

Beim Programmieren von speicherprogrammierbaren Steuerungen müssen die in Schützsteuerungen üblichen Regeln (DIN VDE 0113) eingehalten werden.

14.1 Regeln

Gefährliche Zustände, die Personen gefährden oder Maschinen beschädigen können, müssen verhindert werden.

Nach Wiederkehr der ausgefallenen Netzspannung dürfen Maschinen nicht selbständig anlaufen. Bei Störungen im Automatisierungsgerät müssen Befehle vom NOT-AUS-Schalter und von Sicherheitsgrenzschaltern auf alle Fälle wirksam bleiben. Die Schutzeinrichtungen müssen daher direkt an den Stellgeräten im Leistungsteil wirksam sein (Handebene).

Durch Fehler in den Geberstromkreisen (z.B. Leiterbruch oder Erdschluß) darf das Ausschalten nicht blockiert werden. Einschalten erfolgt mit dem Arbeitsstrom (Schließer), Ausschalten mit dem Ruhestrom (Öffner). Sinngemäß gelten diese Regeln auch für Ablaufsteuerungen.

14.2 NOT-AUS-Steuerungsfreigabe

Bild 14.1 zeigt das Prinzip der gesamten Stromversorgung einer Steuerung.

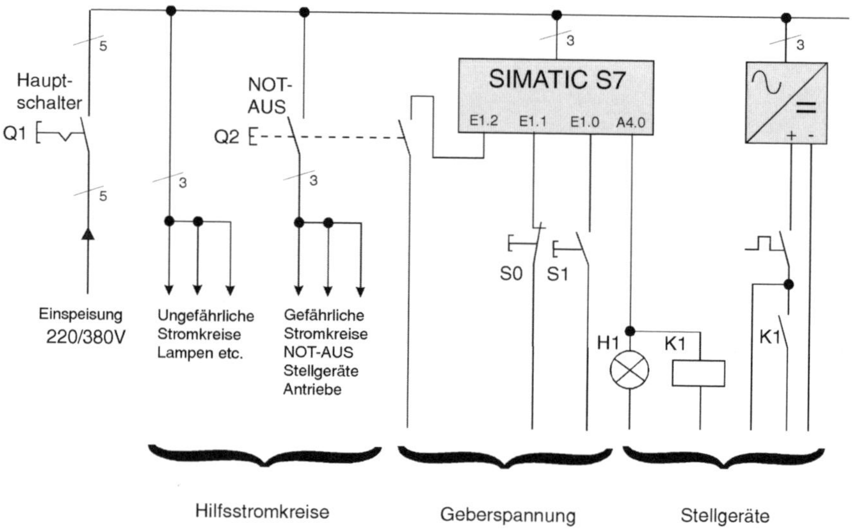

Bild 14.1 Stromversorgung einer Steuerung

Die gesamte Anlage wird mit dem Schalter «Q1» eingeschaltet (Hauptschalter). Vom NOT-AUS-Schalter dürfen diejenigen Einrichtungen nicht abgeschaltet werden, die durch die Abschaltung Personen gefährden (z.B. Pressen, Spannvorrichtungen, Hilfsversorgungen usw.).

Mit dem NOT-AUS-Schalter «Q2» dürfen nur die Antriebe und Stellgeräte ausgeschaltet werden, die gefährliche Zustände für Personen und Einrichtungen hervorrufen können (VDE 0113). Wird der NOT-AUS-Schalter betätigt, dann wird das dem Automatisierungsgerät (E1.2) über den Hilfskontakt mitgeteilt. Bei der Programmierung ist zu beachten, daß der Eingang dementsprechend als NOT-AUS-Schalter programmiert wird.

Der NOT-AUS-Schalter kann auch anstelle des Hauptschalters in der Zuleitung angeordnet werden. Das ist aber nur zulässig, wenn nach einem NOT-AUS-Befehl nicht ein Teil der Stellgeräte weiter mit Energie versorgt werden muß. Der NOT-AUS-Zustand kann auch nicht gespeichert werden.

Nach dem Einschalten der Versorgungsspannung und bei Wiederkehr der Spannungen nach einem Netzausfall dürfen über die Ausgänge des Automatisierungsgerätes keine Befehle an die Stellgeräte ausgegeben werden, wenn dadurch Gefahren für Personen oder Maschinen entstehen.

14.3 Beispiel einer Steuerungsfreigabe

Bild 14.2
Steuerungsfreigabe in FUP

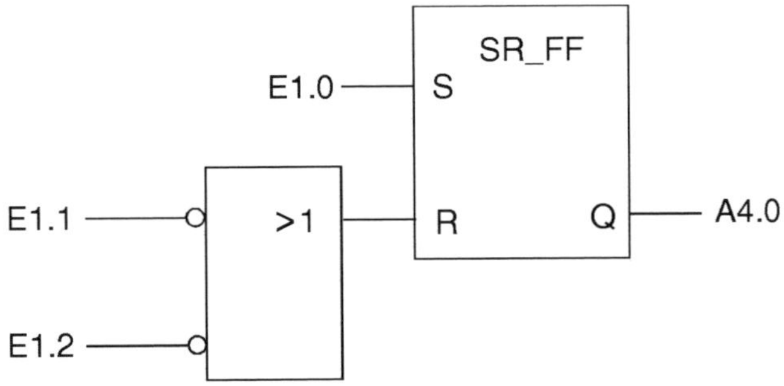

Der Ausgang A4.0 wird mit einem Taster «S1» über den Eingang E1.0 speichernd eingeschaltet. Der Ausgang A4.0 wird ausgeschaltet:

- von Hand mit dem Taster «S0» am Eingang E1.1,
- über den Eingang E1.2 bei NOT-AUS,
- bei Störung der Geberspannungen,
- bei Netzausfall durch Löschen des Prozeßabbildes.

Der Ausgang A4.0 kann in einem Steuerungsprogramm für Ein- bzw. Ausschaltbedingungen verwendet werden. Mit dem Schützkontakt K1 kann erreicht werden, daß bestimmte Stellgeräte und Stromkreise nur bei Steuerungsfreigabe einschaltbar sind.

Anhang

Lösungen zu den Beispielen

Lösungsbeispiel zu Abschnitt 6.8.1

FC9 - <Offline>

Name: FUP **Familie:** Beispiel
Autor: Kaftan **Version:** 00.01
Zeitstempel Code: DT#1998-07-29-08:51:35.000
Interface: DT#1997-09-01-15:12:41.100
Längen (Baustein / Code / Daten): 00114 00022 00000

Adresse	Deklaration	Name	Typ	Anfangswert	Kommentar
	in				
	out				
	in_out				
	temp				

Baustein: FC9 Lösung zu Abschnitt 6.8.1 Temperaturdifferenz

Netzwerk: 1 Steuerung

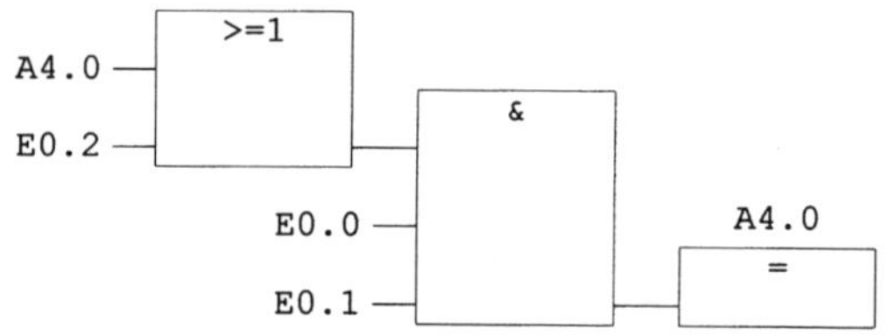

Netzwerk: 2 Zuweisung des Leuchtmelders

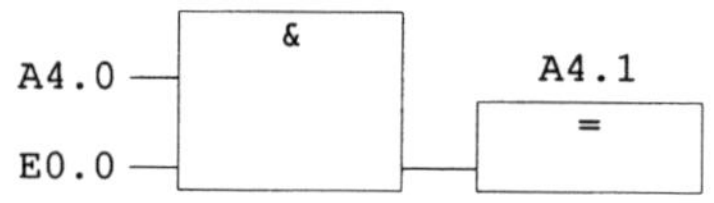

FC9 - <Offline>

Name: KOP **Familie:** Beispiel
Autor: Kaftan **Version:** 00.01
Zeitstempel Code: DT#1998-07-29-08:51:35.000
Interface: DT#1997-09-01-15:12:41.100
Längen (Baustein / Code / Daten): 00114 00022 00000

Adresse	Deklaration	Name	Typ	Anfangswert	Kommentar
	in				
	out				
	in_out				
	temp				

Baustein: FC9 Lösung zu Abschnitt 6.8.1 Temperaturdifferenz

Netzwerk: 1 Steuerung

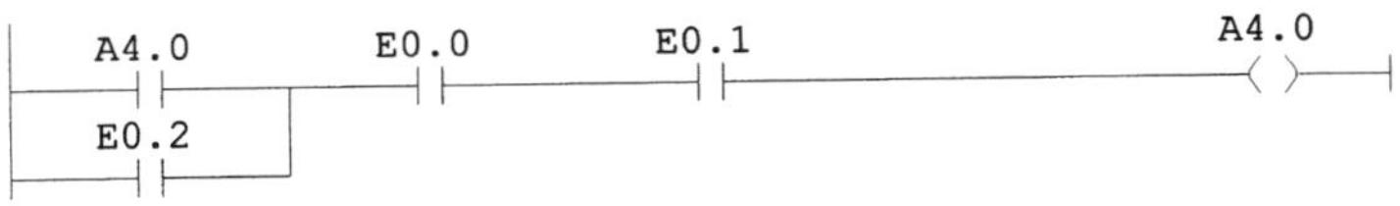

Netzwerk: 2 Zuweisung des Leuchtmelders

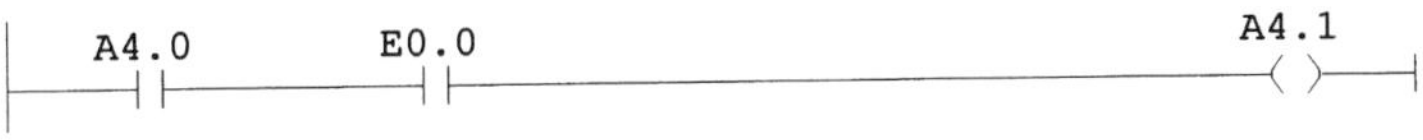

FC9 - <Offline>

Name: AWL **Familie:** Beispiel
Autor: Kaftan **Version:** 00.01
Zeitstempel Code: DT#1998-07-29-08:51:35.000
Interface: DT#1997-09-01-15:12:41.100
Längen (Baustein / Code / Daten): 00114 00022 00000

Adresse	Deklaration	Name	Typ	Anfangswert	Kommentar
	in				
	out				
	in_out				
	temp				

Baustein: FC9 Lösung zu Abschnitt 6.8.1 Temperaturdifferenz

Netzwerk: 1 Steuerung

```
U(
O     A     4.0
O     E     0.2
)
U     E     0.0
U     E     0.1
=     A     4.0
```

Netzwerk: 2 Zuweisung des Leuchtmelders

```
U     A     4.0
U     E     0.0
=     A     4.1
```

Lösungsbeispiel zu Abschnitt 6.8.2

FC10 - <Offline>

""

Name: FUP **Familie:** Beispiel
Autor: Kaftan **Version:** 00.01
Bausteinversion: 2
Zeitstempel Code: 10.02.00 13:55:21
Interface: 10.02.00 13:50:10
Längen (Baustein / Code / Daten): 00132 00036 00000

Adresse	Deklaration	Name	Typ	Anfangswert	Kommentar
	in				
	out				
	in_out				
	temp				

Baustein: FC10 Lösung zu Abschnitt 6.8.2 Getränkeautomat

Netzwerk: 1 Tee-Extrakt läuft aus

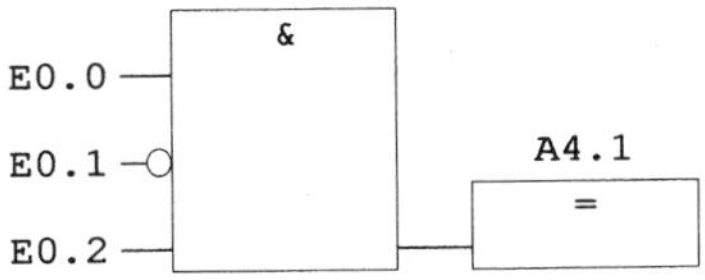

Netzwerk: 2 Kaffee-Extrakt läuft aus

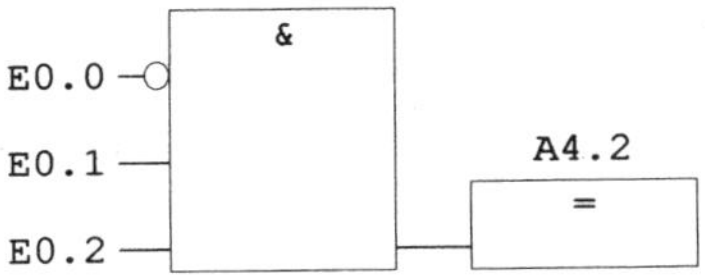

Netzwerk: 3 Heißes Wasser läuft aus

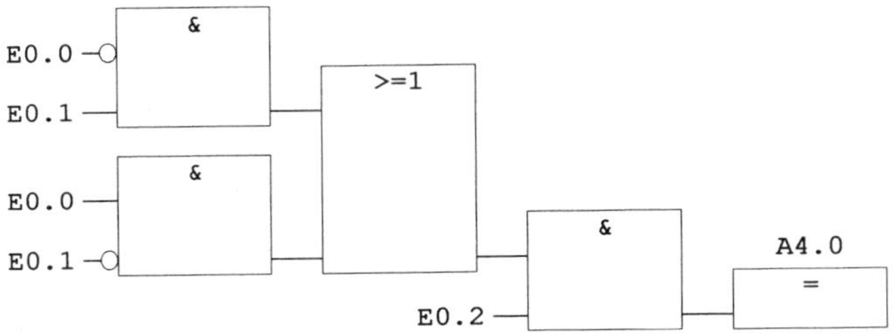

FC10 - <Offline>

""

Name: KOP **Familie:** Beispiel
Autor: Kaftan **Version:** 00.01
Bausteinversion: 2
Zeitstempel Code: 10.02.00 13:55:21
Interface: 10.02.00 13:50:10
Längen (Baustein / Code / Daten): 00132 00036 00000

Adresse	Deklaration	Name	Typ	Anfangswert	Kommentar
	in				
	out				
	in_out				
	temp				

Baustein: FC10 Lösung zu Abschnitt 6.8.2 Getränkeautomat

Netzwerk: 1 Tee-Extrakt läuft aus

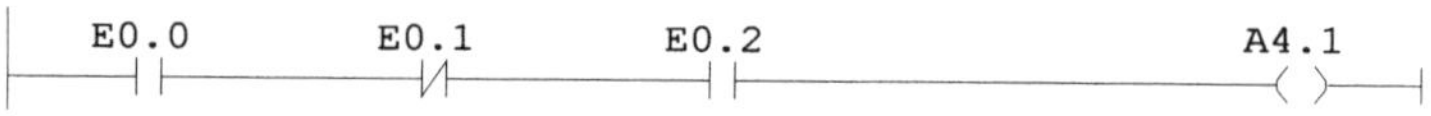

Netzwerk: 2 Kaffee-Extrakt läuft aus

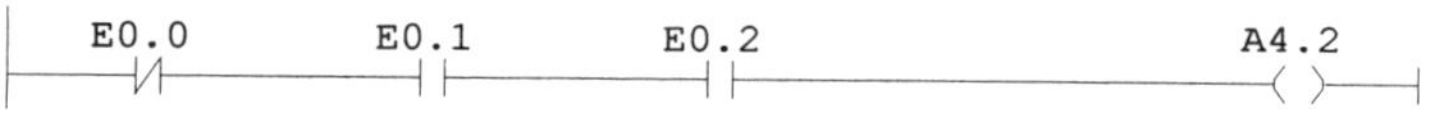

Netzwerk: 3 Heißes Wasser läuft aus

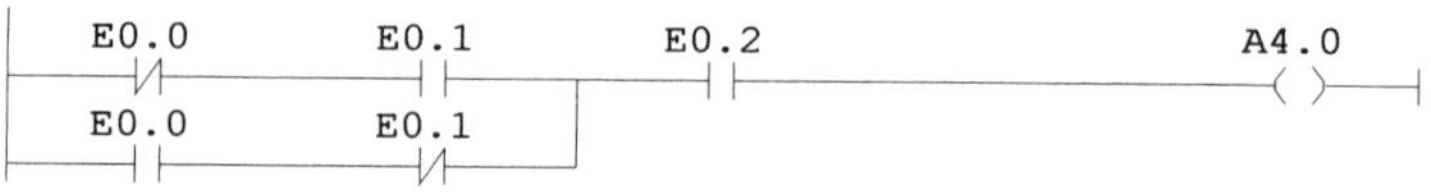

FC10 - <Offline>

""

Name: AWL **Familie:** Beispiel
Autor: Kaftan **Version:** 00.01
Bausteinversion: 2
Zeitstempel Code: 10.02.00 13:55:21
Interface: 10.02.00 13:50:10
Längen (Baustein / Code / Daten): 00132 00036 00000

Adresse	Deklaration	Name	Typ	Anfangswert	Kommentar
	in				
	out				
	in_out				
	temp				

Baustein: FC10 Lösung zu Abschnitt 6.8.2 Getränkeautomat

Netzwerk: 1 Tee-Extrakt läuft aus

```
U    E   0.0
UN   E   0.1
U    E   0.2
=    A   4.1
```

Netzwerk: 2 Kaffee-Extrakt läuft aus

```
UN   E   0.0
U    E   0.1
U    E   0.2
=    A   4.2
```

Netzwerk: 3 Heißes Wasser läuft aus

```
U(
UN   E   0.0
U    E   0.1
O
U    E   0.0
UN   E   0.1
)
U    E   0.2
=    A   4.0
```

Lösungsbeispiel zu Abschnitt 6.8.3

FC11 - <Offline>

Name: FUP **Familie:** Beispiel
Autor: Kaftan **Version:** 00.01
Zeitstempel Code: DT#1998-07-29-08:31:28.000
Interface: DT#1997-09-01-16:13:11.890
Längen (Baustein / Code / Daten): 00114 00020 00000

Adresse	Deklaration	Name	Typ	Anfangswert	Kommentar
	in				
	out				
	in_out				
	temp				

Baustein: FC11 Lösung zu Abschnitt 6.8.3 Sprechanlage

Netzwerk: 1 Direktor spricht

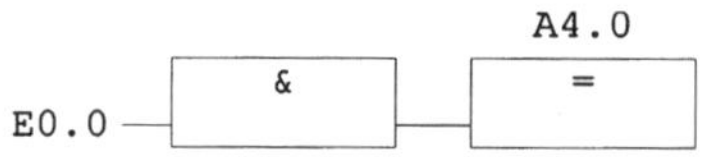

Netzwerk: 2 Betriebsleiter spricht

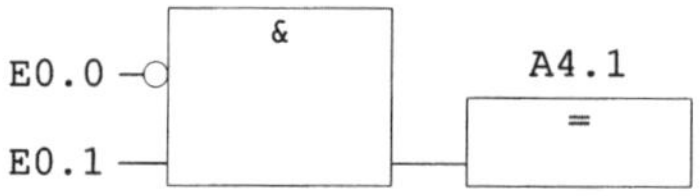

Netzwerk: 3 Werkstattmeister spricht

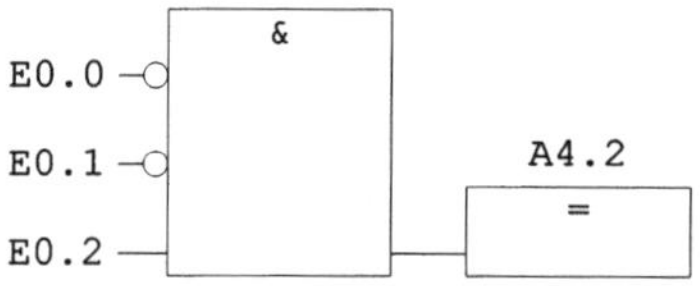

FC11 - <Offline>

Name: KOP **Familie:** Beispiel
Autor: Kaftan **Version:** 00.01
Zeitstempel Code: DT#1998-07-29-08:31:28.000
Interface: DT#1997-09-01-16:13:11.890
Längen (Baustein / Code / Daten): 00114 00020 00000

Adresse	Deklaration	Name	Typ	Anfangswert	Kommentar
	in				
	out				
	in_out				
	temp				

Baustein: FC11 Lösung zu Abschnitt 6.8.3 Sprechanlage

Netzwerk: 1 Direktor spricht

Netzwerk: 2 Betriebsleiter spricht

Netzwerk: 3 Werkstattmeister spricht

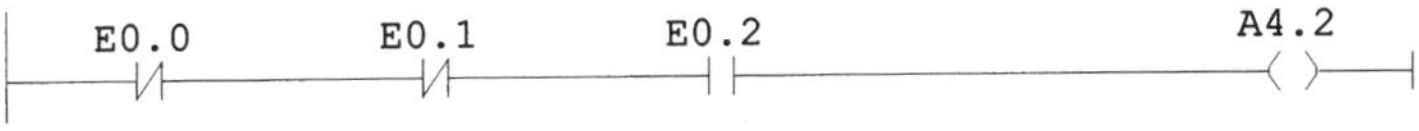

FC11 - <Offline>

Name: AWL **Familie:** Beispiel
Autor: Kaftan **Version:** 00.01
Zeitstempel Code: DT#1998-07-29-08:31:28.000
Interface: DT#1997-09-01-16:13:11.890
Längen (Baustein / Code / Daten): 00114 00020 00000

Adresse	Deklaration	Name	Typ	Anfangswert	Kommentar
	in				
	out				
	in_out				
	temp				

Baustein: FC11 Lösung zu Abschnitt 6.8.3 Sprechanlage

Netzwerk: 1 Direktor spricht

```
U    E    0.0
=    A    4.0
```

Netzwerk: 2 Betriebsleiter spricht

```
UN   E    0.0
U    E    0.1
=    A    4.1
```

Netzwerk: 3 Werkstattmeister spricht

```
UN   E    0.0
UN   E    0.1
U    E    0.2
=    A    4.2
```

Lösungsbeispiel zu Abschnitt 6.8.4

FC12 - <Offline>

Name: FUP **Familie:** Beispiel
Autor: Kaftan **Version:** 00.01
Zeitstempel Code: DT#1998-07-28-13:16:33.000
Interface: DT#1997-09-01-16:25:01.200
Längen (Baustein / Code / Daten): 00106 00016 00000

Adresse	Deklaration	Name	Typ	Anfangswert	Kommentar
	in				
	out				
	in_out				
	temp				

Baustein: FC12 Lösung zu Abschnitt 6.8.4 Generator

Netzwerk: 1 Generatorüberwachung

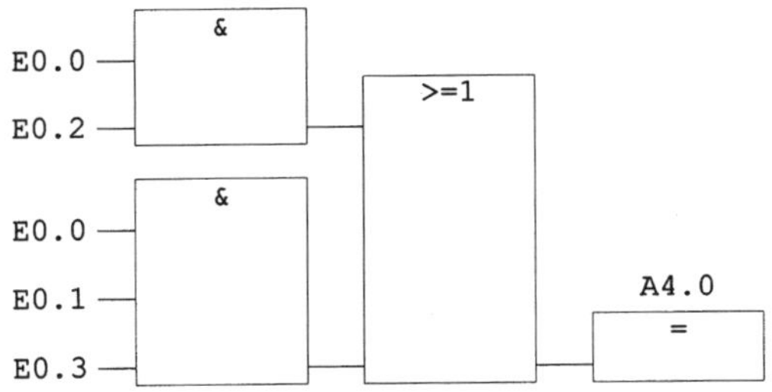

FC12 - <Offline>

Name: KOP **Familie:** Beispiel
Autor: Kaftan **Version:** 00.01
Zeitstempel Code: DT#1998-07-28-13:16:33.000
Interface: DT#1997-09-01-16:25:01.200
Längen (Baustein / Code / Daten): 00106 00016 00000

Adresse	Deklaration	Name	Typ	Anfangswert	Kommentar
	in				
	out				
	in_out				
	temp				

Baustein: FC12 Lösung zu Abschnitt 6.8.4 Generator

Netzwerk: 1 Generatorüberwachung

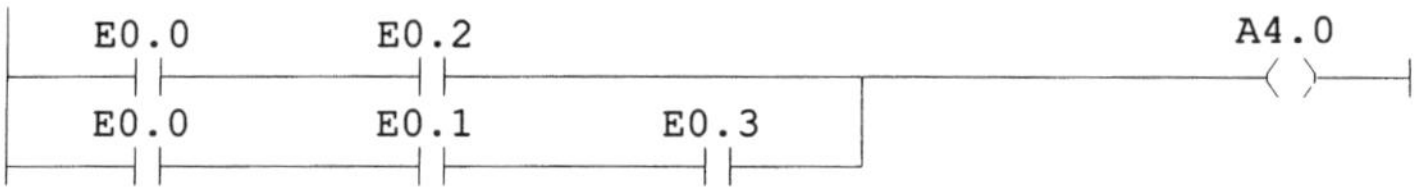

FC12 - <Offline>

Name: AWL **Familie:** Beispiel
Autor: Kaftan **Version:** 00.01
Zeitstempel Code: DT#1998-07-28-13:16:33.000
Interface: DT#1997-09-01-16:25:01.200
Längen (Baustein / Code / Daten): 00106 00016 00000

Adresse	Deklaration	Name	Typ	Anfangswert	Kommentar
	in				
	out				
	in_out				
	temp				

Baustein: FC12 Lösung zu Abschnitt 6.8.4 Generator

Netzwerk: 1 Generatorüberwachung

```
U    E    0.0
U    E    0.2
O
U    E    0.0
U    E    0.1
U    E    0.3
=    A    4.0
```

Lösungsbeispiel zu Abschnitt 6.8.5

FC13 - <Offline>

Name: FUP **Familie:** Beispiel
Autor: Kaftan **Version:** 00.01
Zeitstempel Code: DT#1998-07-06-11:37:50.000
Interface: DT#1997-09-01-16:42:02.430
Längen (Baustein / Code / Daten): 00122 00028 00000

Adresse	Deklaration	Name	Typ	Anfangswert	Kommentar
	in				
	out				
	in_out				
	temp				

Baustein: FC13 Lösung zu Abschnitt 6.8.5 Kesselsteuerung

Netzwerk: 1 Hilfsschütz

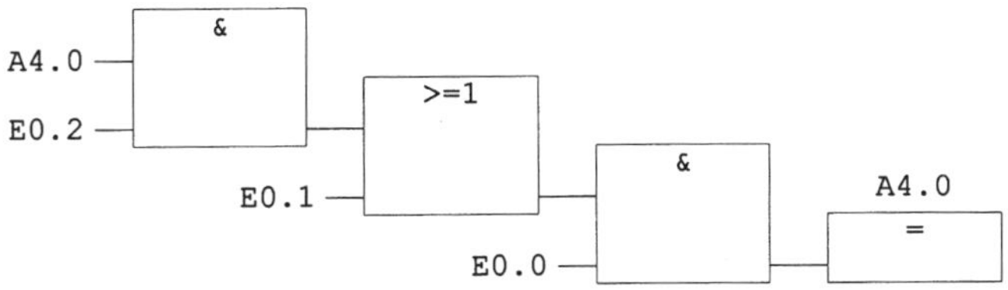

Netzwerk: 2 Wasserzulaufventil

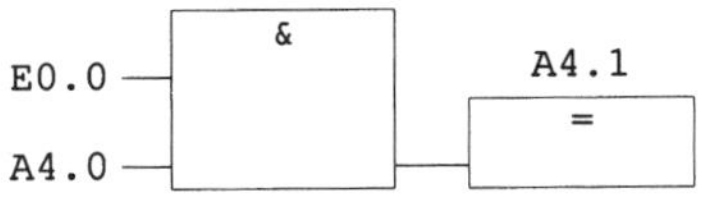

Netzwerk: 3 Leuchtmelder für Wasserzulauf

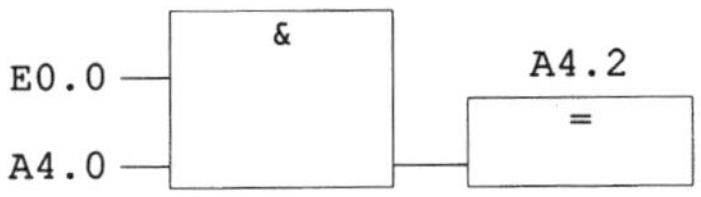

FC13 - <Offline>

Name: KOP **Familie:** Beispiel
Autor: Kaftan **Version:** 00.01
Zeitstempel Code: DT#1998-07-28-13:37:51.000
Interface: DT#1997-09-01-16:42:02.430
Längen (Baustein / Code / Daten): 00122 00028 00000

Adresse	Deklaration	Name	Typ	Anfangswert	Kommentar
	in				
	out				
	in_out				
	temp				

Baustein: FC13 Lösung zu Abschnitt 6.8.5 Kesselsteuerung

Netzwerk: 1 Hilfsschütz

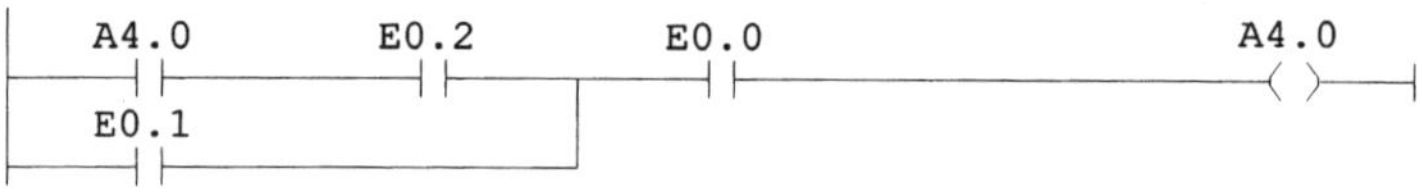

Netzwerk: 2 Wasserzulaufventil

Netzwerk: 3 Leuchtmelder für Wasserzulauf

FC13 - <Offline>

Name: AWL **Familie:** Beispiel
Autor: Kaftan **Version:** 00.01
Zeitstempel Code: DT#1998-07-28-13:38:10.000
Interface: DT#1997-09-01-16:42:02.430
Längen (Baustein / Code / Daten): 00122 00028 00000

Adresse	Deklaration	Name	Typ	Anfangswert	Kommentar
	in				
	out				
	in_out				
	temp				

Baustein: FC13 Lösung zu Abschnitt 6.8.5 Kesselsteuerung

Netzwerk: 1 Hilfsschütz

```
U(
U    A    4.0
U    E    0.2
O    E    0.1
)
U    E    0.0
=    A    4.0
```

Netzwerk: 2 Wasserzulaufventil

```
U    E    0.0
U    A    4.0
=    A    4.1
```

Netzwerk: 3 Leuchtmelder für Wasserzulauf

```
U    E    0.0
U    A    4.0
=    A    4.2
```

Lösungsbeispiel zu Abschnitt 6.8.6

FC14 - <Offline>

Name: FUP **Familie:** Beispiel
Autor: Kaftan **Version:** 00.01
Zeitstempel Code: DT#1998-07-06-11:39:48.000
Interface: DT#1997-09-01-16:56:04.380
Längen (Baustein / Code / Daten): 00178 00078 00002

Adresse	Deklaration	Name	Typ	Anfangswert	Kommentar
	in				
	out				
	in_out				
	temp				

Baustein: FC14 Lösung zu Abschnitt 6.8.6 Schmelzöfen

Netzwerk: 1 Leuchtmelder H3 Ofen "c" VC =25%

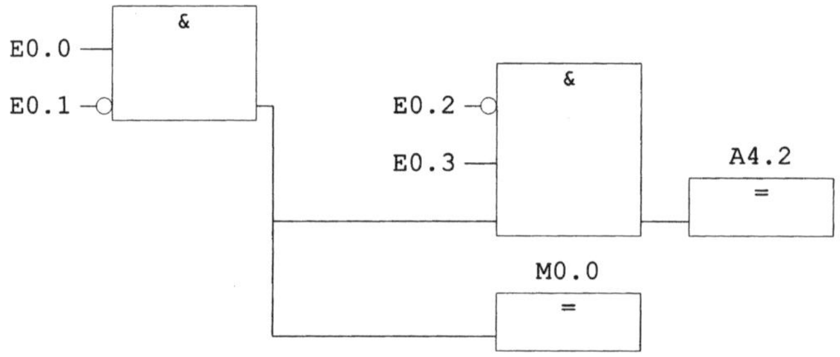

Netzwerk: 2 Leuchtmelder H4 Ofen "d" VC =25%

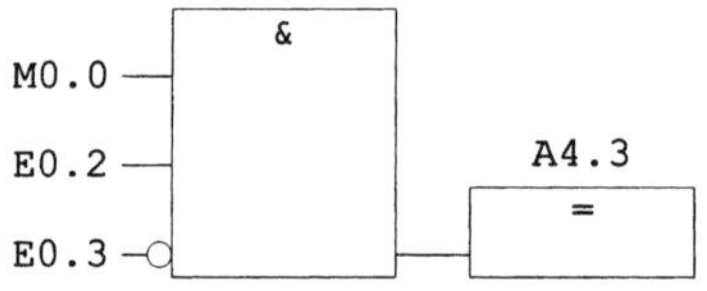

Netzwerk: 3 Leuchtmelder H1 Ofen "a" VC =65%

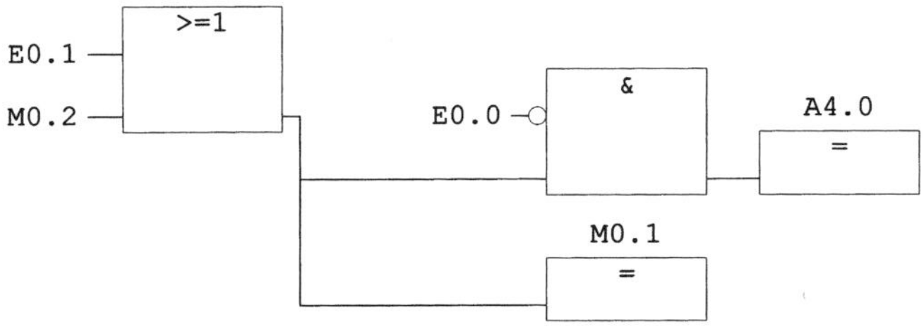

Netzwerk: 4 Leuchtmelder H5 Alarm

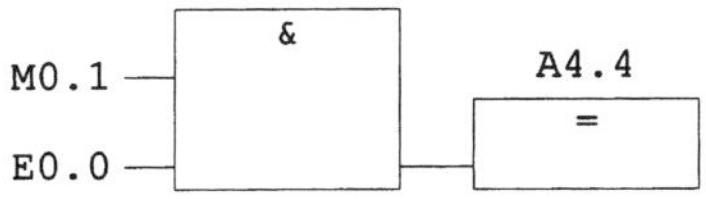

Netzwerk: 5 Leuchtmelder H2 Ofen "b" Vb =45%

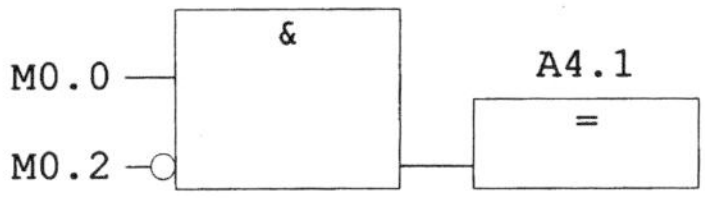

Netzwerk: 6 Hilfsmerker

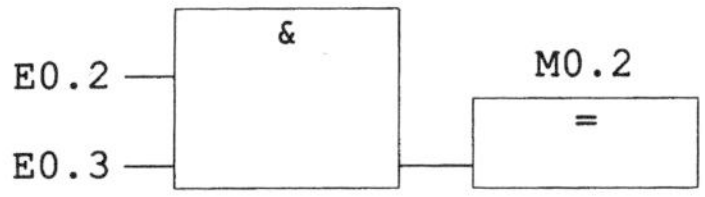

FC14 - <Offline>

Name: KOP **Familie:** Beispiel
Autor: Kaftan **Version:** 00.01
Zeitstempel Code: DT#1998-07-29-08:22:54.000
Interface: DT#1997-09-01-16:56:04.380
Längen (Baustein / Code / Daten): 00178 00078 00002

Adresse	Deklaration	Name	Typ	Anfangswert	Kommentar
	in				
	out				
	in_out				
	temp				

Baustein: FC14 Lösung zu Abschnitt 6.8.6 Schmelzöfen

Netzwerk: 1 Leuchtmelder H3 Ofen "c" VC =25%

```
U    E    0.0
UN   E    0.1
=    L    0.0
UN   E    0.2
U    E    0.3
U    L    0.0
=    A    4.2
U    L    0.0
BLD  102
=    M    0.0
```

Netzwerk: 2 Leuchtmelder H4 Ofen "d" VC =25%

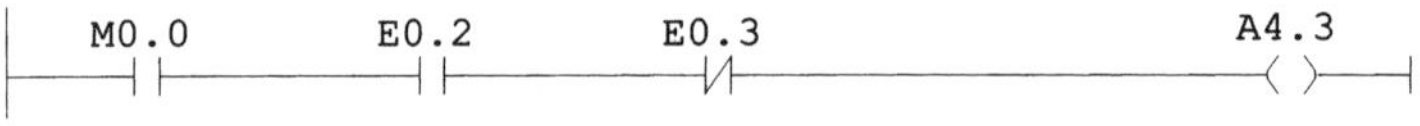

Netzwerk: 3 Leuchtmelder H1 Ofen "a" VC =65%

```
O    E    0.1
O    M    0.2
=    L    0.0
UN   E    0.0
U    L    0.0
=    A    4.0
U    L    0.0
BLD  102
=    M    0.1
```

Netzwerk: 4 Leuchtmelder H5 Alarm

Netzwerk: 5 Leuchtmelder H2 Ofen "b" Vb =45%

Netzwerk: 6 Hilfsmerker

FC14 - <Offline>

Name: AWL **Familie:** Beispiel
Autor: Kaftan **Version:** 00.01
Zeitstempel Code: DT#1998-07-29-08:23:08.000
Interface: DT#1997-09-01-16:56:04.380
Längen (Baustein / Code / Daten): 00178 00078 00002

Adresse	Deklaration	Name	Typ	Anfangswert	Kommentar
	in				
	out				
	in_out				
	temp				

Baustein: FC14 Lösung zu Abschnitt 6.8.6 Schmelzöfen

Netzwerk: 1 Leuchtmelder H3 Ofen "c" VC =25%

```
U    E    0.0
UN   E    0.1
=    L    0.0
UN   E    0.2
U    E    0.3
U    L    0.0
=    A    4.2
U    L    0.0
BLD  102
=    M    0.0
```

Netzwerk: 2 Leuchtmelder H4 Ofen "d" VC =25%

```
U    M    0.0
U    E    0.2
UN   E    0.3
=    A    4.3
```

Netzwerk: 3 Leuchtmelder H1 Ofen "a" VC =65%

```
O    E    0.1
O    M    0.2
=    L    0.0
UN   E    0.0
U    L    0.0
=    A    4.0
U    L    0.0
BLD  102
=    M    0.1
```

Netzwerk: 4	Leuchtmelder H5 Alarm

```
U    M    0.1
U    E    0.0
=    A    4.4
```

Netzwerk: 5	Leuchtmelder H2 Ofen "b" Vb =45%

```
U    M    0.0
UN   M    0.2
=    A    4.1
```

Netzwerk: 6	Hilfsmerker

```
U    E    0.2
U    E    0.3
=    M    0.2
```

Lösungsbeispiel zu Abschnitt 6.9.3

FC29 - <Offline>

Name: FUP **Familie:** Beispiel
Autor: Kaftan **Version:** 00.01
Zeitstempel Code: DT#1998-07-28-16:41:09.000
Interface: DT#1997-09-04-15:43:01.710
Längen (Baustein / Code / Daten): 00188 00094 00000

Adresse	Deklaration	Name	Typ	Anfangswert	Kommentar
	in				
	out				
	in_out				
	temp				

Baustein: FC29 Lösung zu Abschnitt 6.9.3 Pumpensteuerung

Netzwerk: 1 Verknüpfung Pumpe

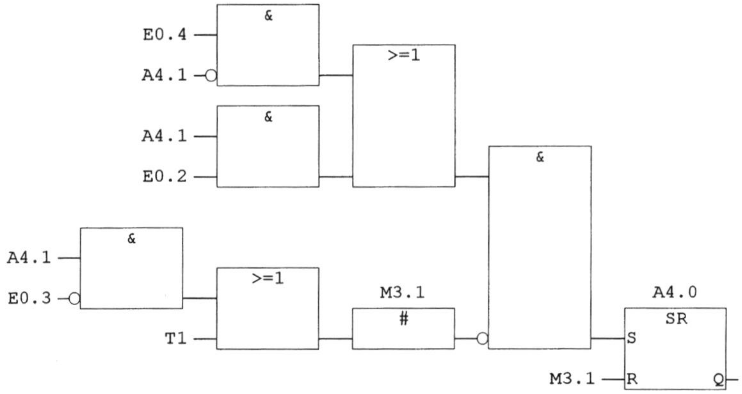

Netzwerk: 2 Zeitstufe SE "Überschwappen"

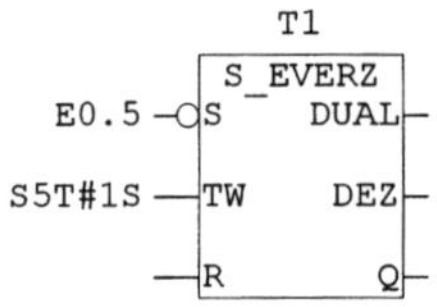

Netzwerk: 3 T-Flip-Flop

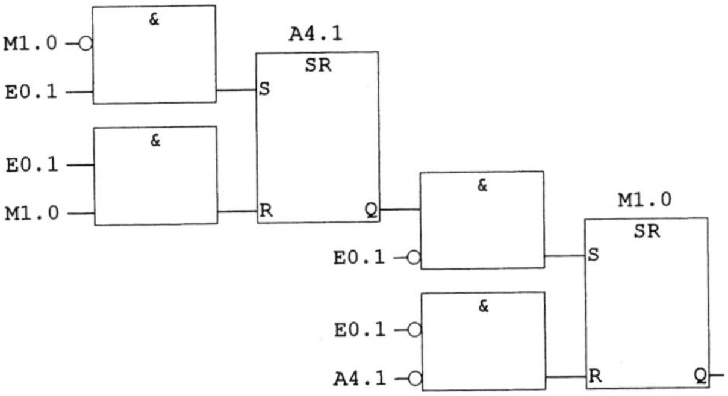

FC29 - <Offline>

Name: KOP **Familie:** Beispiel
Autor: Kaftan **Version:** 00.01
Zeitstempel Code: DT#1998-07-28-16:41:09.000
Interface: DT#1997-09-04-15:43:01.710
Längen (Baustein / Code / Daten): 00188 00094 00000

Adresse	Deklaration	Name	Typ	Anfangswert	Kommentar
	in				
	out				
	in_out				
	temp				

Baustein: FC29 Lösung zu Abschnitt 6.9.3 Pumpensteuerung

Netzwerk: 1 Verknüpfung Pumpe

```
U(
U     E     0.4            //Wasserstand "min"
UN    A     4.1            //Pumpe
O
U     A     4.1            //Leuchtmelder Hand / Automatik
U     E     0.2            //Taster Schließer Pumpe "Ein" Handbetrieb
)
U(
U(
U(
U     A     4.1            //Leuchtmelder Hand / Automatik
UN    E     0.3            //Taster Schließer Pumpe "Aus" Handbetrieb
O     T     1
)
=     M     3.1            //Hilfsmerker
U     M     3.1
NOT
)
)
S     A     4.0            //Pumpe
U     M     3.1            //Hilfsmerker
R     A     4.0            //Pumpe
NOP   0
```

Netzwerk: 2 Zeitstufe SE "Überschwappen"

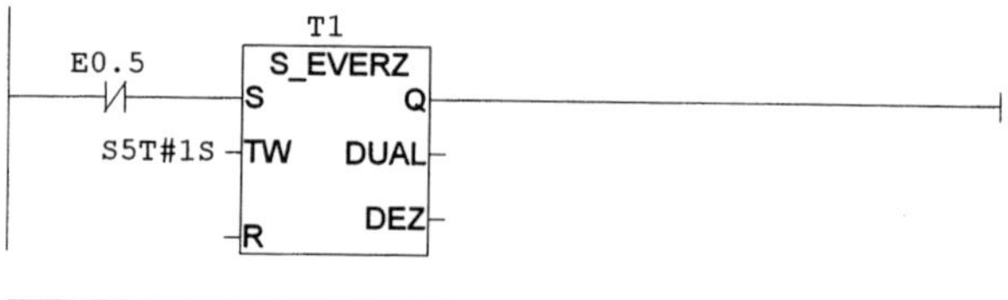

Netzwerk: 3 T-Flip-Flop

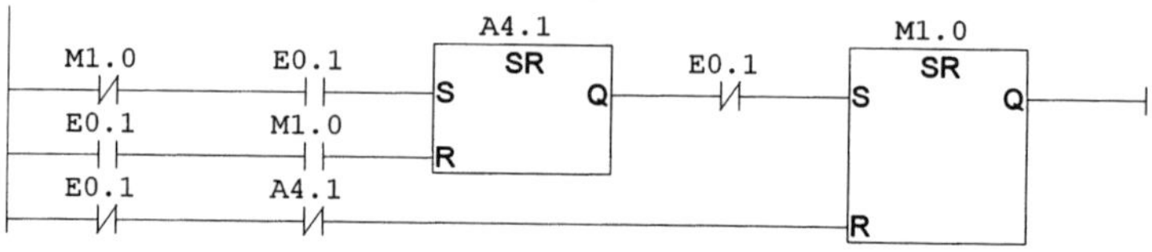

FC29 - <Offline>

Name: AWL **Familie:** Beispiel
Autor: Kaftan **Version:** 00.01
Zeitstempel Code: DT#1998-07-28-16:41:09.000
Interface: DT#1997-09-04-15:43:01.710
Längen (Baustein / Code / Daten): 00188 00094 00000

Adresse	Deklaration	Name	Typ	Anfangswert	Kommentar
	in				
	out				
	in_out				
	temp				

Baustein: FC29 Lösung zu Abschnitt 6.9.3 Pumpensteuerung

Netzwerk: 1 Verknüpfung Pumpe

```
U(
U    E    0.4          //Wasserstand "min"
UN   A    4.1          //Pumpe
O
U    A    4.1          //Leuchtmelder Hand / Automatik
U    E    0.2          //Taster Schließer Pumpe "Ein" Handbetrieb
)
U(
U(
U(
U    A    4.1          //Leuchtmelder Hand / Automatik
UN   E    0.3          //Taster Schließer Pumpe "Aus" Handbetrieb
O    T    1
)
=    M    3.1          //Hilfsmerker
U    M    3.1
NOT
)
)
S    A    4.0          //Pumpe
U    M    3.1          //Hilfsmerker
R    A    4.0          //Pumpe
NOP  0
```

Netzwerk: 2 Zeitstufe SE "Überschwappen"

```
UN   E    0.5
L    S5T#1S
SE   T    1
NOP  0
NOP  0
NOP  0
NOP  0
```

```
Netzwerk: 3        T-Flip-Flop

      U(
      UN    M      1.0              //Speicher T-Flip-Flop
      U     E      0.1              //Taster Schließer Hand/Automatik
      S     A      4.1              //Leuchtmelder Hand/Automatik
      U     E      0.1
      U     M      1.0
      R     A      4.1
      U     A      4.1
      )
      UN    E      0.1
      S     M      1.0
      UN    E      0.1
      UN    A      4.1
      R     M      1.0
      NOP   0
```

Lösungsbeispiel zu Abschnitt 7.4

FC28 - <Offline>

Name: FUP **Familie:** Beispiel
Autor: Kaftan **Version:** 00.01
Zeitstempel Code: DT#1998-07-29-07:59:47.000
Interface: DT#1997-09-04-08:40:23.440
Längen (Baustein / Code / Daten): 00158 00062 00000

Adresse	Deklaration	Name	Typ	Anfangswert	Kommentar
	in				
	out				
	in_out				
	temp				

Baustein: FC28 Lösung zu Abschnitt 7.4	**Quittierschaltung**

Netzwerk: 1	Einschaltverzögerung 100ms

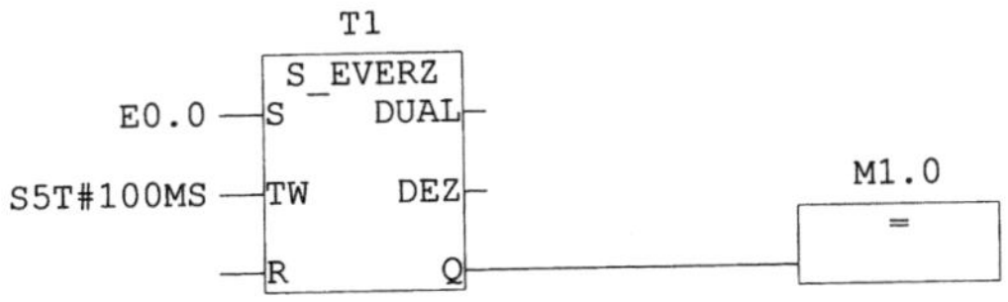

Netzwerk: 2	Wischimpuls mit steigender Flanke

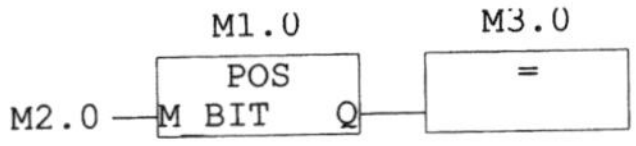

Netzwerk: 3	Verknüpfung

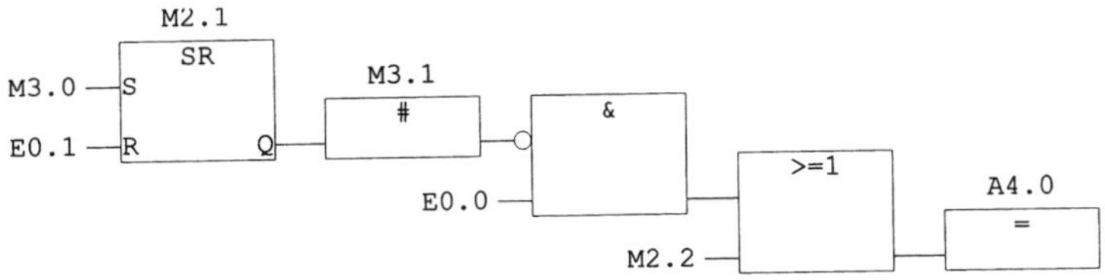

Netzwerk: 4	Taktmerker

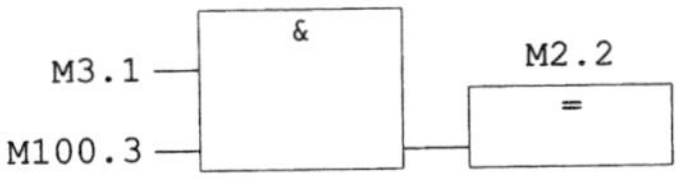

FC28 - <Offline>

Name: KOP **Familie:** Beispiel
Autor: Kaftan **Version:** 00.01
Zeitstempel Code: DT#1998-07-29-07:59:47.000
Interface: DT#1997-09-04-08:40:23.440
Längen (Baustein / Code / Daten): 00158 00062 00000

Adresse	Deklaration	Name	Typ	Anfangswert	Kommentar
	in				
	out				
	in_out				
	temp				

Baustein: FC28 Lösung zu Abschnitt 7.4 Quittierschaltung

Netzwerk: 1 Einschaltverzögerung 100ms

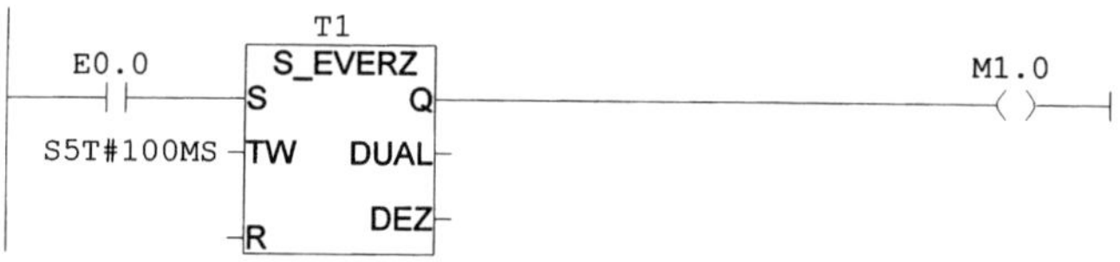

Netzwerk: 2 Wischimpuls mit steigender Flanke

Netzwerk: 3 Verknüpfung

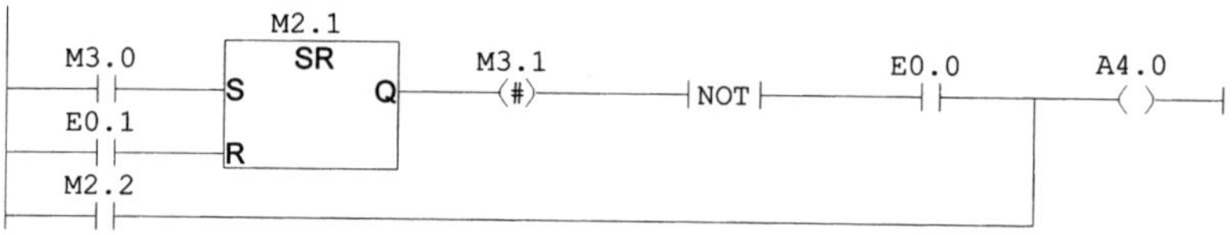

Netzwerk: 4 Taktmerker

FC28 - <Offline>

Name: AWL **Familie:** Beispiel
Autor: Kaftan **Version:** 00.01
Zeitstempel Code: DT#1998-07-29-08:00:49.000
Interface: DT#1997-09-04-08:40:23.440
Längen (Baustein / Code / Daten): 00158 00062 00000

Adresse	Deklaration	Name	Typ	Anfangswert	Kommentar
	in				
	out				
	in_out				
	temp				

Baustein: FC28 Lösung zu Abschnitt 7.4 Quittierschaltung

Netzwerk: 1 Einschaltverzögerung 100ms

```
U    E       0.0
L    S5T#100MS                      // Zeit 100ms
SE   T       1
NOP  0
NOP  0
NOP  0
U    T       1
=    M       1.0
```

Netzwerk: 2 Wischimpuls mit steigender Flanke

```
U    M       1.0                    //Hilfsmerker
BLD  100
FP   M       2.0                    //Flankenmerker
=    M       3.0                    //Hilfsmerker
```

Netzwerk: 3 Verknüpfung

```
U(
U    M       3.0
S    M       2.1
U    E       0.1
R    M       2.1
U    M       2.1
)
=    M       3.1
U    M       3.1
NOT
U    E       0.0
O    M       2.2
=    A       4.0                    //Leuchtmelder
```

Netzwerk: 4 Taktmerker

```
U    M       3.1
U    M     100.3                    //Taktmerker 2Hz
=    M       2.2
```

Lösungsbeispiel zu Abschnitt 8.6.1

FC19 - <Offline>

Name: FUP **Familie:** Beispiel
Autor: Kaftan **Version:** 00.01
Zeitstempel Code: DT#1998-07-28-13:14:08.000
Interface: DT#1997-09-01-17:54:01.880
Längen (Baustein / Code / Daten): 00110 00020 00000

Adresse	Deklaration	Name	Typ	Anfangswert	Kommentar
	in				
	out				
	in_out				
	temp				

Baustein: FC19 Lösung zu Abschnitt 8.6.1 Garagenbeleuchtung

Netzwerk: 1 Zeitstufe "SA"

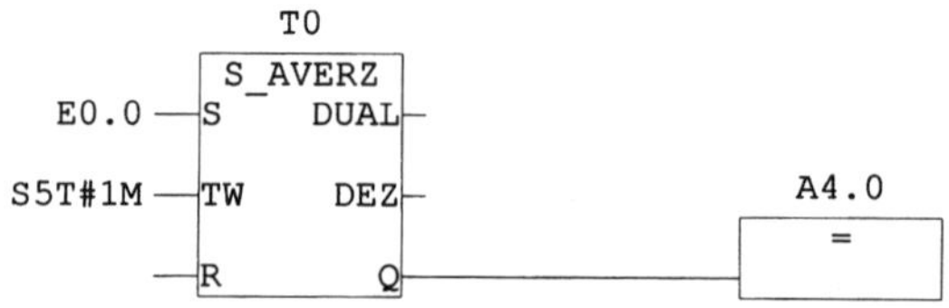

FC19 - <Offline>

Name: KOP **Familie:** Beispiel
Autor: Kaftan **Version:** 00.01
Zeitstempel Code: DT#1998-07-28-13:14:08.000
Interface: DT#1997-09-01-17:54:01.880
Längen (Baustein / Code / Daten): 00110 00020 00000

Adresse	Deklaration	Name	Typ	Anfangswert	Kommentar
	in				
	out				
	in_out				
	temp				

Baustein: FC19 Lösung zu Abschnitt 8.6.1 Garagenbeleuchtung

Netzwerk: 1 Zeitstufe "SA"

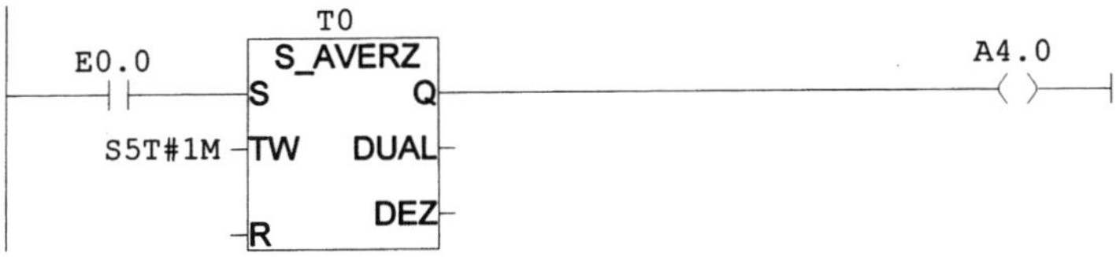

FC19 - <Offline>

Name: AWL **Familie:** Beispiel
Autor: Kaftan **Version:** 00.01
Zeitstempel Code: DT#1998-07-28-13:14:08.000
Interface: DT#1997-09-01-17:54:01.880
Längen (Baustein / Code / Daten): 00110 00020 00000

Adresse	Deklaration	Name	Typ	Anfangswert	Kommentar
	in				
	out				
	in_out				
	temp				

Baustein: FC19 Lösung zu Abschnitt 8.6.1 Garagenbeleuchtung

Netzwerk: 1 Zeitstufe "SA"

```
U      E      0.0
L      S5T#1M
SA     T      0
NOP    0
NOP    0
NOP    0
U      T      0
=      A      4.0
```

Lösungsbeispiel zu Abschnitt 8.6.2

FC20 - <Offline>

""

Name: FUP **Familie:** Beispiel
Autor: Kaftan **Version:** 00.01
Bausteinversion: 2
Zeitstempel Code: 10.02.00 16:33:37
Interface: 02.02.00 12:12:50
Längen (Baustein / Code / Daten): 00204 00104 00000

Adresse	Deklaration	Name	Typ	Anfangswert	Kommentar
	in				
	out				
	in_out				
	temp				

Baustein: FC20 Lösung zu Abschnitt 8.6.2	**Abfüllanlage**

Netzwerk: 1	Freigabe für Behälter

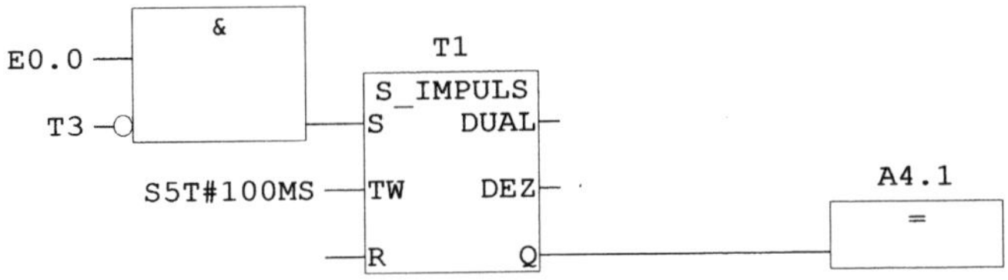

Netzwerk: 2	Bandantrieb

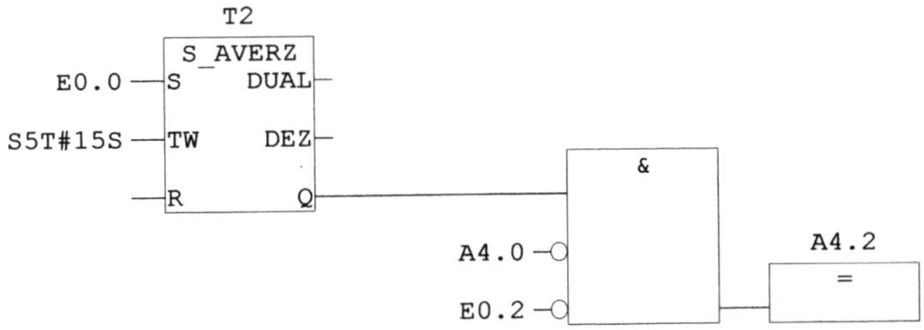

Netzwerk: 3	Ventil am Silo

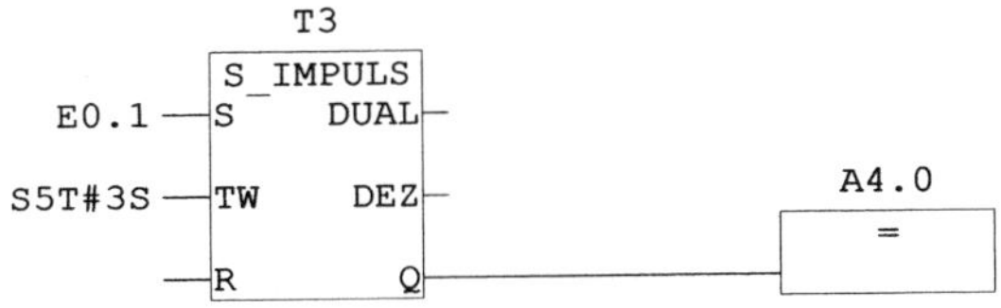

Netzwerk: 4 Hupe: Pause

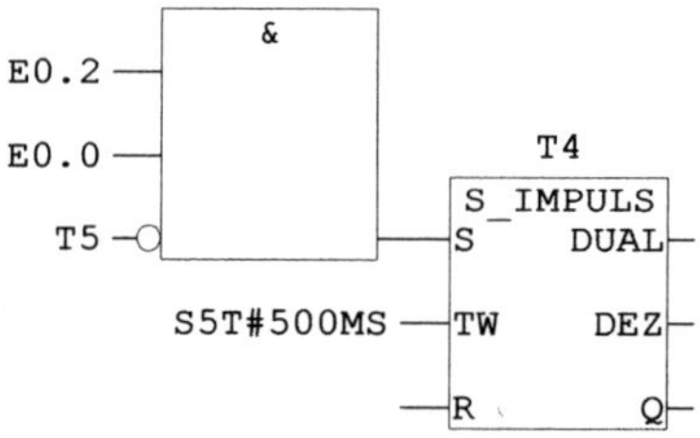

Netzwerk: 5 Hupe: Ton

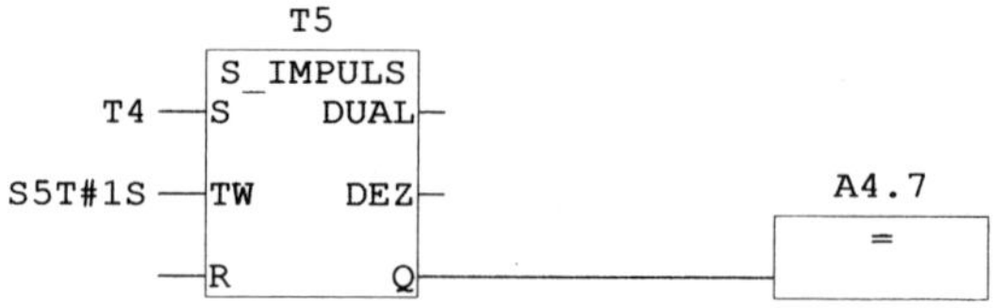

FC20 - <Offline>

""

Name: KOP **Familie:** Beispiel
Autor: Kaftan **Version:** 00.01
Bausteinversion: 2
Zeitstempel Code: 10.02.00 16:33:37
Interface: 02.02.00 12:12:50
Längen (Baustein / Code / Daten): 00204 00104 00000

Adresse	Deklaration	Name	Typ	Anfangswert	Kommentar
	in				
	out				
	in_out				
	temp				

Baustein: FC20 Lösung zu Abschnitt 8.6.2 Abfüllanlage

Netzwerk: 1 Freigabe für Behälter

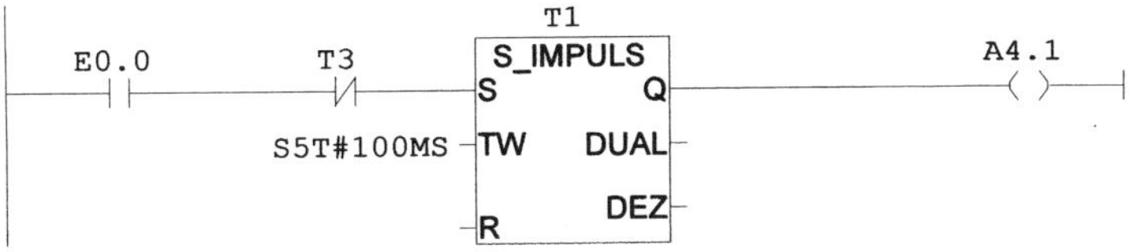

Netzwerk: 2 Bandantrieb

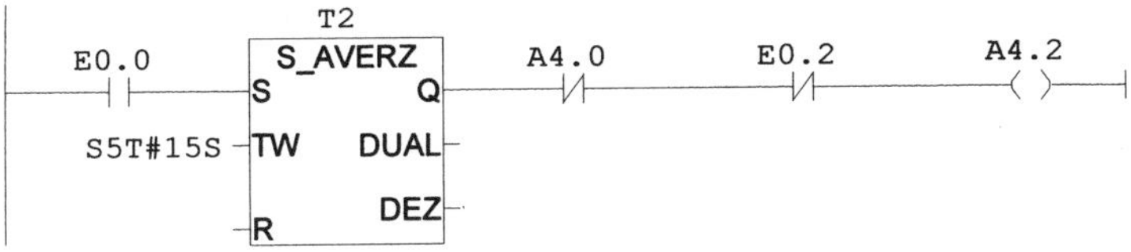

Netzwerk: 3 Ventil am Silo

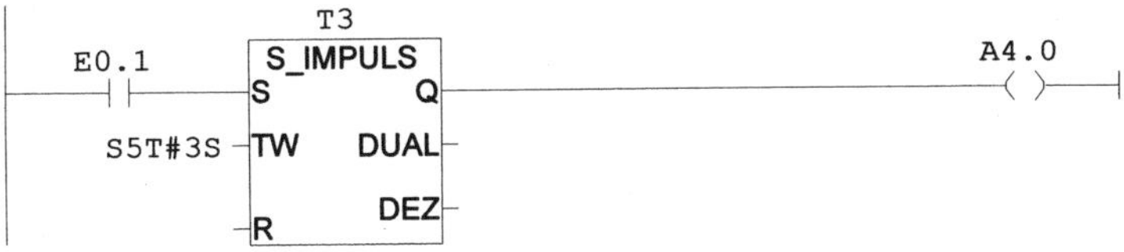

Netzwerk: 4 Hupe: Pause

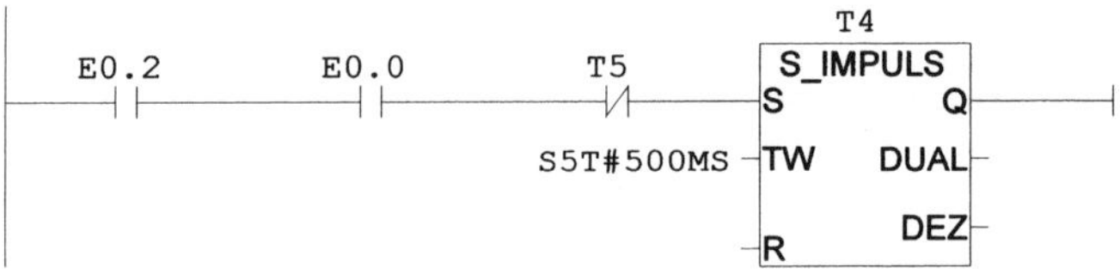

Netzwerk: 5 Hupe: Ton

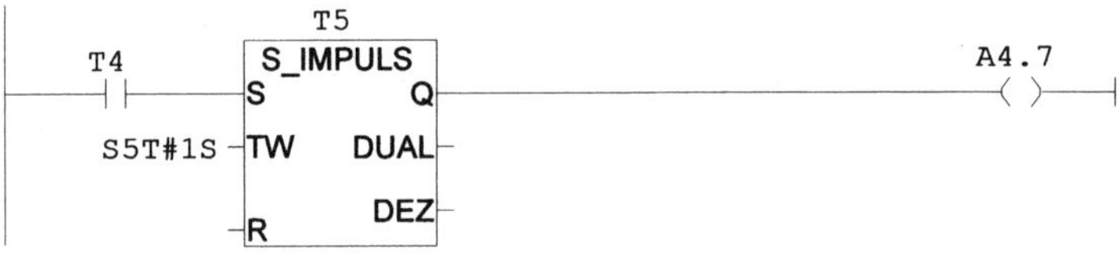

FC20 - <Offline>

""

Name: AWL **Familie:** Beispiel
Autor: Kaftan **Version:** 00.01
Bausteinversion: 2
Zeitstempel Code: 10.02.00 16:36:30
Interface: 02.02.00 12:12:50
Längen (Baustein / Code / Daten): 00204 00104 00000

Adresse	Deklaration	Name	Typ	Anfangswert	Kommentar
	in				
	out				
	in_out				
	temp				

Baustein: FC20 Lösung zu Abschnitt 8.6.2 Abfüllanlage

Netzwerk: 1 Freigabe für Behälter

```
U     E       0.0
UN    T       3
L     S5T#100MS
SI    T       1
NOP   0
NOP   0
NOP   0
U     T       1
=     A       4.1
```

Netzwerk: 2 Bandantrieb

```
U(
U     E       0.0
L     S5T#15S
SA    T       2
NOP   0
NOP   0
NOP   0
U     T       2
)
UN    A       4.0
UN    E       0.2
=     A       4.2
```

Netzwerk: 3 Ventil am Silo

```
U     E       0.1
L     S5T#3S
SI    T       3
NOP   0
NOP   0
NOP   0
U     T       3
=     A       4.0
```

Netzwerk: 4	Hupe: Pause

```
U     E     0.2
U     E     0.0
UN    T     5
L     S5T#500MS
SI    T     4
NOP   0
NOP   0
NOP   0
NOP   0
```

Netzwerk: 5	Hupe: Ton

```
U     T     4
L     S5T#1S
SI    T     5
NOP   0
NOP   0
NOP   0
U     T     5
=     A     4.7
```

Lösungsbeispiel zu Abschnitt 8.6.3

FC21 - <Offline>

Name: FUP **Familie:** Beispiel
Autor: Kaftan **Version:** 00.01
Zeitstempel Code: DT#1998-07-06-11:54:16.000
Interface: DT#1997-09-02-08:31:18.300
Längen (Baustein / Code / Daten): 00210 00112 00002

Adresse	Deklaration	Name	Typ	Anfangswert	Kommentar
	in				
	out				
	in_out				
	temp				

Baustein: FC21 Lösung zu Abschnitt 8.6.3 Kompressoranlage

Netzwerk: 1 Steuerung

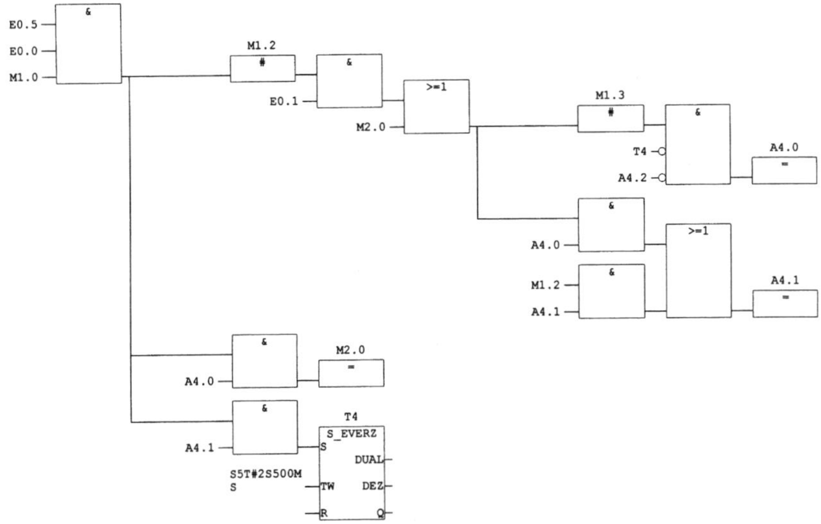

Netzwerk: 2 Dreieckschütz

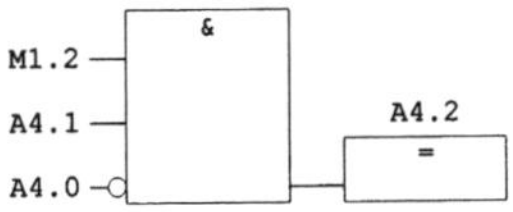

Netzwerk: 3 Leuchtmelder Dreieckschütz

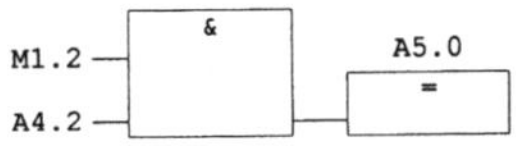

Netzwerk: 4 Leuchtmelder Störung

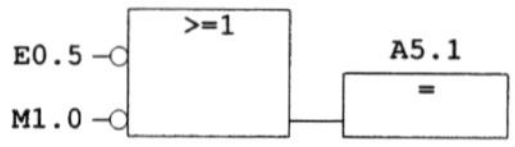

Netzwerk: 5

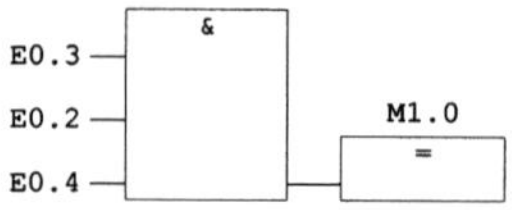

FC21 - <Offline>

Name: KOP **Familie:** Beispiel
Autor: Kaftan **Version:** 00.01
Zeitstempel Code: DT#1998-07-28-13:41:47.000
Interface: DT#1997-09-02-08:31:18.300
Längen (Baustein / Code / Daten): 00210 00112 00002

Adresse	Deklaration	Name	Typ	Anfangswert	Kommentar
	in				
	out				
	in_out				
	temp				

Baustein: FC21 Lösung zu Abschnitt 8.6.3 Kompressoranlage

Netzwerk: 1 Steuerung

```
U    E    0.5
U    E    0.0
U    M    1.0
=    L    0.0
U    L    0.0
=    M    1.2
U    M    1.2                    //Hilfsmerker
U    E    0.1
O    M    2.0
=    L    0.1
U    L    0.1
=    M    1.3                    //Hilfsmerker
U    M    1.3
UN   T    4
UN   A    4.2
=    A    4.0                    //Sternschütz
U    L    0.1
U    A    4.0
O
U    M    1.2
U    A    4.1                    //Netzschütz
=    A    4.1
U    L    0.0
U    A    4.0
=    M    2.0
U    L    0.0
U    A    4.1
L    S5T#2S500MS
SE   T    4
NOP  0
NOP  0
NOP  0
NOP  0
```

Netzwerk: 2 Dreieckschütz

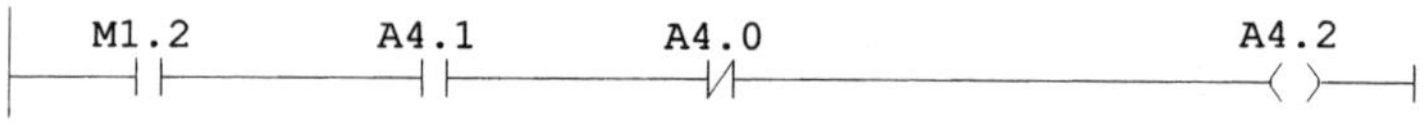

Netzwerk: 3 Leuchtmelder Dreieckschütz

Netzwerk: 4 Leuchtmelder Störung

Netzwerk: 5

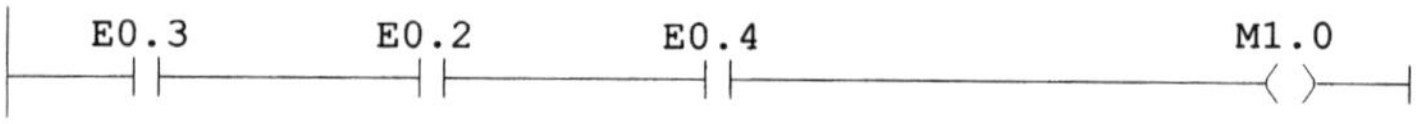

FC21 - <Offline>

Name: AWL **Familie:** Beispiel
Autor: Kaftan **Version:** 00.01
Zeitstempel Code: DT#1998-07-28-13:42:32.000
Interface: DT#1997-09-02-08:31:18.300
Längen (Baustein / Code / Daten): 00210 00112 00002

Adresse	Deklaration	Name	Typ	Anfangswert	Kommentar
	in				
	out				
	in_out				
	temp				

Baustein: FC21 Lösung zu Abschnitt 8.6.3 Kompressoranlage

Netzwerk: 1 Steuerung

```
U    E    0.5
U    E    0.0
U    M    1.0
=    L    0.0
U    L    0.0
=    M    1.2
U    M    1.2                      //Hilfsmerker
U    E    0.1
O    M    2.0
=    L    0.1
U    L    0.1
=    M    1.3                      //Hilfsmerker
U    M    1.3
UN   T    4
UN   A    4.2
=    A    4.0                      //Sternschütz
U    L    0.1
U    A    4.0
O
U    M    1.2
U    A    4.1                      //Netzschütz
=    A    4.1
U    L    0.0
U    A    4.0
=    M    2.0
U    L    0.0
U    A    4.1
L    S5T#2S500MS
SE   T    4
NOP  0
NOP  0
NOP  0
NOP  0
```

Netzwerk: 2	Dreieckschütz

```
U    M    1.2
U    A    4.1
UN   A    4.0
=    A    4.2              //Dreieckschütz
```

Netzwerk: 3	Leuchtmelder Dreieckschütz

```
U    M    1.2
U    A    4.2
=    A    5.0              //Leuchtmelder Dreieckschütz
```

Netzwerk: 4	Leuchtmelder Störung

```
ON   E    0.5
ON   M    1.0
=    A    5.1              //leuchtmelder Störung
```

Netzwerk: 5

```
U    E    0.3
U    E    0.2
U    E    0.4
=    M    1.0              //Hilfsmerker
```

Lösungsbeispiel zu Abschnitt 9.1.1

FC22 - <Offline>

Name: FUP **Familie:** Beispiel
Autor: Kaftan **Version:** 00.01
Zeitstempel Code: DT#1998-07-06-11:56:19.000
Interface: DT#1997-09-02-17:36:48.180
Längen (Baustein / Code / Daten): 00104 00014 00000

Adresse	Deklaration	Name	Typ	Anfangswert	Kommentar
	in				
	out				
	in_out				
	temp				

Baustein: FC22 Lösung zu Abschnitt 9.1.1 Kanalumschalter

Netzwerk: 1 Netzwerk

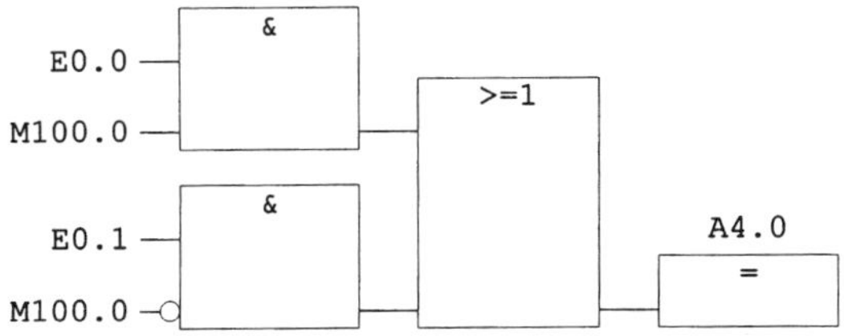

FC22 - <Offline>

Name: KOP **Familie:** Beispiel
Autor: Kaftan **Version:** 00.01
Zeitstempel Code: DT#1998-07-28-13:33:28.000
Interface: DT#1997-09-02-17:36:48.180
Längen (Baustein / Code / Daten): 00104 00014 00000

Adresse	Deklaration	Name	Typ	Anfangswert	Kommentar
	in				
	out				
	in_out				
	temp				

Baustein: FC22 Lösung zu Abschnitt 9.1.1 Kanalumschalter

Netzwerk: 1 Netzwerk

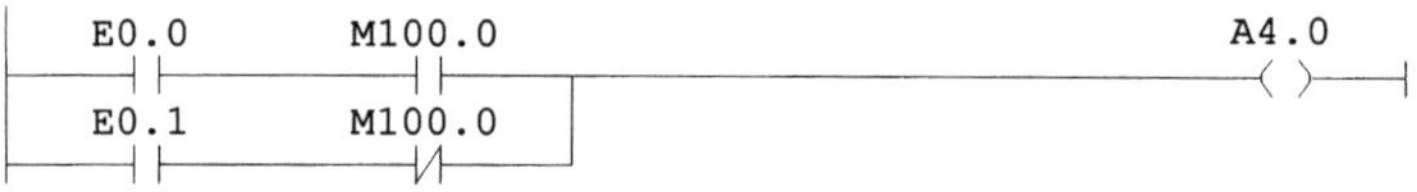

FC22 - <Offline>

Name: AWL **Familie:** Beispiel
Autor: Kaftan **Version:** 00.01
Zeitstempel Code: DT#1998-07-28-13:33:44.000
Interface: DT#1997-09-02-17:36:48.180
Längen (Baustein / Code / Daten): 00104 00014 00000

Adresse	Deklaration	Name	Typ	Anfangswert	Kommentar
	in				
	out				
	in_out				
	temp				

Baustein: FC22 Lösung zu Abschnitt 9.1.1 Kanalumschalter

Netzwerk: 1 Netzwerk

```
U    E     0.0
U    M   100.0
O
U    E     0.1
UN   M   100.0
=    A     4.0
```

Lösungsbeispiel zu Abschnitt 9.1.2

FC23 - <Offline>

Name: FUP **Familie:** Beispiel
Autor: Kaftan **Version:** 00.01
Zeitstempel Code: DT#1998-07-06-11:57:43.000
Interface: DT#1997-09-02-17:53:10.300
Längen (Baustein / Code / Daten): 00148 00056 00000

Adresse	Deklaration	Name	Typ	Anfangswert	Kommentar
	in				
	out				
	in_out				
	temp				

Baustein: FC23 Lösung zu Abschnitt 9.1.2 Personensuchanlage

Netzwerk: 1 Taktgeber 1:2

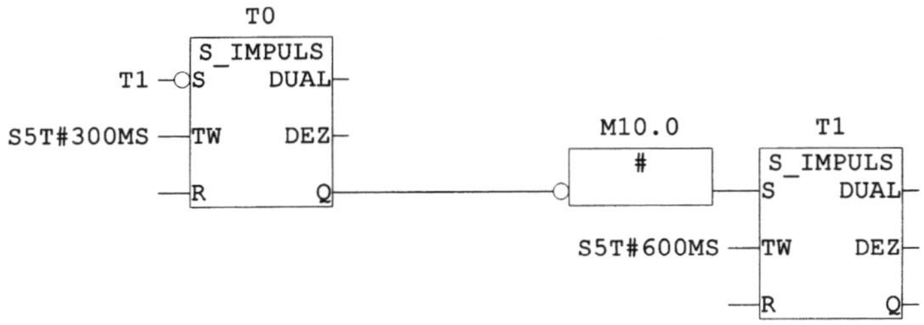

Netzwerk: 2 Verknüpfung

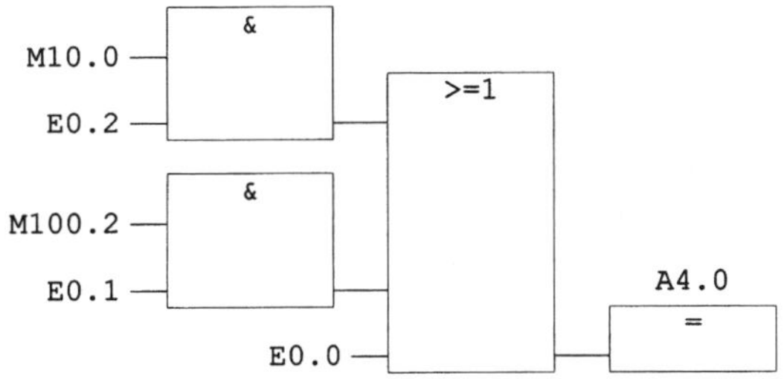

FC23 - <Offline>

Name: KOP **Familie:** Beispiel
Autor: Kaftan **Version:** 00.01
Zeitstempel Code: DT#1998-07-28-14:03:53.000
Interface: DT#1997-09-02-17:53:10.300
Längen (Baustein / Code / Daten): 00148 00056 00000

Adresse	Deklaration	Name	Typ	Anfangswert	Kommentar
	in				
	out				
	in_out				
	temp				

Baustein: FC23 Lösung zu Abschnitt 9.1.2 Personensuchanlage

Netzwerk: 1 Taktgeber 1:2

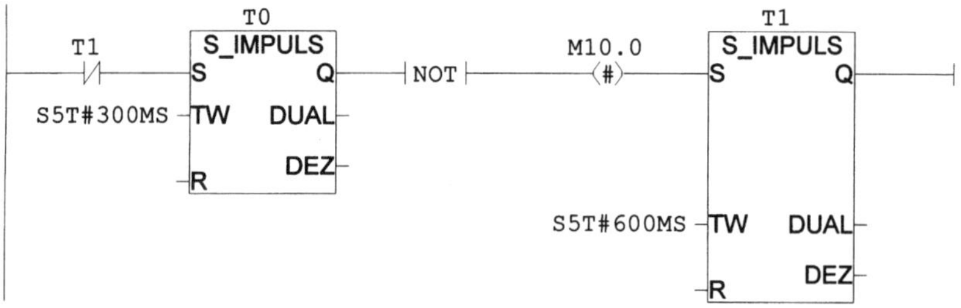

Netzwerk: 2 Verknüpfung

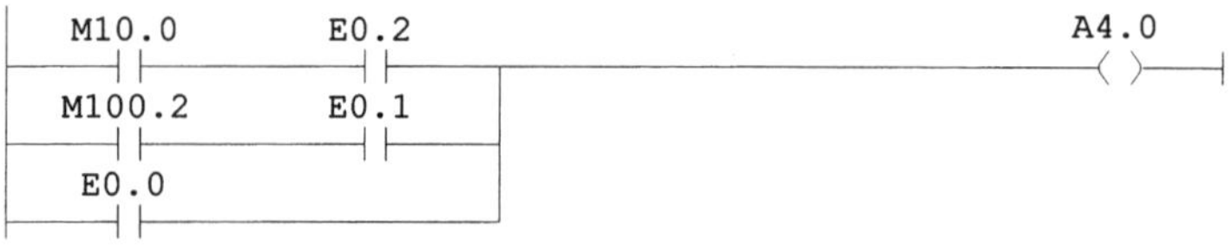

FC23 - <Offline>

Name: AWL **Familie:** Beispiel
Autor: Kaftan **Version:** 00.01
Zeitstempel Code: DT#1998-07-28-14:04:04.000
Interface: DT#1997-09-02-17:53:10.300
Längen (Baustein / Code / Daten): 00148 00056 00000

Adresse	Deklaration	Name	Typ	Anfangswert	Kommentar
	in				
	out				
	in_out				
	temp				

Baustein: FC23 Lösung zu Abschnitt 9.1.2 Personensuchanlage

Netzwerk: 1 Taktgeber 1:2

```
U(
UN   T      1
L    S5T#300MS
SI   T      0
NOP  0
NOP  0
NOP  0
U    T      0
)
NOT
=    M     10.0                 //Takt von Taktgeber mit 2 Zeiten
U    M     10.0
L    S5T#600MS
SI   T      1
NOP  0
NOP  0
NOP  0
NOP  0
```

Netzwerk: 2 Verknüpfung

```
U    M     10.0
U    E      0.2
O
U    M    100.2                 //Taktmerker von CPU
U    E      0.1
O    E      0.0
=    A      4.0
```

Lösungsbeispiel zu Abschnitt 9.1.3

FC24 - <Offline>

Name: FUP **Familie:** Beispiel
Autor: Kaftan **Version:** 00.01
Zeitstempel Code: DT#1998-07-28-14:05:59.000
Interface: DT#1997-09-03-12:52:30.580
Längen (Baustein / Code / Daten): 00126 00034 00000

Adresse	Deklaration	Name	Typ	Anfangswert	Kommentar
	in				
	out				
	in_out				
	temp				

Baustein: FC24 Lösung zu Abschnitt 9.1.3 Luftversorgung

Netzwerk: 1 Leistungsschütz für Kompressor

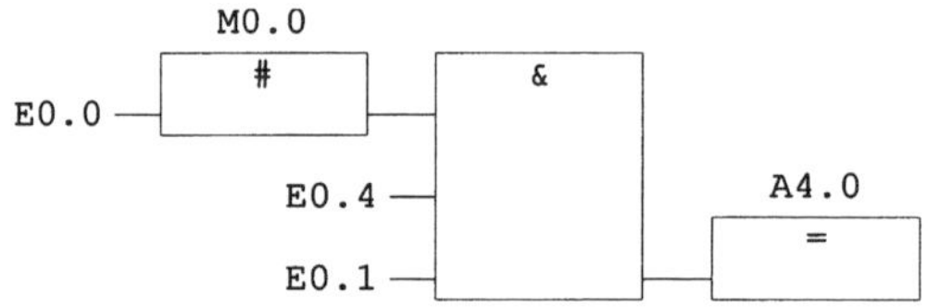

Netzwerk: 2 Leuchtmelder Betrieb / Störung

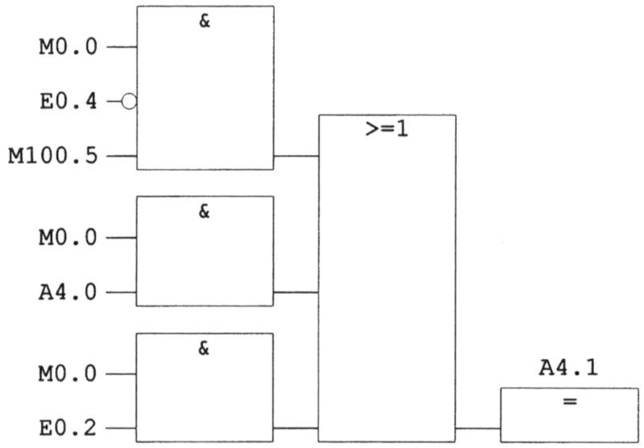

FC24 - <Offline>

Name: KOP **Familie:** Beispiel
Autor: Kaftan **Version:** 00.01
Zeitstempel Code: DT#1998-07-28-14:07:10.000
Interface: DT#1997-09-03-12:52:30.580
Längen (Baustein / Code / Daten): 00126 00034 00000

Adresse	Deklaration	Name	Typ	Anfangswert	Kommentar
	in				
	out				
	in_out				
	temp				

Baustein: FC24 Lösung zu Abschnitt 9.1.3 Luftversorgung

Netzwerk: 1 Leistungsschütz für Kompressor

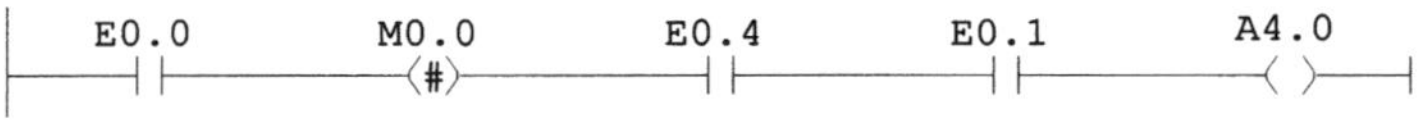

Netzwerk: 2 Leuchtmelder Betrieb / Störung

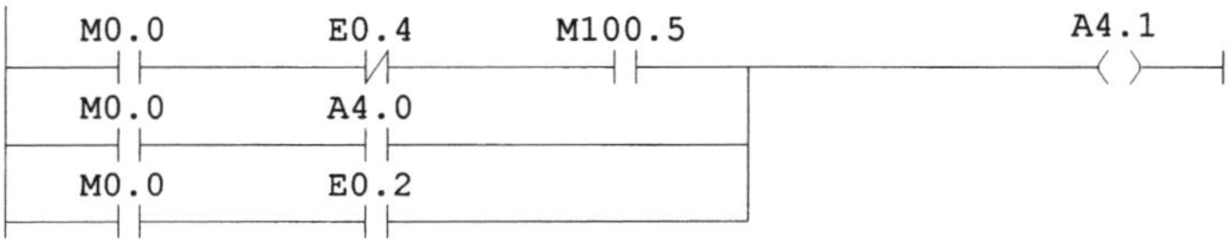

FC24 - <Offline>

Name: AWL **Familie:** Beispiel
Autor: Kaftan **Version:** 00.01
Zeitstempel Code: DT#1998-07-28-14:05:59.000
Interface: DT#1997-09-03-12:52:30.580
Längen (Baustein / Code / Daten): 00126 00034 00000

Adresse	Deklaration	Name	Typ	Anfangswert	Kommentar
	in				
	out				
	in_out				
	temp				

Baustein: FC24 Lösung zu Abschnitt 9.1.3 Luftversorgung

Netzwerk: 1 Leistungsschütz für Kompressor

```
U    E    0.0          //Anlage Ein
=    M    0.0          //Hilfsmerker
U    M    0.0
U    E    0.4          //Motorschutzschalter Schließer
U    E    0.1
=    A    4.0          //L-Schütz Kompressor
```

Netzwerk: 2 Leuchtmelder Betrieb / Störung

```
U    M    0.0          //Hilfsmerker
UN   E    0.4          //Motorschutzschalter Öffner
U    M  100.5          //Taktmerker von CPU 1Hz
O
U    M    0.0
U    A    4.0
O
U    M    0.0
U    E    0.2
=    A    4.1          //Leuchtmelder Betrieb / Störung
```

Lösungsbeispiel zu Abschnitt 10.3

FC25 - <Offline>

Name: FUP **Familie:** Beispiel
Autor: Kaftan **Version:** 00.01
Zeitstempel Code: DT#1998-07-29-08:14:30.000
Interface: DT#1997-09-03-13:16:35.770
Längen (Baustein / Code / Daten): 00184 00086 00000

Adresse	Deklaration	Name	Typ	Anfangswert	Kommentar
	in				
	out				
	in_out				
	temp				

Baustein: FC25 Lösung zu Abschnitt 10.3 Reinigungsbad

Netzwerk: 1 Startfreigabe

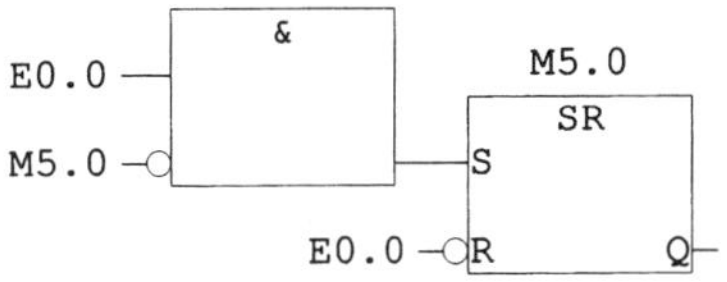

Netzwerk: 2 Motor nach unten

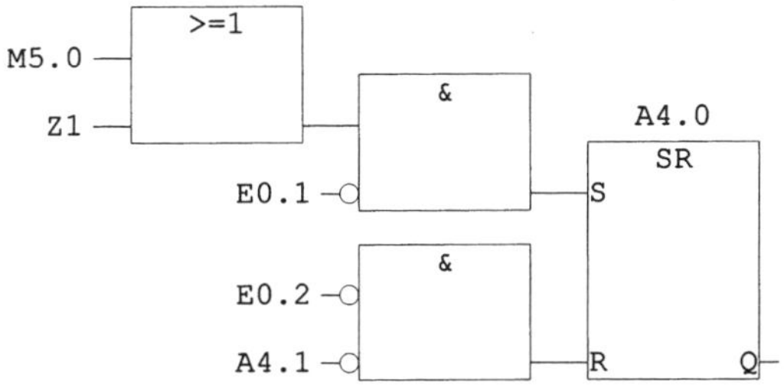

Netzwerk: 3 Verweildauer 15 Sekunden

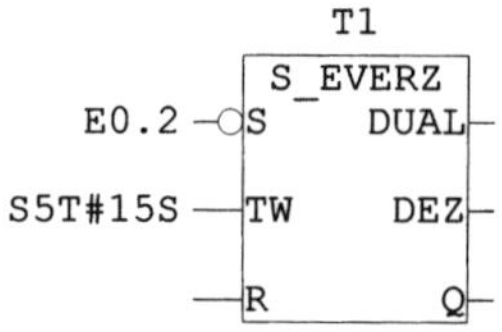

Netzwerk: 4 Motor nach oben

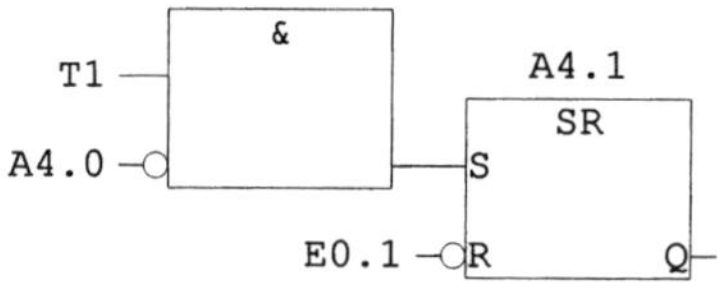

Netzwerk: 5 Zähler

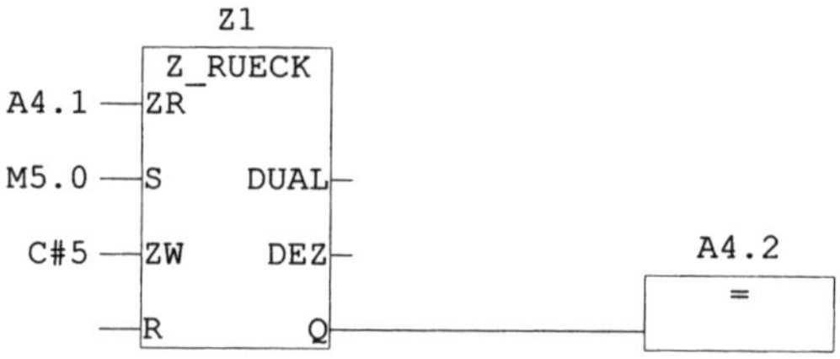

FC25 - <Offline>

Name: KOP **Familie:** Beispiel
Autor: Kaftan **Version:** 00.01
Zeitstempel Code: DT#1998-07-29-08:14:30.000
Interface: DT#1997-09-03-13:16:35.770
Längen (Baustein / Code / Daten): 00184 00086 00000

Adresse	Deklaration	Name	Typ	Anfangswert	Kommentar
	in				
	out				
	in_out				
	temp				

Baustein: FC25 Lösung zu Abschnitt 10.3 Reinigungsbad

Netzwerk: 1 Startfreigabe

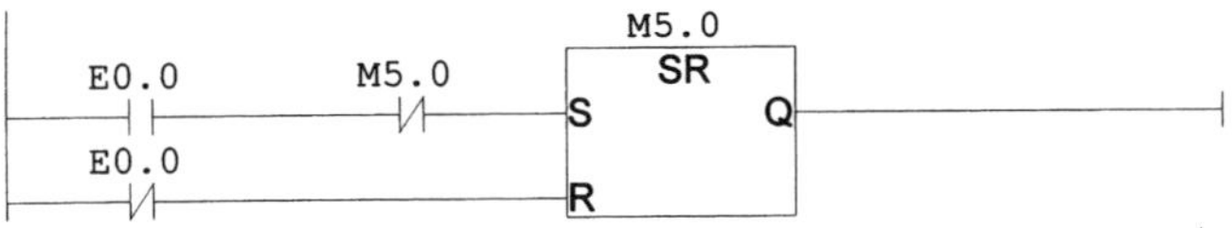

Netzwerk: 2 Motor nach unten

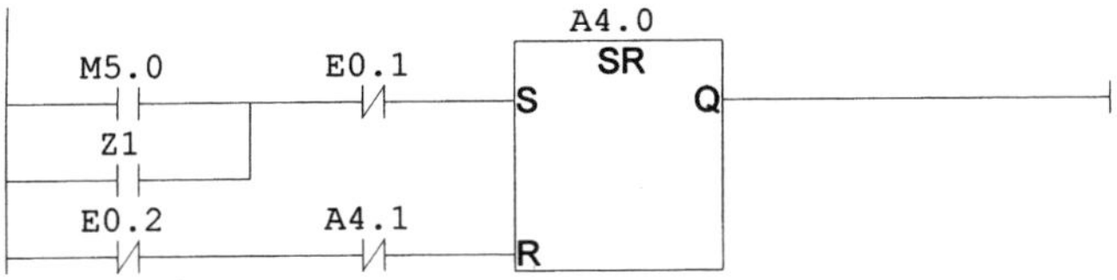

Netzwerk: 3 Verweildauer 15 Sekunden

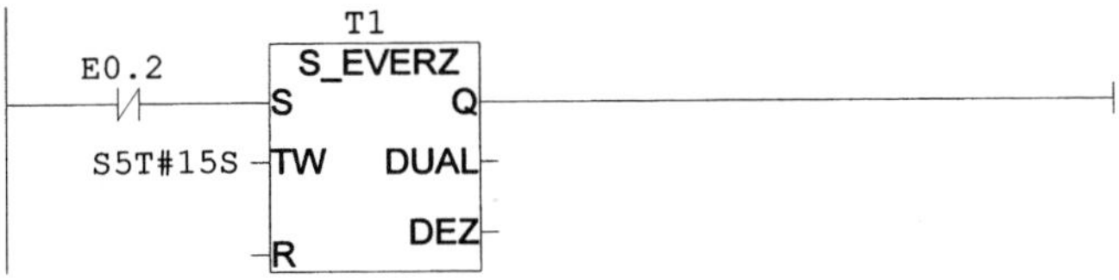

Netzwerk: 4 Motor nach oben

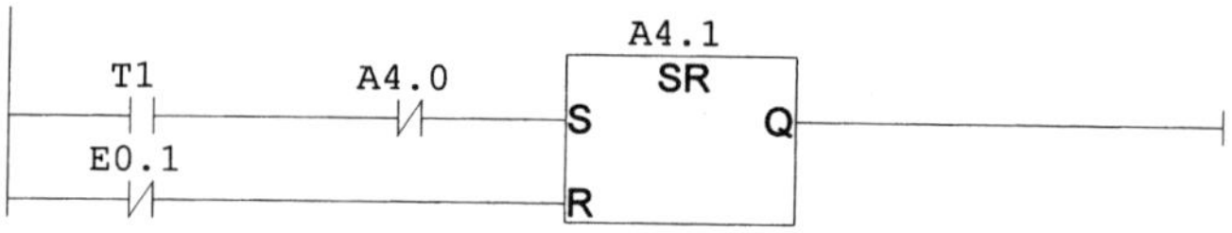

Netzwerk: 5 Zähler

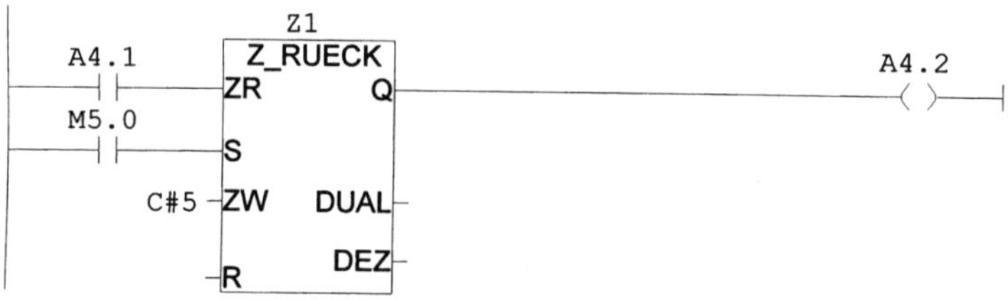

FC25 - <Offline>

Name: AWL **Familie:** Beispiel
Autor: Kaftan **Version:** 00.01
Zeitstempel Code: DT#1998-07-29-08:14:30.000
Interface: DT#1997-09-03-13:16:35.770
Längen (Baustein / Code / Daten): 00184 00086 00000

Adresse	Deklaration	Name	Typ	Anfangswert	Kommentar
	in				
	out				
	in_out				
	temp				

Baustein: FC25 Lösung zu Abschnitt 10.3 Reinigungsbad

Netzwerk: 1 Startfreigabe

```
U    E    0.0
UN   M    5.0
S    M    5.0
UN   E    0.0
R    M    5.0
NOP  0
```

Netzwerk: 2 Motor nach unten

```
U(
O    M    5.0
O    Z    1
)
UN   E    0.1
S    A    4.0
UN   E    0.2
UN   A    4.1
R    A    4.0
NOP  0
```

Netzwerk: 3 Verweildauer 15 Sekunden

```
UN   E    0.2
L    S5T#15S
SE   T    1
NOP  0
NOP  0
NOP  0
NOP  0
```

Netzwerk: 4	Motor nach oben

```
U     T     1
UN    A     4.0
S     A     4.1
UN    E     0.1
R     A     4.1
NOP   0
```

Netzwerk: 5	Zähler

```
U     A     4.1
ZR    Z     1
BLD   101
U     M     5.0
L     C#5
S     Z     1
NOP   0
NOP   0
NOP   0
U     Z     1
=     A     4.2
```

Lösungsbeispiel zu Abschnitt 11.2

FC26 - <Offline>

Name: FUP **Familie:** Beispiel
Autor: Kaftan **Version:** 00.01
Zeitstempel Code: DT#1998-07-28-13:53:46.000
Interface: DT#1997-09-03-14:53:12.230
Längen (Baustein / Code / Daten): 00240 00132 00000

Adresse	Deklaration	Name	Typ	Anfangswert	Kommentar
	in				
	out				
	in_out				
	temp				

Baustein: FC26 Lösung zu Abschnitt 11.2 Landefeuer

Netzwerk: 1 Vergleicher mit Zähler und Taktimpuls 10Hz

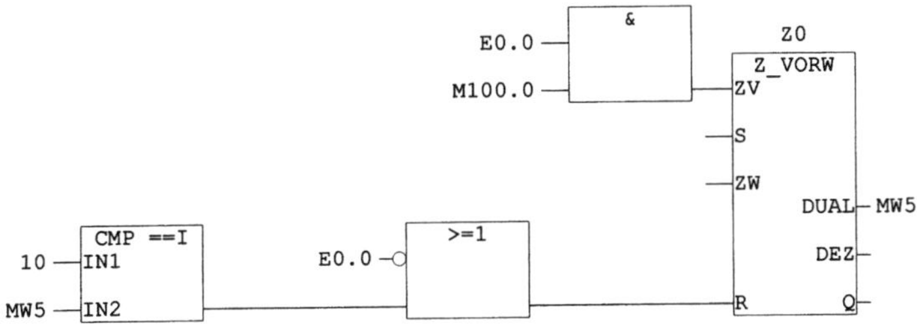

Netzwerk: 2 Zahl 1

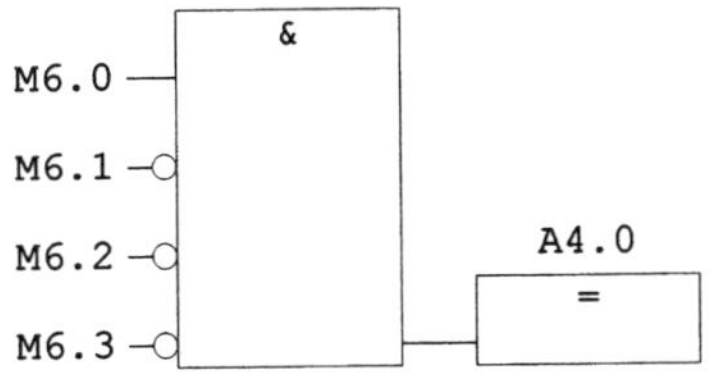

Netzwerk: 3 Zahl 2

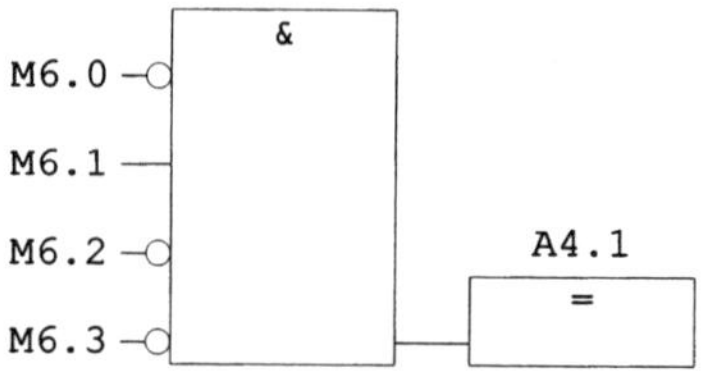

Netzwerk: 4 Zahl 3

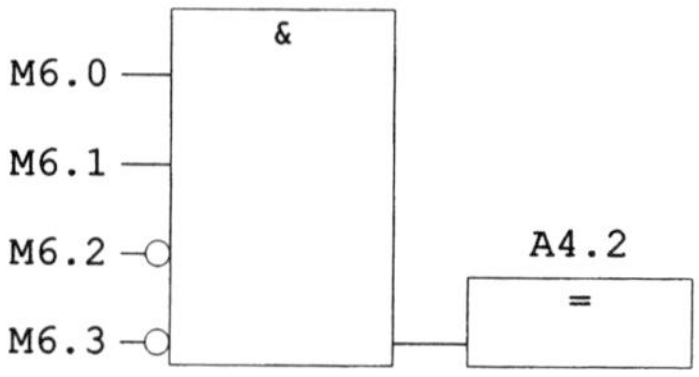

Netzwerk: 5 Zahl 4

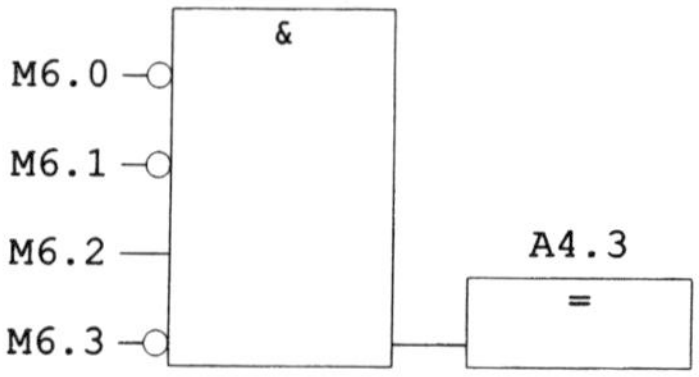

Netzwerk: 6 Zahl 5

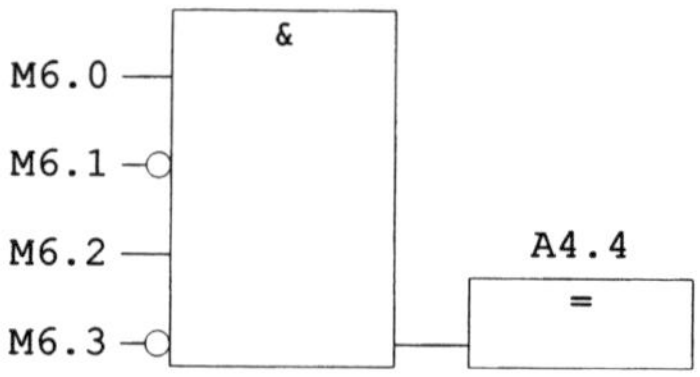

Netzwerk: 7 Zahl 6

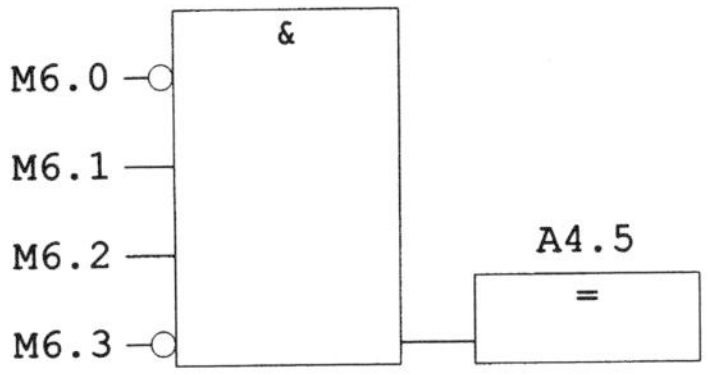

Netzwerk: 8 Zahl 7

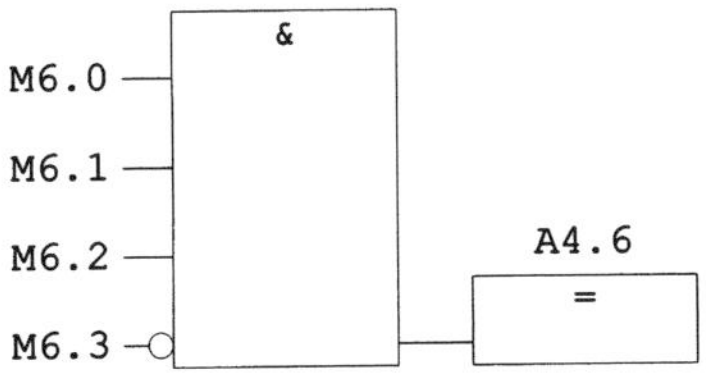

Netzwerk: 9 Zahl 8

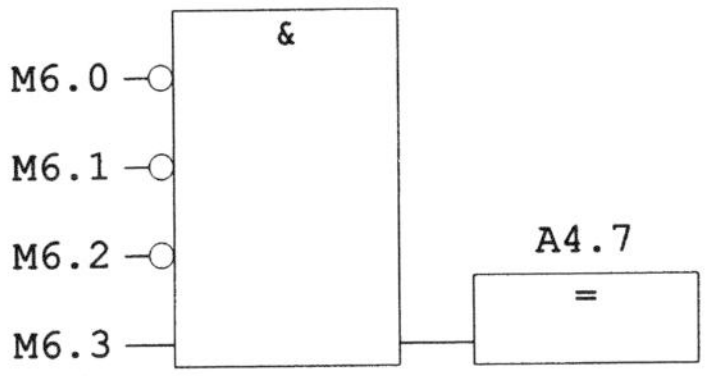

Netzwerk: 10 Zahl 9

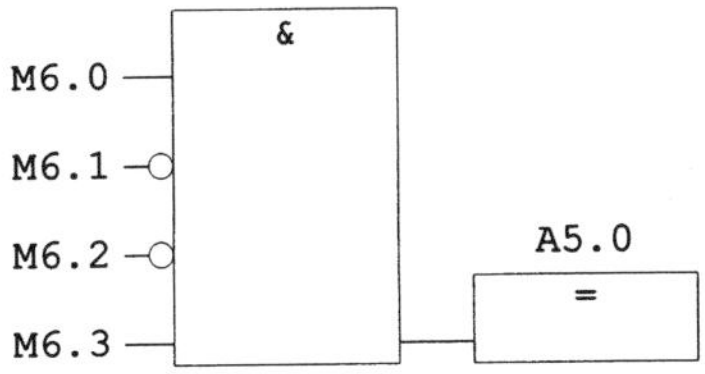

FC26 - <Offline>

Name: KOP **Familie:** Beispiel
Autor: Kaftan **Version:** 00.01
Zeitstempel Code: DT#1998-07-28-13:53:46.000
Interface: DT#1997-09-03-14:53:12.230
Längen (Baustein / Code / Daten): 00240 00132 00000

Adresse	Deklaration	Name	Typ	Anfangswert	Kommentar
	in				
	out				
	in_out				
	temp				

Baustein: FC26 Lösung zu Abschnitt 11.2 Landefeuer

Netzwerk: 1 Vergleicher mit Zähler und Taktimpuls 10Hz

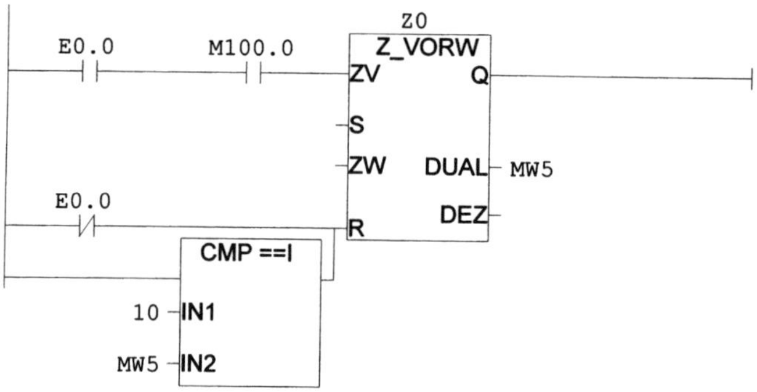

Netzwerk: 2 Zahl 1

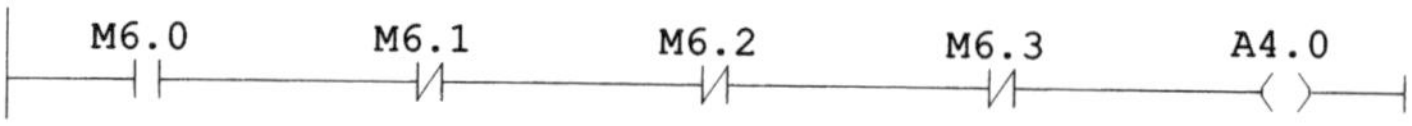

Netzwerk: 3 Zahl 2

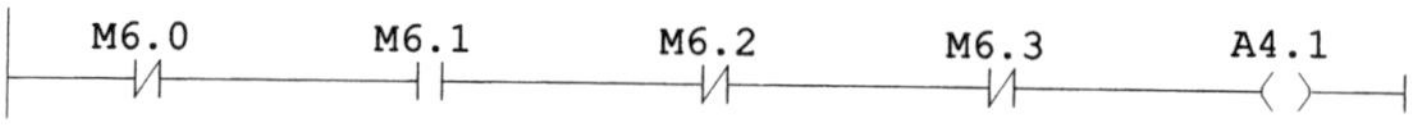

Netzwerk: 4	Zahl 3

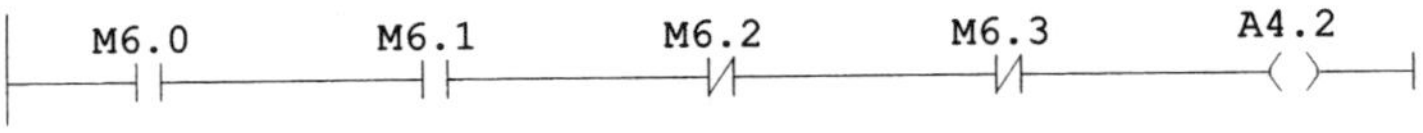

Netzwerk: 5	Zahl 4

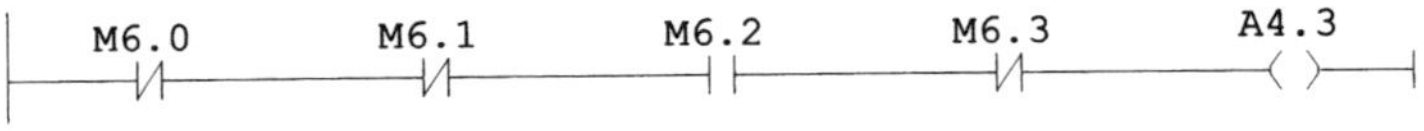

Netzwerk: 6	Zahl 5

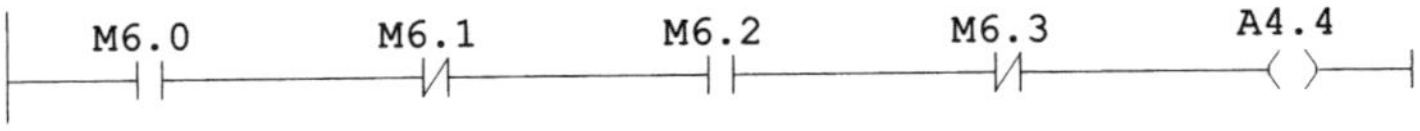

Netzwerk: 7	Zahl 6

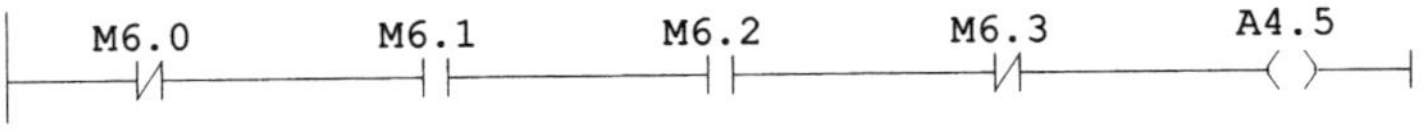

Netzwerk: 8	Zahl 7

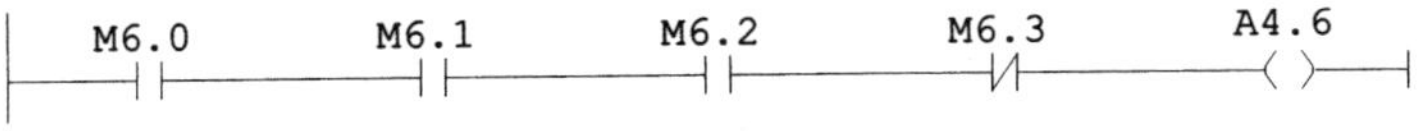

Netzwerk: 9	Zahl 8

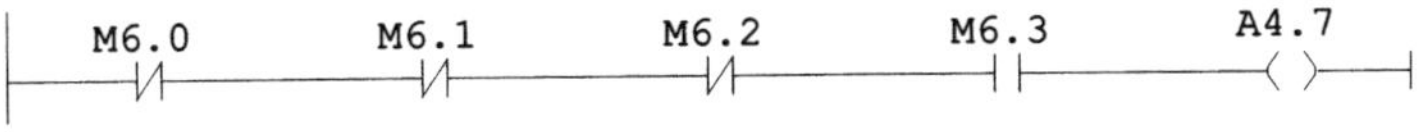

Netzwerk: 10	Zahl 9

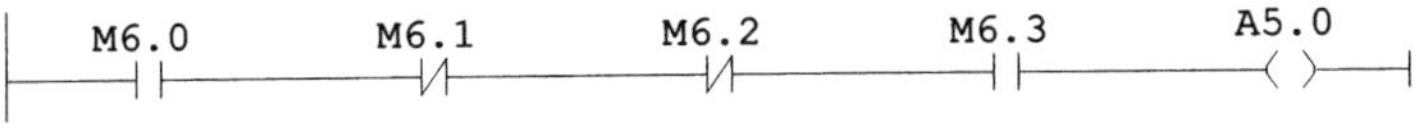

FC26 - <Offline>

Name: AWL **Familie:** Beispiel
Autor: Kaftan **Version:** 00.01
Zeitstempel Code: DT#1998-07-28-13:53:46.000
Interface: DT#1997-09-03-14:53:12.230
Längen (Baustein / Code / Daten): 00240 00132 00000

Adresse	Deklaration	Name	Typ	Anfangswert	Kommentar
	in				
	out				
	in_out				
	temp				

Baustein: FC26 Lösung zu Abschnitt 11.2 Landefeuer

Netzwerk: 1 Vergleicher mit Zähler und Taktimpuls 10Hz

```
U     E      0.0
U     M    100.0
ZV    Z      0
BLD   101
NOP   0
NOP   0
U(
ON    E      0.0
O(
L     10
L     MW     5
==I
)
)
R     Z      0
L     Z      0
T     MW     5
NOP   0
NOP   0
```

Netzwerk: 2 Zahl 1

```
U     M      6.0
UN    M      6.1
UN    M      6.2
UN    M      6.3
=     A      4.0
```

```
Netzwerk: 3         Zahl 2
```

```
UN    M      6.0
U     M      6.1
UN    M      6.2
UN    M      6.3
=     A      4.1
```

```
Netzwerk: 4         Zahl 3
```

```
U     M      6.0
U     M      6.1
UN    M      6.2
UN    M      6.3
=     A      4.2
```

```
Netzwerk: 5         Zahl 4
```

```
UN    M      6.0
UN    M      6.1
U     M      6.2
UN    M      6.3
=     A      4.3
```

```
Netzwerk: 6         Zahl 5
```

```
U     M      6.0
UN    M      6.1
U     M      6.2
UN    M      6.3
=     A      4.4
```

```
Netzwerk: 7         Zahl 6
```

```
UN    M      6.0
U     M      6.1
U     M      6.2
UN    M      6.3
=     A      4.5
```

```
Netzwerk: 8         Zahl 7
```

```
U     M      6.0
U     M      6.1
U     M      6.2
UN    M      6.3
=     A      4.6
```

```
Netzwerk: 9        Zahl 8
```

```
UN     M      6.0
UN     M      6.1
UN     M      6.2
U      M      6.3
=      A      4.7
```

```
Netzwerk: 10       Zahl 9
```

```
U      M      6.0
UN     M      6.1
UN     M      6.2
U      M      6.3
=      A      5.0
```

Lösungsbeispiel zu Abschnitt 11.3

FC27 - <Offline>

Name: FUP **Familie:** Beispiel
Autor: Kaftan **Version:** 00.01
Zeitstempel Code: DT#1998-07-06-12:06:50.000
Interface: DT#1997-09-03-16:41:47.600
Längen (Baustein / Code / Daten): 00154 00058 00000

Adresse	Deklaration	Name	Typ	Anfangswert	Kommentar
	in				
	out				
	in_out				
	temp				

Baustein: FC27 Lösung zu Abschnitt 11.3 Ablauffunktion

Netzwerk: 1 Zähler mit Stop-Einrichtung

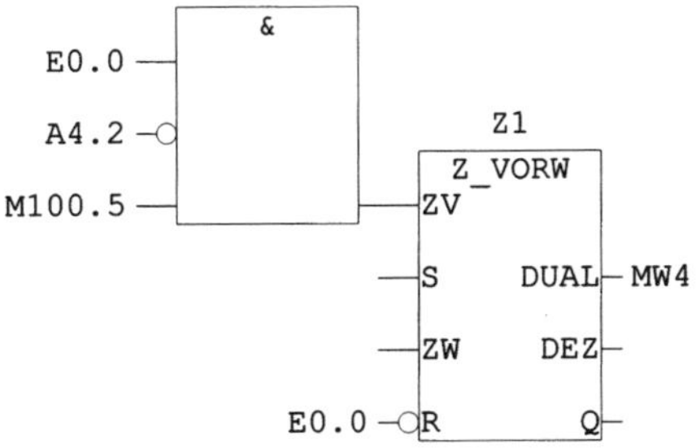

Netzwerk: 2 Leuchtmelder H0

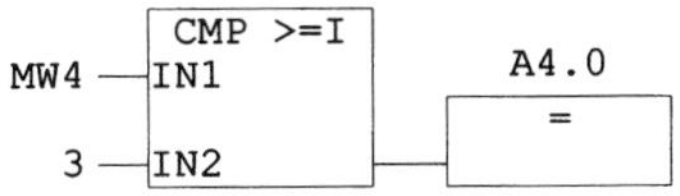

Netzwerk: 3 Leuchtmelder H1

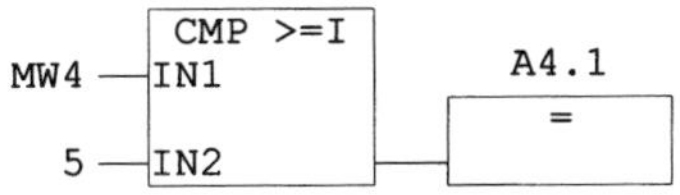

Netzwerk: 4 leuchtmelder H2

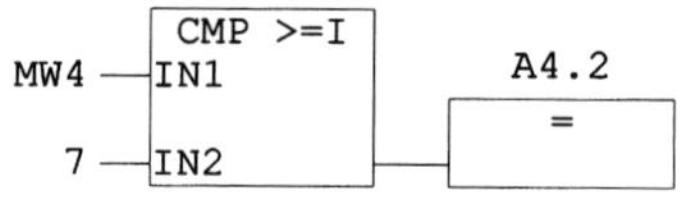

FC27 - <Offline>

Name: KOP **Familie:** Beispiel
Autor: Kaftan **Version:** 00.01
Zeitstempel Code: DT#1998-07-28-12:42:50.000
Interface: DT#1997-09-03-16:41:47.600
Längen (Baustein / Code / Daten): 00154 00058 00000

Adresse	Deklaration	Name	Typ	Anfangswert	Kommentar
	in				
	out				
	in_out				
	temp				

Baustein: FC27 Lösung zu Abschnitt 11.3 Ablauffunktion

Netzwerk: 1 Zähler mit Stop-Einrichtung

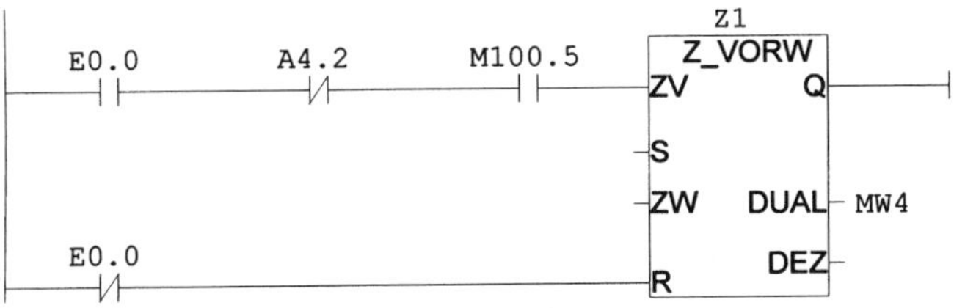

Netzwerk: 2 Leuchtmelder H0

Netzwerk: 3 Leuchtmelder H1

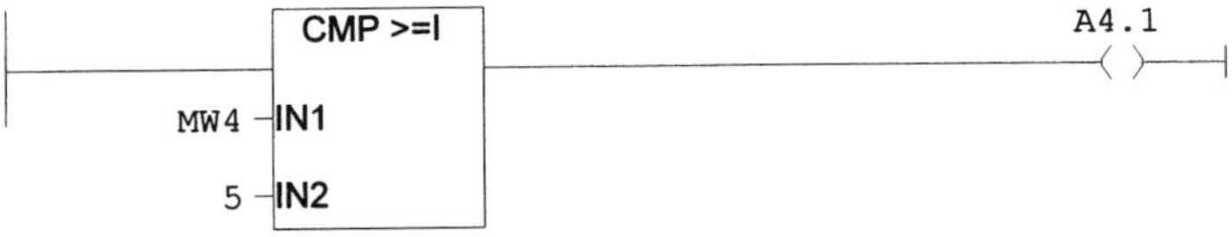

Netzwerk: 4   leuchtmelder H2

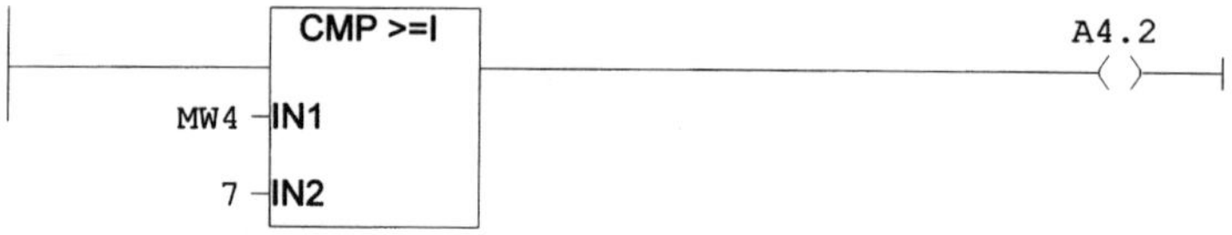

FC27 - <Offline>

Name: AWL **Familie:** Beispiel
Autor: Kaftan **Version:** 00.01
Zeitstempel Code: DT#1998-07-28-12:43:19.000
Interface: DT#1997-09-03-16:41:47.600
Längen (Baustein / Code / Daten): 00154 00058 00000

Adresse	Deklaration	Name	Typ	Anfangswert	Kommentar
	in				
	out				
	in_out				
	temp				

Baustein: FC27 Lösung zu Abschnitt 11.3 Ablauffunktion

Netzwerk: 1 Zähler mit Stop-Einrichtung

```
U    E     0.0
UN   A     4.2
U    M   100.5              //Taktmerker 1Hz
ZV   Z     1
BLD  101
NOP  0
NOP  0
UN   E     0.0
R    Z     1
L    Z     1
T    MW    4
NOP  0
NOP  0
```

Netzwerk: 2 Leuchtmelder H0

```
L    MW    4
L    3
>=I
=    A     4.0
```

Netzwerk: 3 Leuchtmelder H1

```
L    MW    4
L    5
>=I
=    A     4.1
```

Netzwerk: 4	leuchtmelder H2

```
L     MW     4
L     7
>=I
=     A      4.2
```

Lösungsbeispiel zu Abschnitt 12.1

FC0 - <Offline>

Name: FUP **Familie:** Beispiel
Autor: Kaftan **Version:** 00.01
Zeitstempel Code: DT#1998-07-29-08:26:12.000
Interface: DT#1997-08-28-11:10:41.930
Längen (Baustein / Code / Daten): 00336 00214 00000

Adresse	Deklaration	Name	Typ	Anfangswert	Kommentar
	in				
	out				
	in_out				
	temp				

Baustein: FC0	**Lösung zu Abschnitt 12.1**	**Sieben-Segment-Anzeige**

Netzwerk: 1	Zahlenauswertung Zahl 0

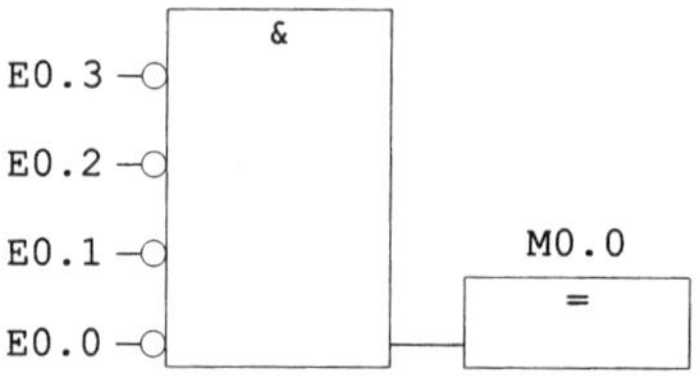

Netzwerk: 2	Zahlenauswertung Zahl 1

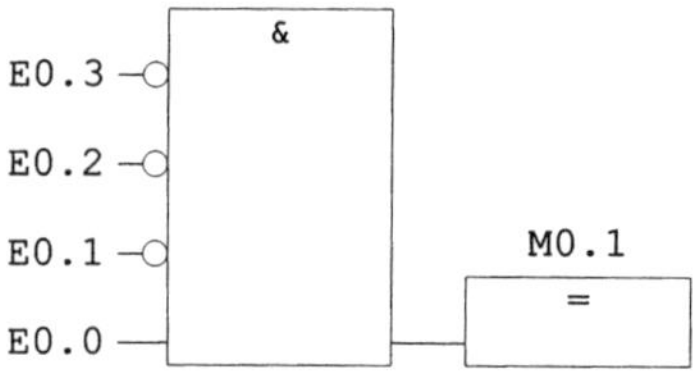

Netzwerk: 3 Zahlenauswertung Zahl 2

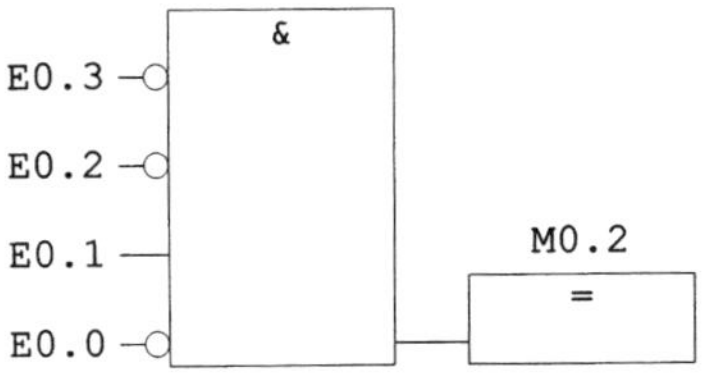

Netzwerk: 4 Zahlenauswertung Zahl 3

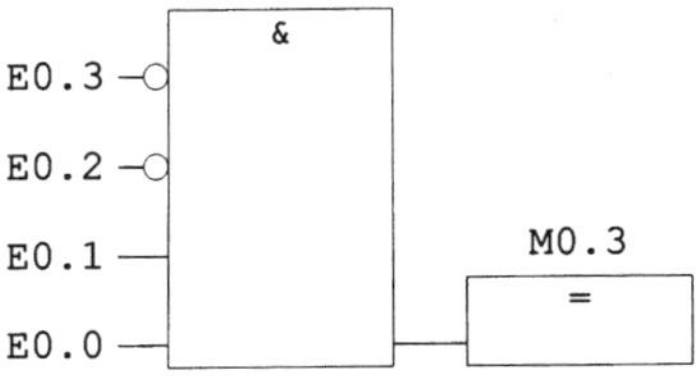

Netzwerk: 5 Zahlenauswertung Zahl 4

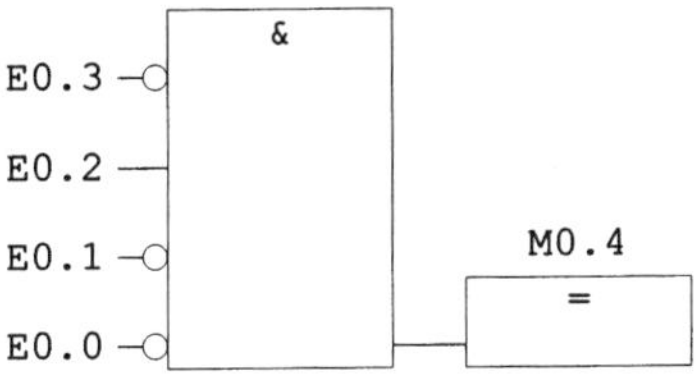

Netzwerk: 6 Zahlenauswertung Zahl 5

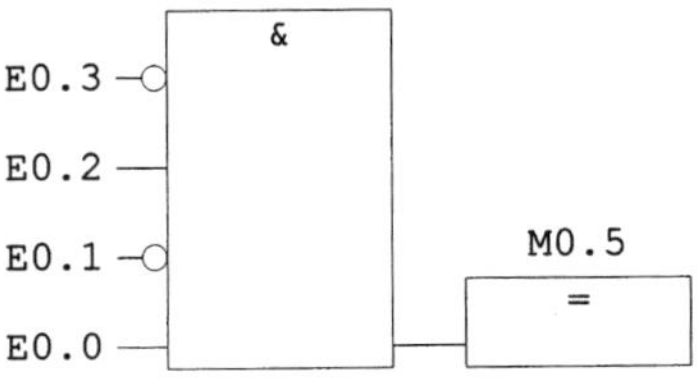

Netzwerk: 7 Zahlenauswertung Zahl 6

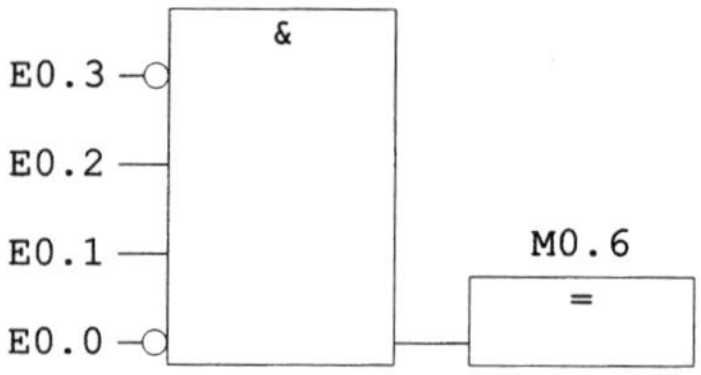

Netzwerk: 8 Zahlenauswertung Zahl 7

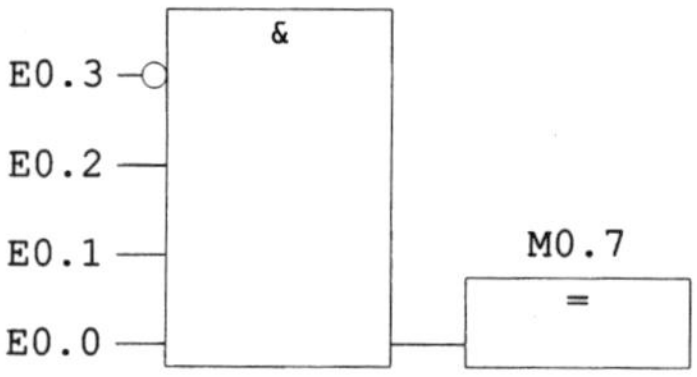

Netzwerk: 9 Zahlenauswertung Zahl 8

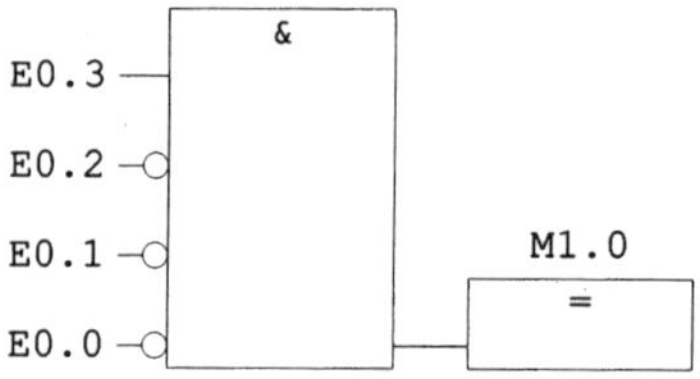

Netzwerk: 10 Zahlenauswertung Zahl 9

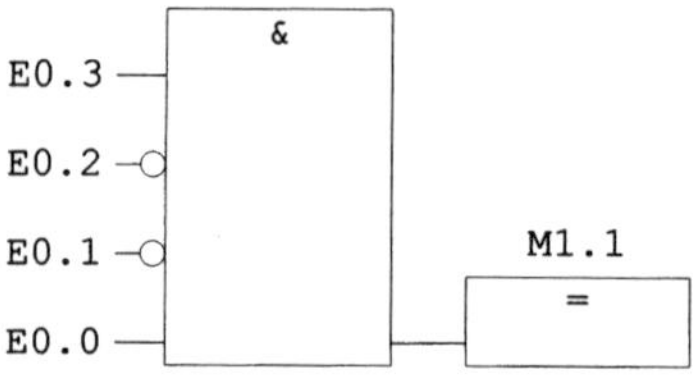

Netzwerk: 11 Segmentansteuerung

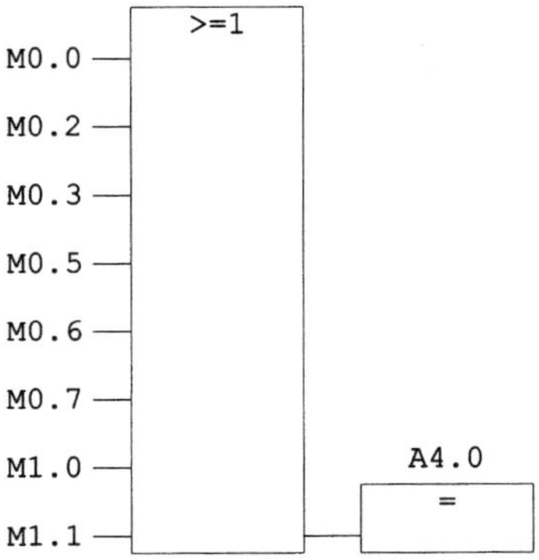

Netzwerk: 12 Segmentansteuerung

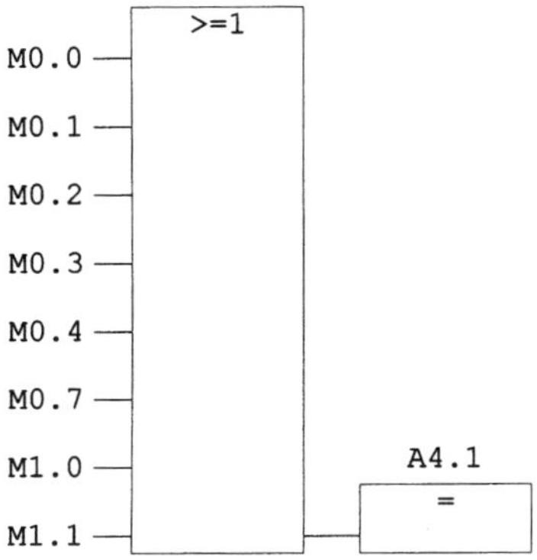

Netzwerk: 13 Segmentansteuerung

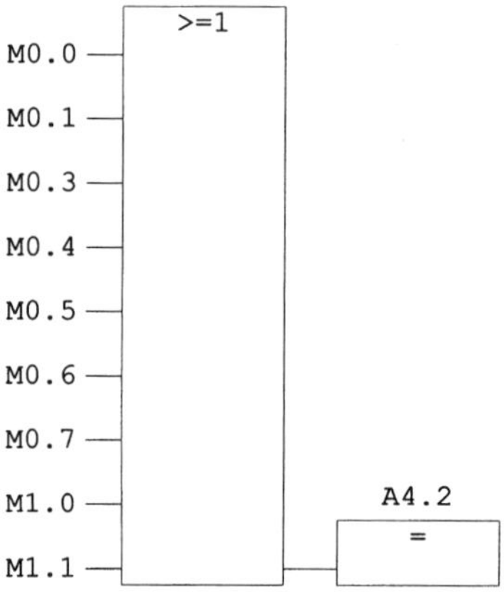

Netzwerk: 14 Segmentansteuerung

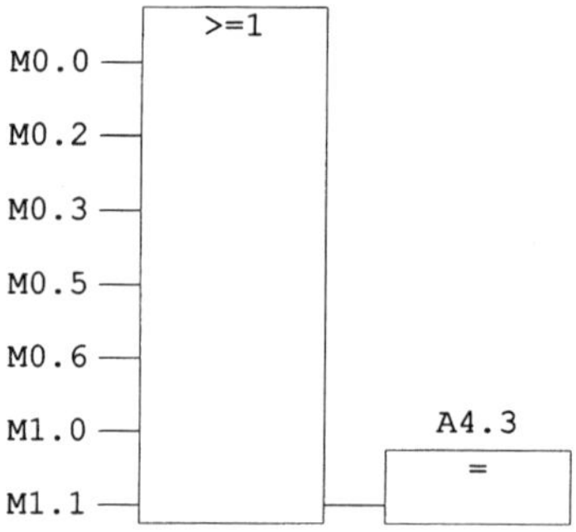

Netzwerk: 15 Segmentansteuerung

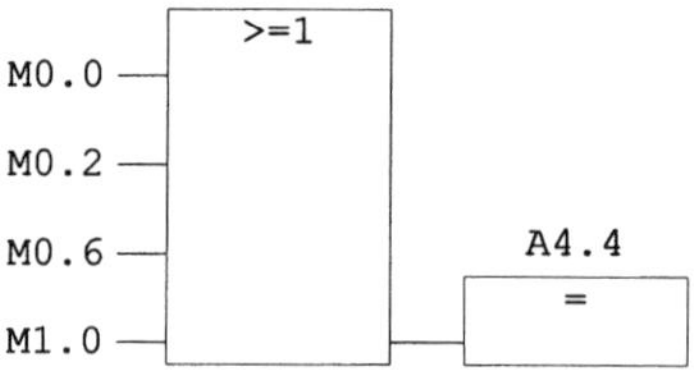

Netzwerk: 16 Segmentansteuerung

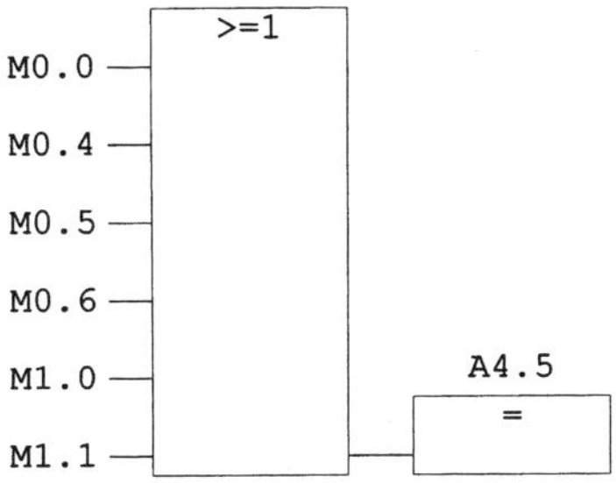

Netzwerk: 17 Segmentansteuerung

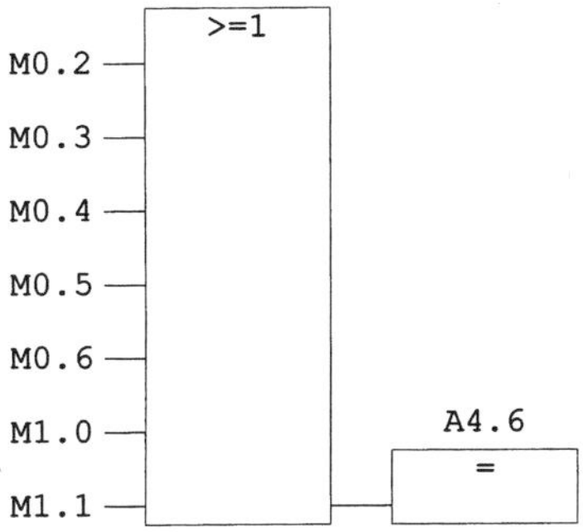

FC0 - <Offline>

Name: KOP **Familie:** Beispiel
Autor: Kaftan **Version:** 00.01
Zeitstempel Code: DT#1998-07-29-08:26:12.000
Interface: DT#1997-08-28-11:10:41.930
Längen (Baustein / Code / Daten): 00336 00214 00000

Adresse	**Deklaration**	**Name**	**Typ**	**Anfangswert**	**Kommentar**
	in				
	out				
	in_out				
	temp				

Baustein: FC0 Lösung zu Abschnitt 12.1 Sieben-Segment-Anzeige

Netzwerk: 1 Zahlenauswertung Zahl 0

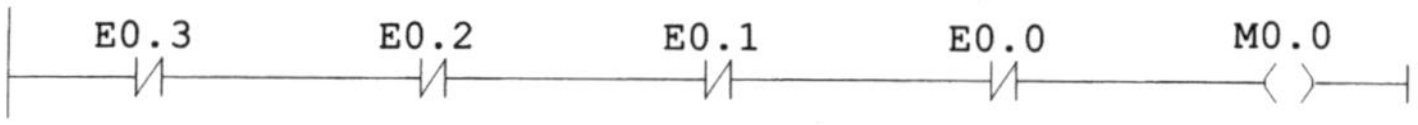

Netzwerk: 2 Zahlenauswertung Zahl 1

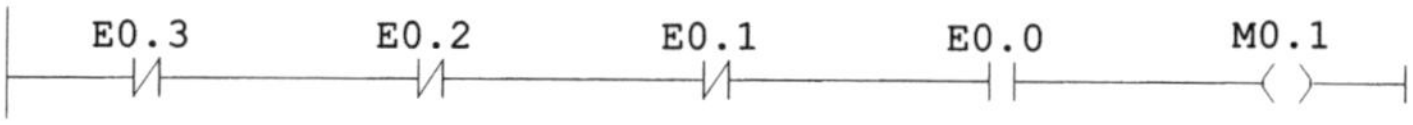

Netzwerk: 3 Zahlenauswertung Zahl 2

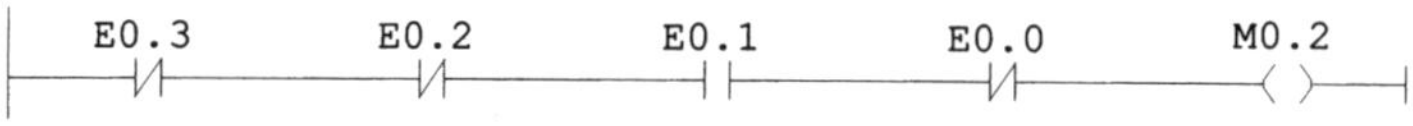

Netzwerk: 4 Zahlenauswertung Zahl 3

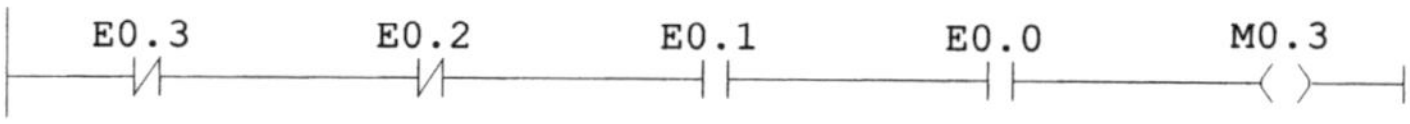

Netzwerk: 5 Zahlenauswertung Zahl 4

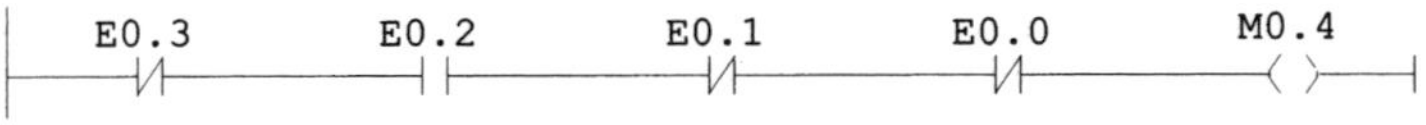

Netzwerk: 6 Zahlenauswertung Zahl 5

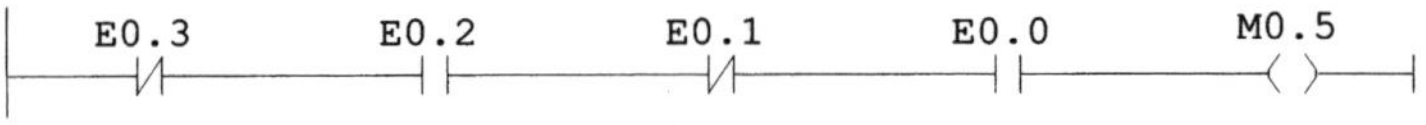

Netzwerk: 7 Zahlenauswertung Zahl 6

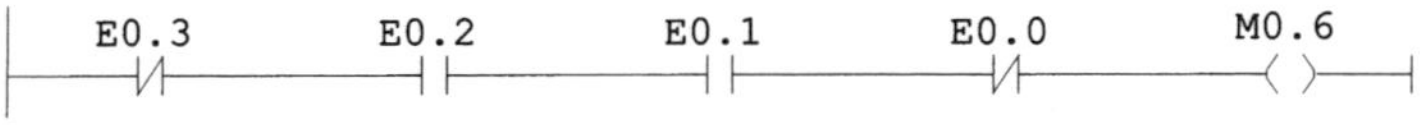

Netzwerk: 8 Zahlenauswertung Zahl 7

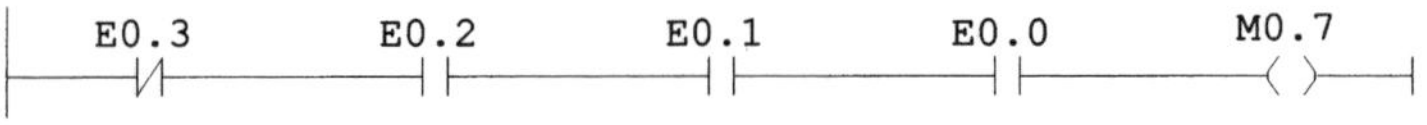

Netzwerk: 9 Zahlenauswertung Zahl 8

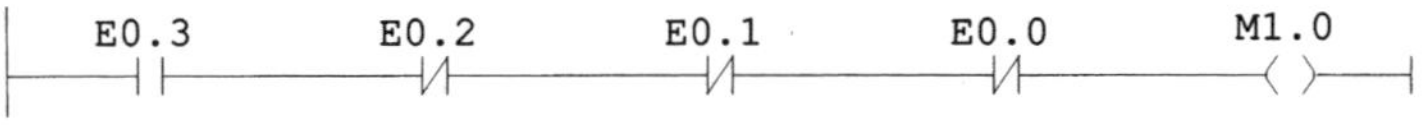

Netzwerk: 10 Zahlenauswertung Zahl 9

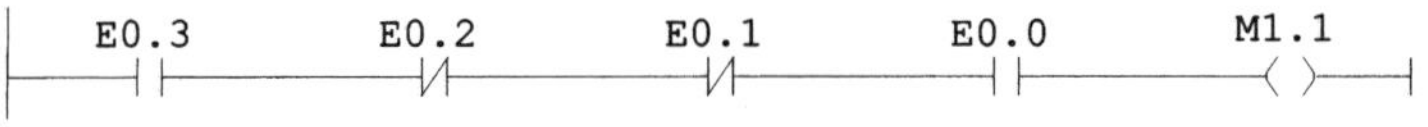

Netzwerk: 11 Segmentansteuerung

Netzwerk: 12 Segmentansteuerung

Netzwerk: 13 Segmentansteuerung

Netzwerk: 14 Segmentansteuerung

Netzwerk: 15 Segmentansteuerung

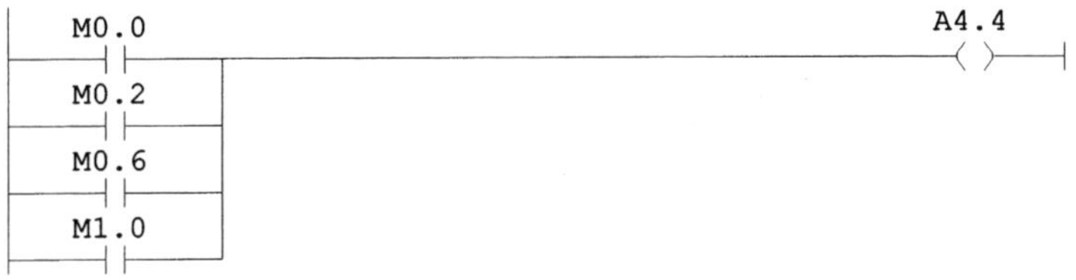

Netzwerk: 16 Segmentansteuerung

Netzwerk: 17 Segmentansteuerung

FC0 - <Offline>

Name: AWL **Familie:** Beispiel
Autor: Kaftan **Version:** 00.01
Zeitstempel Code: DT#1998-07-29-08:26:12.000
Interface: DT#1997-08-28-11:10:41.930
Längen (Baustein / Code / Daten): 00336 00214 00000

Adresse	Deklaration	Name	Typ	Anfangswert	Kommentar
	in				
	out				
	in_out				
	temp				

Baustein: FC0 Lösung zu Abschnitt 12.1 Sieben-Segment-Anzeige

Netzwerk: 1 Zahlenauswertung Zahl 0

```
UN   E    0.3
UN   E    0.2
UN   E    0.1
UN   E    0.0
=    M    0.0
```

Netzwerk: 2 Zahlenauswertung Zahl 1

```
UN   E    0.3
UN   E    0.2
UN   E    0.1
U    E    0.0
=    M    0.1
```

Netzwerk: 3 Zahlenauswertung Zahl 2

```
UN   E    0.3
UN   E    0.2
U    E    0.1
UN   E    0.0
=    M    0.2
```

Netzwerk: 4 Zahlenauswertung Zahl 3

```
UN   E    0.3
UN   E    0.2
U    E    0.1
U    E    0.0
=    M    0.3
```

Netzwerk: 5	Zahlenauswertung Zahl 4

```
UN    E    0.3
U     E    0.2
UN    E    0.1
UN    E    0.0
=     M    0.4
```

Netzwerk: 6	Zahlenauswertung Zahl 5

```
UN    E    0.3
U     E    0.2
UN    E    0.1
U     E    0.0
=     M    0.5
```

Netzwerk: 7	Zahlenauswertung Zahl 6

```
UN    E    0.3
U     E    0.2
U     E    0.1
UN    E    0.0
=     M    0.6
```

Netzwerk: 8	Zahlenauswertung Zahl 7

```
UN    E    0.3
U     E    0.2
U     E    0.1
U     E    0.0
=     M    0.7
```

Netzwerk: 9	Zahlenauswertung Zahl 8

```
U     E    0.3
UN    E    0.2
UN    E    0.1
UN    E    0.0
=     M    1.0
```

Netzwerk: 10	Zahlenauswertung Zahl 9

```
U     E    0.3
UN    E    0.2
UN    E    0.1
U     E    0.0
=     M    1.1
```

```
Netzwerk: 11      Segmentansteuerung

    O    M    0.0
    O    M    0.2
    O    M    0.3
    O    M    0.5
    O    M    0.6
    O    M    0.7
    O    M    1.0
    O    M    1.1
    =    A    4.0

Netzwerk: 12      Segmentansteuerung

    O    M    0.0
    O    M    0.1
    O    M    0.2
    O    M    0.3
    O    M    0.4
    O    M    0.7
    O    M    1.0
    O    M    1.1
    =    A    4.1

Netzwerk: 13      Segmentansteuerung

    O    M    0.0
    O    M    0.1
    O    M    0.3
    O    M    0.4
    O    M    0.5
    O    M    0.6
    O    M    0.7
    O    M    1.0
    O    M    1.1
    =    A    4.2

Netzwerk: 14      Segmentansteuerung

    O    M    0.0
    O    M    0.2
    O    M    0.3
    O    M    0.5
    O    M    0.6
    O    M    1.0
    O    M    1.1
    =    A    4.3
```

```
Netzwerk: 15      Segmentansteuerung

      O     M      0.0
      O     M      0.2
      O     M      0.6
      O     M      1.0
      =     A      4.4
```

```
Netzwerk: 16      Segmentansteuerung

      O     M      0.0
      O     M      0.4
      O     M      0.5
      O     M      0.6
      O     M      1.0
      O     M      1.1
      =     A      4.5
```

```
Netzwerk: 17      Segmentansteuerung

      O     M      0.2
      O     M      0.3
      O     M      0.4
      O     M      0.5
      O     M      0.6
      O     M      1.0
      O     M      1.1
      =     A      4.6
```

Lösungsbeispiel zu Abschnitt 12.2

FC1 - <Offline>

Name: FUP **Familie:** Beispiel
Autor: Kaftan **Version:** 00.01
Zeitstempel Code: DT#1998-07-29-08:18:54.000
Interface: DT#1997-09-05-09:54:11.310
Längen (Baustein / Code / Daten): 00202 00104 00000

Adresse	Deklaration	Name	Typ	Anfangswert	Kommentar
	in				
	out				
	in_out				
	temp				

Baustein: FC1 Lösung zu Abschnitt 12.2 Stern-Dreieck-Anlauf

Netzwerk: 1 Sternanlauf

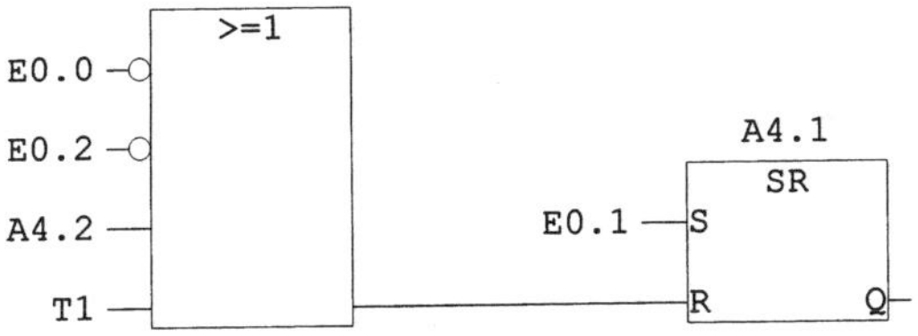

Netzwerk: 2 Merker für Start T1

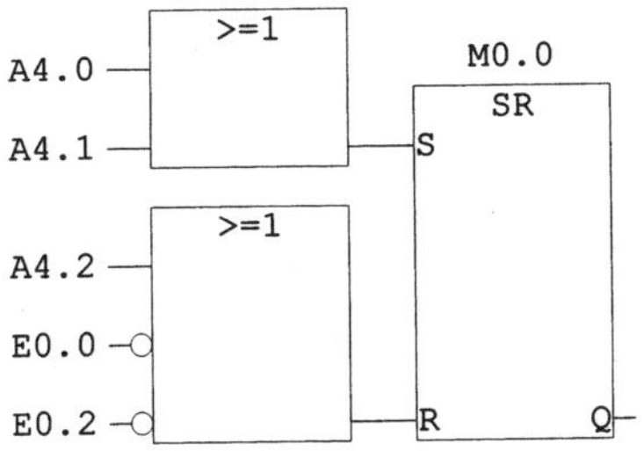

Netzwerk: 3 Sternanlauf

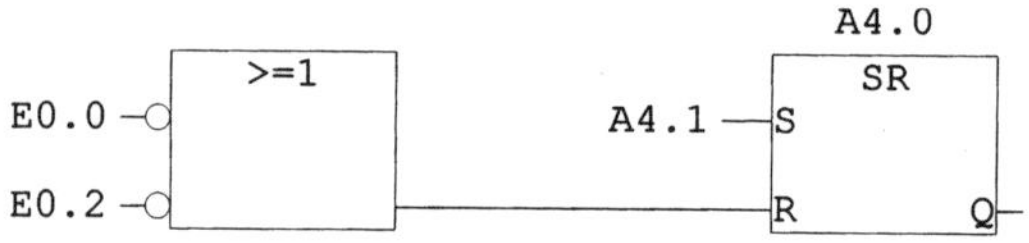

Netzwerk: 4 Sternanlauf

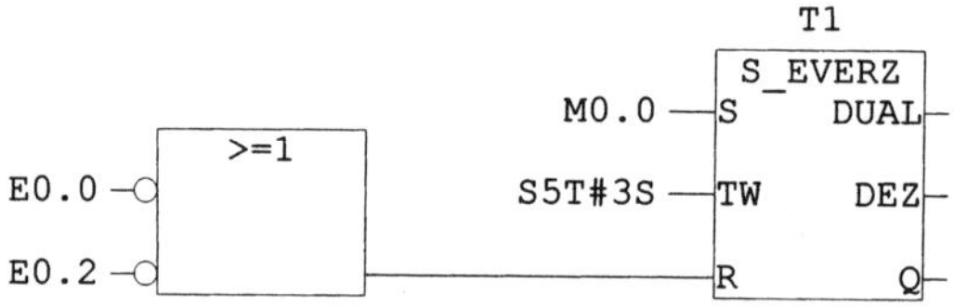

Netzwerk: 5 Dreieckanlauf

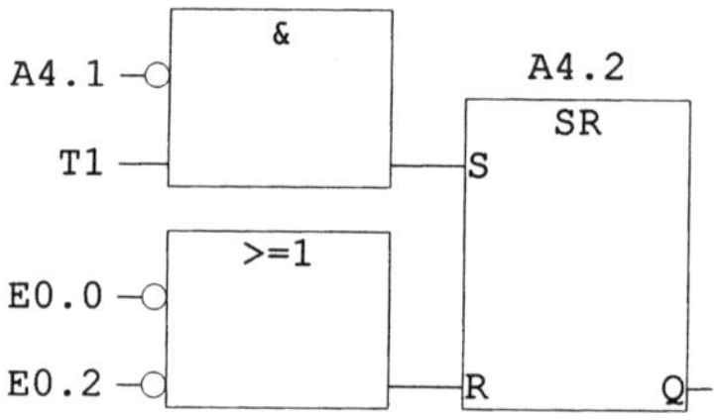

FC1 - <Offline>

Name: KOP **Familie:** Beispiel
Autor: Kaftan **Version:** 00.01
Zeitstempel Code: DT#1998-07-29-08:18:54.000
Interface: DT#1997-09-05-09:54:11.310
Längen (Baustein / Code / Daten): 00202 00104 00000

Adresse	Deklaration	Name	Typ	Anfangswert	Kommentar
	in				
	out				
	in_out				
	temp				

Baustein: FC1 Lösung zu Abschnitt 12.2 Stern-Dreieck-Anlauf

Netzwerk: 1 Sternanlauf

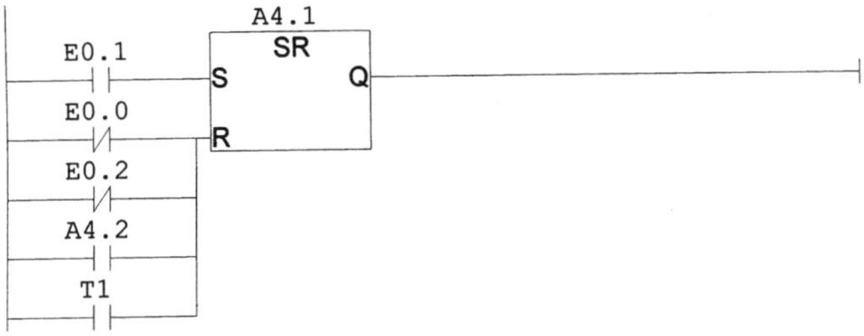

Netzwerk: 2 Merker für Start T1

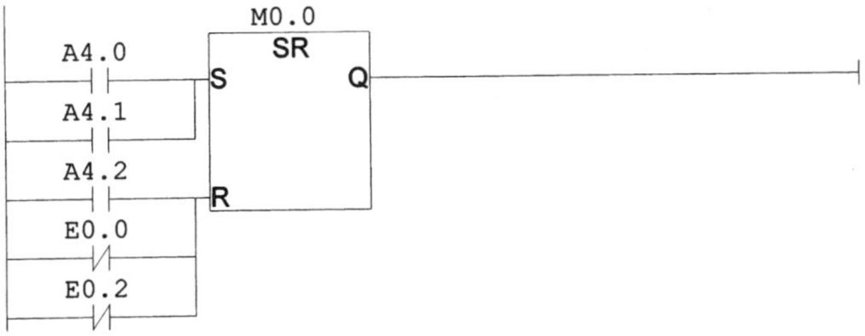

Netzwerk: 3 Sternanlauf

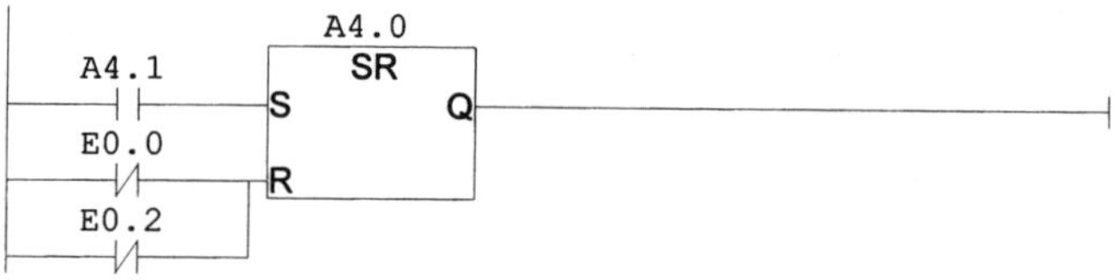

Netzwerk: 4 Sternanlauf

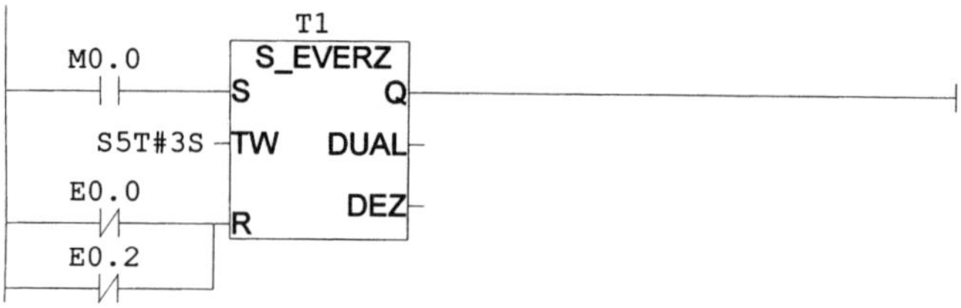

Netzwerk: 5 Dreieckanlauf

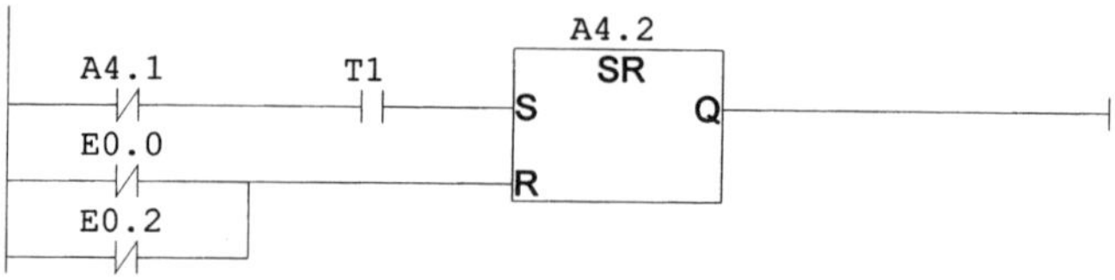

FC1 - <Offline>

Name: AWL **Familie:** Beispiel
Autor: Kaftan **Version:** 00.01
Zeitstempel Code: DT#1998-07-29-08:18:54.000
Interface: DT#1997-09-05-09:54:11.310
Längen (Baustein / Code / Daten): 00202 00104 00000

Adresse	Deklaration	Name	Typ	Anfangswert	Kommentar
	in				
	out				
	in_out				
	temp				

Baustein: FC1 Lösung zu Abschnitt 12.2 Stern-Dreieck-Anlauf

Netzwerk: 1 Sternanlauf

```
U    E    0.1              //Ein-Taster
S    A    4.1              //Sternschütz
U(
ON   E    0.0              //Aus-Taster
ON   E    0.2              //Überstromrelais
O    A    4.2              //Dreieckschütz
O    T    1                //Wartezeit
)
R    A    4.1              //Sternschütz
NOP  0
```

Netzwerk: 2 Merker für Start T1

```
U(
O    A    4.0              //Netzschütz
O    A    4.1              //Sternschütz
)
S    M    0.0              //Merker für Start T1
U(
O    A    4.2              //Dreieckschütz
ON   E    0.0              //Aus-Taster
ON   E    0.2              //Überstromrelais
)
R    M    0.0
NOP  0
```

Netzwerk: 3	Sternanlauf

```
U     A     4.1          //Sternschütz
S     A     4.0          //Netzschütz
U(
ON    E     0.0          //Aus-Taster
ON    E     0.2          //Überstromrelais
)
R     A     4.0          //Netzschütz
NOP   0
```

Netzwerk: 4	Sternanlauf

```
U     M     0.0
L     S5T#3S
SE    T     1            //Wartezeit
U(
ON    E     0.0          //Aus-Taster
ON    E     0.2
)
R     T     1
NOP   0
NOP   0
NOP   0
```

Netzwerk: 5	Dreieckanlauf

```
UN    A     4.1          //Sternschütz
U     T     1            //Wartezeit
S     A     4.2          //Dreieckschütz
U(
ON    E     0.0          //Aus-Taster
ON    E     0.2
)
R     A     4.2          //Dreieckschütz
NOP   0
```

Lösungsbeispiel zu Abschnitt 12.3

FC2 - <Offline>

""

Name: FUP **Familie:** Beispiel
Autor: Kaftan **Version:** 00.01
Bausteinversion: 2
Zeitstempel Code: 10.02.00 14:33:13
Interface: 16.12.99 15:10:41
Längen (Baustein / Code / Daten): 00240 00122 00000

Adresse	**Deklaration**	**Name**	**Typ**	**Anfangswert**	**Kommentar**
0.0	in	Taster	BOOL		
2.0	out	Schalter	BOOL		
4.0	in_out	Geber	WORD		
	temp				

Baustein: FC2 Lösung zu Abschnitt 12.3	**Ampelsteuerung**

Netzwerk: 1 Zähler getaktet mit 0,5Hz

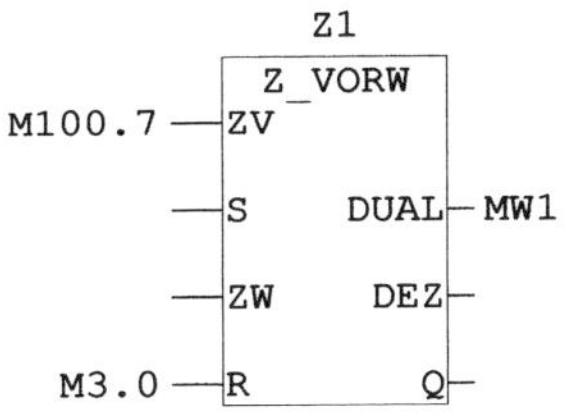

Netzwerk: 2 Zähler rücksetzen

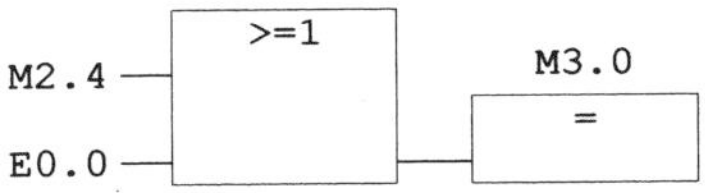

Netzwerk: 3 Zähler Wert 1

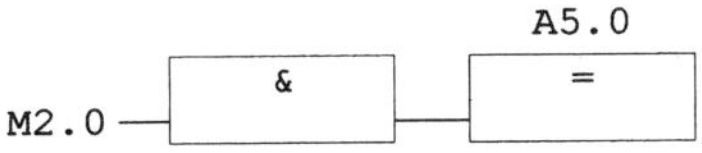

Netzwerk: 4 Zähler Wert 2

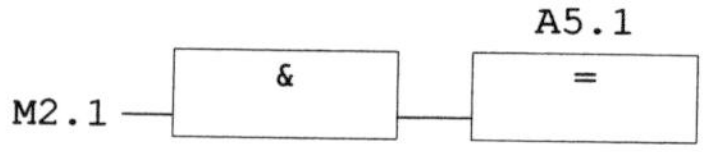

Netzwerk: 5 Zähler Wert 4

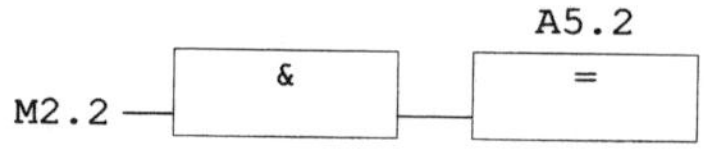

Netzwerk: 6 Zähler Wert 8

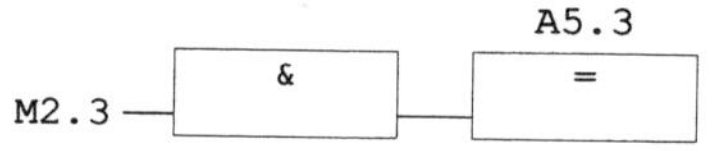

Netzwerk: 7 Codierung Ampel rot für Auto

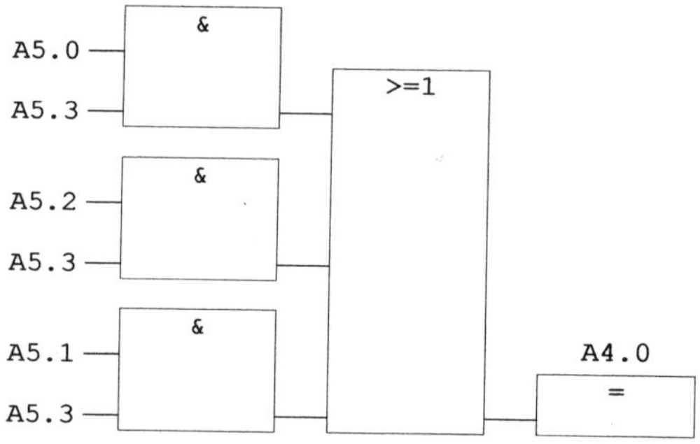

Netzwerk: 8 Codierung Ampel gelb für Auto

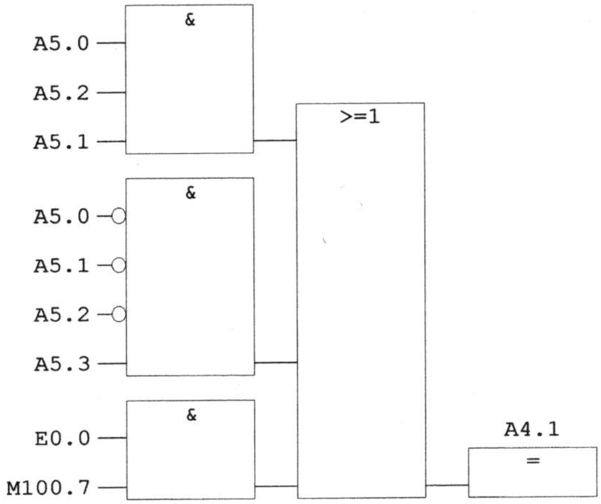

Netzwerk: 9 Codierung Ampel grün für Auto

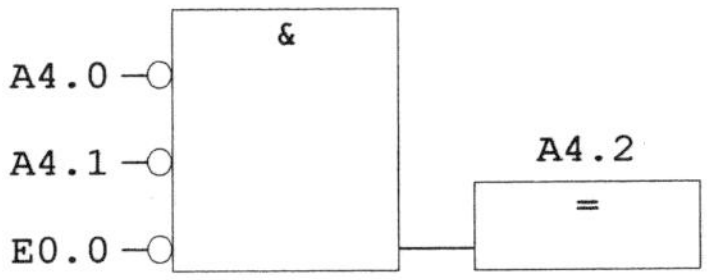

Netzwerk: 10 Codierung Ampel rot für Fußgänger

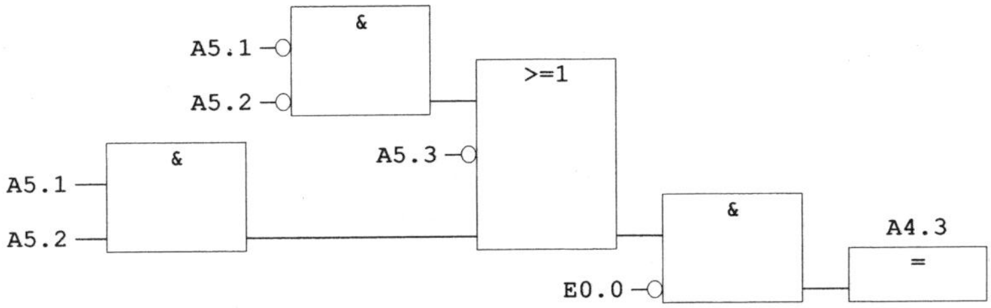

Netzwerk: 11 Codierung Ampel grün für Fußgänger

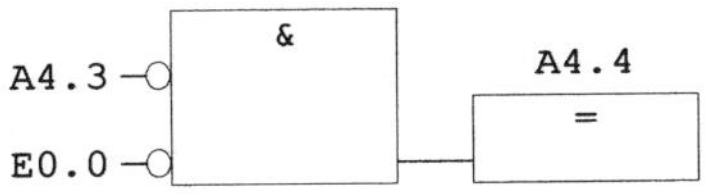

FC2 - <Offline>

""

Name: KOP **Familie:** Beispiel
Autor: Kaftan **Version:** 00.01
Bausteinversion: 2
Zeitstempel Code: 10.02.00 14:33:13
Interface: 16.12.99 15:10:41
Längen (Baustein / Code / Daten): 00240 00122 00000

Adresse	**Deklaration**	**Name**	**Typ**	**Anfangswert**	**Kommentar**
0.0	in	Taster	BOOL		
2.0	out	Schalter	BOOL		
4.0	in_out	Geber	WORD		
	temp				

Baustein: FC2 Lösung zu Abschnitt 12.3 Ampelsteuerung

Netzwerk: 1 Zähler getaktet mit 0,5Hz

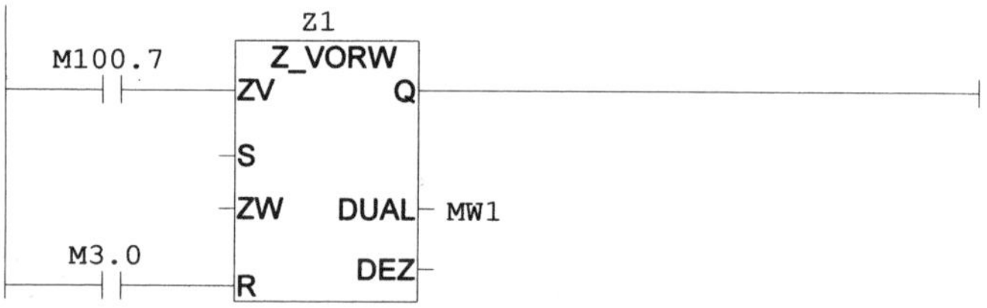

Netzwerk: 2 Zähler rücksetzen

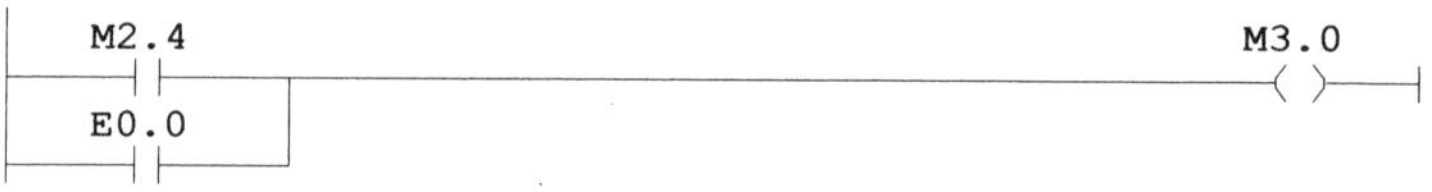

Netzwerk: 3 Zähler Wert 1

Netzwerk: 4 Zähler Wert 2

Netzwerk: 5 Zähler Wert 4

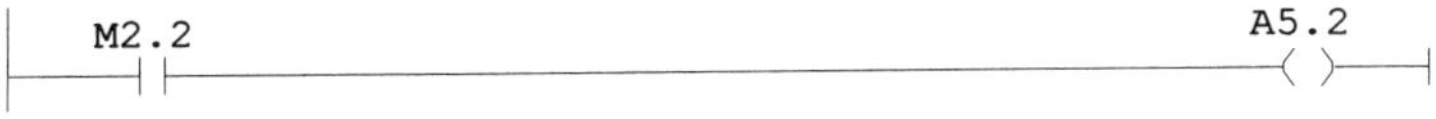

Netzwerk: 6 Zähler Wert 8

Netzwerk: 7 Codierung Ampel rot für Auto

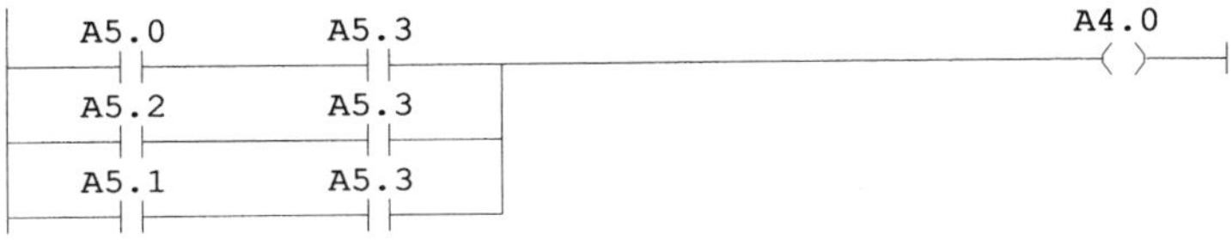

Netzwerk: 8 Codierung Ampel gelb für Auto

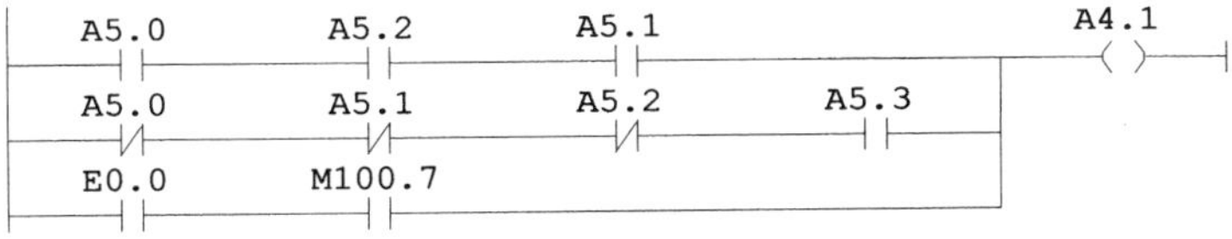

Netzwerk: 9 Codierung Ampel grün für Auto

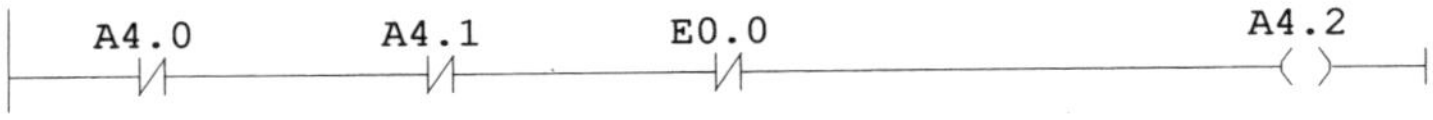

Netzwerk: 10 Codierung Ampel rot für Fußgänger

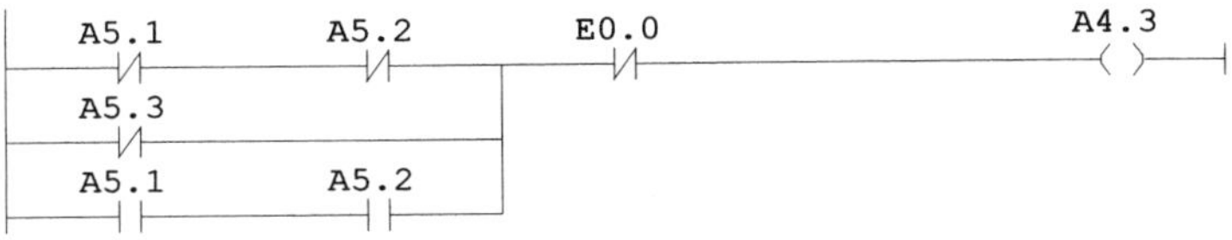

Netzwerk: 11 Codierung Ampel grün für Fußgänger

FC2 - <Offline>

""

Name: AWL **Familie:** Beispiel
Autor: Kaftan **Version:** 00.01
Bausteinversion: 2
Zeitstempel Code: 10.02.00 14:53:30
Interface: 16.12.99 15:10:41
Längen (Baustein / Code / Daten): 00240 00122 00000

Adresse	Deklaration	Name	Typ	Anfangswert	Kommentar
0.0	in	Taster	BOOL		
2.0	out	Schalter	BOOL		
4.0	in_out	Geber	WORD		
	temp				

Baustein: FC2 Lösung zu Abschnitt 12.3 Ampelsteuerung

Netzwerk: 1 Zähler getaktet mit 0,5Hz

```
U    M    100.7  //Taktmerker 0,5 Hz
ZV   Z      1    //Zykluszähler
BLD  101
NOP  0
NOP  0
U    M      3.0  //Merker für Rücks. bei Zahl 16
R    Z      1
L    Z      1
T    MW     1    //Zyklusmerker
NOP  0
NOP  0
```

Netzwerk: 2 Zähler rücksetzen

```
O    M      2.4  //Zähler Wert 16
O    E      0.0  //Tag-Nacht-Schalter
=    M      3.0  //Merker für Zähler rücksetzen
```

Netzwerk: 3 Zähler Wert 1

```
U    M      2.0  //Zähler Wert 1
=    A      5.0
```

Netzwerk: 4 Zähler Wert 2

```
U    M      2.1  //Zähler Wert 2
=    A      5.1
```

```
Netzwerk: 6        Zähler   Wert 8

      U    M     2.3  //Zähler Wert 8
      =    A     5.3
```

```
Netzwerk: 7        Codierung Ampel rot für Auto

      U    A     5.0  //Zähler Wert 1
      U    A     5.3  //Zähler Wert 8
      O
      U    A     5.2  //Zähler Wert 4
      U    A     5.3  //Zähler Wert 8
      O
      U    A     5.1  //Zähler Wert 2
      U    A     5.3  //Zähler Wert 8
      =    A     4.0
```

```
Netzwerk: 8        Codierung Ampel gelb für Auto

      U    A     5.0  //Zähler Wert 1
      U    A     5.2  //Zähler Wert 4
      U    A     5.1  //Zähler Wert 2
      O
      UN   A     5.0  //Zähler Wert 1
      UN   A     5.1  //Zähler Wert 2
      UN   A     5.2  //Zähler Wert 4
      U    A     5.3  //Zähler Wert 8
      O
      U    E     0.0  //Tag-Nacht-Schalter
      U    M   100.7  //Taktmerker 0,5Hz
      =    A     4.1  //Auto gelb
```

```
Netzwerk: 9        Codierung Ampel grün für Auto

      UN   A     4.0  //Auto nicht rot
      UN   A     4.1  //Auto nicht gelb
      UN   E     0.0  //Tag-Nacht-Schalter
      =    A     4.2  //Auto grün
```

```
Netzwerk: 10       Codierung Ampel rot für Fußgänger

      U(
      UN   A     5.1  //Zähler Wert 2
      UN   A     5.2  //Zähler Wert 4
      ON   A     5.3  //Zähler Wert 8
      O
      U    A     5.1  //Zähler Wert 2
      U    A     5.2  //Zähler Wert 4
      )
      UN   E     0.0  //Tag-Nacht-Schalter
      =    A     4.3  //Fußgänger rot
```

```
Netzwerk: 11      Codierung Ampel grün für Fußgänger

      UN    A      4.3  //Fußgänger rot
      UN    E      0.0  //Tag-Nacht-Schalter
      =     A      4.4  //Fußgänger grün
```

Lösungsbeispiel zu Abschnitt 12.4

FC4 - <Offline>

Name: FUP **Familie:** Beispiel
Autor: Kaftan **Version:** 00.01
Zeitstempel Code: DT#1998-07-28-13:07:53.000
Interface: DT#1997-09-05-13:59:44.080
Längen (Baustein / Code / Daten): 00338 00228 00000

Adresse	Deklaration	Name	Typ	Anfangswert	Kommentar
	in				
	out				
	in_out				
	temp				

Baustein: FC4 Lösung zu Abschnitt 12.4 Bandsteuerung

Netzwerk: 1 10 Hz Taktgeber

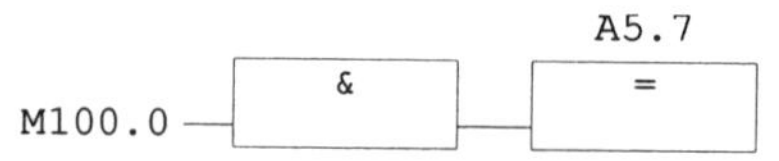

Netzwerk: 2 Ein-Lampe Band 1

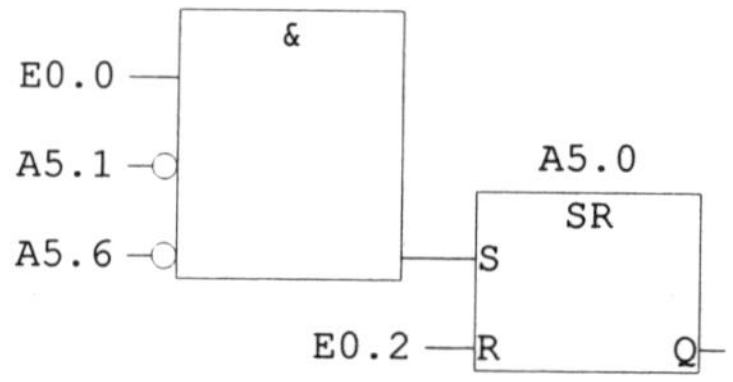

Netzwerk: 3 Ein-Lampe Band 2

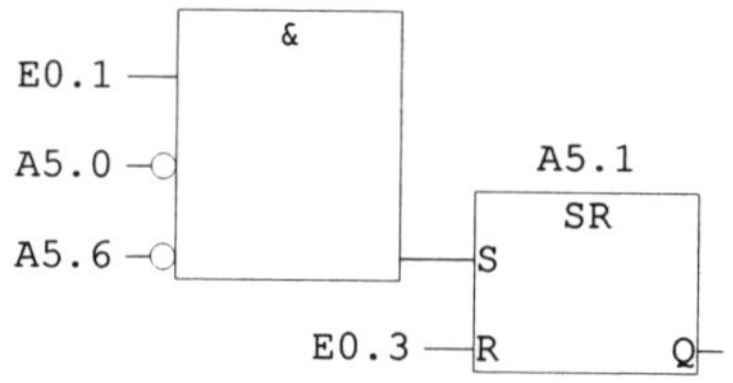

Netzwerk: 4 Anlaufzeit Einschaltverzögerung

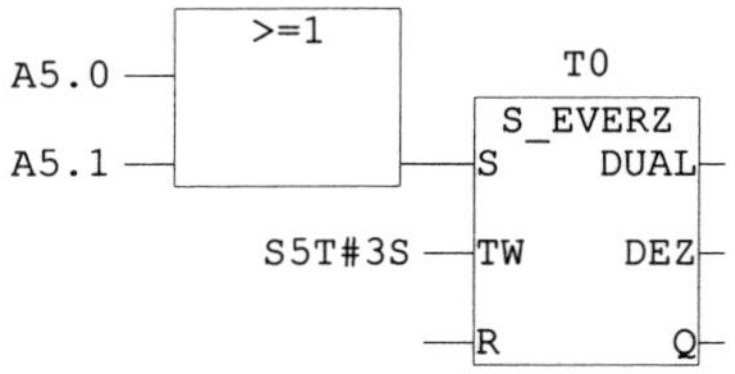

Netzwerk: 5 Bandüberwachung Band 1/2 Einschaltverzögerung

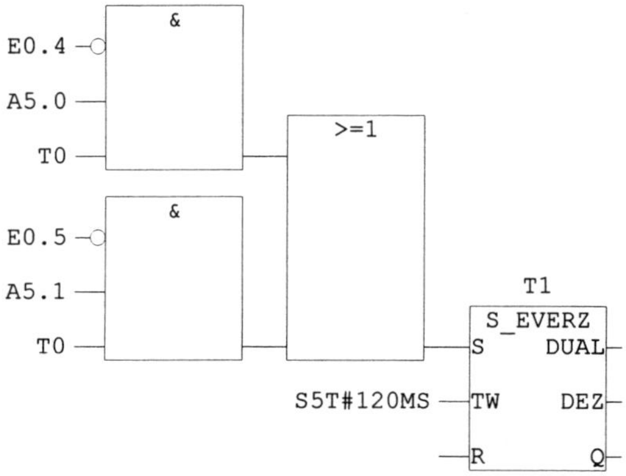

Netzwerk: 6 Bandüberwachung 3

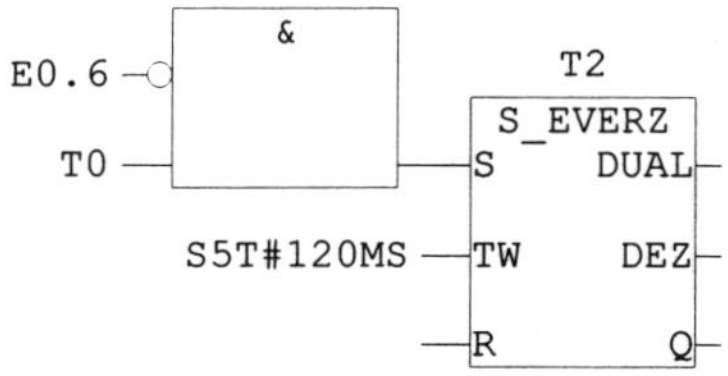

Netzwerk: 7 Aus-Lampe Band 1

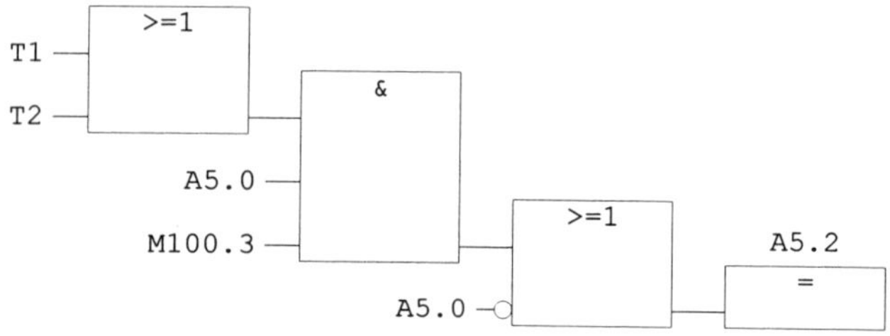

Netzwerk: 8 Aus-Lampe Band 2

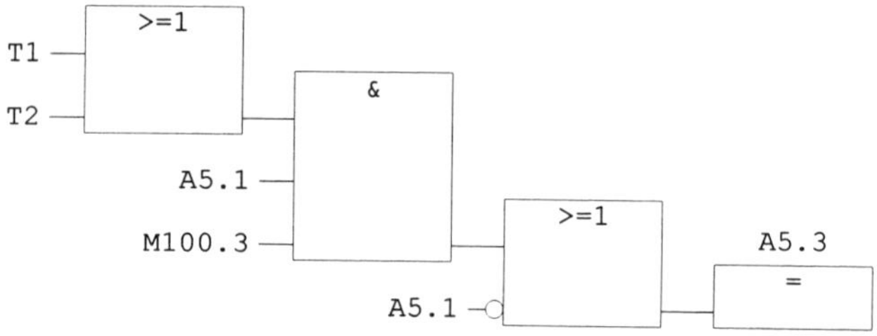

Netzwerk: 9 Antrieb Motor M1 Ausschaltverzögerung

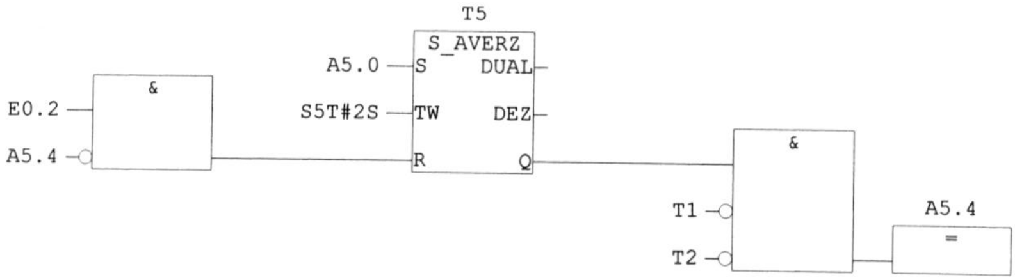

Netzwerk: 10   Antrieb Motor M2   Ausschaltverzögerung

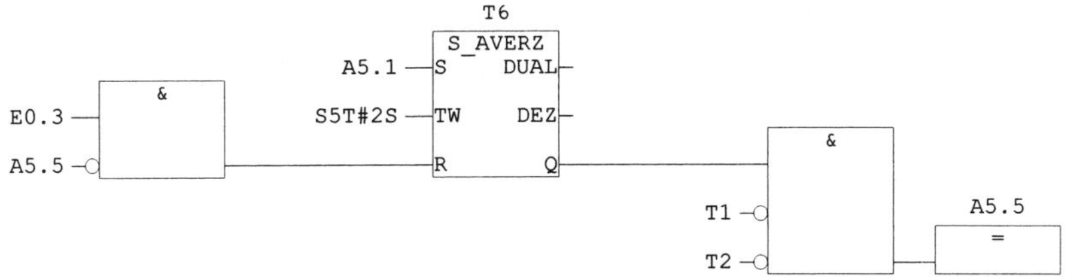

Netzwerk: 11   Antrieb Motor M3   Ausschaltverzögerung

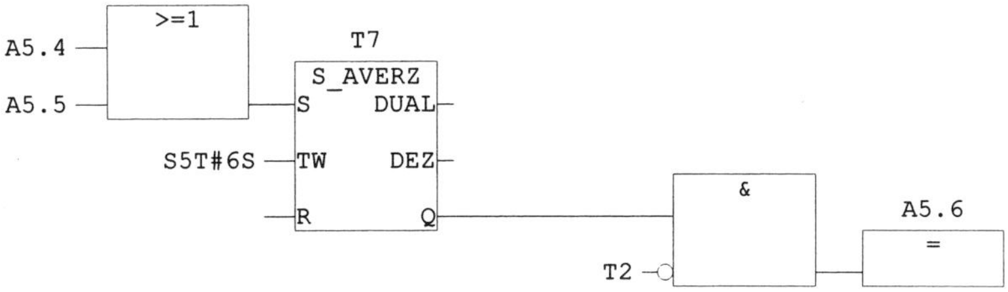

FC4 - <Offline>

Name: KOP **Familie:** Beispiel
Autor: Kaftan **Version:** 00.01
Zeitstempel Code: DT#1998-07-28-13:07:53.000
Interface: DT#1997-09-05-13:59:44.080
Längen (Baustein / Code / Daten): 00338 00228 00000

Adresse	Deklaration	Name	Typ	Anfangswert	Kommentar
	in				
	out				
	in_out				
	temp				

Baustein: FC4 Lösung zu Abschnitt 12.4 Bandsteuerung

Netzwerk: 1 10 Hz Taktgeber

Netzwerk: 2 Ein-Lampe Band 1

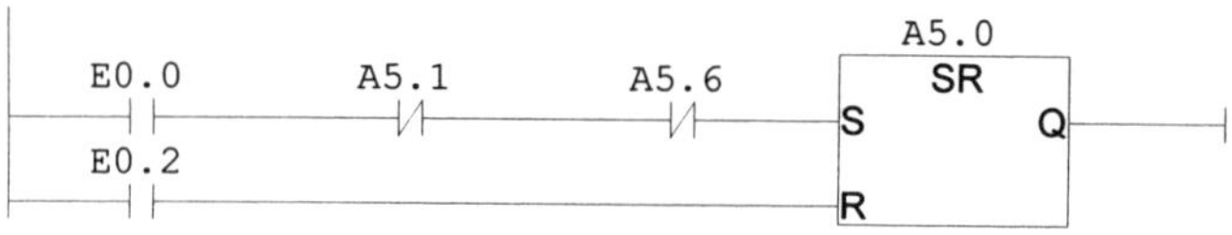

Netzwerk: 3 Ein-Lampe Band 2

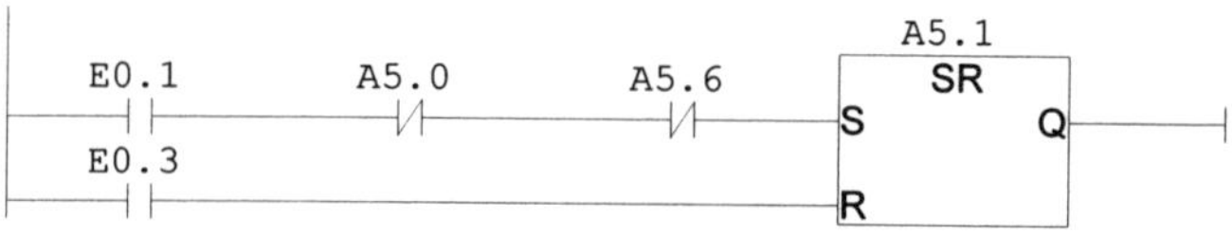

Netzwerk: 4 Anlaufzeit Einschaltverzögerung

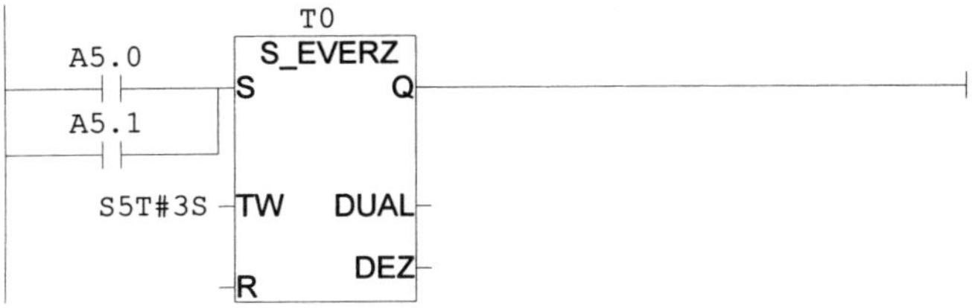

Netzwerk: 5 Bandüberwachung Band 1/2 Einschaltverzögerung

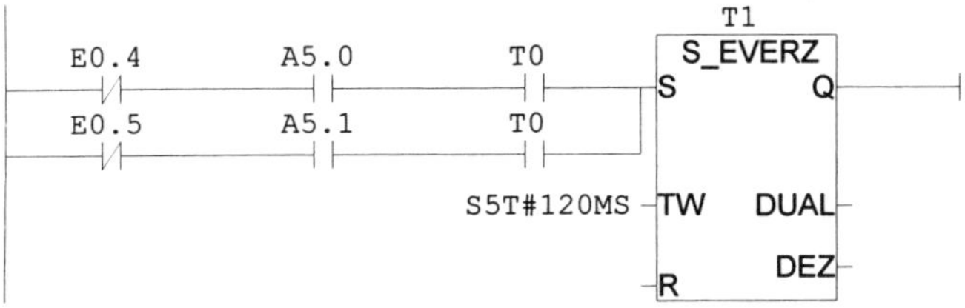

Netzwerk: 6 Bandüberwachung 3

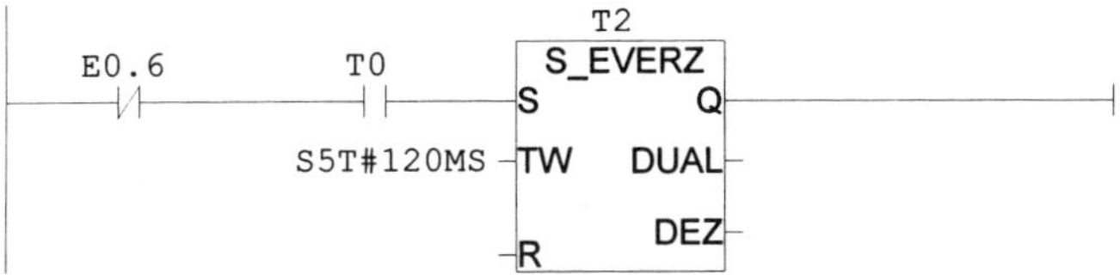

Netzwerk: 7 Aus-Lampe Band 1

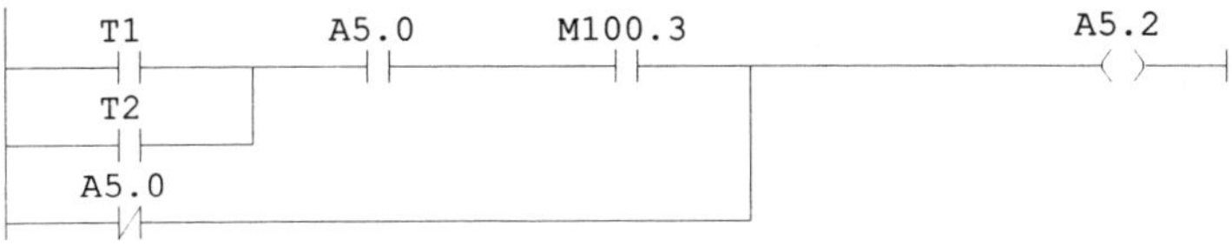

Netzwerk: 8 Aus-Lampe Band 2

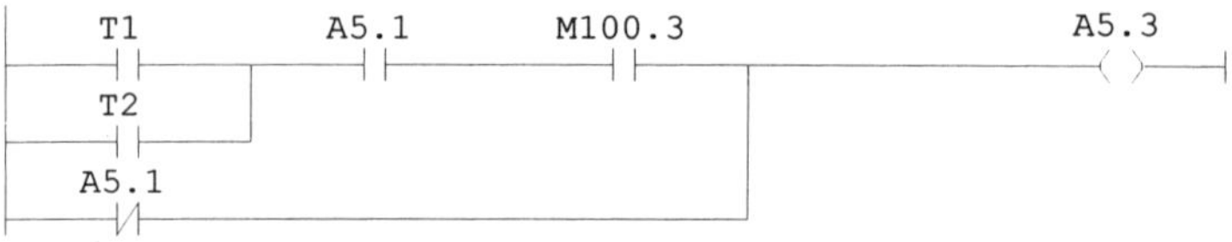

Netzwerk: 9 Antrieb Motor M1 Ausschaltverzögerung

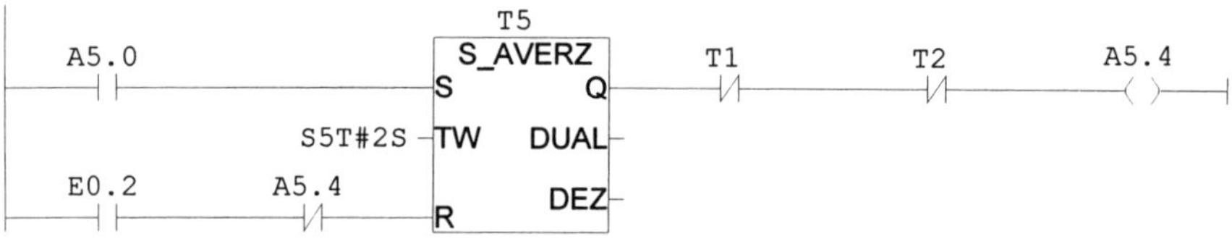

Netzwerk: 10 Antrieb Motor M2 Ausschaltverzögerung

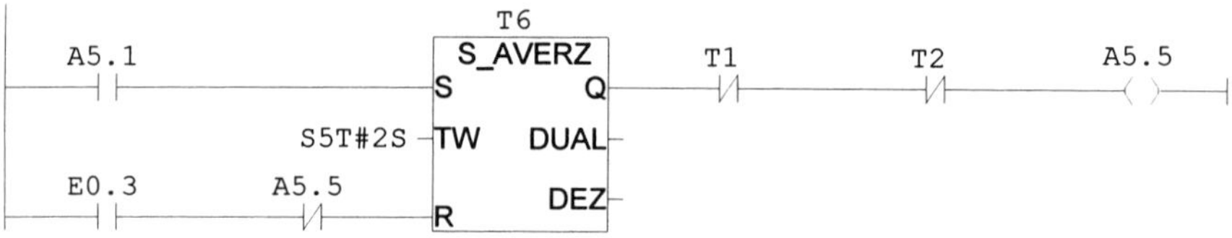

Netzwerk: 11 Antrieb Motor M3 Ausschaltverzögerung

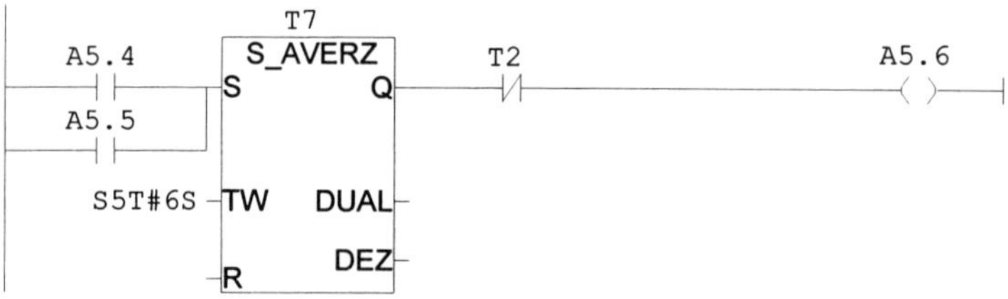

FC4 - <Offline>

Name: AWL **Familie:** Beispiel
Autor: Kaftan **Version:** 00.01
Zeitstempel Code: DT#1998-07-28-13:10:03.000
Interface: DT#1997-09-05-13:59:44.080
Längen (Baustein / Code / Daten): 00338 00228 00000

Adresse	Deklaration	Name	Typ	Anfangswert	Kommentar
	in				
	out				
	in_out				
	temp				

Baustein: FC4 Lösung zu Abschnitt 12.4 Bandsteuerung

Netzwerk: 1 10 Hz Taktgeber

```
U    M    100.0                 //Merkerbit 10Hz Taktfrequenz
=    A      5.7                 //10Hz Takt für Simulator
```

Netzwerk: 2 Ein-Lampe Band 1

```
U    E    0.0                   //Ein Taste Band 1
UN   A    5.1                   //Ein-Lampe Band 2
UN   A    5.6                   //Antrieb Motor M3
S    A    5.0                   //Ein-Lampe Band 1
U    E    0.2                   //Aus Taste Band 1
R    A    5.0
NOP  0
```

Netzwerk: 3 Ein-Lampe Band 2

```
U    E    0.1                   //Ein Taste Band 2
UN   A    5.0                   //Ein-Lampe Band 1
UN   A    5.6                   //Antrieb Motor M3
S    A    5.1                   //Ein-Lampe Band 2
U    E    0.3                   //Aus Taste Band 2
R    A    5.1
NOP  0
```

Netzwerk: 4 Anlaufzeit Einschaltverzögerung

```
U(
O    A    5.0                   //Ein-Lampe Band 1
O    A    5.1                   //Ein-Lampe Band 2
)
L    S5T#3S                     //Anlaufzeit
SE   T    0
```

```
      NOP   0
      NOP   0
      NOP   0
      NOP   0
```

Netzwerk: 5	Bandüberwachung Band 1/2 Einschaltverzögerung

```
      U(
      UN    E      0.4              //Wächter Band 1
      U     A      5.0              //Ein-Lampe Band 1
      U     T      0                //Anlaufzeit
      O
      UN    E      0.5              //Wächter Band 2
      U     A      5.1              //Ein-Lampe Band 2
      U     T      0
      )
      L     S5T#120MS
      SE    T      1                //Bandüberwachung Band 1/2
      NOP   0
      NOP   0
      NOP   0
      NOP   0
```

Netzwerk: 6	Bandüberwachung 3

```
      UN    E      0.6              //Wächter Band 3
      U     T      0                //Anlaufzeit
      L     S5T#120MS
      SE    T      2
      NOP   0
      NOP   0
      NOP   0
      NOP   0
```

Netzwerk: 7	Aus-Lampe Band 1

```
      U(
      O     T      1                //Bandüberwachung Band 1/2
      O     T      2                //Bandüberwachung Band 3
      )
      U     A      5.0              //Ein-Lampe Band 1
      U     M    100.3              //Merkerbit 2Hz
      ON    A      5.0              //Ein-Lampe Band 1
      =     A      5.2              //Aus-Lampe Band 1
```

Netzwerk: 8	Aus-Lampe Band 2

```
      U(
      O     T      1                //Bandüberwachung Band 1/2
      O     T      2                //Bandüberwachung Band 3
      )
      U     A      5.1              //Ein-Lampe Band 2
      U     M    100.3              //Merkerbit 2Hz von CPU

      ON    A      5.1              //Ein-Lampe Band 2
      =     A      5.3              //Aus-Lampe Band 2
```

Netzwerk: 9 Antrieb Motor M1 Ausschaltverzögerung

```
U(
U     A     5.0              //Ein-Lampe Band 1
L     S5T#2S
SA    T     5                //Ausschaltverzögerung Band 1
U     E     0.2              //Aus Taste Band 1
UN    A     5.4              //Antrieb Motor M1
R     T     5
NOP   0
NOP   0
U     T     5
)
UN    T     1
UN    T     2
=     A     5.4              //Antrieb Motor M1
```

Netzwerk: 10 Antrieb Motor M2 Ausschaltverzögerung

```
U(
U     A     5.1              //Ein-Lampe Band 2
L     S5T#2S
SA    T     6                //Ausschaltverzögerung Band 2
U     E     0.3              //Aus Taste Band 2
UN    A     5.5              //Antrieb Motor M2
R     T     6                //Ausschaltverzögerung Band 2
NOP   0
NOP   0
U     T     6                //Ausschaltverzögerung Band 2
)
UN    T     1                //Bandüberwachung Band 1/2
UN    T     2                //Bandüberwachung Band 3
=     A     5.5              //Antreib Motor M2
```

Netzwerk: 11 Antrieb Motor M3 Ausschaltverzögerung

```
U(
U(
O     A     5.4              //Antrieb Motor M1
O     A     5.5              //Antrieb Motor M2
)
L     S5T#6S
SA    T     7                //Ausschaltverzögerung Band 3
NOP   0
NOP   0
NOP   0
U     T     7                //Ausschaltverzögerung Band 3
)
UN    T     2
=     A     5.6              //Antreib Motor M3
```

Lösungsbeispiel zu Abschnitt 12.5

FC0 - <Offline>

Name: FUP **Familie:** Beispiel
Autor: Kaftan **Version:** 00.01
Zeitstempel Code: DT#1998-07-29-08:09:20.000
Interface: DT#1997-08-28-12:24:56.600
Längen (Baustein / Code / Daten): 00142 00040 00000

Adresse	Deklaration	Name	Typ	Anfangswert	Kommentar
	in				
	out				
	in_out				
	temp				

Baustein: FC0 Lösung zu Abschnitt 12.5 Reaktionsgefäß

Netzwerk: 1 Betrieb Umwälzer

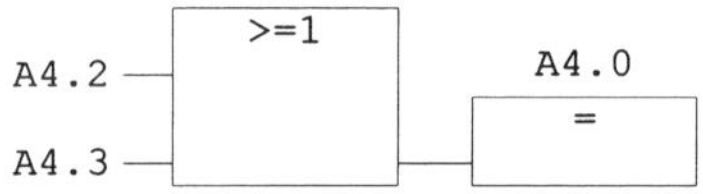

Netzwerk: 2 Betrieb Sicherheitsventil

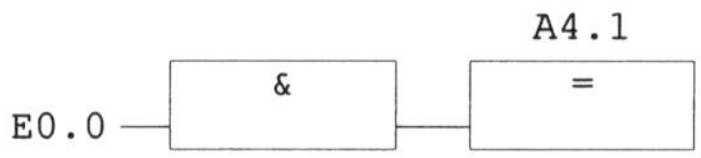

Netzwerk: 3 Betrieb Kühlwasserzufluß

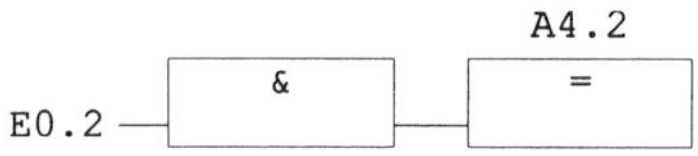

Netzwerk: 4 Betrieb Heizung

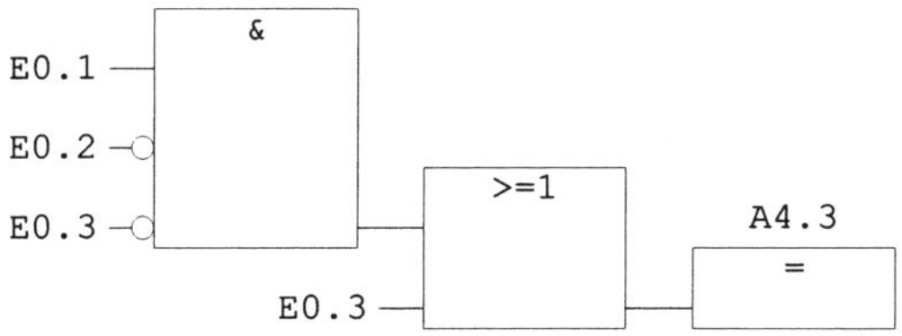

Netzwerk: 5 Betriebszustand Anfahren

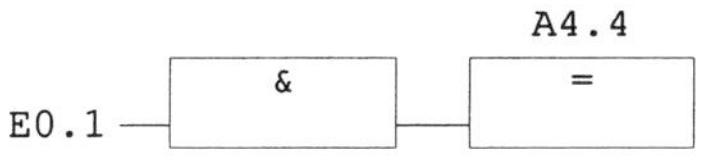

Netzwerk: 6 Betriebszustand Normalbetrieb

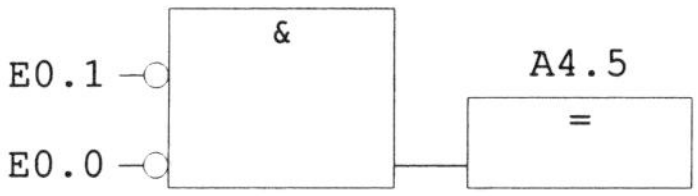

Netzwerk: 7 Betriebszustand Alarm

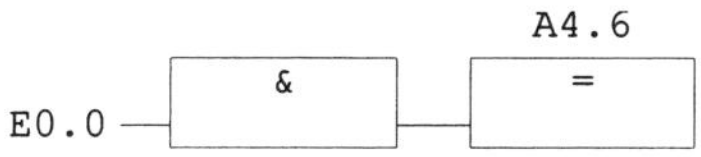

FC0 - <Offline>

Name: KOP **Familie:** Beispiel
Autor: Kaftan **Version:** 00.01
Zeitstempel Code: DT#1998-07-29-08:09:20.000
Interface: DT#1997-08-28-12:24:56.600
Längen (Baustein / Code / Daten): 00142 00040 00000

Adresse	Deklaration	Name	Typ	Anfangswert	Kommentar
	in				
	out				
	in_out				
	temp				

Baustein: FC0 Lösung zu Abschnitt 12.5 Reaktionsgefäß

Netzwerk: 1 Betrieb Umwälzer

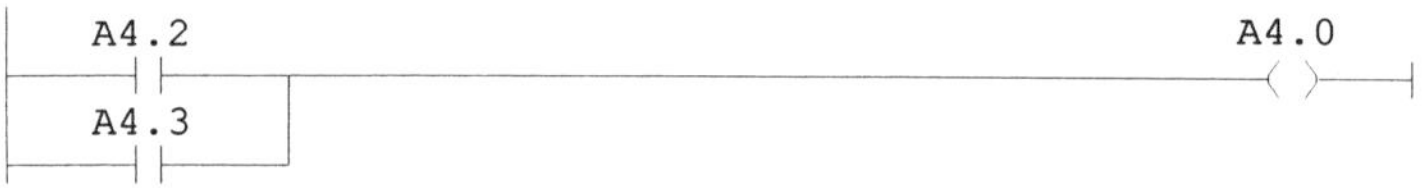

Netzwerk: 2 Betrieb Sicherheitsventil

Netzwerk: 3 Betrieb Kühlwasserzufluß

Netzwerk: 4 Betrieb Heizung

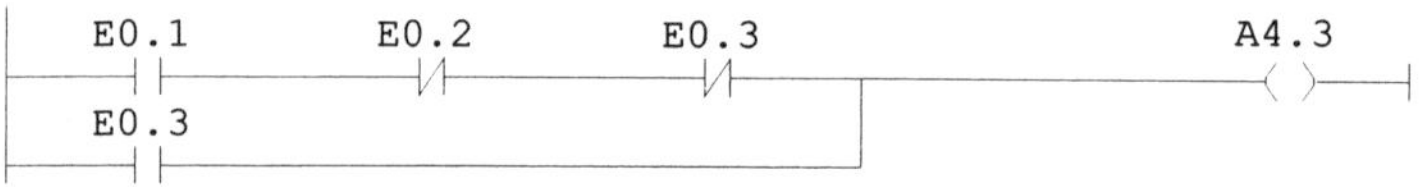

Netzwerk: 5 Betriebszustand Anfahren

Netzwerk: 6 Betriebszustand Normalbetrieb

Netzwerk: 7 Betriebszustand Alarm

FC0 - <Offline>

Name: AWL **Familie:** Beispiel
Autor: Kaftan **Version:** 00.01
Zeitstempel Code: DT#1998-07-29-08:09:20.000
Interface: DT#1997-08-28-12:24:56.600
Längen (Baustein / Code / Daten): 00142 00040 00000

Adresse	Deklaration	Name	Typ	Anfangswert	Kommentar
	in				
	out				
	in_out				
	temp				

Baustein: FC0 Lösung zu Abschnitt 12.5 Reaktionsgefäß

Netzwerk: 1 Betrieb Umwälzer

```
O    A    4.2              //Kühlwasserzufluß
O    A    4.3              //Heizung
=    A    4.0              //Umwälzer
```

Netzwerk: 2 Betrieb Sicherheitsventil

```
U    E    0.0              //Druck zu groß
=    A    4.1              //Sicherheitsventil
```

Netzwerk: 3 Betrieb Kühlwasserzufluß

```
U    E    0.2              //Temperatur zu groß
=    A    4.2              //Kühlwasserzufluß
```

Netzwerk: 4 Betrieb Heizung

```
U    E    0.1              //Druck zu klein
UN   E    0.2              //Temperatur nicht zu groß
UN   E    0.3              //Temperatur nicht zu klein
O    E    0.3              //Temperatur zu klein
=    A    4.3
```

```
Netzwerk: 5        Betriebszustand Anfahren

      U     E     0.1                 //Druck zu klein
      =     A     4.4                 //Anfahren

Netzwerk: 6        Betriebszustand Normalbetrieb

      UN    E     0.1                 //Druck nicht zu klein
      UN    E     0.0                 //Druck nicht zu groß
      =     A     4.5                 //Normalbetrieb

Netzwerk: 7        Betriebszustand Alarm

      U     E     0.0                 //Druck zu groß
      =     A     4.6                 //Alarm
```

Lösungsbeispiel zu Abschnitt 12.6

FC0 - <Offline>

Name: FUP **Familie:** Beispiel
Autor: Kaftan **Version:** 00.01
Zeitstempel Code: DT#1998-07-28-13:00:51.000
Interface: DT#1997-08-28-12:24:56.600
Längen (Baustein / Code / Daten): 00228 00122 00000

Adresse	Deklaration	Name	Typ	Anfangswert	Kommentar
	in				
	out				
	in_out				
	temp				

Baustein: FC0 Lösung zu Abschnitt 12.6 Behälterfüllanlage

Netzwerk: 1 Tank 1 entleeren

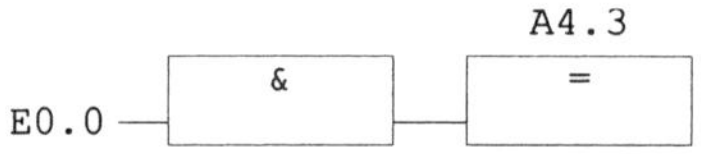

Netzwerk: 2 Tank 2 entleeren

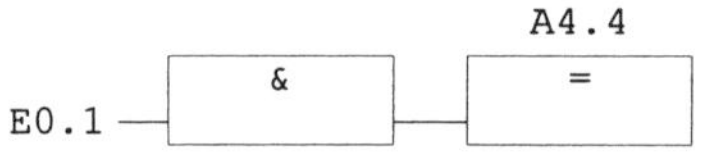

Netzwerk: 3 Tank 3 entleeren

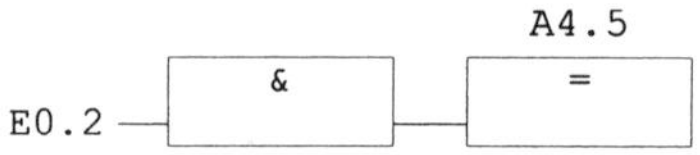

Netzwerk: 4 Verriegelung Leermeldung Tank 1

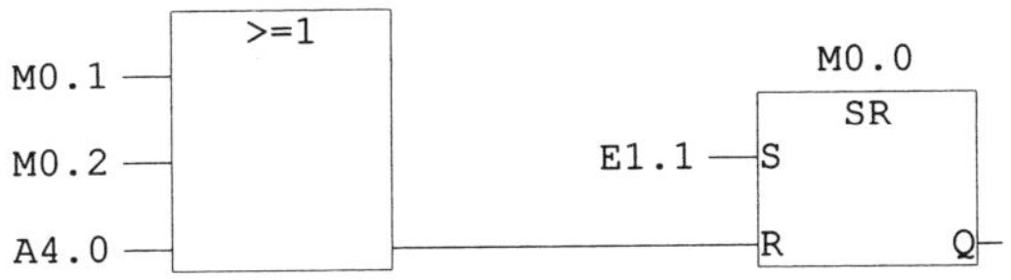

Netzwerk: 5 Verriegelung Leermeldung Tank 2

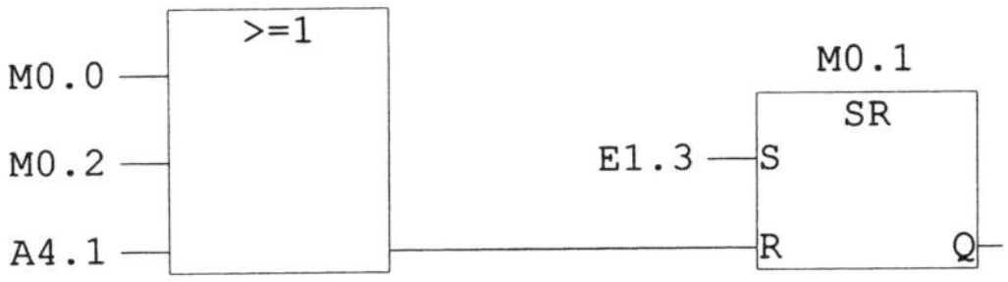

Netzwerk: 6 Verriegelung Leermeldung Tank 3

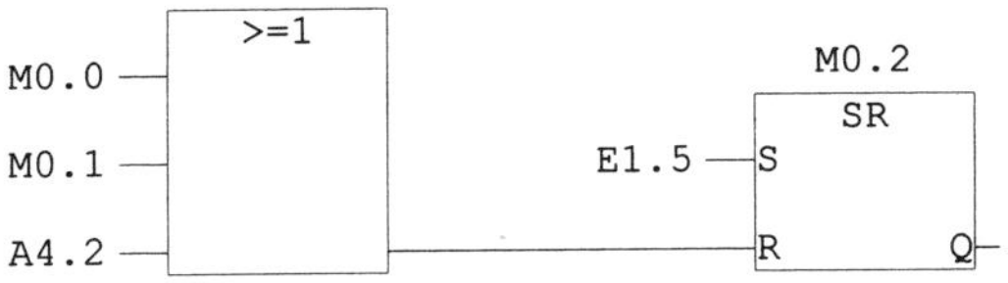

Netzwerk: 7 Verriegelung Ventil 1

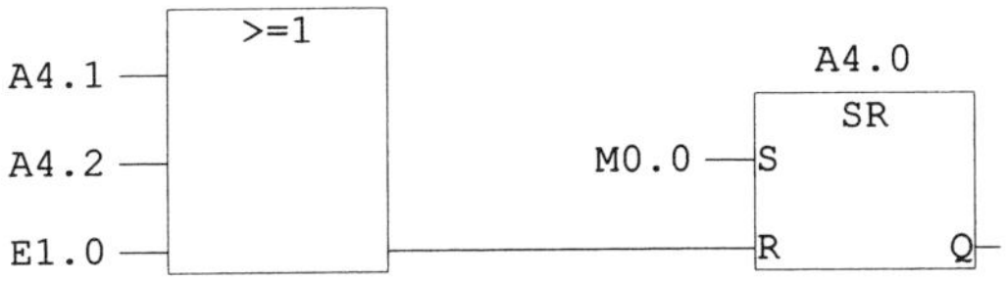

Netzwerk: 8 Verriegelung Ventil 2

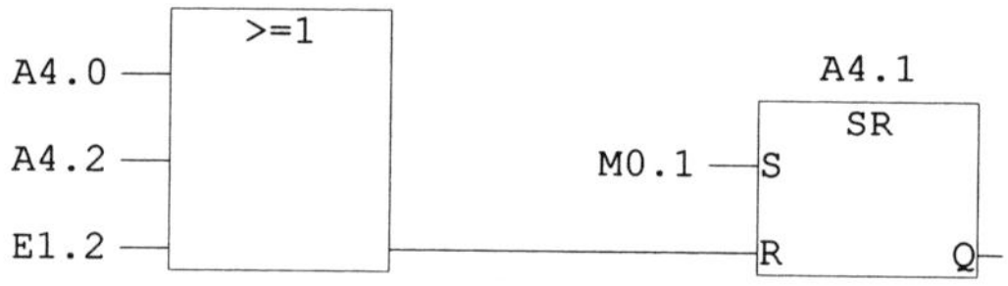

Netzwerk: 9 Verriegelung Ventil 3

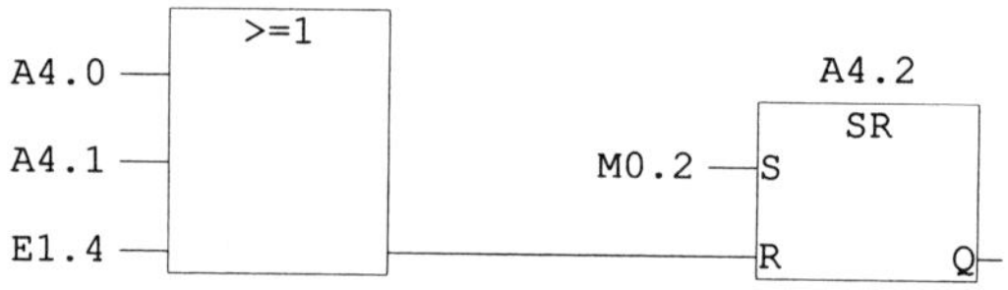

FC0 - <Offline>

Name: KOP **Familie:** Beispiel
Autor: Kaftan **Version:** 00.01
Zeitstempel Code: DT#1998-07-28-13:00:51.000
Interface: DT#1997-08-28-12:24:56.600
Längen (Baustein / Code / Daten): 00228 00122 00000

Adresse	Deklaration	Name	Typ	Anfangswert	Kommentar
	in				
	out				
	in_out				
	temp				

Baustein: FC0 Lösung zu Abschnitt 12.6 Behälterfüllanlage

Netzwerk: 1 Tank 1 entleeren

Netzwerk: 2 Tank 2 entleeren

Netzwerk: 3 Tank 3 entleeren

Netzwerk: 4 Verriegelung Leermeldung Tank 1

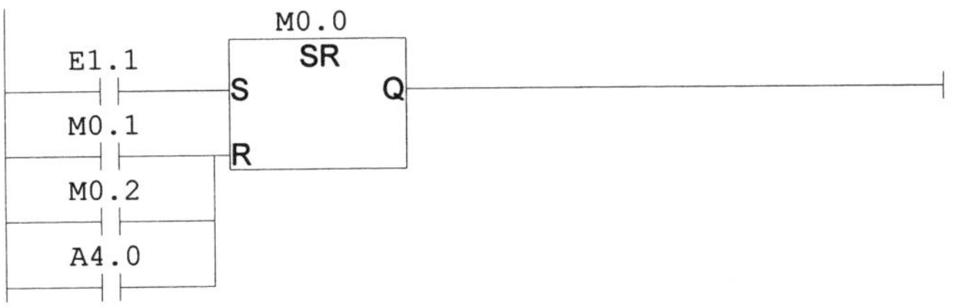

Netzwerk: 5 Verriegelung Leermeldung Tank 2

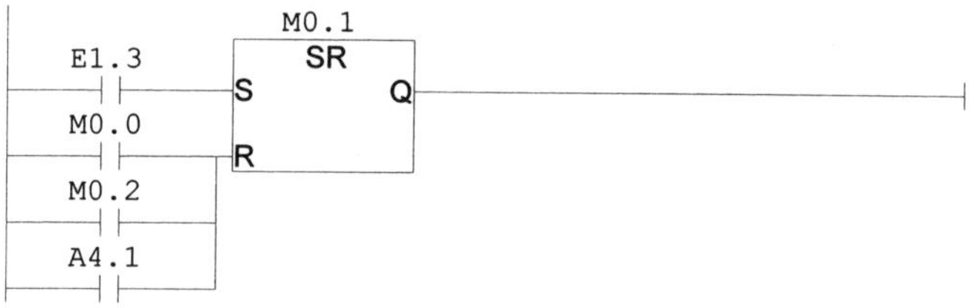

Netzwerk: 6 Verriegelung Leermeldung Tank 3

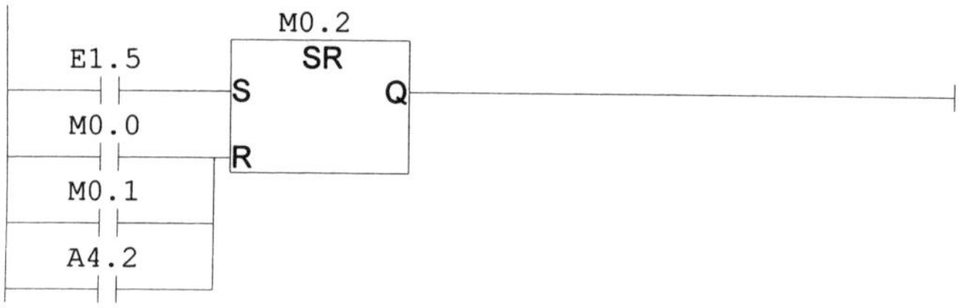

Netzwerk: 7 Verriegelung Ventil 1

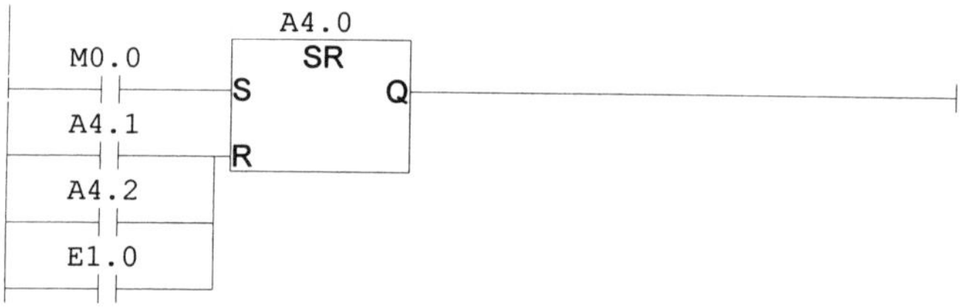

Netzwerk: 8 Verriegelung Ventil 2

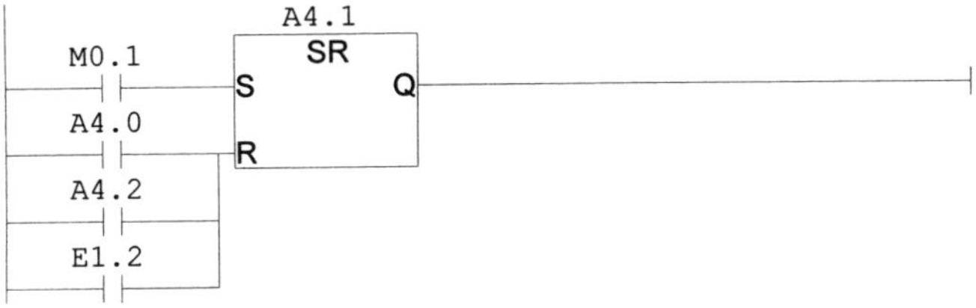

Netzwerk: 9 Verriegelung Ventil 3

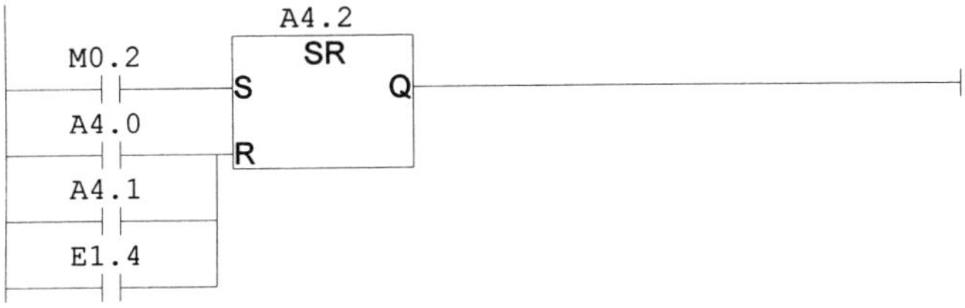

FC0 - <Offline>

Name: AWL **Familie:** Beispiel
Autor: Kaftan **Version:** 00.01
Zeitstempel Code: DT#1998-07-28-13:04:35.000
Interface: DT#1997-08-28-12:24:56.600
Längen (Baustein / Code / Daten): 00228 00122 00000

Adresse	Deklaration	Name	Typ	Anfangswert	Kommentar
	in				
	out				
	in_out				
	temp				

Baustein: FC0 Lösung zu Abschnitt 12.6 Behälterfüllanlage

Netzwerk: 1 Tank 1 entleeren

```
U    E    0.0            //Behälter 1 entleeren
=    A    4.3            //Ventil 4
```

Netzwerk: 2 Tank 2 entleeren

```
U    E    0.1            //Behälter 2 entleeren
=    A    4.4            //Ventil 5
```

Netzwerk: 3 Tank 3 entleeren

```
U    E    0.2            //Behälter 3 entleeren
=    A    4.5            //Ventil 6
```

Netzwerk: 4 Verriegelung Leermeldung Tank 1

```
U    E    1.1            //Tank 1 leer
S    M    0.0            //Tank 1 leer
U(
O    M    0.1            //Tank 2 leer
O    M    0.2            //Tank 3 leer
O    A    4.0            //Ventil 1
)
R    M    0.0            //Tank 1 leer
NOP  0
```

Netzwerk: 5	Verriegelung Leermeldung Tank 2

```
U    E    1.3          //Tank 2 leer
S    M    0.1          //Tank 2 leer
U(
O    M    0.0          //Tank 1 leer
O    M    0.2          //Tank 3 leer
O    A    4.1          //Ventil 2
)
R    M    0.1          //Tank 2 leer
NOP  0
```

Netzwerk: 6	Verriegelung Leermeldung Tank 3

```
U    E    1.5          //Tank 3 leer
S    M    0.2          //Tank 3 leer
U(
O    M    0.0          //Tank 1 leer
O    M    0.1          //Tank 2 leer
O    A    4.2          //Ventil 3
)
R    M    0.2          // Tank 3 leer
NOP  0
```

Netzwerk: 7	Verriegelung Ventil 1

```
U    M    0.0          //Tank 1 leer
S    A    4.0          //Ventil 1
U(
O    A    4.1          //Ventil 2
O    A    4.2          //Ventil 3
O    E    1.0          //Tank 1 voll
)
R    A    4.0          //Ventil 1
NOP  0
```

Netzwerk: 8	Verriegelung Ventil 2

```
U    M    0.1          //Tank 2 leer
S    A    4.1          //Ventil 2
U(
O    A    4.0          //Ventil 1
O    A    4.2          //Ventil 3
O    E    1.2          //Tank 2 voll
)
R    A    4.1          //Ventil 1
NOP  0
```

Netzwerk: 9	Verriegelung Ventil 3

```
U       M       0.2                //Tank 3 leer
S       A       4.2                //Ventil 3
U(
O       A       4.0                //Ventil 1
O       A       4.1                //Ventil 2
O       E       1.4                //Tank 3 voll
)
R       A       4.2                //Ventil 3
NOP     0
```

Lösungsbeispiel zu Abschnitt 12.7

FC1 - <Offline>

Name: FUP **Familie:** Beispiel
Autor: Kaftan **Version:** 00.01
Zeitstempel Code: DT#1998-07-29-08:40:30.000
Interface: DT#1997-09-05-15:33:29.990
Längen (Baustein / Code / Daten): 00486 00354 00000

Adresse	Deklaration	Name	Typ	Anfangswert	Kommentar
	in				
	out				
	in_out				
	temp				

Baustein: FC1 Lösung zu Abschnitt 12.7 Tablettenabfüllautomat

Netzwerk: 1 Zwischenmerker 3 (Signalvorbereitung)

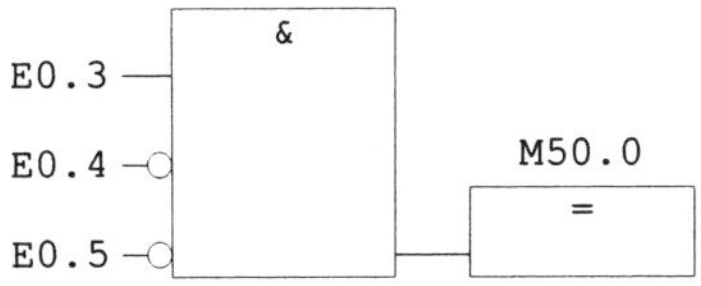

Netzwerk: 2 Einschaltmerker

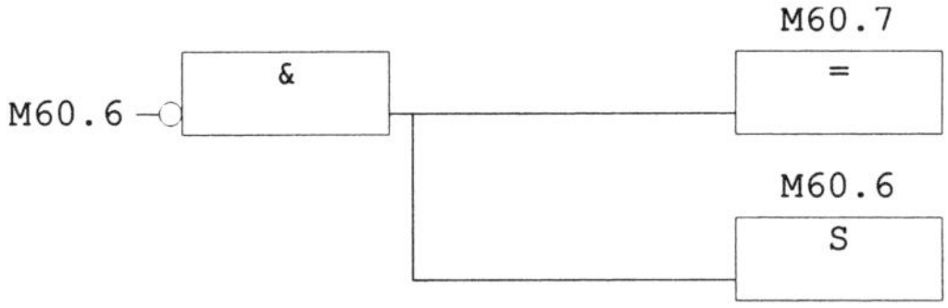

Netzwerk: 3 Tab. Zählsp. 3 (Signalvorbereitung)

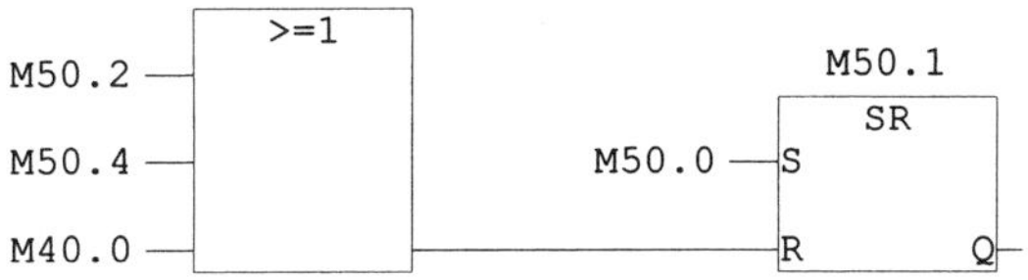

Netzwerk: 4 Zwischenmerker 5 (Signalvorbereitung)

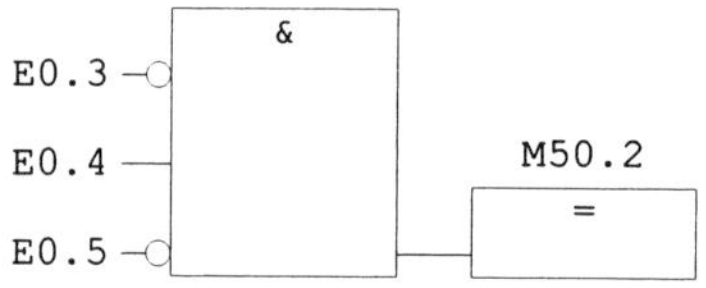

Netzwerk: 5 Tab. Zählsp. 5 (Signalvorbereitung)

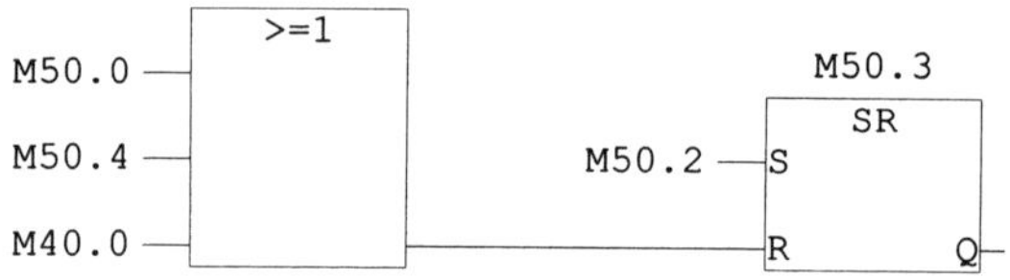

Netzwerk: 6 Zwischenmerker 7 (Signalvorbereitung)

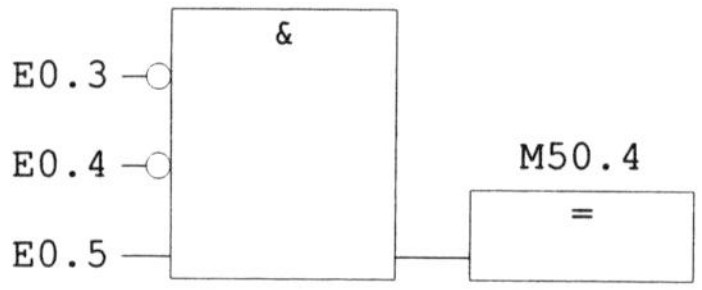

Netzwerk: 7 Tab. Zählsp. 7 (Signalvorbereitung)

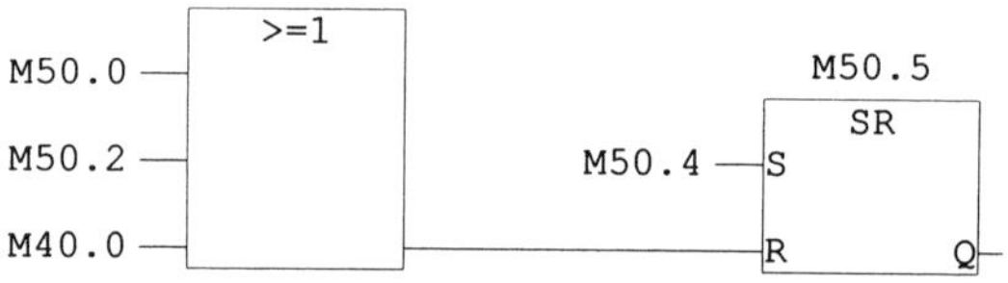

Netzwerk: 8 Zustand 0

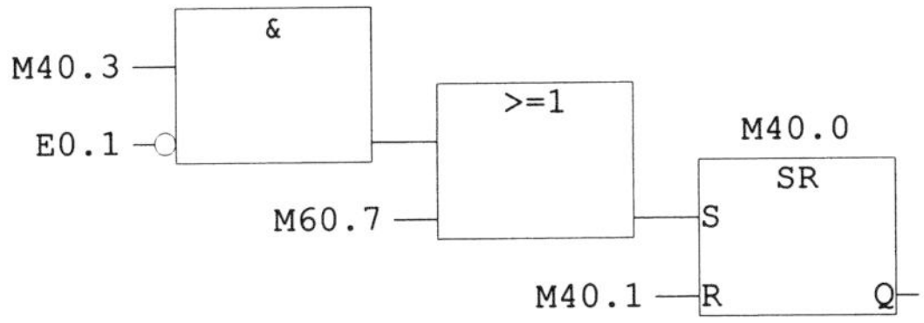

Netzwerk: 9 Zustand 1

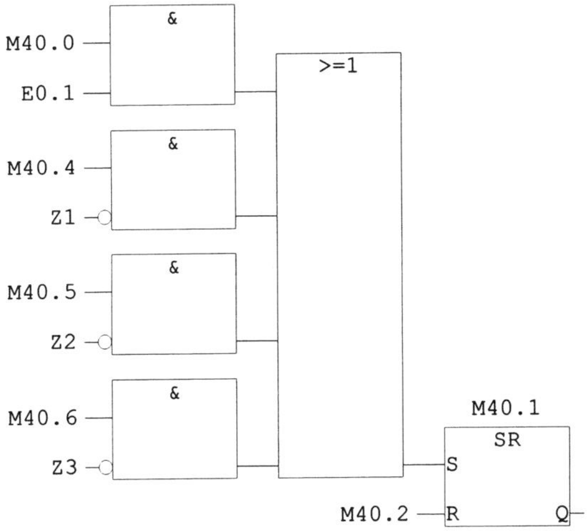

Netzwerk: 10 Zustand 2

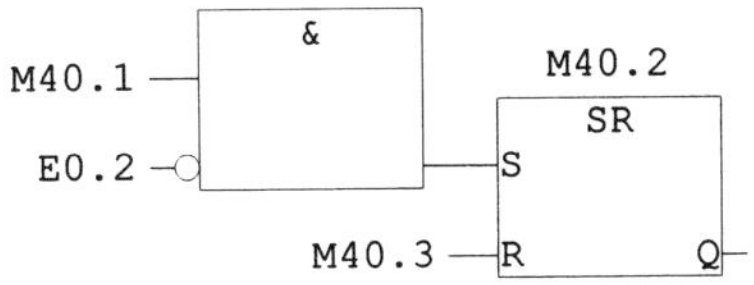

Netzwerk: 11 Zustand 3

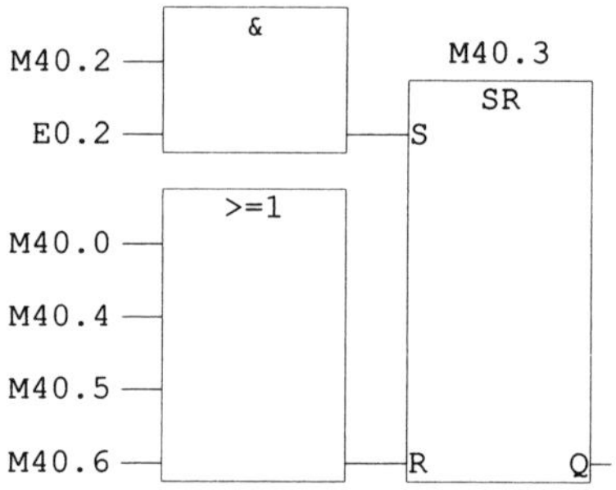

Netzwerk: 12 Zustand 4

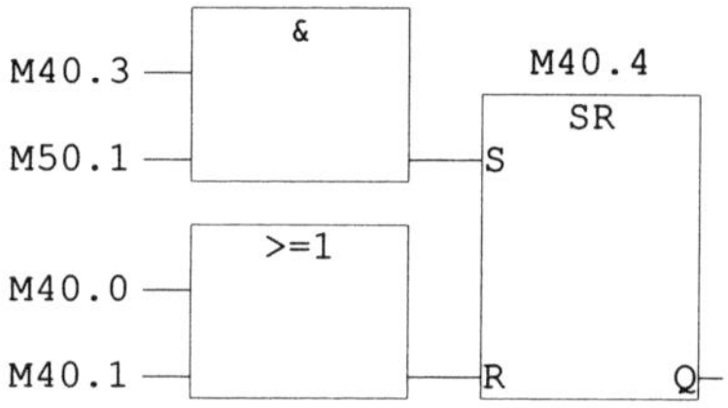

Netzwerk: 13 Zustand 5

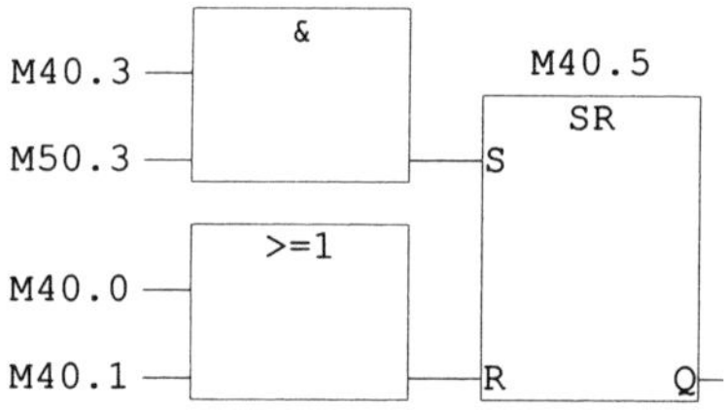

Netzwerk: 14 Zustand 6

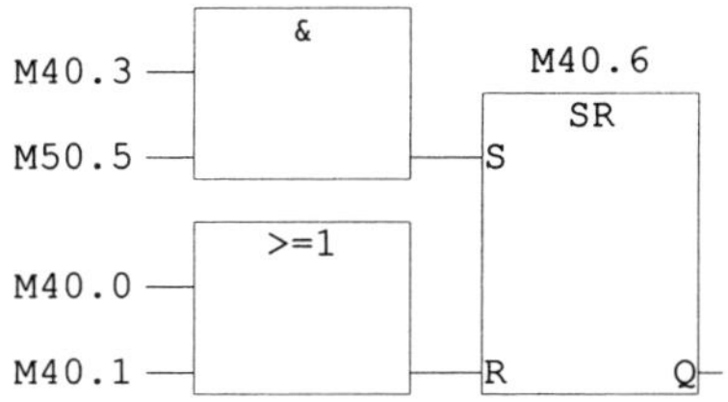

Netzwerk: 15 Abwärtszähler für 3 Tabletten

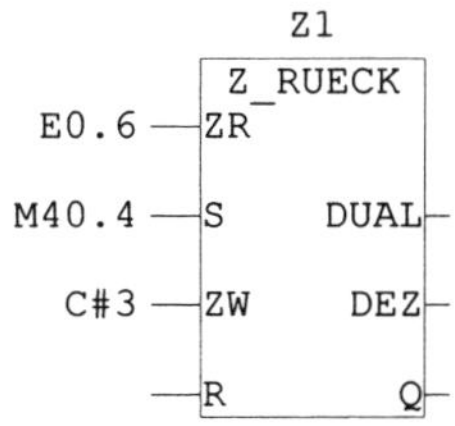

Netzwerk: 16 Abwärtszähler für 5 Tabletten

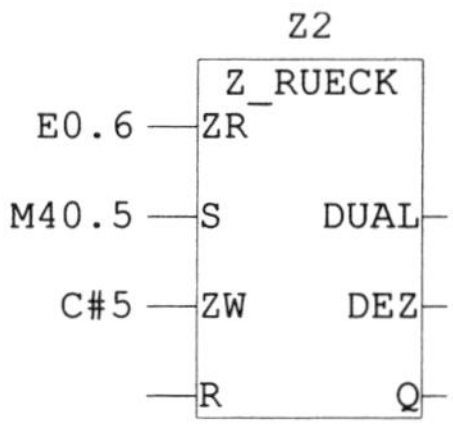

Netzwerk: 17 Abwärtszähler für 7 Tabletten

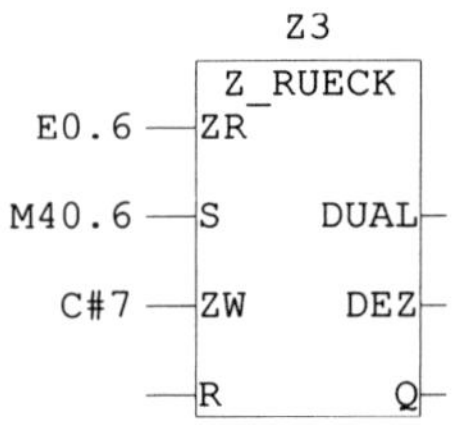

Netzwerk: 18 Bandmotor

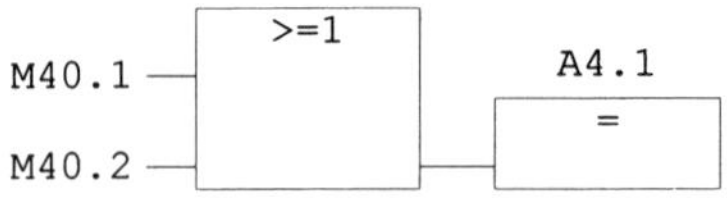

Netzwerk: 19 Ventil

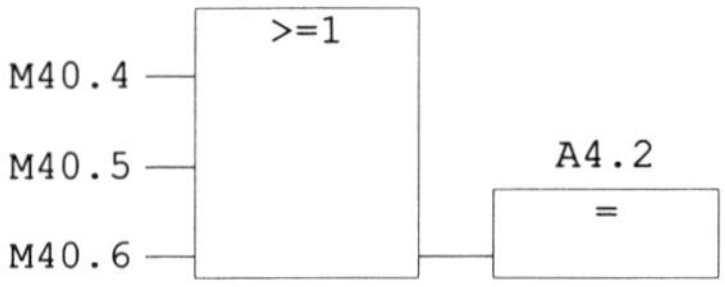

Netzwerk: 20 Lampe 3 Tabletten

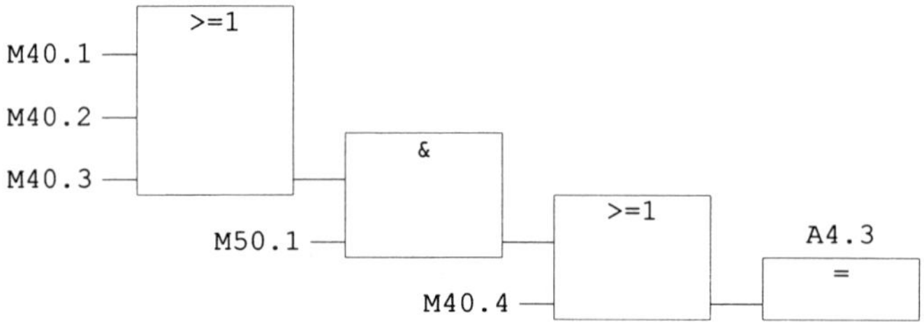

Netzwerk: 21 Lampe 5 Tabletten

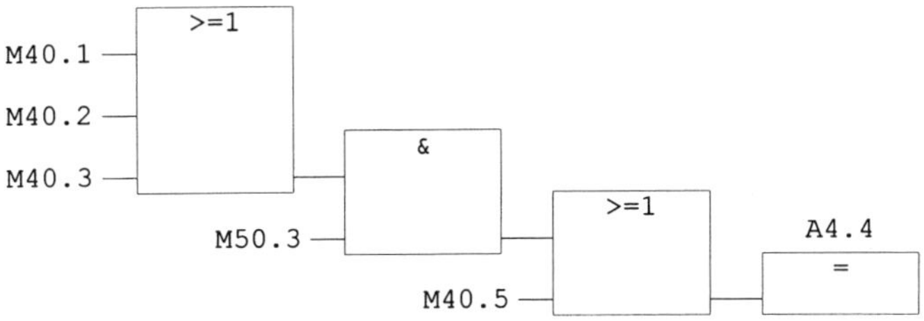

Netzwerk: 22 Lampe 7 Tabletten

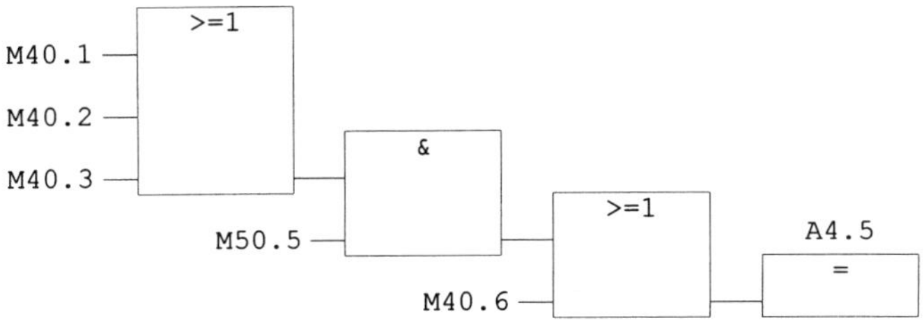

FC1 - <Offline>

Name: KOP **Familie:** Beispiel
Autor: Kaftan **Version:** 00.01
Zeitstempel Code: DT#1998-07-29-08:40:30.000
Interface: DT#1997-09-05-15:33:29.990
Längen (Baustein / Code / Daten): 00486 00354 00000

Adresse	Deklaration	Name	Typ	Anfangswert	Kommentar
	in				
	out				
	in_out				
	temp				

Baustein: FC1 Lösung zu Abschnitt 12.7 Tablettenabfüllautomat

Netzwerk: 1 Zwischenmerker 3 (Signalvorbereitung)

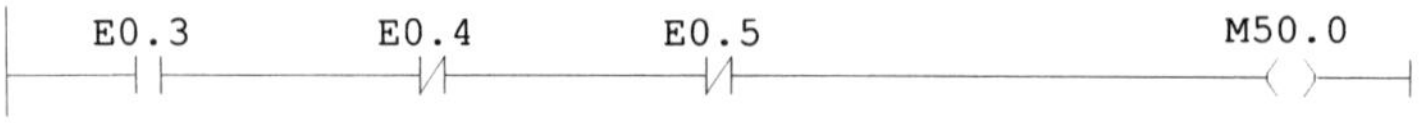

Netzwerk: 2 Einschaltmerker

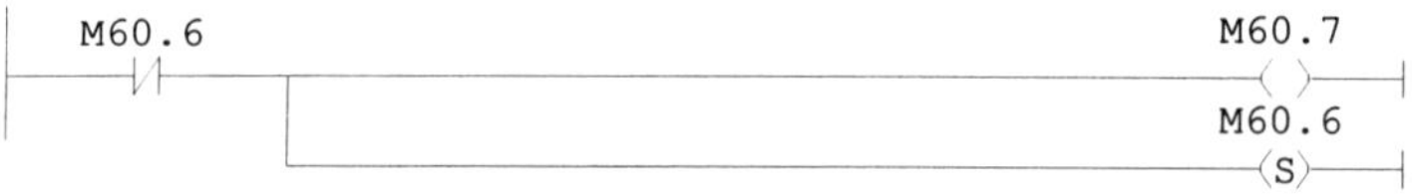

Netzwerk: 3 Tab. Zählsp. 3 (Signalvorbereitung)

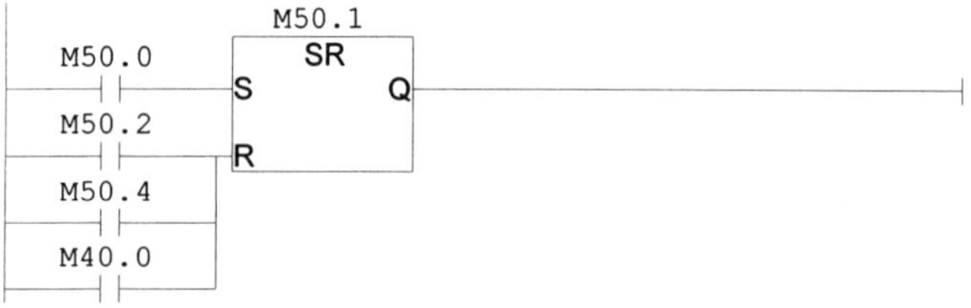

Netzwerk: 4 Zwischenmerker 5 (Signalvorbereitung)

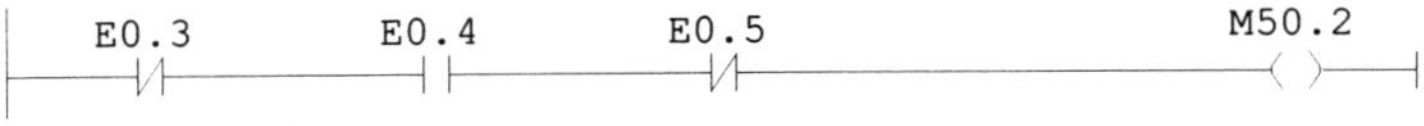

Netzwerk: 5 Tab. Zählsp. 5 (Signalvorbereitung)

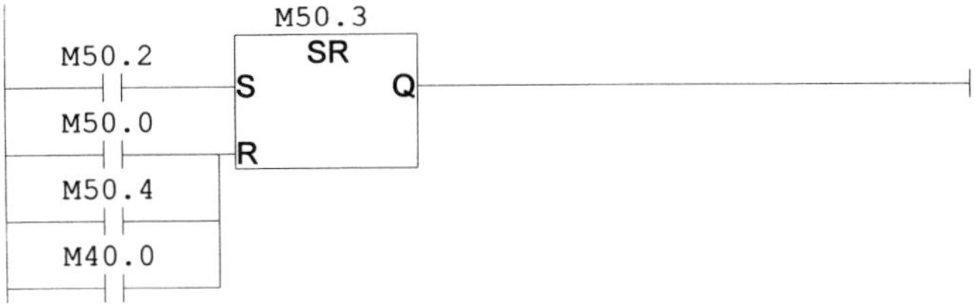

Netzwerk: 6 Zwischenmerker 7 (Signalvorbereitung)

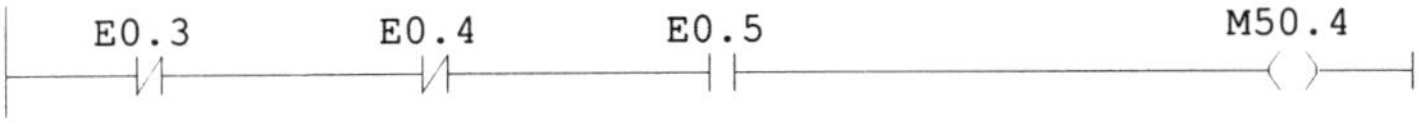

Netzwerk: 7 Tab. Zählsp. 7 (Signalvorbereitung)

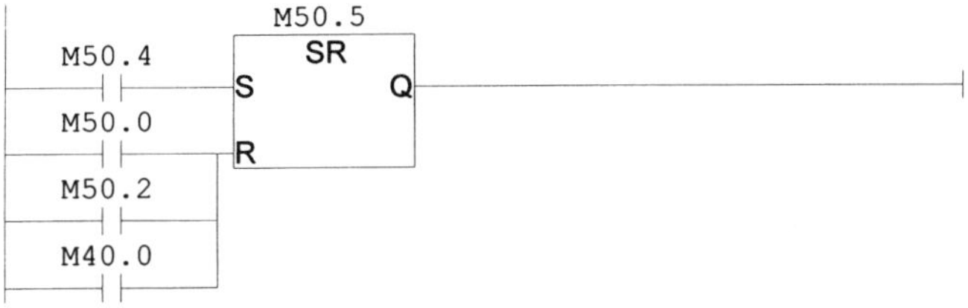

Netzwerk: 8 Zustand 0

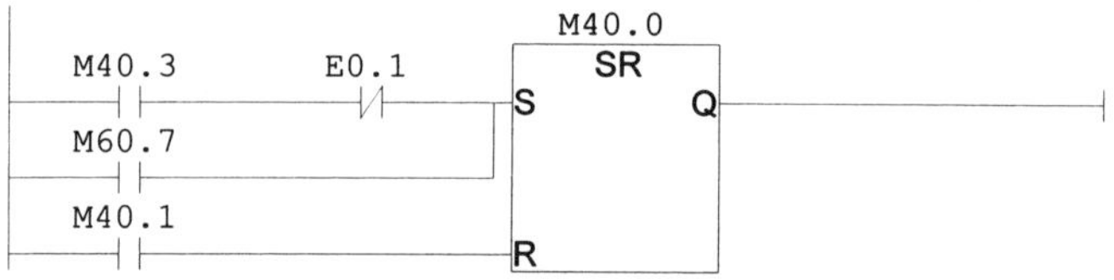

Netzwerk: 9 Zustand 1

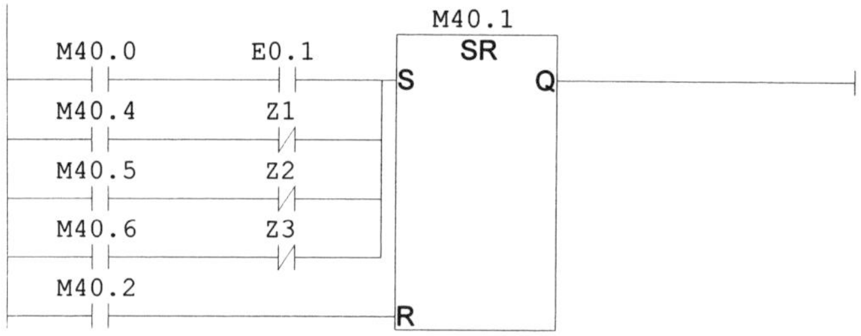

Netzwerk: 10 Zustand 2

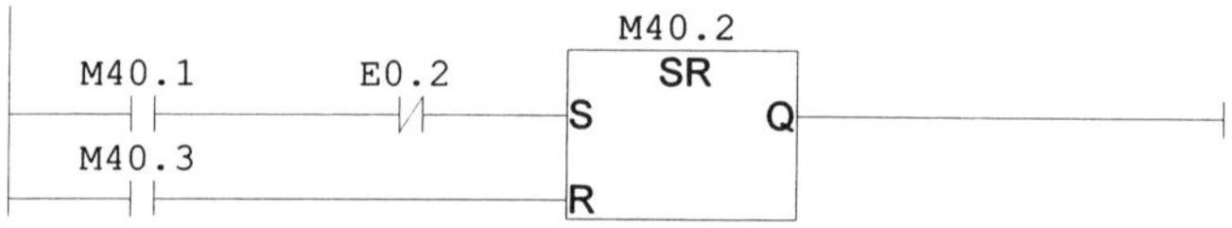

Netzwerk: 11 Zustand 3

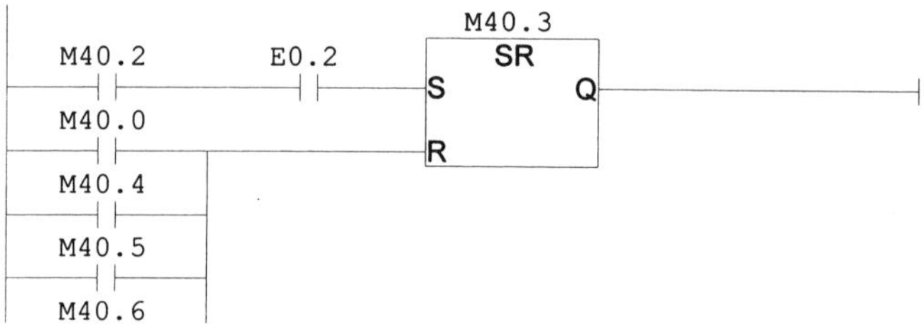

Netzwerk: 12 Zustand 4

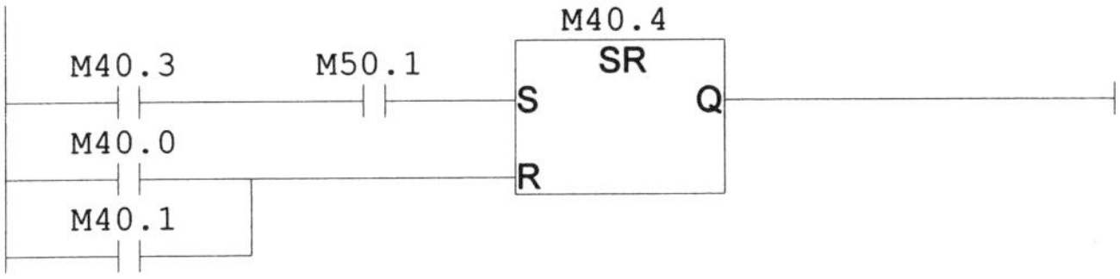

Netzwerk: 13 Zustand 5

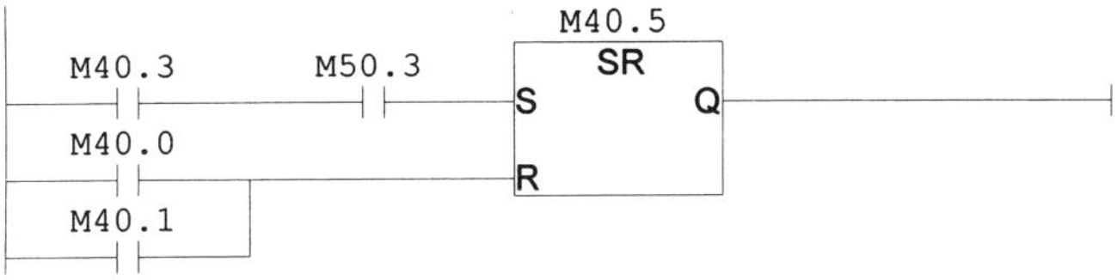

Netzwerk: 14 Zustand 6

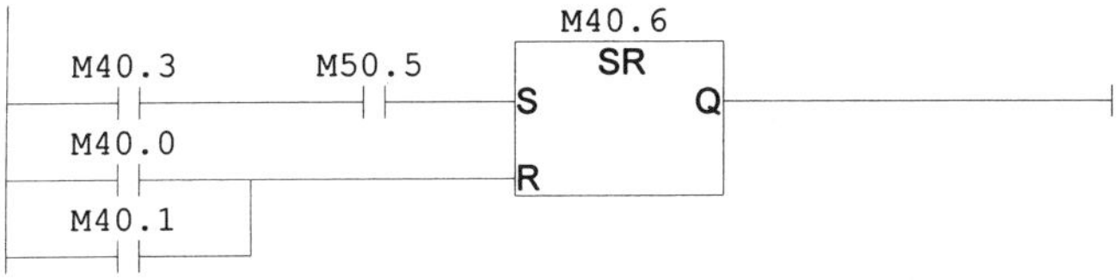

Netzwerk: 15 Abwärtszähler für 3 Tabletten

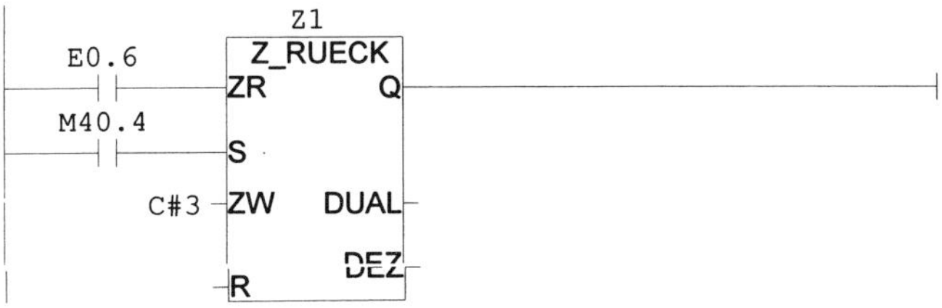

Netzwerk: 16 Abwärtszähler für 5 Tabletten

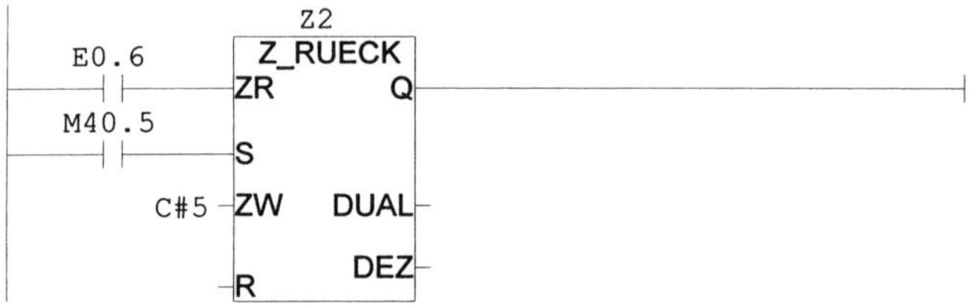

Netzwerk: 17 Abwärtszähler für 7 Tabletten

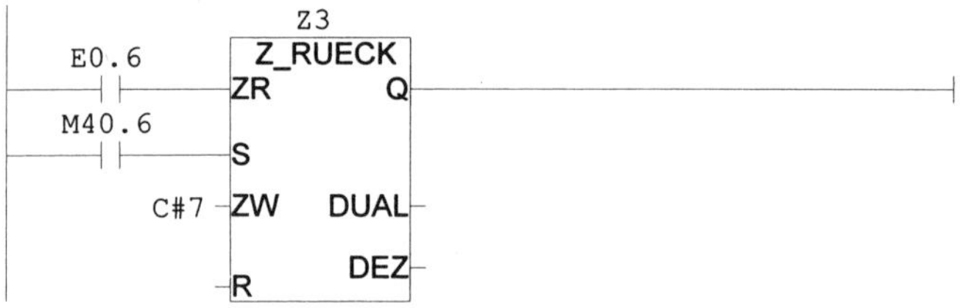

Netzwerk: 18 Bandmotor

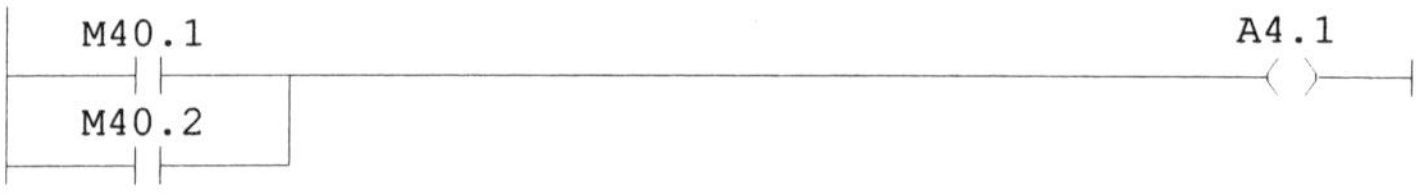

Netzwerk: 19 Ventil

Netzwerk: 20 Lampe 3 Tabletten

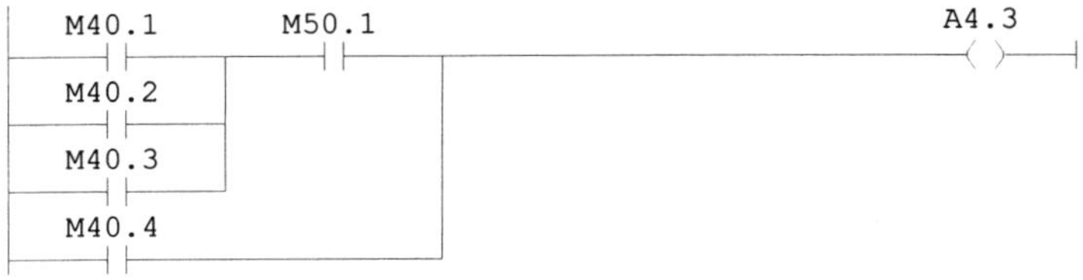

Netzwerk: 21 Lampe 5 Tabletten

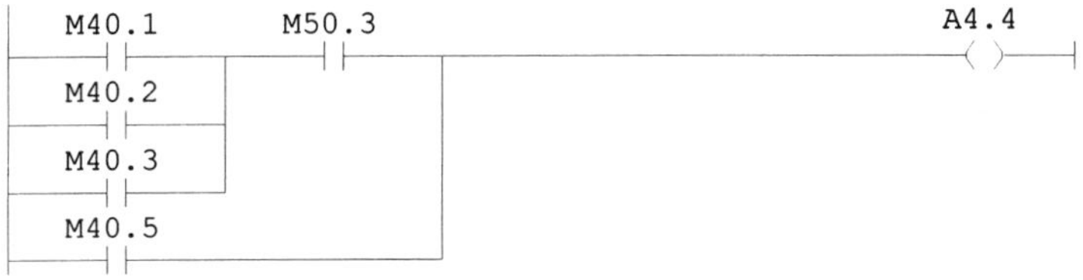

Netzwerk: 22 Lampe 7 Tabletten

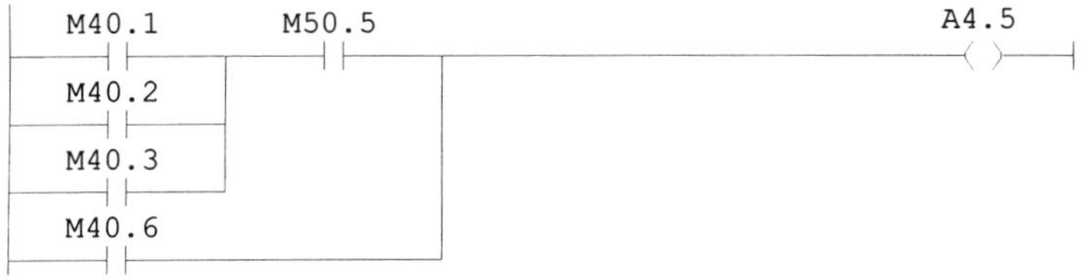

FC1 - <Offline>

Name: AWL **Familie:** Beispiel
Autor: Kaftan **Version:** 00.01
Zeitstempel Code: DT#1998-07-29-08:40:30.000
Interface: DT#1997-09-05-15:33:29.990
Längen (Baustein / Code / Daten): 00486 00354 00000

Adresse	Deklaration	Name	Typ	Anfangswert	Kommentar
	in				
	out				
	in_out				
	temp				

Baustein: FC1 Lösung zu Abschnitt 12.7 Tablettenabfüllautomat

Netzwerk: 1 Zwischenmerker 3 (Signalvorbereitung)

```
U    E   0.3
UN   E   0.4
UN   E   0.5
=    M  50.0
```

Netzwerk: 2 Einschaltmerker

```
UN   M  60.6
=    M  60.7
S    M  60.6
```

Netzwerk: 3 Tab. Zählsp. 3 (Siganlvorbereitung)

```
U    M  50.0
S    M  50.1
U(
O    M  50.2
O    M  50.4
O    M  40.0
)
R    M  50.1
NOP  0
```

Netzwerk: 4 Zwischenmerker 5 (Signalvorbereitung)

```
UN   E   0.3
U    E   0.4
UN   E   0.5
=    M  50.2
```

Netzwerk: 5	Tab. Zählsp. 5 (Signalvorbereitung)

```
U     M    50.2
S     M    50.3
U(
O     M    50.0
O     M    50.4
O     M    40.0
)
R     M    50.3
NOP   0
```

Netzwerk: 6	Zwischenmerker 7 (Signalvorbereitung)

```
UN    E     0.3
UN    E     0.4
U     E     0.5
=     M    50.4
```

Netzwerk: 7	Tab. Zählsp. 7 (Signalvorbereitung)

```
U     M    50.4
S     M    50.5
U(
O     M    50.0
O     M    50.2
O     M    40.0
)
R     M    50.5
NOP   0
```

Netzwerk: 8	Zustand 0

```
U(
U     M    40.3
UN    E     0.1
O     M    60.7
)
S     M    40.0
U     M    40.1
R     M    40.0
NOP   0
```

Netzwerk: 9	Zustand 1

```
U(
U     M     40.0
U     E      0.1
O
U     M     40.4
UN    Z      1
O
U     M     40.5
UN    Z      2
O
U     M     40.6
UN    Z      3
)
S     M     40.1
U     M     40.2
R     M     40.1
NOP   0
```

Netzwerk: 10	Zustand 2

```
U     M     40.1
UN    E      0.2
S     M     40.2
U     M     40.3
R     M     40.2
NOP   0
```

Netzwerk: 11	Zustand 3

```
U     M     40.2
U     E      0.2
S     M     40.3
U(
O     M     40.0
O     M     40.4
O     M     40.5
O     M     40.6
)
R     M     40.3
NOP   0
```

Netzwerk: 12	Zustand 4

```
U     M     40.3
U     M     50.1
S     M     40.4
U(
O     M     40.0
O     M     40.1
)
R     M     40.4
NOP   0
```

Netzwerk: 13	Zustand 5

```
U    M    40.3
U    M    50.3
S    M    40.5
U(
O    M    40.0
O    M    40.1
)
R    M    40.5
NOP  0
```

Netzwerk: 14	Zustand 6

```
U    M    40.3
U    M    50.5
S    M    40.6
U(
O    M    40.0
O    M    40.1
)
R    M    40.6
NOP  0
```

Netzwerk: 15	Abwärtszähler für 3 Tabletten

```
U    E     0.6
ZR   Z     1
BLD  101
U    M    40.4
L    C#3
S    Z     1
NOP  0
NOP  0
NOP  0
NOP  0
```

Netzwerk: 16	Abwärtszähler für 5 Tabletten

```
U    E     0.6
ZR   Z     2
BLD  101
U    M    40.5
L    C#5
S    Z     2
NOP  0
NOP  0
NOP  0
NOP  0
```

Netzwerk: 17	Abwärtszähler für 7 Tabletten

```
U     E     0.6
ZR    Z     3
BLD   101
U     M     40.6
L     C#7
S     Z     3
NOP   0
NOP   0
NOP   0
NOP   0
```

Netzwerk: 18	Bandmotor

```
O     M     40.1
O     M     40.2
=     A      4.1
```

Netzwerk: 19	Ventil

```
O     M     40.4
O     M     40.5
O     M     40.6
=     A      4.2
```

Netzwerk: 20	Lampe 3 Tabletten

```
U(
O     M     40.1
O     M     40.2
O     M     40.3
)
U     M     50.1
O     M     40.4
=     A      4.3
```

Netzwerk: 21	Lampe 5 Tabletten

```
U(
O     M     40.1
O     M     40.2
O     M     40.3
)
U     M     50.3
O     M     40.5
=     A      4.4
```

Netzwerk: 22	Lampe 7 Tabletten

```
U(
O     M     40.1
O     M     40.2
O     M     40.3
)
U     M     50.5
O     M     40.6
=     A      4.5
```

Lösungsbeispiel zu Abschnitt 12.8

FC5 - <Offline>

Name: FUP **Familie:** Beispiel
Autor: Kaftan **Version:** 00.01
Zeitstempel Code: DT#1998-07-29-10:52:15.000
Interface: DT#1997-09-06-15:03:07.890
Längen (Baustein / Code / Daten): 00416 00294 00000

Adresse	Deklaration	Name	Typ	Anfangswert	Kommentar
	in				
	out				
	in_out				
	temp				

Baustein: FC5 Lösung zu Kapitel 12.8 Türsteuerung einer Schleuse

Netzwerk: 1 Taster S1

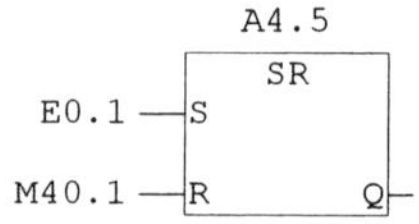

Netzwerk: 2 Taster S1

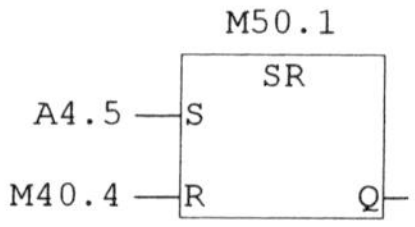

Netzwerk: 3 Taster S2

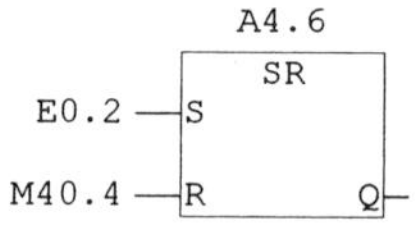

Netzwerk: 4 Taster 2

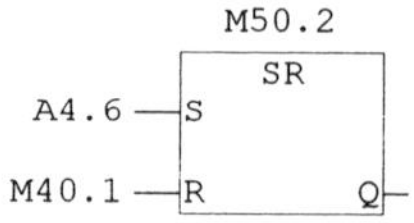

Netzwerk: 5 Einschalt-/Richtimpulsmerker

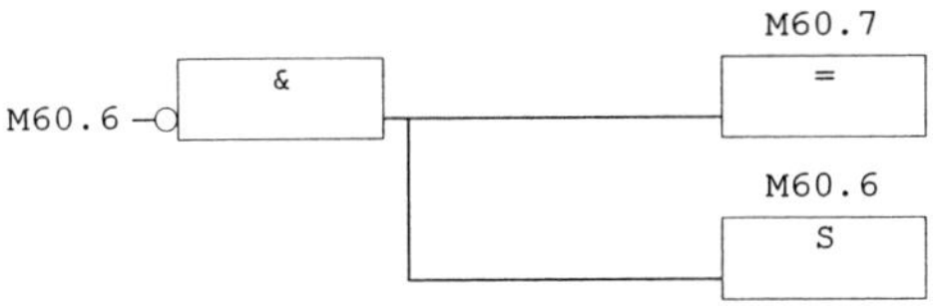

Netzwerk: 6 Zustandsmerker 0

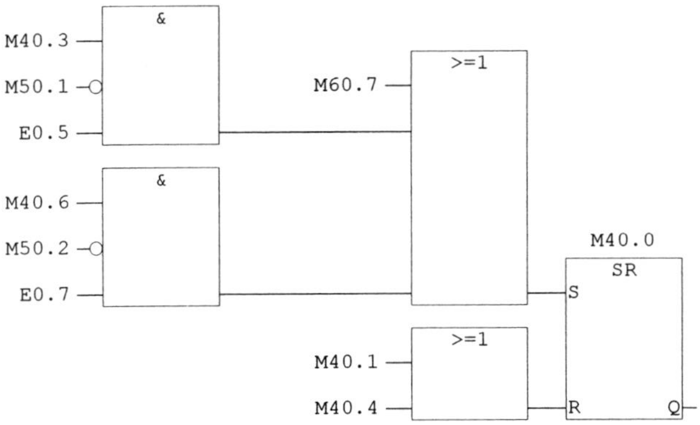

Netzwerk: 7 Zustandsmerker 1

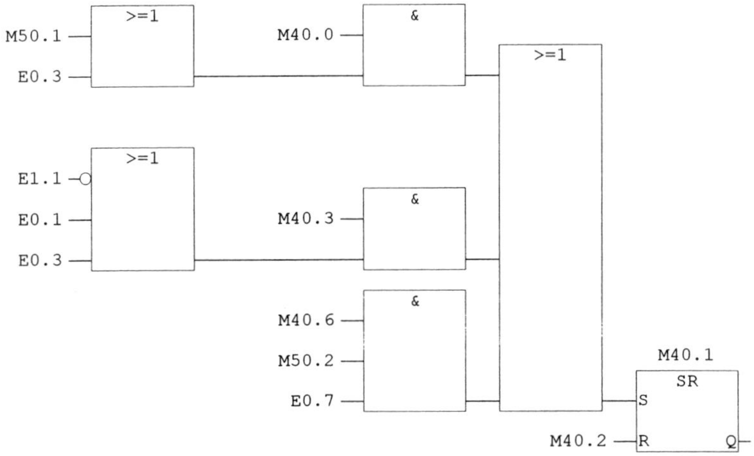

Netzwerk: 8 Zustandsmerker 2

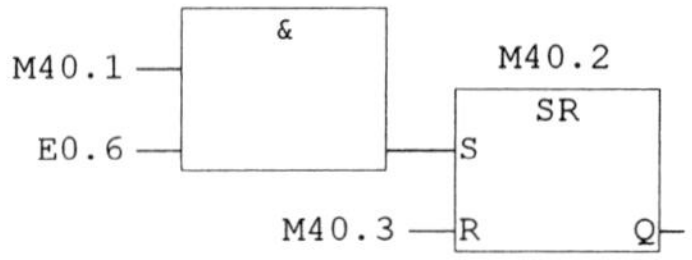

Netzwerk: 9 Zustandsmerker 3

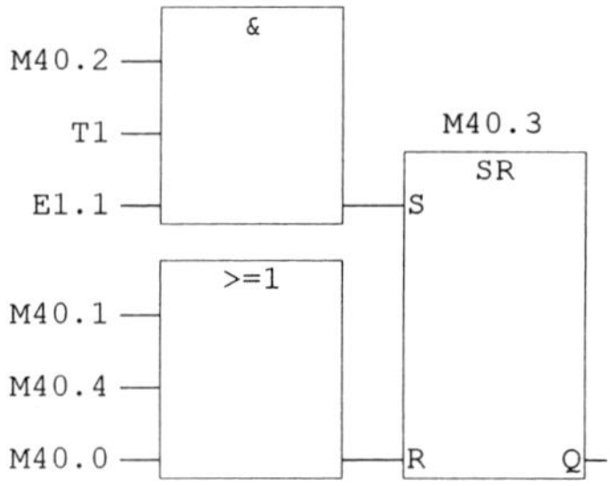

Netzwerk: 10 Zustandsmerker 4

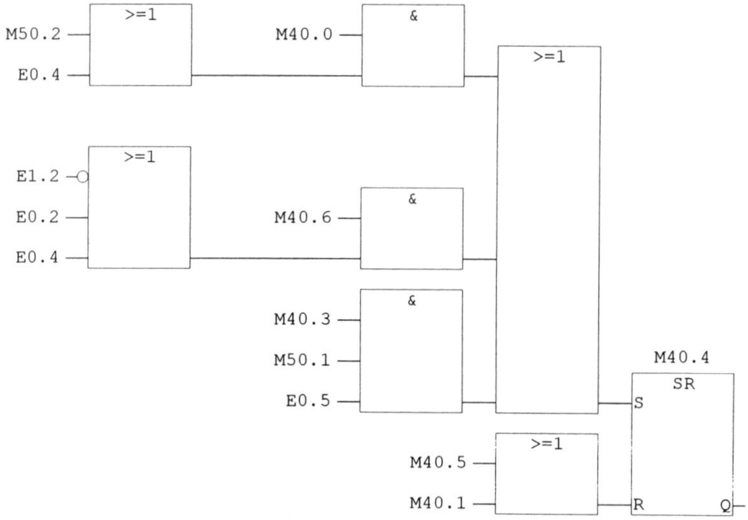

Netzwerk: 11 Zustandsmerker 5

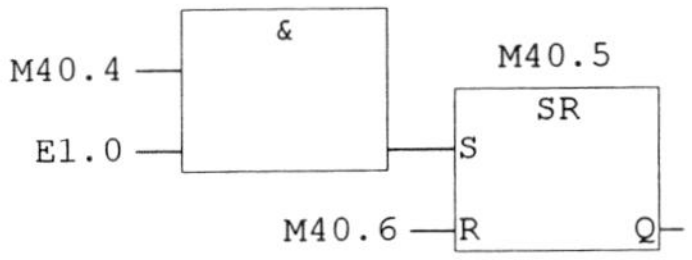

Netzwerk: 12 Zustandsmerker 6

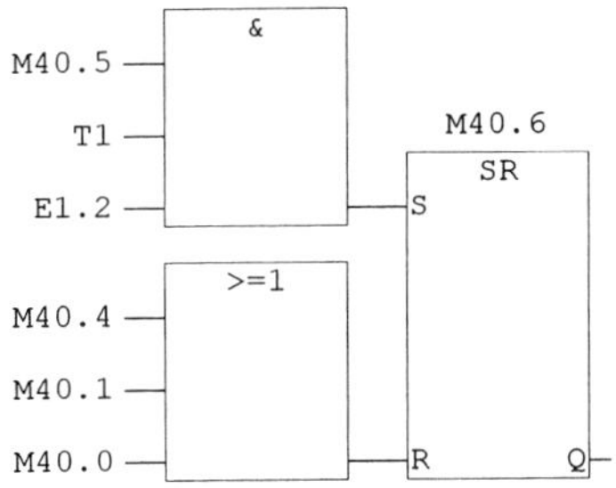

Netzwerk: 13 Wartezeit

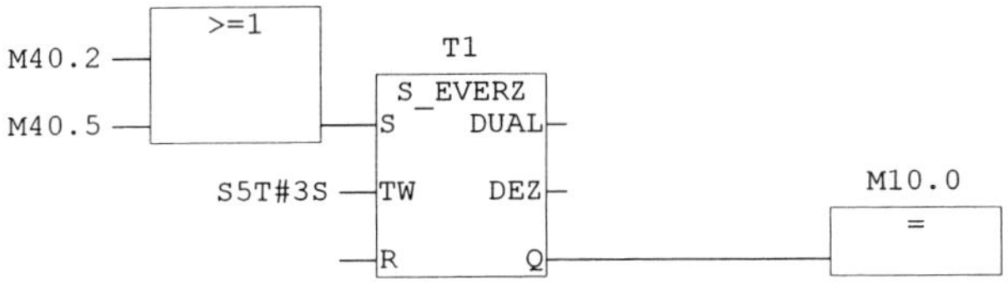

Netzwerk: 14 Motor Tür 1 Auf

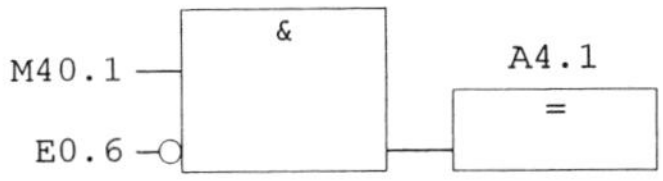

Netzwerk: 15 Motor Tür 1 Zu

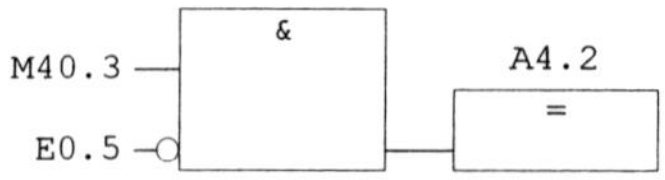

Netzwerk: 16 Motor Tür 2 Auf

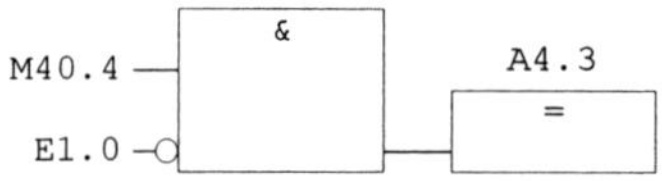

Netzwerk: 17 Motor Tür 2 Auf

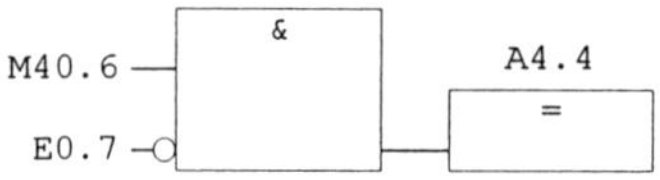

FC5 - <Offline>

Name: KOP **Familie:** Beispiel
Autor: Kaftan **Version:** 00.01
Zeitstempel Code: DT#1998-07-29-10:52:15.000
Interface: DT#1997-09-06-15:03:07.890
Längen (Baustein / Code / Daten): 00416 00294 00000

Adresse	Deklaration	Name	Typ	Anfangswert	Kommentar
	in				
	out				
	in_out				
	temp				

Baustein: FC5 Lösung zu Kapitel 12.8 Türsteuerung einer Schleuse

Netzwerk: 1 Taster S1

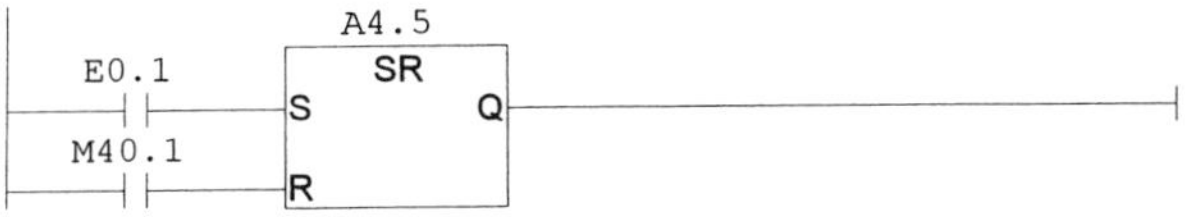

Netzwerk: 2 Taster S1

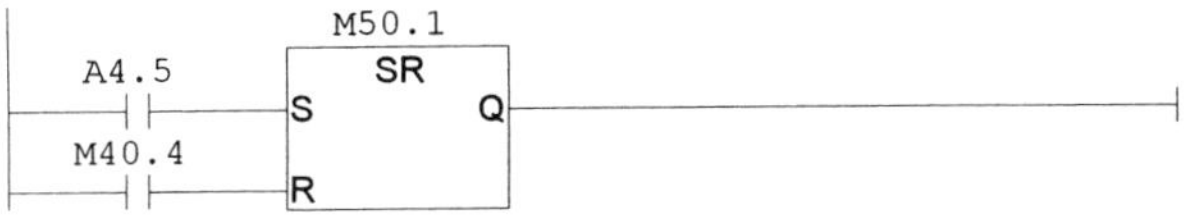

Netzwerk: 3 Taster S2

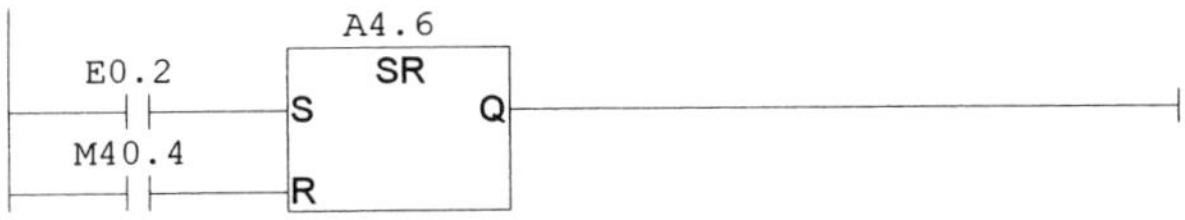

Netzwerk: 4 Taster 2

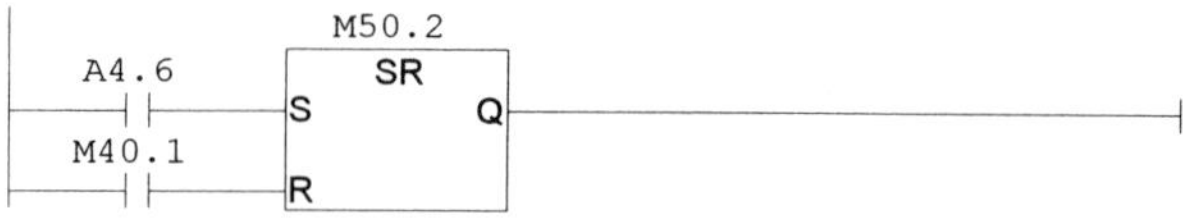

Netzwerk: 5 Einschalt-/Richtimpulsmerker

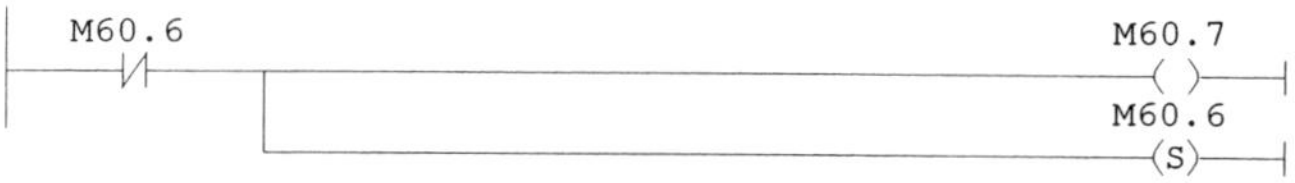

Netzwerk: 6 Zustandsmerker 0

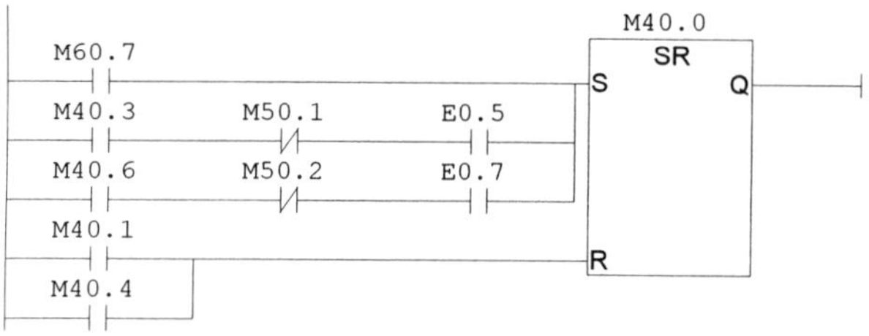

Netzwerk: 7 Zustandsmerker 1

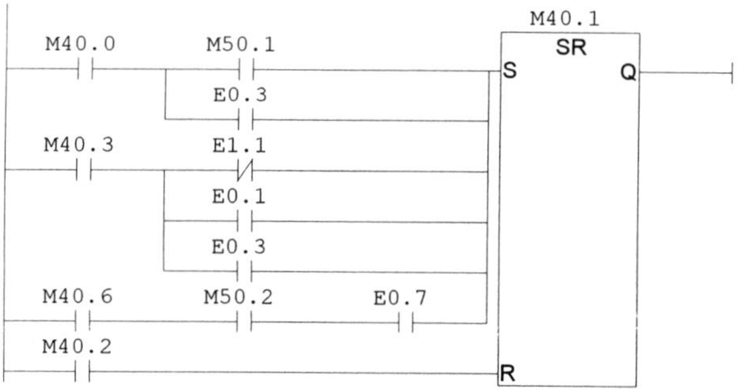

Netzwerk: 8 Zustandsmerker 2

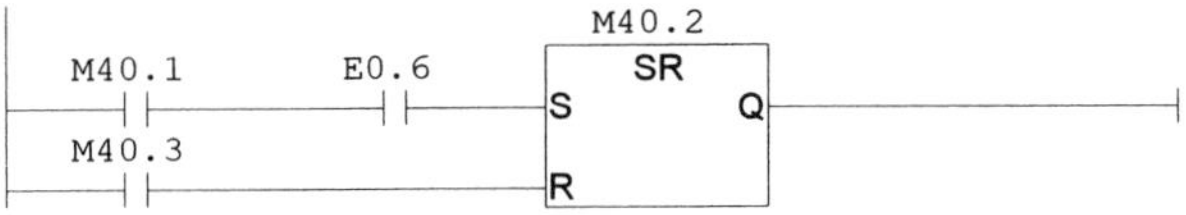

Netzwerk: 9 Zustandsmerker 3

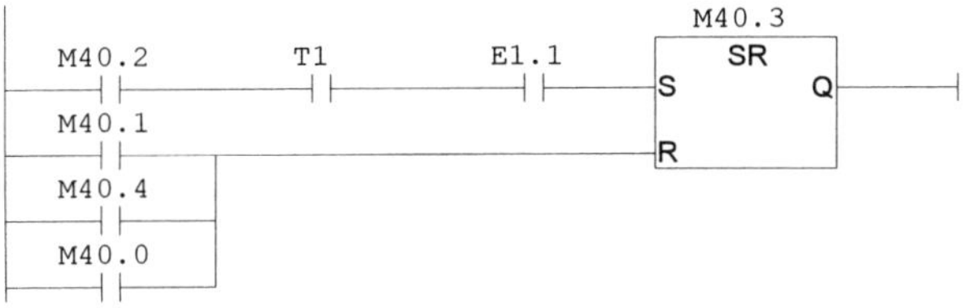

Netzwerk: 10 Zustandsmerker 4

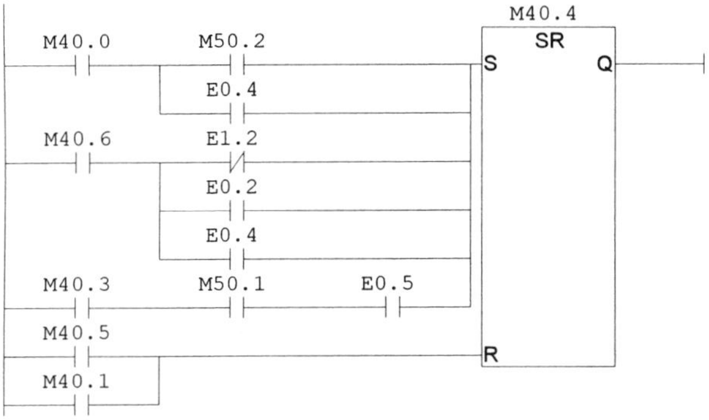

Netzwerk: 11 Zustandsmerker 5

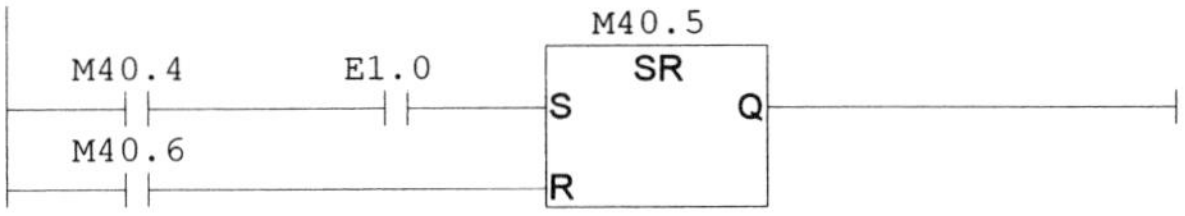

Netzwerk: 12 Zustandsmerker 6

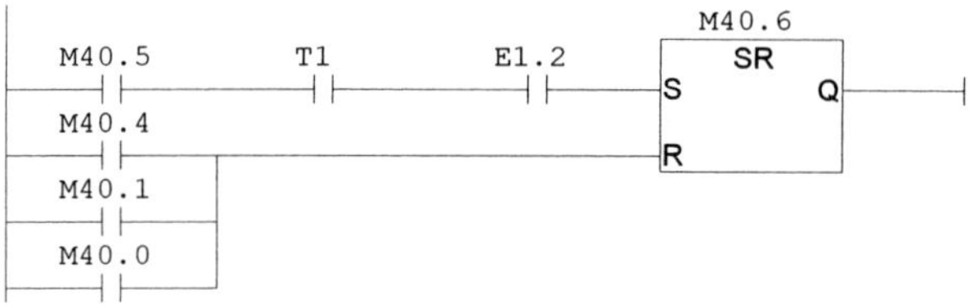

Netzwerk: 13 Wartezeit

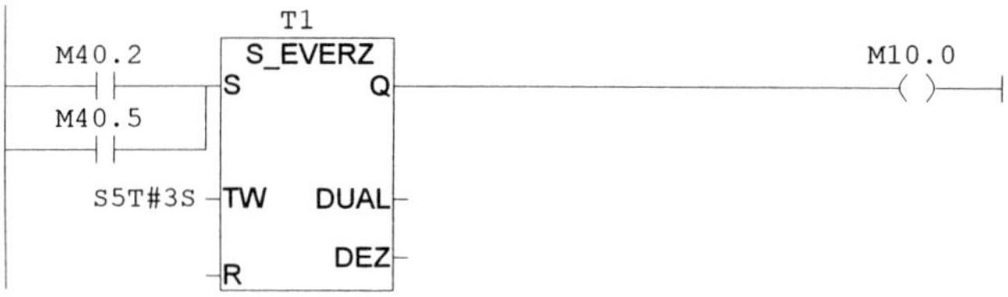

Netzwerk: 14 Motor Tür 1 Auf

Netzwerk: 15 Motor Tür 1 Zu

Netzwerk: 16 Motor Tür 2 Auf

Netzwerk: 17 Motor Tür 2 Auf

FC5 - <Offline>

Name: AWL **Familie:** Beispiel
Autor: Kaftan **Version:** 00.01
Zeitstempel Code: DT#1998-07-29-10:17:43.000
Interface: DT#1997-09-06-15:03:07.890
Längen (Baustein / Code / Daten): 00416 00294 00000

Adresse	Deklaration	Name	Typ	Anfangswert	Kommentar
	in				
	out				
	in_out				
	temp				

Baustein: FC5 Lösung zu Kapitel 12.8 Türsteuerung einer Schleuse

Netzwerk: 1 Taster S1

```
U    E    0.1          //Türöffnungstaster S1
S    A    4.5          //Anzeige Taster S1
U    M   40.1
R    A    4.5
NOP  0
```

Netzwerk: 2 Taster S1

```
U    A    4.5
S    M   50.1
U    M   40.4
R    M   50.1          //Tastenspeicher TSP1
NOP  0
```

Netzwerk: 3 Taster S2

```
U    E    0.2          //Türöffnungstaster S2
S    A    4.6          //Anzeige Taster S2
U    M   40.4
R    A    4.6
NOP  0
```

Netzwerk: 4 Taster 2

```
U    A    4.6
S    M   50.2
U    M   40.1
R    M   50.2          //Tastenspeicher TSP2
NOP  0
```

Netzwerk: 5	Einschalt-/Richtimpulsmerker

```
UN    M    60.6
=     M    60.7
S     M    60.6
```

Netzwerk: 6	Zustandsmerker 0

```
U(
O     M    60.7
O
U     M    40.3
UN    M    50.1
U     E     0.5
O
U     M    40.6
UN    M    50.2
U     E     0.7
)
S     M    40.0
U(
O     M    40.1
O     M    40.4
)
R     M    40.0
NOP   0
```

Netzwerk: 7	Zustandsmerker 1

```
U(
U     M    40.0
U(
O     M    50.1
O     E     0.3
)
O
U     M    40.3
U(
ON    E     1.1
O     E     0.1
O     E     0.3
)
O
U     M    40.6
U     M    50.2
U     E     0.7
)
S     M    40.1
U     M    40.2
R     M    40.1
NOP   0
```

```
Netzwerk: 8        Zustandsmerker 2
```

```
U      M      40.1
U      E       0.6
S      M      40.2
U      M      40.3
R      M      40.2
NOP    0
```

```
Netzwerk: 9        Zustandsmerker 3
```

```
U      M      40.2
U      T       1
U      E       1.1
S      M      40.3
U(
O      M      40.1
O      M      40.4
O      M      40.0
)
R      M      40.3
NOP    0
```

```
Netzwerk: 10       Zustandsmerker 4
```

```
U(
U      M      40.0
U(
O      M      50.2
O      E       0.4
)
O
U      M      40.6
U(
ON     E       1.2
O      E       0.2
O      E       0.4
)
O
U      M      40.3
U      M      50.1
U      E       0.5
)
S      M      40.4
U(
O      M      40.5
O      M      40.1
)
R      M      40.4
NOP    0
```

Netzwerk: 11	Zustandsmerker 5

```
U     M     40.4
U     E      1.0
S     M     40.5
U     M     40.6
R     M     40.5
NOP   0
```

Netzwerk: 12	Zustandsmerker 6

```
U     M     40.5
U     T      1
U     E      1.2
S     M     40.6
U(
O     M     40.4
O     M     40.1
O     M     40.0
)
R     M     40.6
NOP   0
```

Netzwerk: 13	Wartezeit

```
U(
O     M     40.2
O     M     40.5
)
L     S5T#3S
SE    T      1
NOP   0
NOP   0
NOP   0
U     T      1
=     M     10.0
```

Netzwerk: 14	Motor Tür 1 Auf

```
U     M     40.1
UN    E      0.6
=     A      4.1
```

Netzwerk: 15	Motor Tür 1 Zu

```
U    M   40.3
UN   E    0.5
=    A    4.2
```

Netzwerk: 16	Motor Tür 2 Auf

```
U    M   40.4
UN   E    1.0
=    A    4.3
```

Netzwerk: 17	Motor Tür 2 Auf

```
U    M   40.6
UN   E    0.7
=    A    4.4
```

Lösungsbeispiel zu Abschnitt 12.9

FC3 - <Offline>

Name: FUP **Familie:** Beispiel
Autor: Kaftan **Version:** 00.01
Zeitstempel Code: DT#1998-07-28-15:59:01.000
Interface: DT#1997-09-05-11:24:07.850
Längen (Baustein / Code / Daten): 00436 00308 00000

Adresse	Deklaration	Name	Typ	Anfangswert	Kommentar
	in				
	out				
	in_out				
	temp				

Baustein: FC3 Lösung zu Abschnitt 12.9 Pumpensteuerung

Netzwerk: 1 Impuls Pumpe Ein

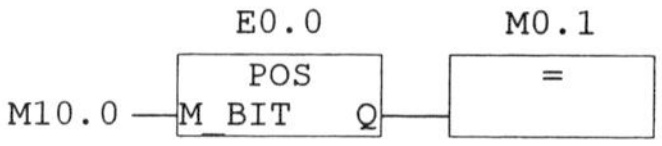

Netzwerk: 2 Impuls Pumpe Ein

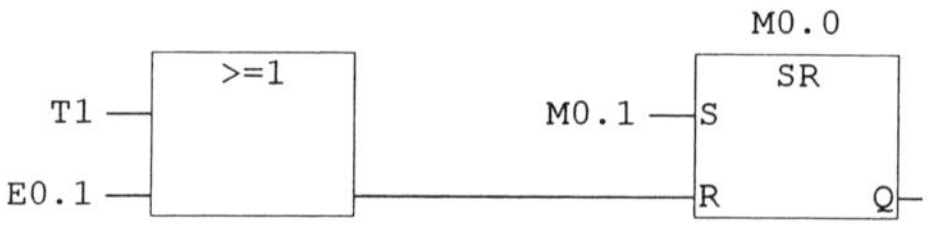

Netzwerk: 3 Starten der Zeit T1

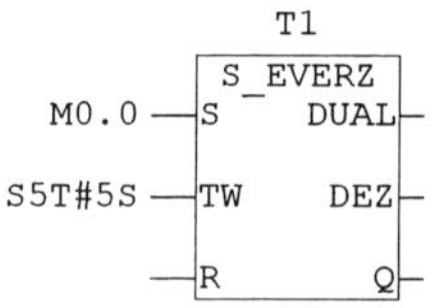

Netzwerk: 4   Impuls Pumpe Aus

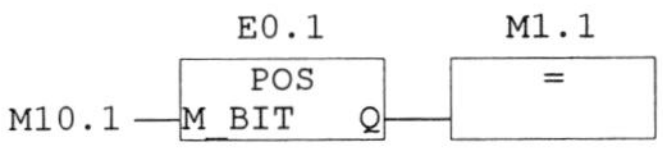

Netzwerk: 5   Impuls Pumpe Aus

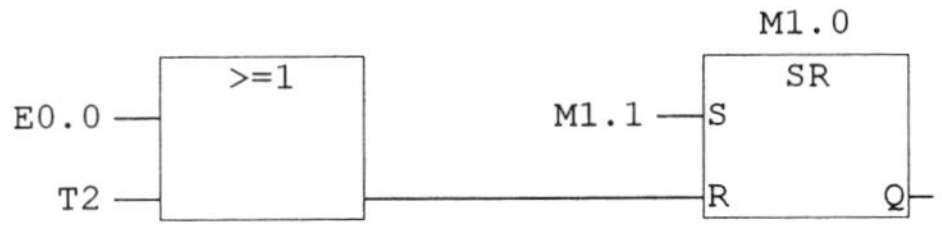

Netzwerk: 6   Starten der Zeit T2

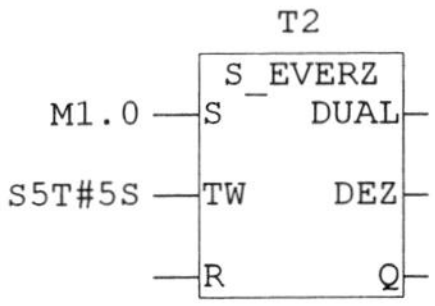

Netzwerk: 7   Pumpen Ein (Register)

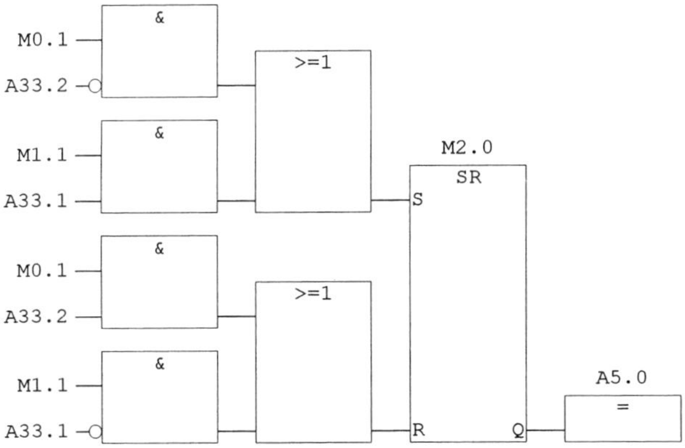

Netzwerk: 8 Pumpen Ein (Register)

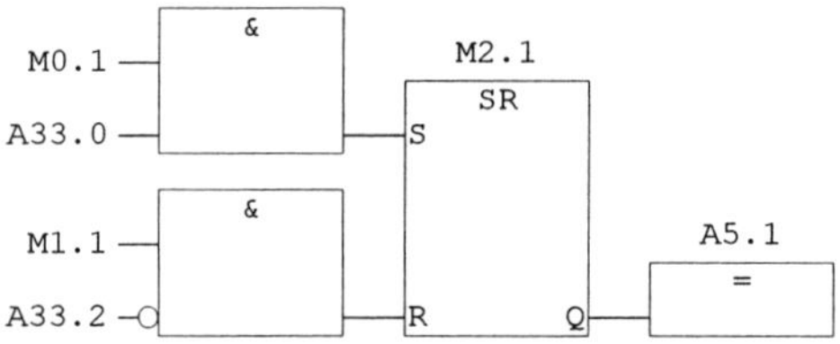

Netzwerk: 9 Pumpen Ein (Register)

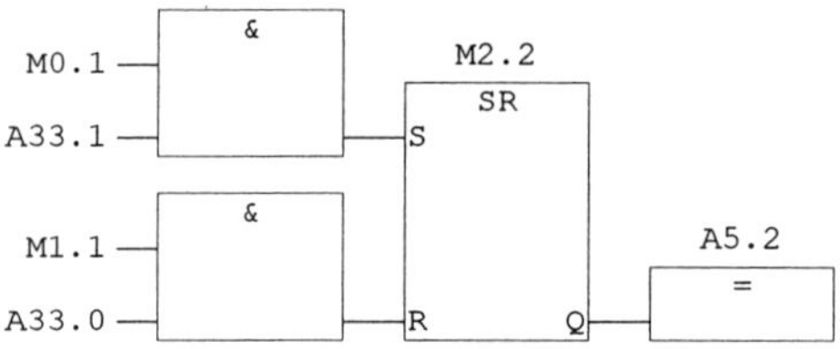

Netzwerk: 10 Pumpen Ein (Register)

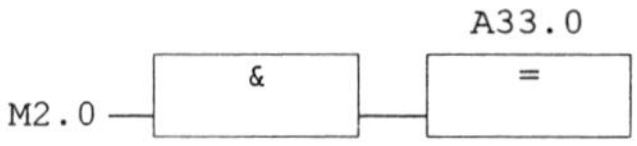

Netzwerk: 11 Pumpen Ein (Register)

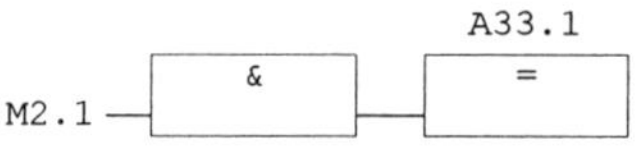

Netzwerk: 12 Pumpen Ein (Register)

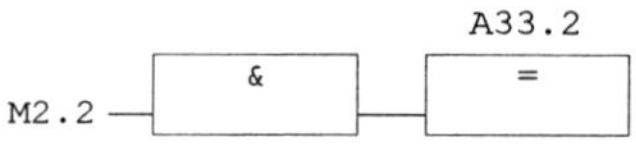

Netzwerk: 13 Pumpen Aus (Register)

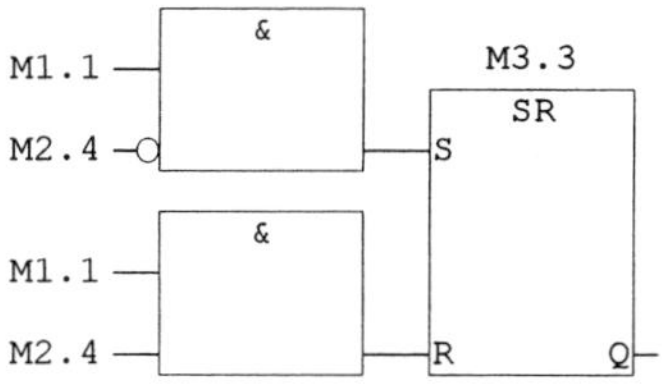

Netzwerk: 14 Pumpen Aus (Register)

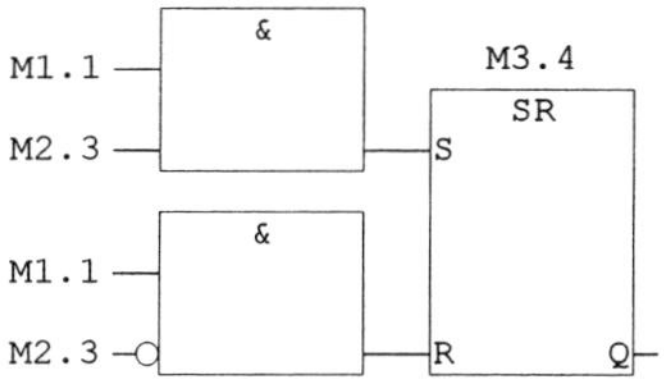

Netzwerk: 15 Pumpen Aus (Register)

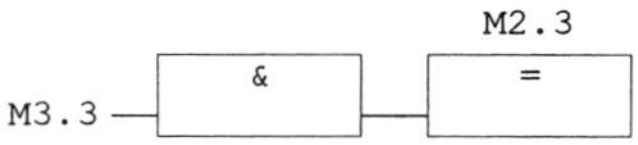

Netzwerk: 16 Pumpen Aus (Register)

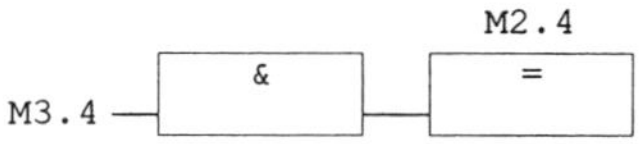

Netzwerk: 17 Pumpenansteuerung

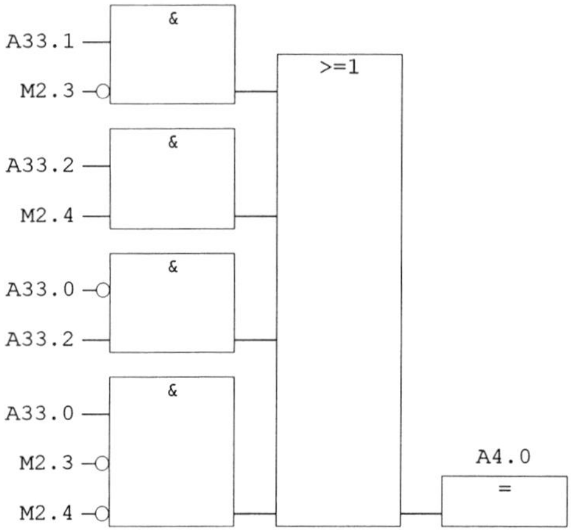

Netzwerk: 18 Pumpenansteuerung

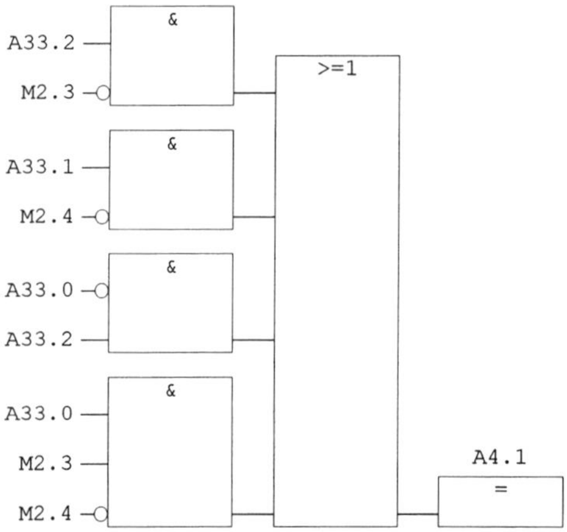

Netzwerk: 19 Pumpenansteuerung

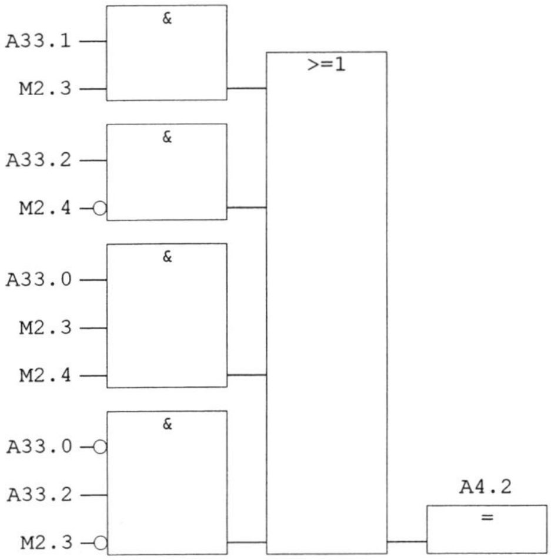

Netzwerk: 20 Pumpenansteuerung

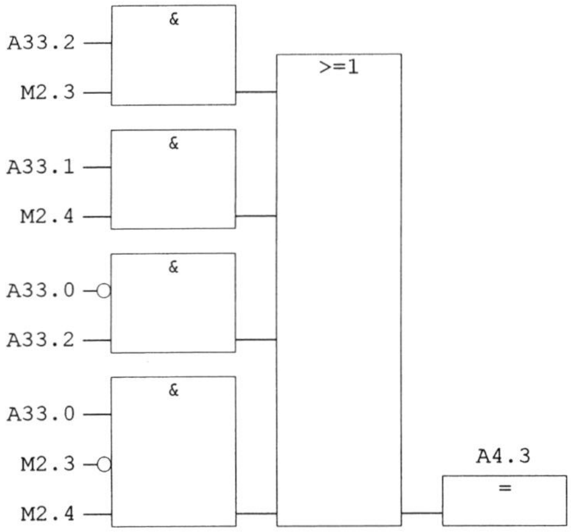

FC3 - <Offline>

Name: KOP **Familie:** Beispiel
Autor: Kaftan **Version:** 00.01
Zeitstempel Code: DT#1998-07-28-15:59:01.000
Interface: DT#1997-09-05-11:24:07.850
Längen (Baustein / Code / Daten): 00436 00308 00000

Adresse	Deklaration	Name	Typ	Anfangswert	Kommentar
	in				
	out				
	in_out				
	temp				

Baustein: FC3 Lösung zu Abschnitt 12.9 Pumpensteuerung

Netzwerk: 1 Impuls Pumpe Ein

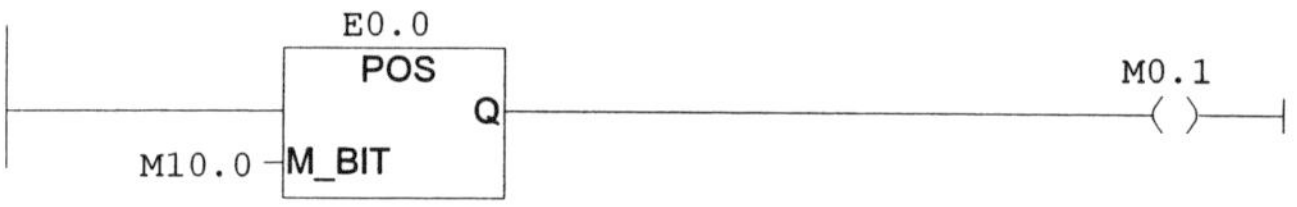

Netzwerk: 2 Impuls Pumpe Ein

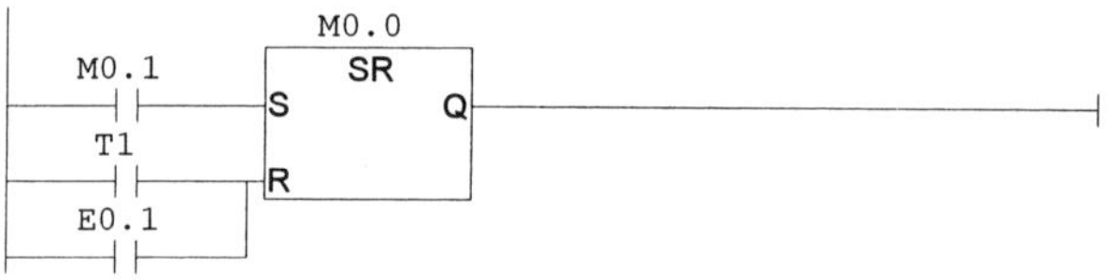

Netzwerk: 3 Starten der Zeit T1

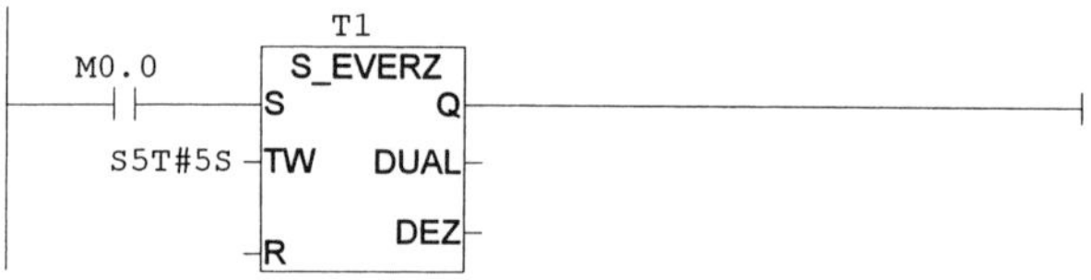

Netzwerk: 4 Impuls Pumpe Aus

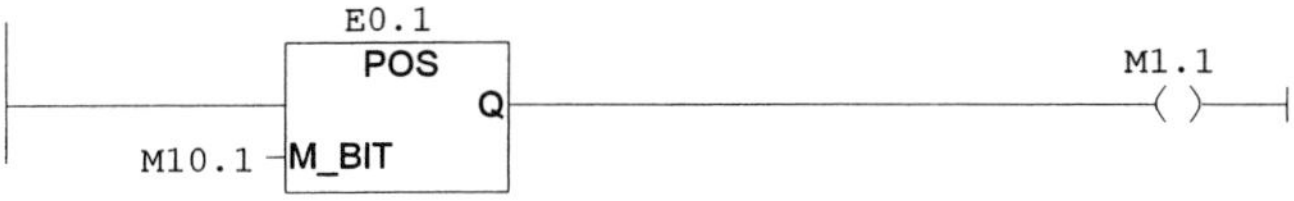

Netzwerk: 5 Impuls Pumpe Aus

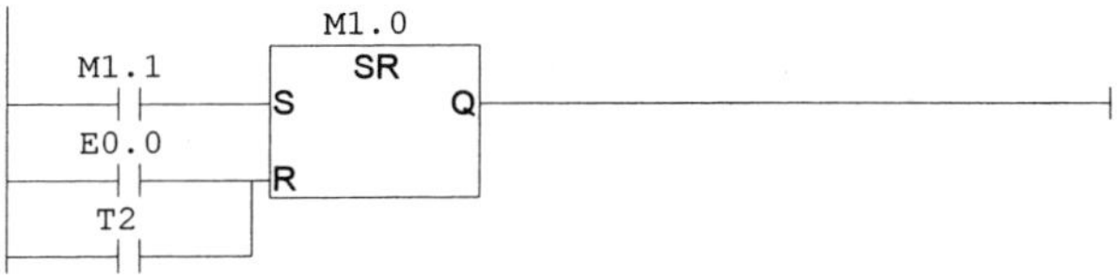

Netzwerk: 6 Starten der Zeit T2

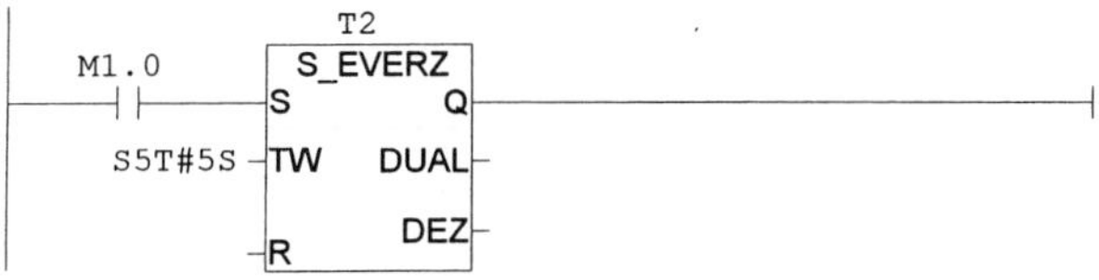

Netzwerk: 7 Pumpen Ein (Register)

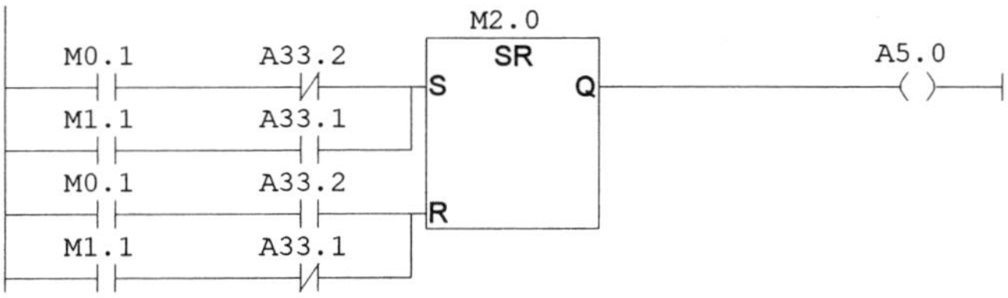

Netzwerk: 8 Pumpen Ein (Register)

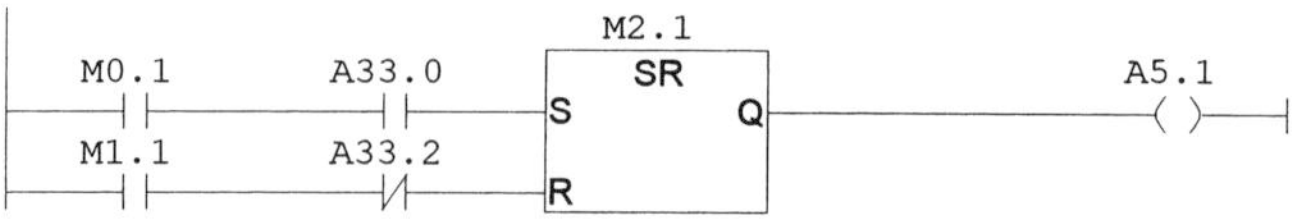

Netzwerk: 9 Pumpen Ein (Register)

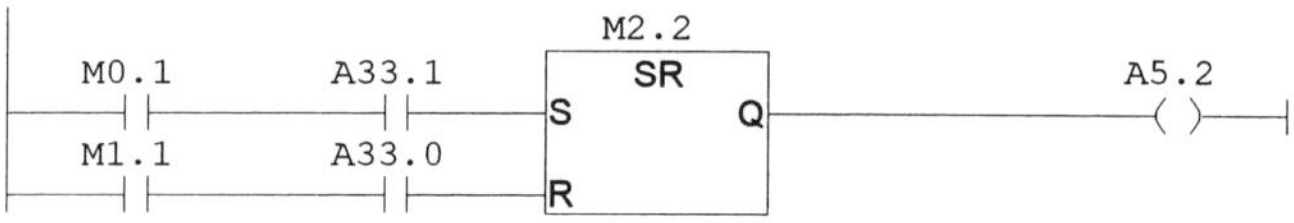

Netzwerk: 10 Pumpen Ein (Register)

Netzwerk: 11 Pumpen Ein (Register)

Netzwerk: 12 Pumpen Ein (Register)

Netzwerk: 13 Pumpen Aus (Register)

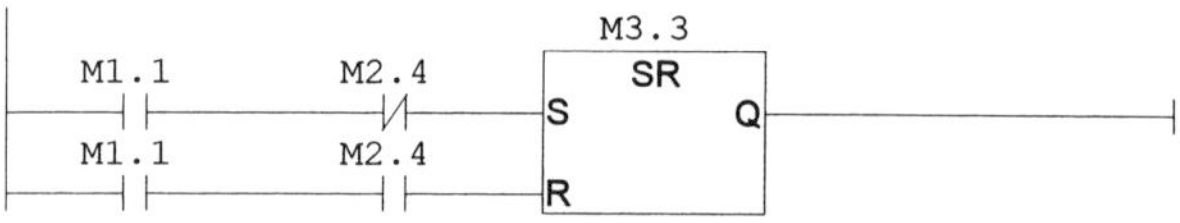

Netzwerk: 14 Pumpen Aus (Register)

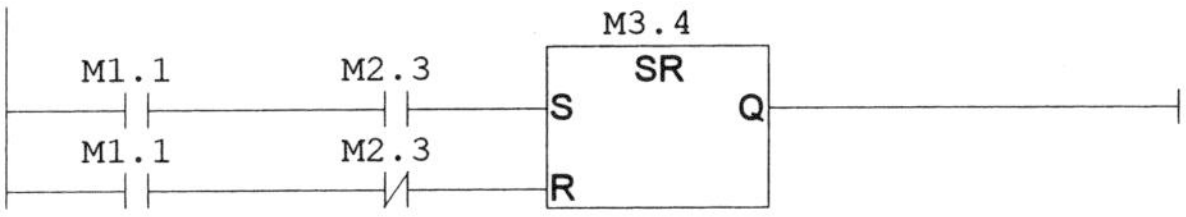

Netzwerk: 15 Pumpen Aus (Register)

Netzwerk: 16 Pumpen Aus (Register)

Netzwerk: 17 Pumpenansteuerung

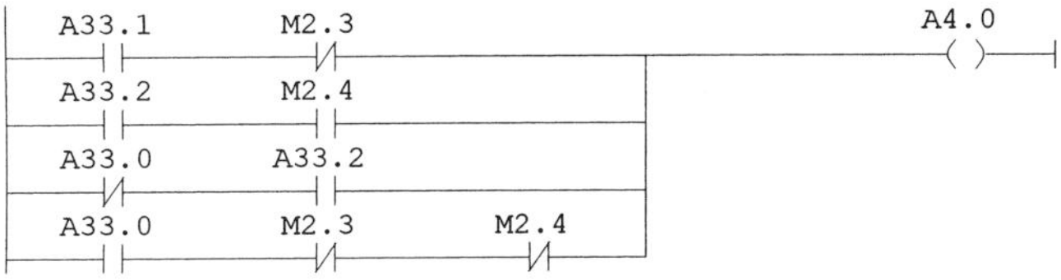

Netzwerk: 18 Pumpenansteuerung

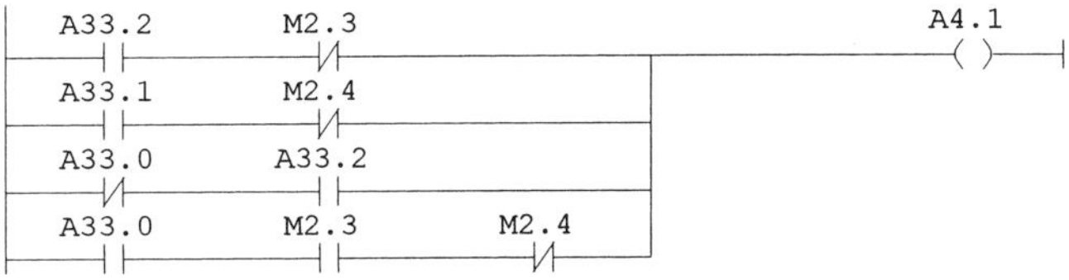

Netzwerk: 19 Pumpenansteuerung

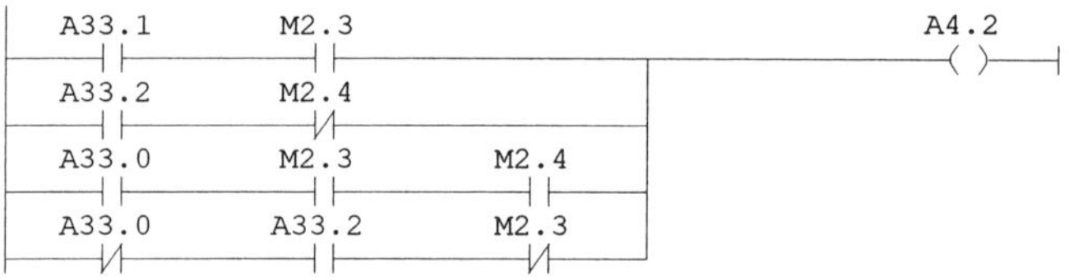

Netzwerk: 20 Pumpenansteuerung

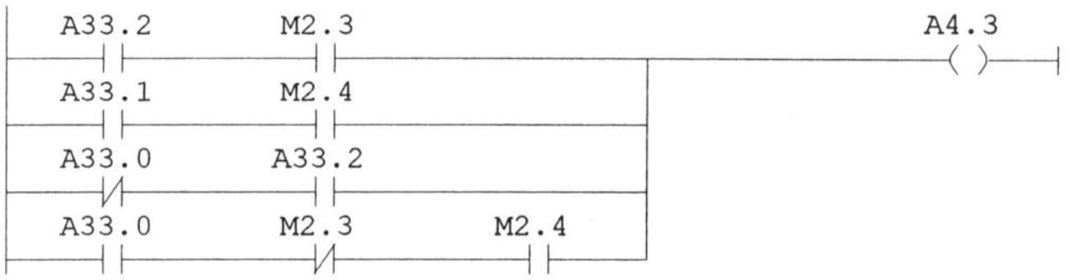

FC3 - <Offline>

Name: AWL **Familie:** Beispiel
Autor: Kaftan **Version:** 00.01
Zeitstempel Code: DT#1998-07-28-15:59:01.000
Interface: DT#1997-09-05-11:24:07.850
Längen (Baustein / Code / Daten): 00436 00308 00000

Adresse	Deklaration	Name	Typ	Anfangswert	Kommentar
	in				
	out				
	in_out				
	temp				

Baustein: FC3 Lösung zu Abschnitt 12.9 Pumpensteuerung

Netzwerk: 1 Impuls Pumpe Ein

```
U    E     0.0
BLD  100
FP   M    10.0
=    M     0.1
```

Netzwerk: 2 Impuls Pumpe Ein

```
U    M     0.1
S    M     0.0
U(
O    T     1
O    E     0.1
)
R    M     0.0
NOP  0
```

Netzwerk: 3 Starten der Zeit T1

```
U    M     0.0
L    S5T#5S
SE   T     1
NOP  0
NOP  0
NOP  0
NOP  0
```

Netzwerk: 4 Impuls Pumpe Aus

```
U    E     0.1
BLD  100
FP   M    10.1
=    M     1.1
```

Netzwerk: 5	Impuls Pumpe Aus

```
U     M      1.1
S     M      1.0
U(
O     E      0.0
O     T      2
)
R     M      1.0
NOP   0
```

Netzwerk: 6	Starten der Zeit T2

```
U     M      1.0
L     S5T#5S
SE    T      2
NOP   0
NOP   0
NOP   0
NOP   0
```

Netzwerk: 7	Pumpen Ein (Register)

```
U(
U     M      0.1
UN    A     33.2
O
U     M      1.1
U     A     33.1
)
S     M      2.0
U(
U     M      0.1
U     A     33.2
O
U     M      1.1
UN    A     33.1
)
R     M      2.0
U     M      2.0
=     A      5.0
```

Netzwerk: 8	Pumpen Ein (Register)

```
U     M      0.1
U     A     33.0
S     M      2.1
U     M      1.1
UN    A     33.2
R     M      2.1
U     M      2.1
=     A      5.1
```

```
Netzwerk: 9        Pumpen Ein (Register)
```

```
U     M      0.1
U     A     33.1
S     M      2.2
U     M      1.1
U     A     33.0
R     M      2.2
U     M      2.2
=     A      5.2
```

```
Netzwerk: 10       Pumpen Ein (Register)
```

```
U     M      2.0
=     A     33.0
```

```
Netzwerk: 11       Pumpen Ein (Register)
```

```
U     M      2.1
=     A     33.1
```

```
Netzwerk: 12       Pumpen Ein (Register)
```

```
U     M      2.2
=     A     33.2
```

```
Netzwerk: 13       Pumpen Aus (Register)
```

```
U     M     1.1
UN    M     2.4
S     M     3.3
U     M     1.1
U     M     2.4
R     M     3.3
NOP   0
```

```
Netzwerk: 14       Pumpen Aus (Register)
```

```
U     M     1.1
U     M     2.3
S     M     3.4
U     M     1.1
UN    M     2.3
R     M     3.4
NOP   0
```

Netzwerk: 15 Pumpen Aus (Register)

```
U    M    3.3
=    M    2.3
```

Netzwerk: 16 Pumpen Aus (Register)

```
U    M    3.4
=    M    2.4
```

Netzwerk: 17 Pumpenansteuerung

```
U    A   33.1
UN   M    2.3
O
U    A   33.2
U    M    2.4
O
UN   A   33.0
U    A   33.2
O
U    A   33.0
UN   M    2.3
UN   M    2.4
=    A    4.0
```

Netzwerk: 18 Pumpenansteuerung

```
U    A   33.2
UN   M    2.3
O
U    A   33.1
UN   M    2.4
O
UN   A   33.0
U    A   33.2
O
U    A   33.0
U    M    2.3
UN   M    2.4
=    A    4.1
```

Netzwerk: 19 Pumpenansteuerung

```
U    A   33.1
U    M    2.3
O
U    A   33.2
UN   M    2.4
O
U    A   33.0
U    M    2.3
U    M    2.4
O
UN   A   33.0
U    A   33.2
UN   M    2.3
=    A    4.2
```

```
Netzwerk: 20      Pumpenansteuerung

      U     A     33.2
      U     M      2.3
      O
      U     A     33.1
      U     M      2.4
      O
      UN    A     33.0
      U     A     33.2
      O
      U     A     33.0
      UN    M      2.3
      U     M      2.4
      =     A      4.3
```

Lösungsbeispiel zu Abschnitt 13.5

FC1 - <Offline>

Name: FUP **Familie:** Beispiel
Autor: Kaftan **Version:** 00.01
Zeitstempel Code: DT#1998-07-28-13:20:35.000
Interface: DT#1998-07-15-08:38:16.720
Längen (Baustein / Code / Daten): 00462 00326 00002

Adresse	Deklaration	Name	Typ	Anfangswert	Kommentar
	in				
	out				
	in_out				
	temp				

Baustein: FC1 Lösung zu Abschnitt 13.5 Blechbiegevorrichtung

Netzwerk: 1 Grundstellung Anlage

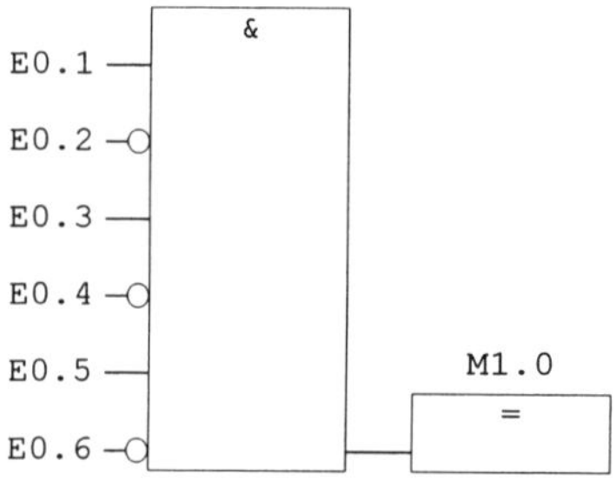

Netzwerk: 2 Impuls Start / Einzelschritt

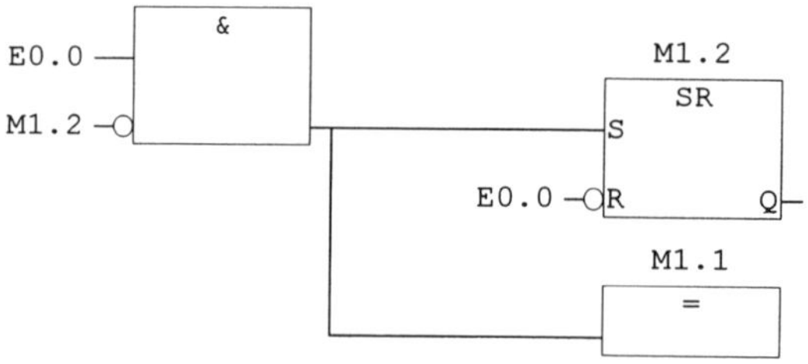

Netzwerk: 3 Automatikbetrieb

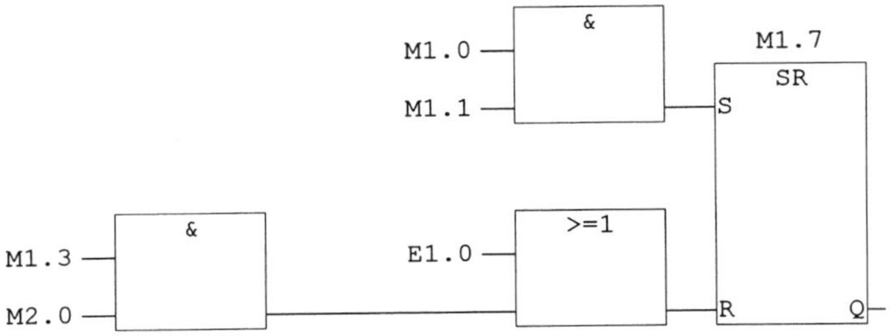

Netzwerk: 4 Automatikbetrieb beenden

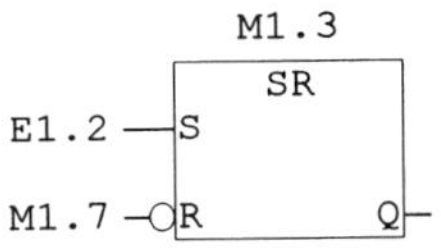

Netzwerk: 5 Freigabe der Ablaufkette

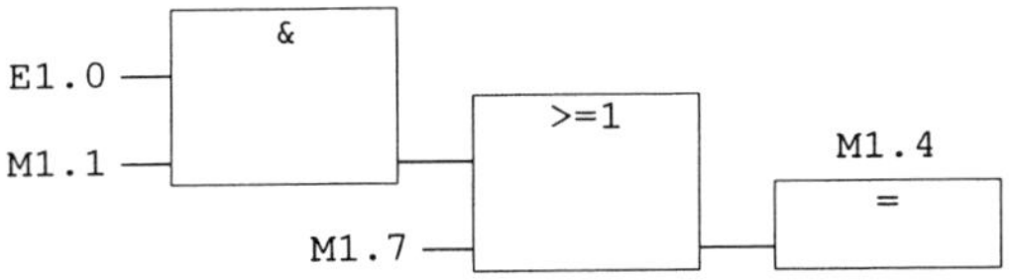

Netzwerk: 6 Ablaufkette in Grundstellung

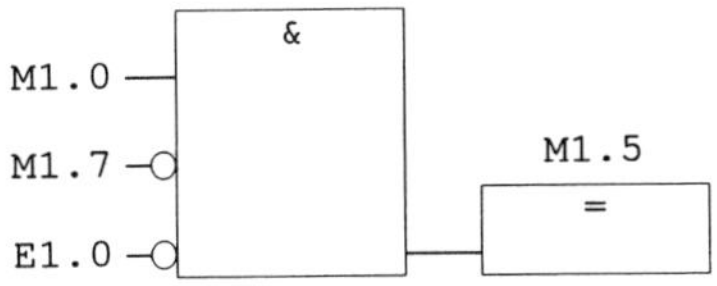

Netzwerk: 7 Freigabe der Befehlsausgabe

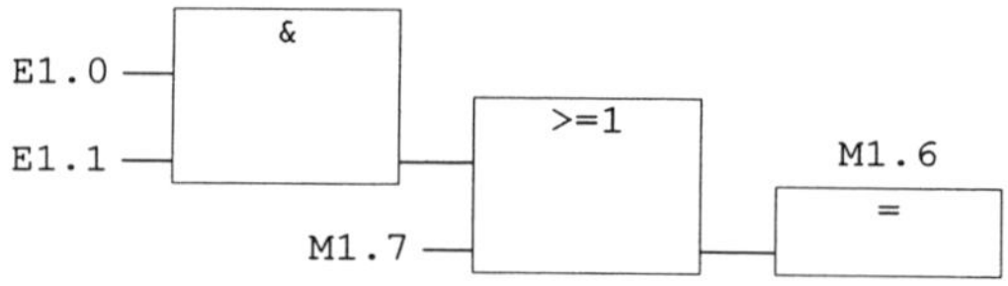

Netzwerk: 8 Ablaufkette Schritt 0

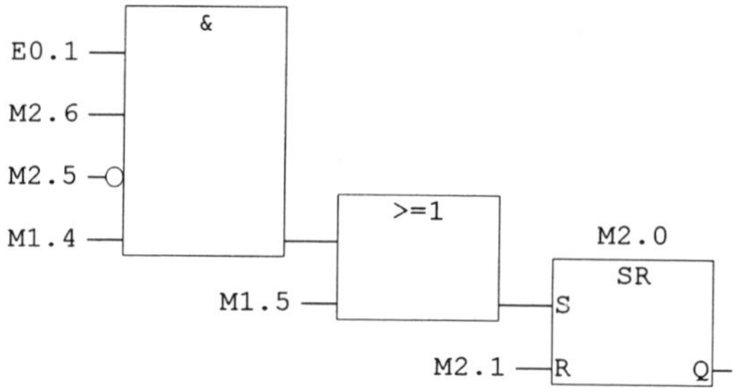

Netzwerk: 9 Schritt 1

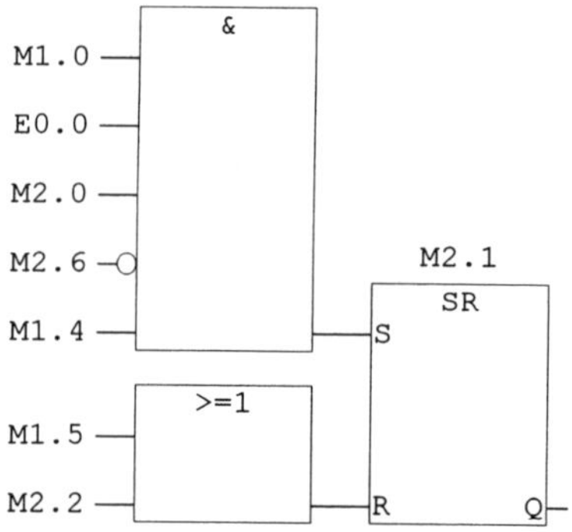

Netzwerk: 10 Schritt 2

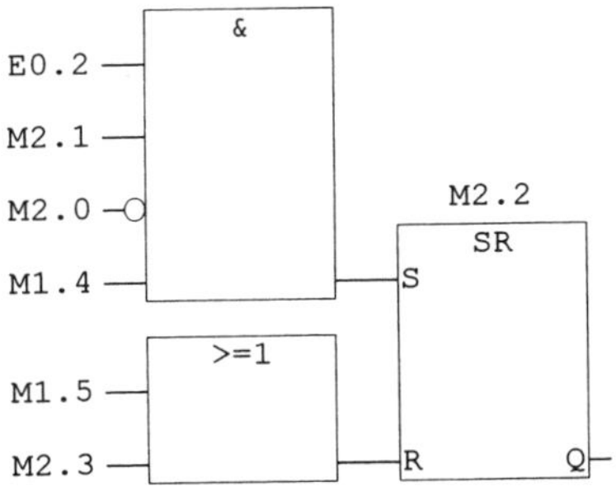

Netzwerk: 11 Schritt 3

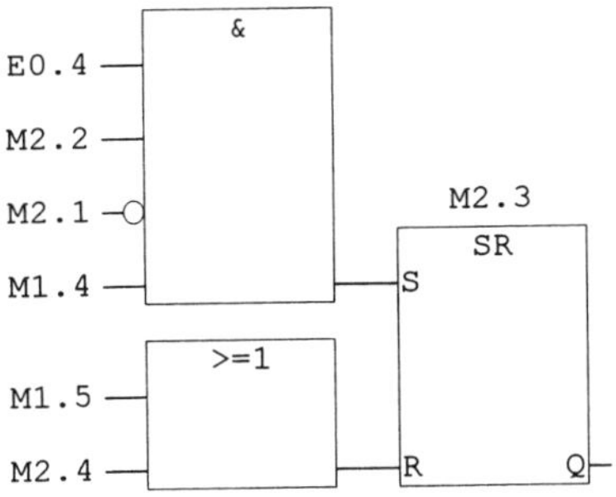

Netzwerk: 12 Schritt 4

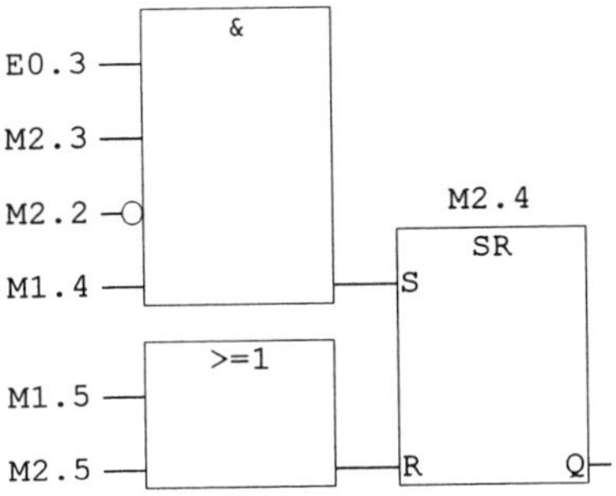

Netzwerk: 13 Schritt 5

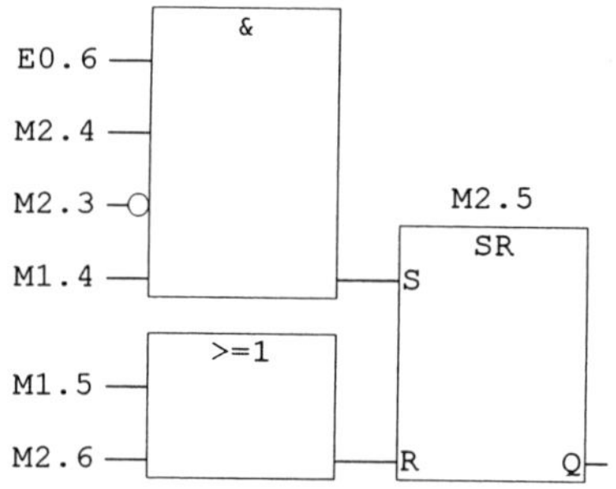

Netzwerk: 14 Schritt 6

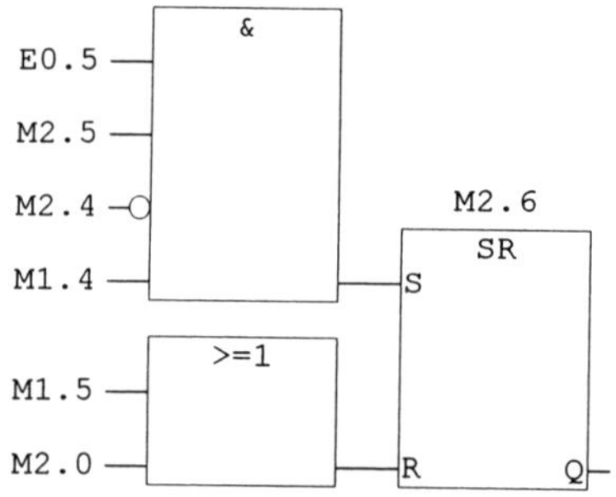

Netzwerk: 15 Schrittanzeige Wert 1

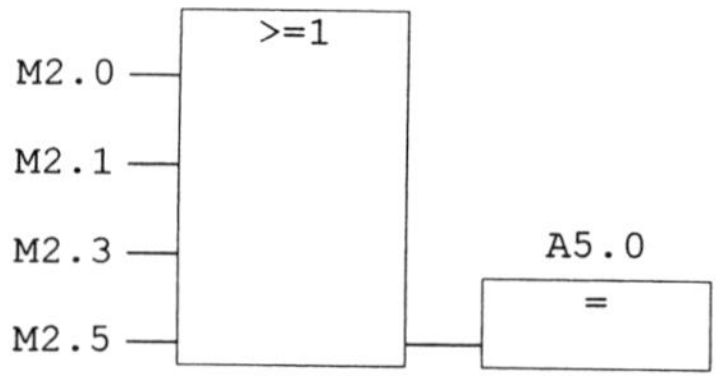

Netzwerk: 16 Schrittanzeige Wert 2

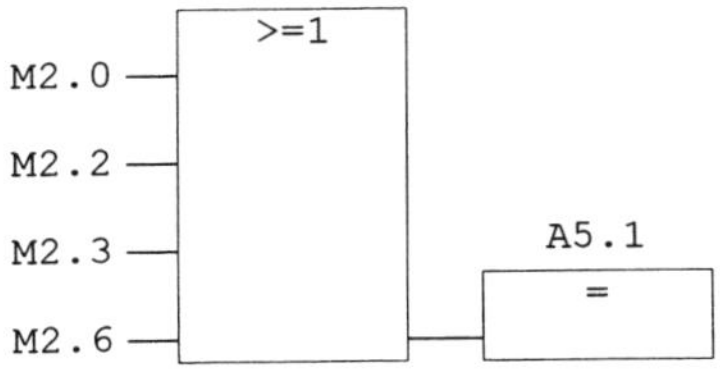

Netzwerk: 17 Schrittanzeige Wert 4

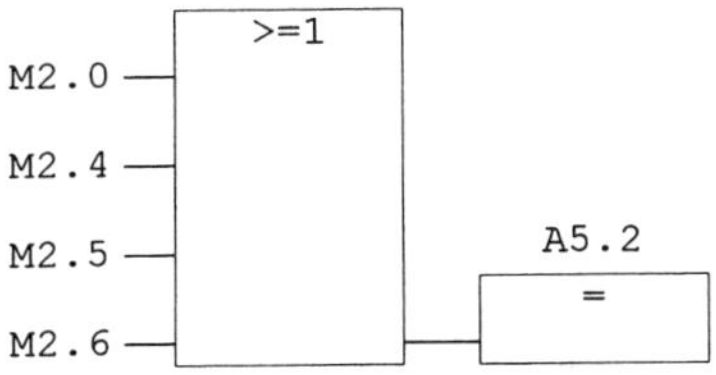

Netzwerk: 18 Anzeige Automatikbetrieb

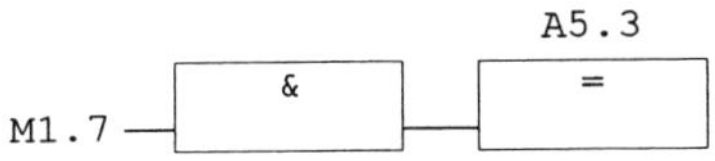

Netzwerk: 19 Befehlsausgabe

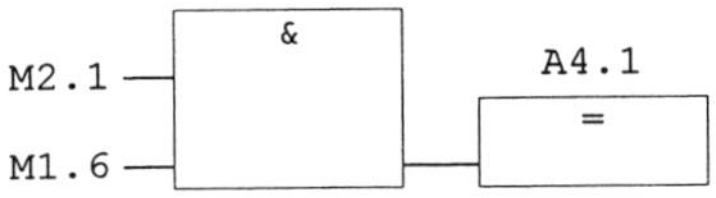

Netzwerk: 20 Befehlsausgabe

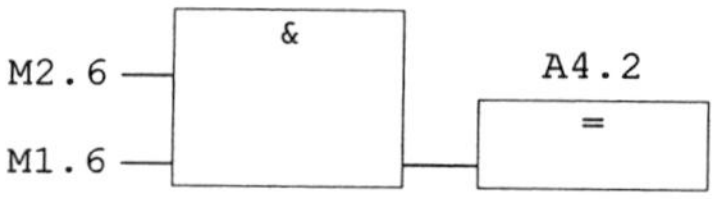

Netzwerk: 21 Befehlsausgabe

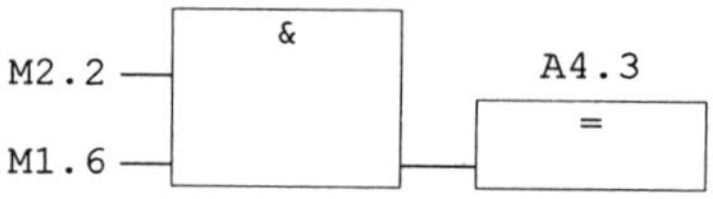

Netzwerk: 22 Befehlsausgabe

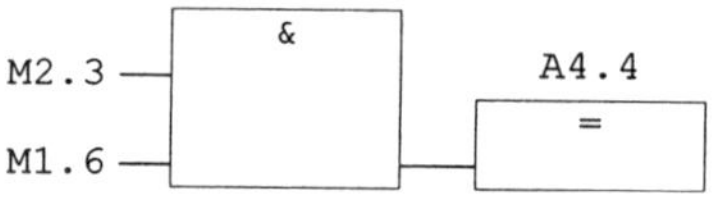

Netzwerk: 23 Befehlsausgabe

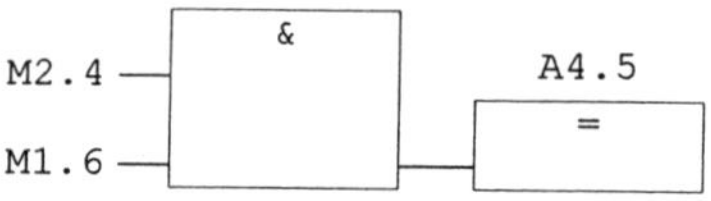

Netzwerk: 24 Befehlsausgabe

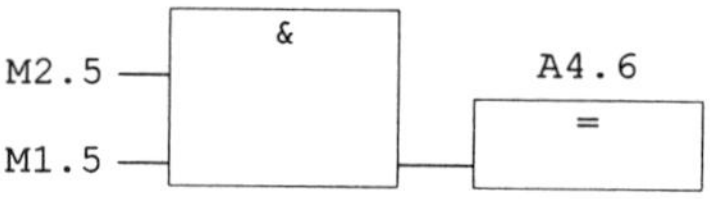

FC1 - <Offline>

Name: KOP **Familie:** Beispiel
Autor: Kaftan **Version:** 00.01
Zeitstempel Code: DT#1998-07-28-13:23:22.000
Interface: DT#1998-07-15-08:38:16.720
Längen (Baustein / Code / Daten): 00462 00326 00002

Adresse	Deklaration	Name	Typ	Anfangswert	Kommentar
	in				
	out				
	in_out				
	temp				

Baustein: FC1 Lösung zu Abschnitt 13.5 Blechbiegevorrichtung

Netzwerk: 1 Grundstellung Anlage

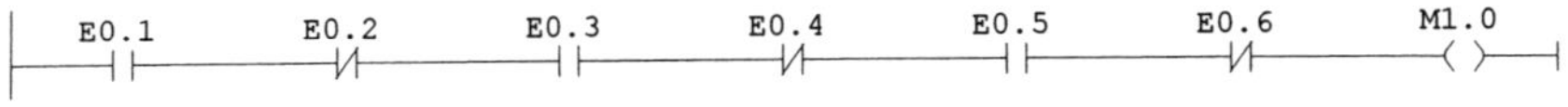

Netzwerk: 2 Impuls Start / Einzelschritt

```
U     E     0.0
UN    M     1.2
=     L     0.0
U     L     0.0
S     M     1.2
UN    E     0.0
R     M     1.2
NOP   0
U     L     0.0
BLD   102
=     M     1.1
```

Netzwerk: 3 Automatikbetrieb

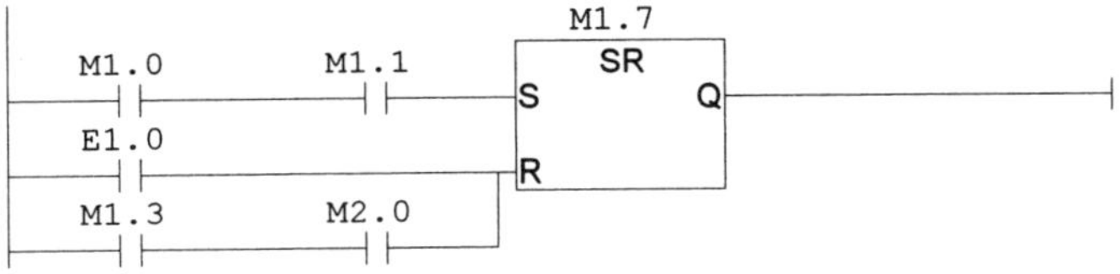

Netzwerk: 4 Automatikbetrieb beenden

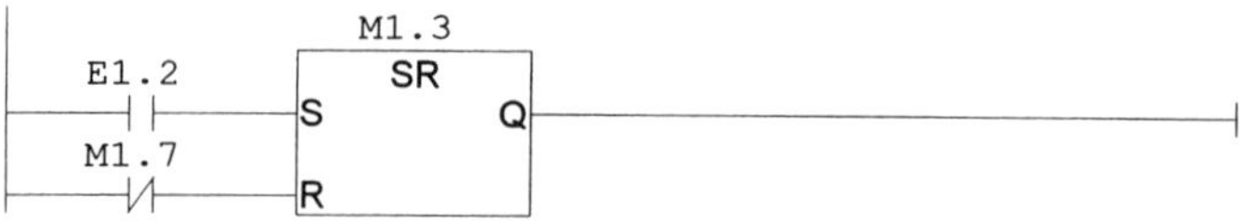

Netzwerk: 5 Freigabe der Ablaufkette

Netzwerk: 6 Ablaufkette in Grundstellung

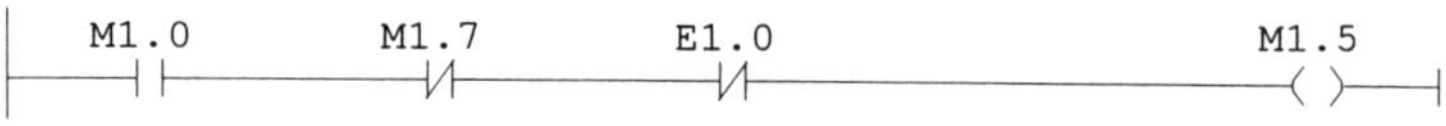

Netzwerk: 7 Freigabe der Befehlsausgabe

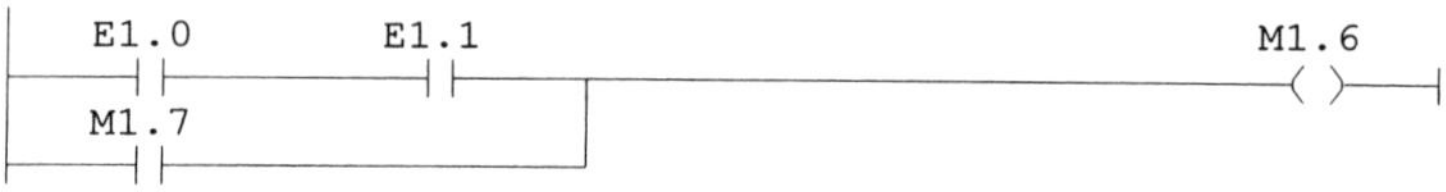

Netzwerk: 8 Ablaufkette Schritt 0

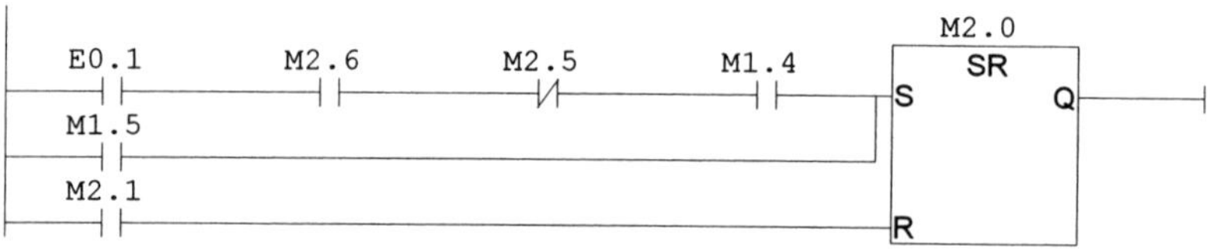

Netzwerk: 9 Schritt 1

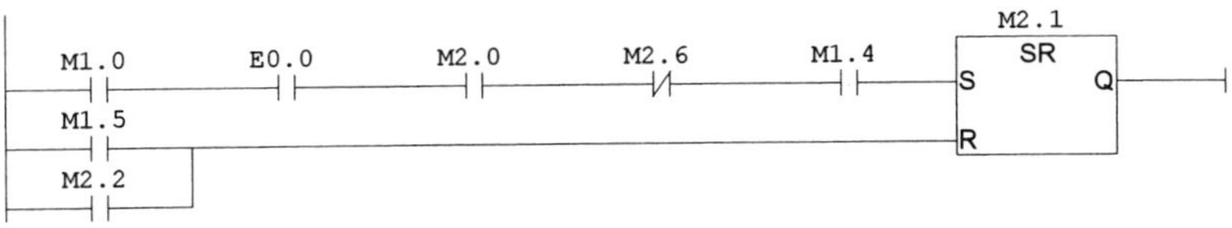

Netzwerk: 10 Schritt 2

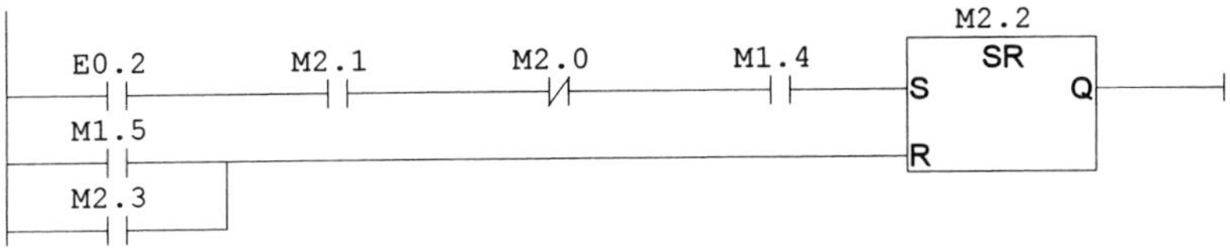

Netzwerk: 11 Schritt 3

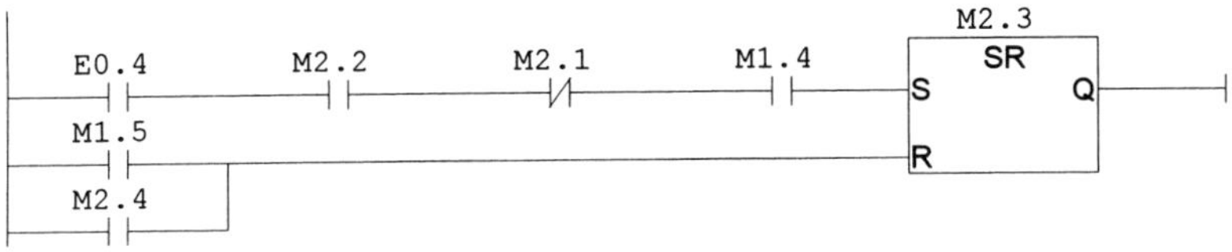

Netzwerk: 12 Schritt 4

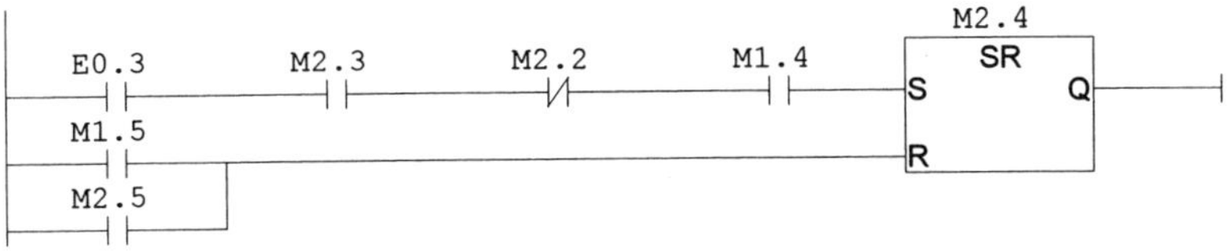

Netzwerk: 13   Schritt 5

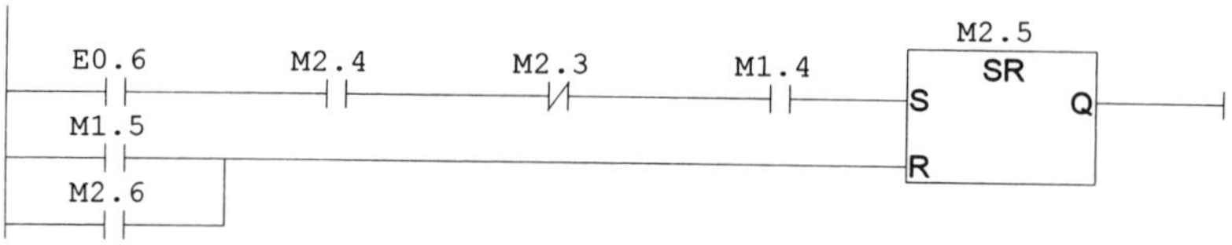

Netzwerk: 14   Schritt 6

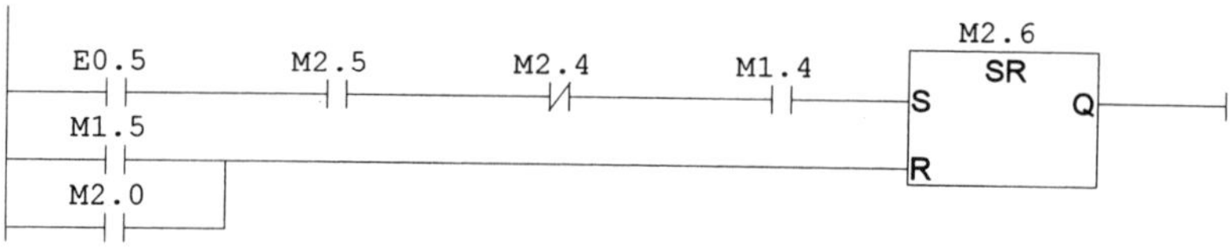

Netzwerk: 15   Schrittanzeige Wert 1

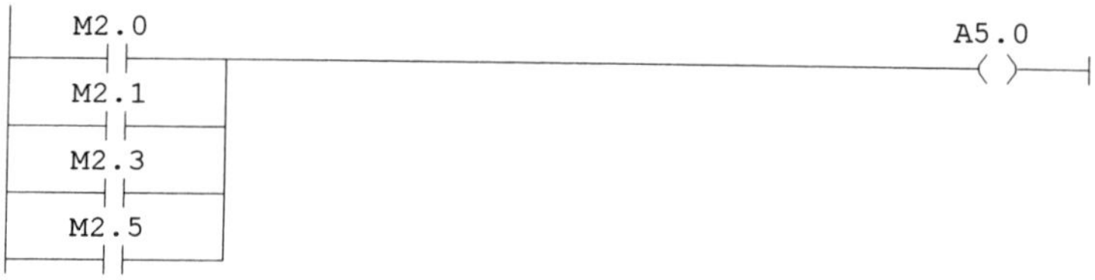

Netzwerk: 16   Schrittanzeige Wert 2

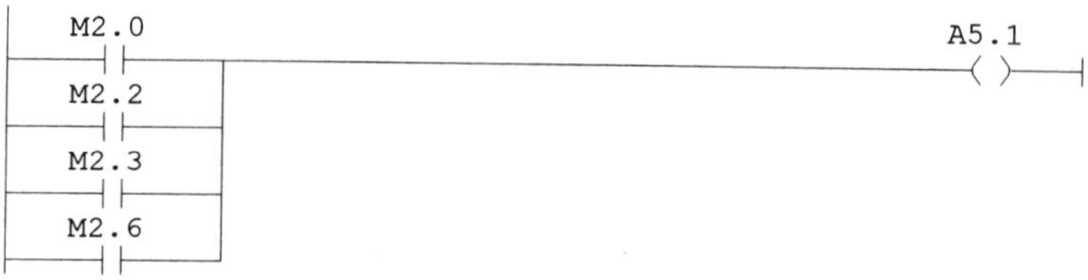

Netzwerk: 17 Schrittanzeige Wert 4

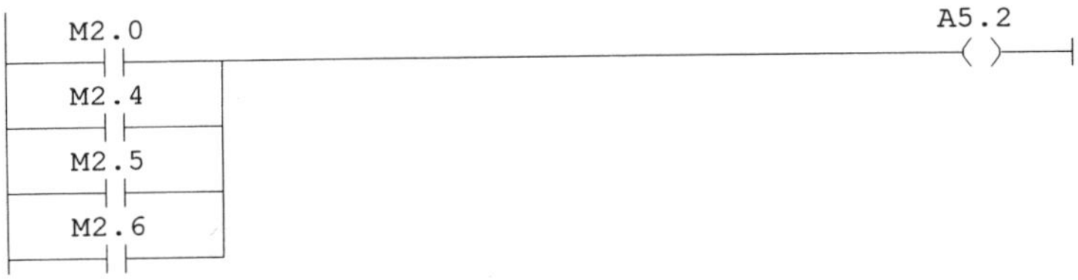

Netzwerk: 18 Anzeige Automatikbetrieb

Netzwerk: 19 Befehlsausgabe

Netzwerk: 20 Befehlsausgabe

Netzwerk: 21 Befehlsausgabe

Netzwerk: 22 Befehlsausgabe

Netzwerk: 23 Befehlsausgabe

Netzwerk: 24 Befehlsausgabe

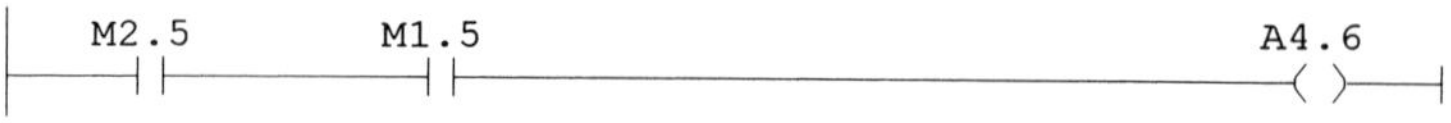

FC1 - <Offline>

Name: AWL **Familie:** Beispiel
Autor: Kaftan **Version:** 00.01
Zeitstempel Code: DT#1998-07-28-13:23:22.000
Interface: DT#1998-07-15-08:38:16.720
Längen (Baustein / Code / Daten): 00462 00326 00002

Adresse	Deklaration	Name	Typ	Anfangswert	Kommentar
	in				
	out				
	in_out				
	temp				

Baustein: FC1 Lösung zu Abschnitt 13.5 Blechbiegevorrichtung

Netzwerk: 1 Grundstellung Anlage

```
U    E    0.1
UN   E    0.2
U    E    0.3
UN   E    0.4
U    E    0.5
UN   E    0.6
=    M    1.0
```

Netzwerk: 2 Impuls Start / Einzelschritt

```
U    E    0.0
UN   M    1.2
=    L    0.0
U    L    0.0
S    M    1.2
UN   E    0.0
R    M    1.2
NOP  0
U    L    0.0
BLD  102
=    M    1.1
```

Netzwerk: 3 Automatikbetrieb

```
U    M    1.0
U    M    1.1
S    M    1.7
U(
O    E    1.0
O
U    M    1.3
U    M    2.0
)
R    M    1.7
NOP  0
```

Netzwerk: 4	Automatikbetrieb beenden

```
U    E    1.2
S    M    1.3
UN   M    1.7
R    M    1.3
NOP  0
```

Netzwerk: 5	Freigabe der Ablaufkette

```
U    E    1.0
U    M    1.1
O    M    1.7
=    M    1.4
```

Netzwerk: 6	Ablaufkette in Grundstellung

```
U    M    1.0
UN   M    1.7
UN   E    1.0
=    M    1.5
```

Netzwerk: 7	Freigabe der Befehlsausgabe

```
U    E    1.0
U    E    1.1
O    M    1.7
=    M    1.6
```

Netzwerk: 8	Ablaufkette Schritt 0

```
U(
U    E    0.1
U    M    2.6
UN   M    2.5
U    M    1.4
O    M    1.5
)
S    M    2.0
U    M    2.1
R    M    2.0
NOP  0
```

```
Netzwerk: 9        Schritt 1

    U      M       1.0
    U      E       0.0
    U      M       2.0
    UN     M       2.6
    U      M       1.4
    S      M       2.1
    U(
    O      M       1.5
    O      M       2.2
    )
    R      M       2.1
    NOP    0
```

```
Netzwerk: 10       Schritt 2

    U      E       0.2
    U      M       2.1
    UN     M       2.0
    U      M       1.4
    S      M       2.2
    U(
    O      M       1.5
    O      M       2.3
    )
    R      M       2.2
    NOP    0
```

```
Netzwerk: 11       Schritt 3

    U      E       0.4
    U      M       2.2
    UN     M       2.1
    U      M       1.4
    S      M       2.3
    U(
    O      M       1.5
    O      M       2.4
    )
    R      M       2.3
    NOP    0
```

```
Netzwerk: 12       Schritt 4

    U      E       0.3
    U      M       2.3
    UN     M       2.2
    U      M       1.4
    S      M       2.4
    U(
    O      M       1.5
    O      M       2.5
    )
    R      M       2.4
    NOP    0
```

```
Netzwerk: 13      Schritt 5

U      E       0.6
U      M       2.4
UN     M       2.3
U      M       1.4
S      M       2.5
U(
O      M       1.5
O      M       2.6
)
R      M       2.5
NOP    0
```

```
Netzwerk: 14      Schritt 6

U      E       0.5
U      M       2.5
UN     M       2.4
U      M       1.4
S      M       2.6
U(
O      M       1.5
O      M       2.0
)
R      M       2.6
NOP    0
```

```
Netzwerk: 15      Schrittanzeige Wert 1

O      M       2.0
O      M       2.1
O      M       2.3
O      M       2.5
=      A       5.0
```

```
Netzwerk: 16      Schrittanzeige Wert 2

O      M       2.0
O      M       2.2
O      M       2.3
O      M       2.6
=      A       5.1
```

```
Netzwerk: 17      Schrittanzeige Wert 4

      O     M      2.0
      O     M      2.4
      O     M      2.5
      O     M      2.6
      =     A      5.2
```

```
Netzwerk: 18      Anzeige Automatikbetrieb

      U     M      1.7
      =     A      5.3
```

```
Netzwerk: 19      Befehlsausgabe

      U     M      2.1
      U     M      1.6
      =     A      4.1
```

```
Netzwerk: 20      Befehlsausgabe

      U     M      2.6
      U     M      1.6
      =     A      4.2
```

```
Netzwerk: 21      Befehlsausgabe

      U     M      2.2
      U     M      1.6
      =     A      4.3
```

```
Netzwerk: 22      Befehlsausgabe

      U     M      2.3
      U     M      1.6
      =     A      4.4
```

```
Netzwerk: 23      Befehlsausgabe

      U     M      2.4
      U     M      1.6
      =     A      4.5
```

```
Netzwerk: 24      Befehlsausgabe

      U     M      2.5
      U     M      1.5
      =     A      4.6
```